全国应用型高等院校土建类“十二五”规划教材

建 筑 力 学

（上）

张明朗　袁维红　主编

中国水利水电出版社
www.waterpub.com.cn

内 容 提 要

本书为“全国应用型高等院校土建类‘十二五’规划教材”分册之一，依据我国现行的规程规范，根据教学大纲及培养技术应用型人才的总目标编写。

全书分上、下册，共计4篇19章。上册3篇13章，第1篇静力学基础：静力学基本概念和受力分析；力系的等效与简化；重心、质心及形心；刚体和刚体系统的平衡。第2篇可变形固体杆件的静力响应分析：可变形固体的平衡和杆件内力分析；应力与应变基本概念；工程材料的基本静力学性能；弹性杆件横截面应力与应变分析；应力状态分析；弹性杆件的变形和杆件横截面的位移分析；压杆的平衡稳定性分析。第3篇可变形固体杆件的静力设计：构件的力学功能及杆形构件的静力学设计准则；杆形构件的静力学设计。下册1篇6章，包括土木工程结构基础知识；平面杆件体系的几何组成分析；静定结构的内力分析、能量法求静定结构位移；超静定结构的分析；影响线。

本书可作为高职高专及应用型本科院校土建类专业的教材，也可供工程技术人员参考借鉴，还可作为成人、函授、网络教育和自学考试的学习用书。

图书在版编目（CIP）数据

建筑力学. 上 / 张明朗, 袁维红主编. -- 北京 : 中国水利水电出版社, 2015.7
全国应用型高等院校土建类“十二五”规划教材
ISBN 978-7-5170-3241-0

Ⅰ. ①建… Ⅱ. ①张… ②袁… Ⅲ. ①建筑科学－力学－高等学校－教材 Ⅳ. ①TU311

中国版本图书馆CIP数据核字(2015)第125691号

书　　名	全国应用型高等院校土建类“十二五”规划教材 **建筑力学（上）**
作　　者	张明朗　袁维红　主编
出版发行	中国水利水电出版社 （北京市海淀区玉渊潭南路1号D座　100038） 网址：www.waterpub.com.cn E-mail：sales@waterpub.com.cn 电话：(010) 68367658（发行部）
经　　售	北京科水图书销售中心（零售） 电话：(010) 88383994、63202643、68545874 全国各地新华书店和相关出版物销售网点
排　　版	中国水利水电出版社微机排版中心
印　　刷	北京纪元彩艺印刷有限公司
规　　格	184mm×260mm　16开本　20.25印张　480千字
版　　次	2015年7月第1版　2015年7月第1次印刷
印　　数	0001—3000册
定　　价	**39.00**元

前　　言

建筑力学是土建类各专业的一门重要的专业基础课，是后续学习结构分析、结构设计与工程施工等课程必需的理论基础。

本书编写聚焦于培养技术应用型人才，注重职业能力和就业竞争能力培养，有以下特点：

其一，注重继承。力学是一门既古老又现代的学科，有着完整的知识体系和严密的逻辑体系。建筑力学作为力学在土建类学科领域应用而形成的应用力学的分支，必须注重继承。本书充分总结教学与实践经验，对基本理论的讲授以应用为目的，在选取和组织内容时，注重力学自身的逻辑性、严密性、知识体系的相对完整性。

其二，注重发展与创新。随着时代的发展，科学技术的进步，学生学习方式的改变，建筑力学内容的选取与组织、语言表达方式、计算简图描绘方式等方面均需发展与创新。本书内容的选取注重以必需、够用为度，突出实训、实例教学，紧跟时代和行业发展步伐。如本书第1篇静力学基础，主要以力、力系为主线组织内容，第2篇可变形固体杆件的静力响应分析，主要以基本构件的变形为主线组织内容，为了便于学习，在第2篇第5章进行了详细的过渡安排，努力让初学者感到顺利、自然。本书在语言上力求简捷易懂，尽量对力学术语进行详细的解释。本书力求做到既便于教学，又便于学生自学。如每章开头都专门设了学习提示及学习要求，每章都提供适当的例题，每章后设有结论与讨论及习题，目的在于培养学生的自学能力。本书也力求体现高职高专、应用型本科教育注重职业能力和就业竞争能力培养的特点，在选取例题和习题时，尽量选取工程实际问题。

其三，注重激发阅读者兴趣，对书中主要原理、定理的首创者及首创时间进行了明确说明，对需要进一步学习的知识提出了一些经典的参考阅读书目，在每章的结论与讨论中，编写了一些帮助阅读者开阔思路的内容。

本书的第1、2、3、4、6章由王佳编写，第7章由白雪编写，第5、10、

11 章及附录由王兆南编写，第 9、12、13 章由李志刚编写，第 8 章由张明朗、袁维红编写，第 14 章由张明朗、李志刚编写，绪论、第 18 章由张明朗编写，第 15、16、17、19 章由袁维红编写。全书由张明朗、袁维红主编，张明朗统稿，蔺鹏臻主审。

在本书的编写过程中，得到许多同行的鼓励和支持，在此一并表示感谢！

限于编者水平，书中疏漏、欠妥之处在所难免，衷心希望同行和广大读者批评指正。

编　者

2015 年 5 月

目　　录

前言

0　绪论 …… 1

0.1　力学学科常识简介 …… 1

0.1.1　力学的概念 …… 1

0.1.2　力学与其他学科的关系 …… 2

0.1.3　力学的研究方法与手段 …… 2

0.1.4　力学学科的进一步分类 …… 2

0.2　建筑力学研究的内容 …… 3

0.3　结论与讨论 …… 3

0.3.1　基本概念 …… 3

0.3.2　建议阅读 …… 3

习题 0 …… 3

第1篇　静力学基础

第1章　静力学基本概念和受力分析 …… 7

1.1　静力学基本概念 …… 7

1.1.1　力的基本概念 …… 7

1.1.2　质点、刚体的概念 …… 8

1.1.3　物体的平衡 …… 9

1.1.4　力系 …… 9

1.2　力的投影 …… 9

1.2.1　力在轴上的投影 …… 9

1.2.2　力在平面的投影 …… 10

1.3　力的合成与分解 …… 11

1.3.1　力的合成 …… 11

1.3.2　合力投影定理 …… 11

1.3.3　力的分解 …… 12

1.4　力矩 …… 13

1.4.1　力对点之矩 …… 13

1.4.2　力对轴之矩 …… 15

1.4.3　力对点之矩与力对轴之矩的关系 …… 16

1.4.4　合力矩定理 …… 16

1.5 力偶及力偶矩…… 19
1.5.1 力偶及力偶矩 …… 19
1.5.2 力偶矩的合成 …… 20
1.6 约束与约束反力…… 21
1.7 受力分析与受力图…… 27
1.8 力学建模简介…… 34
1.8.1 力学模型及力学计算简图…… 34
1.8.2 力学模型的简化原则 …… 35
1.9 结论与讨论…… 36
1.9.1 基本概念…… 36
1.9.2 基本方法…… 36
1.9.3 基本概念的区分 …… 36
1.9.4 力的数学描述 …… 36
1.9.5 基本定理…… 36
1.9.6 工程实际中的约束分析 …… 37
1.9.7 常见的基本约束及组合约束 …… 37
习题 1 …… 37
第 2 章 力系的等效与简化 …… 41
2.1 力系的分类…… 41
2.2 力系等效的基本原理…… 41
2.2.1 力系的主矢与主矩 …… 41
2.2.2 等效力系定理 …… 44
2.3 力系的简化…… 46
2.3.1 任意力系的简化 …… 46
2.3.2 特殊力系简化的结果 …… 49
2.3.3 平行力系的简化 …… 50
2.4 力系简化的简单应用…… 54
2.5 结论与讨论…… 56
2.5.1 基本概念…… 56
2.5.2 基本定理…… 56
2.5.3 基本方法…… 56
2.5.4 力系简化的结果 …… 56
2.5.5 力系简化的应用 …… 56
2.5.6 讨论 …… 56
习题 2 …… 56
第 3 章 重心、质心及形心 …… 59
3.1 质点系的重心及质心…… 59

3.2　刚体的重心、质心及形心 …… 60
3.3　组合体的重心、形心 …… 65
3.4　结论与讨论 …… 66
习题 3 …… 66

第 4 章　刚体和刚体系统的平衡 …… 68
4.1　质点系和刚体的平衡条件 …… 68
4.1.1　单质点的平衡条件 …… 68
4.1.2　质点系的平衡条件 …… 68
4.2　刚体的平衡方程 …… 70
4.2.1　一般空间力系作用下刚体的平衡方程 …… 70
4.2.2　特殊空间力系作用下刚体的平衡方程 …… 70
4.2.3　平面力系作用下刚体的平衡方程 …… 70
4.3　刚体平衡问题 …… 72
4.3.1　单个刚体的平衡问题求解 …… 72
4.3.2　静定和超静定问题的概念 …… 75
4.4　静定刚体系统的平衡问题 …… 77
4.5　刚化原理 …… 82
4.6　摩擦及考虑摩擦时的平衡问题 …… 82
4.6.1　滑动摩擦力及库仑摩擦定律 …… 83
4.6.2　摩擦角与自锁现象 …… 84
4.6.3　考虑滑动摩擦时的平衡分析 …… 85
4.6.4　滚动摩擦简介 …… 86
4.7　结论与讨论 …… 88
4.7.1　基本概念 …… 88
4.7.2　基本结论 …… 88
4.7.3　基本原理 …… 88
4.7.4　分析刚体平衡问题时需要注意的问题 …… 88
4.7.5　分析刚体系统平衡问题时需要注意的问题 …… 89
习题 4 …… 89

第 2 篇　可变形固体杆件的静力响应分析

第 5 章　可变形固体的平衡和杆件内力分析 …… 99
5.1　可变形固体的概念及可变形固体静力学研究的内容 …… 99
5.1.1　可变形固体的概念 …… 99
5.1.2　可变形固体静力学研究的内容 …… 99
5.2　可变形固体的模型化 …… 99
5.3　可变形固体的几何分类 …… 101
5.4　可变形固体的外力、内力及应力的概念 …… 102

5.5 可变形固体平衡原理 …… 103
5.6 弹性杆件横截面的内力主矢、主矩与内力分量 …… 103
5.6.1 内力主矢、主矩与内力分量 …… 103
5.6.2 内力分量的正负号规定 …… 104
5.6.3 杆件横截面内力分量各自对应的杆件的基本变形 …… 104
5.6.4 内力与外力间的关系 …… 106
5.7 特殊平衡力系作用下杆件的内力计算 …… 106
5.7.1 轴心拉压杆的内力 …… 106
5.7.2 受扭圆直杆的内力 …… 109
5.7.3 平面弯曲梁的内力 …… 111
5.8 一般力系作用下杆件的内力计算 …… 123
5.9 结论与讨论 …… 128
5.9.1 基本概念 …… 128
5.9.2 基本原理 …… 128
5.9.3 基本方法 …… 128
5.9.4 杆件内力的性质 …… 128
习题5 …… 129

第6章 应力与应变基本概念 …… 134
6.1 应力、正应力、切应力 …… 134
6.1.1 应力、正应力及切应力的概念 …… 134
6.1.2 杆件横截面上的内力与应力之间的关系 …… 135
6.1.3 微单元体上的应力 …… 136
6.2 应变、正应变、切应变 …… 137
6.2.1 正应变、切应变的概念 …… 137
6.2.2 微单元体的变形 …… 138
6.2.3 杆件整体变形的数学描述及杆件变形描述的特征量 …… 138
6.3 轴向拉压等截面直杆横截面上的平均正应力与轴向平均正应变 …… 139
6.4 受扭薄壁圆筒横截面上的平均切应力与平均切应变 …… 140
6.5 圣维南局部影响原理 …… 142
6.6 结论与讨论 …… 143
习题6 …… 143

第7章 工程材料的基本静力学性能 …… 144
7.1 概述 …… 144
7.2 常温静载下工程材料的拉伸与压缩试验 …… 145
7.2.1 低碳钢常温静载单向拉伸试验 …… 145
7.2.2 其他工程材料的常温静载拉伸试验 …… 148
7.2.3 工程材料常温静载压缩试验 …… 150

7.2.4 塑性材料和脆性材料的比较 …… 152
7.2.5 轴向拉压构件横向变形及泊松比 …… 153
7.2.6 变形体的体积变化 …… 153
7.3 常温静载下金属材料的扭转试验 …… 153
7.4 材料的屈服及断裂失效判据 …… 154
7.5 结论与讨论 …… 155
7.5.1 基本概念 …… 155
7.5.2 基本定律 …… 155
7.5.3 材料的其他力学性质 …… 155
习题 7 …… 156
第 8 章 弹性杆件横截面应力与应变分析 …… 157
8.1 概述 …… 157
8.2 轴心拉压直杆横截面的应力与应变 …… 158
8.2.1 轴心拉压直杆横截面正应力与应变 …… 158
8.2.2 应力集中的概念 …… 160
8.3 受扭直杆横截面上的应力与应变 …… 161
8.3.1 受扭圆轴横截面上的应力与应变 …… 161
8.3.2 切应力成对互等定理 …… 164
8.3.3 非圆轴自由扭转时横截面上的切应力 …… 166
8.4 平面弯曲梁横截面的应力与应变 …… 169
8.4.1 直梁平面弯曲时横截面上的正应力与应变 …… 169
8.4.2 梁横截面上的切应力 …… 175
8.5 组合受力构件横截面的应力 …… 177
8.6 截面图形的几何性质 …… 180
8.6.1 形心、静矩及其相互关系 …… 180
8.6.2 惯性矩、极惯性矩、惯性积、惯性半径 …… 182
8.6.3 惯性矩与惯性积的移轴定理 …… 184
8.6.4 惯性矩与惯性积的转轴定理 …… 185
8.6.5 主惯性轴与形心主惯性轴、主惯性矩与形心主惯性矩 …… 186
8.7 结论与讨论 …… 188
8.7.1 基本公式 …… 188
8.7.2 组合受力杆件横截面应力 …… 189
习题 8 …… 189
第 9 章 应力状态分析 …… 195
9.1 一点处的应力状态 …… 195
9.1.1 应力状态的概念 …… 195
9.1.2 应力状态的描述 …… 196

9.1.3 原始单元体的截取及其上应力计算 …… 196
9.1.4 应力状态分类 …… 198
9.2 平面应力状态分析 …… 198
9.2.1 任意方向面上的应力 …… 198
9.2.2 主应力和主平面 …… 200
9.2.3 平面应力状态的最大切应力 …… 200
9.3 应力圆及其应用 …… 201
9.3.1 应力圆方程 …… 202
9.3.2 应力圆的画法 …… 202
9.3.3 应力圆的应用 …… 202
9.4 基本变形杆件的应力状态分析 …… 205
9.4.1 轴心拉压杆件应力状态分析 …… 205
9.4.2 受扭转圆轴的应力状态分析 …… 206
9.4.3 平面弯曲梁的应力状态分析 …… 207
9.4.4 主应力轨迹线的概念 …… 208
9.5 三向应力状态的特例分析 …… 209
9.5.1 三组特殊的方向面 …… 209
9.5.2 三向应力状态的应力圆 …… 210
9.5.3 一点处的最大切应力 …… 210
9.6 一般应力状态下各向同性材料的应力与应变关系 …… 212
9.7 应变能和应变能密度 …… 213
9.7.1 轴向拉压杆件的应变能和应变能密度 …… 214
9.7.2 三向应力状态的应变能密度 …… 214
9.8 结论与讨论 …… 216
9.8.1 基本概念 …… 216
9.8.2 基本公式 …… 216
9.8.3 基本分析方法 …… 217
习题 9 …… 217
第 10 章 弹性杆件的变形和杆件横截面的位移分析 …… 222
10.1 轴心拉压杆件的轴向伸长或缩短 …… 222
10.2 圆轴的扭转变形与相对扭转角 …… 224
10.3 平面弯曲梁的弹性曲线与平面弯曲梁的挠度与转角 …… 226
10.3.1 平面弯曲梁变形与内力间的关系 …… 226
10.3.2 直接积分法计算平面弯曲梁的转角与挠度 …… 227
10.3.3 弯矩—面积法计算平面弯曲梁的转角与挠度 …… 231
10.4 叠加法计算梁的位移 …… 234
10.5 结论与讨论 …… 239
10.5.1 基本概念 …… 239

10.5.2 基本原理 …… 239
10.5.3 基本公式 …… 239
10.5.4 有关位移计算的讨论 …… 239
习题 10 …… 240
第 11 章 压杆的平衡稳定性分析 …… 242
11.1 稳定性的基本概念 …… 242
11.1.1 平衡的类别 …… 242
11.1.2 工程结构或构件的失稳现象 …… 243
11.1.3 失稳现象的物理本质 …… 244
11.2 理想压杆的稳定性分析 …… 244
11.2.1 细长压杆的临界荷载及临界应力 …… 244
11.2.2 欧拉公式的适用范围及临界应力总图 …… 247
11.3 结论与讨论 …… 251
11.3.1 稳定性问题的几个特点 …… 251
11.3.2 受压杆件的强度和稳定性问题的分界 …… 251
11.3.3 临界应力总图 …… 251
习题 11 …… 252
第 3 篇 可变形固体杆件的静力设计
第 12 章 构件的力学功能及杆形构件的静力学设计准则 …… 257
12.1 构件的力学功能及构件的力学设计的概念 …… 257
12.1.1 构件的力学功能 …… 257
12.1.2 构件的静力学设计的概念 …… 258
12.2 构件的强度失效的判据及设计准则 …… 258
12.2.1 脆性断裂失效判据和强度设计准则 …… 259
12.2.2 塑性屈服失效判据和强度设计准则 …… 260
12.2.3 莫尔准则 …… 261
12.2.4 对失效判据和设计准则的历史认识 …… 262
12.3 强度设计准则应用 …… 262
12.3.1 失效判据及设计准则的选用 …… 262
12.3.2 强度设计准则的应用 …… 263
12.4 杆类构件的刚度设计准则 …… 266
12.4.1 轴心拉压杆的刚度设计准则 …… 266
12.4.2 受扭圆轴的刚度设计准则 …… 266
12.4.3 平面弯曲杆件的刚度设计准则 …… 266
12.5 理想压杆稳定性的设计准则 …… 266
12.5.1 理想压杆的稳定判据 …… 266
12.5.2 理想压杆的设计准则 …… 267

12.6 结论与讨论……267
12.6.1 关于构件的功能要求和构件的失效……267
12.6.2 应用强度设计准则要注意的几个问题……267
12.6.3 结构可靠性设计方法简介……268
习题 12……268
第13章 杆形构件的静力学设计……270
13.1 轴心拉压杆件的强度设计……270
13.2 受扭圆轴的强度、刚度设计……273
13.2.1 受扭圆轴杆件的强度设计……273
13.2.2 受扭圆轴杆件的刚度设计……274
13.3 连接件的工程设计……275
13.3.1 剪切的实用计算……275
13.3.2 挤压的实用计算……276
13.4 平面弯曲梁的强度设计和刚度设计……277
13.4.1 平面弯曲梁的强度设计……277
13.4.2 平面弯曲梁的刚度设计……284
13.5 理想压杆的弹性稳定设计……285
13.5.1 安全系数法……285
13.5.2 折减系数法……287
13.5.3 提高压杆稳定性的措施……289
13.6 结论与讨论……291
13.6.1 静力学分析的方法……291
13.6.2 圆轴扭转时强度设计和刚度设计的一般过程……291
13.6.3 平面弯曲梁强度和刚度设计方法……291
13.6.4 压杆稳定设计要点……291
习题 13……291
附录 型钢表……296
主要符号表……309
参考文献……310

0 绪 论

0.1 力学学科常识简介

0.1.1 力学的概念

什么是力学？要回答这个问题，有必要溯本清源，从力学发展的过程来体察，中国古时候也有“力学”这个词，但它的意思是“努力学习”，和现在完全不同。“力学”的现代意义是从西方引进的，力学是由英语单词“mechanics”翻译而来。

人类在漫长的生产实践中发明了各种机械，同时累积了力学知识，公元前5000年至公元前4000年间苏美尔人就发明了车轮，公元前2500年埃及人发明了船与帆，公元前2000年中国人有了独木舟，公元前218年左右古希腊哲学家、数学家、物理学家阿基米德制造了一种叫做石弩的抛石机用做守城机械。直到17世纪，积累起来的力学知识被总结为5种简单的机械，即杠杆、轮轴、斜面、螺旋、滑轮。英语中力学（mechanics）与机械学（mechanics）、机构（mechanism）是同一个字根，可以看出，在较早的一个阶段人们把力学与机械看成是同一回事。

在生产实践中，人类对宇宙的好奇使人类积累了大量的天体运行的观测资料，并且力图探求天体运行的规律及原因。从古代的历法到古希腊的托勒密地心说，一直到哥白尼、伽利略、开普勒、牛顿的经典力学，故可以说力学起源于人类生产实践中改进工具、工艺，以及人类追求认识自然界客观运动的普遍规律，特别是追求认识天体运动的规律。力学研究的内容也是逐步拓宽的，早期着重于重力、平衡，往后发展，着重于运动规律，牛顿将作用于质点的力与质点运动联系起来建立了牛顿三定理，再往后欧拉、达朗贝尔、拉格朗日、哈密顿等进一步发展了经典力学。

考察力学发展的过程也可以看出力学同数学是密不可分的，牛顿将几何学看做力学，达·芬奇将力学看做数学，邓玉函（Johann Schreck）将数学、测量学、力学看做不可分离的三兄弟。可以说，力学同数学自古以来紧密联系，力学是人们认识物体宏观运动的本质的学科，数学是表述力学不可或缺的工具。

考察力学发展的过程也可以得出力学与物理学的关系，力学和物理学原来是属于同一个学科的。事实上在20世纪之前，整个物理学是以力学为中心构建起来的。从20世纪起，力学与物理学逐渐有了明确的分工，物理学的研究中心逐渐转移到原子内部的微观世界，而力学则一直专门研究宏观世界物体的运动规律。

故可以说，**力学是有关力和物体（固体、液体、气体）机械运动的学科**。机械运动是物体运动的最基本的形式。机械运动亦即力学运动，是物体随时间在空间中的位置变化，包括移动、转动、流动、变形、振动、波动、扩散等。而平衡或静止，则是其中的特殊情况。物体运动的其他形式还有热运动、电磁运动、原子及其内部的运动和化学运动等。

0.1.2 力学与其他学科的关系

人类在长时间的探索中积累了浩繁的知识，这些知识按照内容相近程度逐渐形成或划分成不同的体系，我们称为**学科**。学科初步可以大致分为基础学科和应用学科两类。以自然界基础规律为主要内容的学科，称为**基础学科**，比如数学、化学、物理。而像冶金学、土木工程学、机械工程学、自动化、计算机科学、医学、营养学等以应用到某一工程技术或医疗为目的学科，称为**应用学科**。

力学是既属于基础学科又属于应用学科的一门学科，它是许多工程技术学科的理论基础，又在广泛的应用过程中不断得到发展。由于宏观运动规律的广泛存在，其他基础学科的研究都有赖于对基本宏观运动规律的把握。例如，天气预报中的大气湍流就是流体力学中的基础课题，土木工程中地震引起建筑物的运动就是结构动力学的课题。另外，土木工程、水利工程、机械工程、船舶工程等，以及后起的航空工程、航天工程、核技术工程、生物医学工程等工程的发展都需要力学的指导，并且都把力学作为自己的理论基础。

0.1.3 力学的研究方法与手段

力学研究方法遵循认识论的基本法则：实践—理论—实践。力学的主要研究手段包括理论分析、实验研究和数值计算 3 个方面。

力学研究中根据对自然现象的观察，特别是定量观测的结果、生产过程中积累的经验和数据、或者为特定目的而设计的科学实验的结果，抓住起主要作用的因素，摒弃或暂时摒弃一些次要因素，提炼出量与量之间的定性的或定量的关系，写成各种定律。力学中把这种过程称为建立模型。例如，牛顿根据第谷、开普勒的观察总结的基础上，得出了万有引力定律；牛顿在伽利略等人工作的基础上进行深入研究，总结出了物体运动的 3 个基本定律（牛顿三定律）。

在力学研究过程中将研究对象看成质点、质点系、刚体、弹性固体、黏性流体、连续介质等各种不同的模型，然后运用已知的力学或物理学的定律或规律，以及合适的数学工具，进行理论上的演绎工作，可以进一步导出新的结论，即新的理论。所得理论是否合理，有待于新的观测、工程实践或者科学实验等加以验证。这就是一个实践到理论，再通过实践检验理论的过程，也是力学研究的方法。

从手段上看，有些只是纯数学的推理，甚至着眼于理论体系在逻辑上的完善化；有些着重数值方法和近似计算；有些着重实验技术等。也就是理论分析、实验研究和数值计算。

0.1.4 力学学科的进一步分类

力学学科可以按照不同的标准划分为次一级不同类别。

（1）力学可按照研究对象处于平衡或加速运动状态，粗分为**静力学、运动学及动力学**三部分。

静力学研究力系及物体的平衡问题，不涉及物体的运动；运动学研究物体如何运动，不讨论运动与受力的关系；动力学则讨论力与运动的关系。

（2）力学也可按照其所研究的对象分为**一般力学、固体力学和流体力学** 3 个分支。

一般力学的研究对象是质点、质点系、刚体、多刚体系统，称为离散系统。研究力及研究对象与运动的关系，属于一般力学范畴的有理论力学（含静力学、运动学、动力学）、分析力学、振动理论等。

固体力学的研究对象是可变形固体。研究在外力作用下，可变形固体内部各质点所产生的位移、运动、应力、应变及破坏等的规律。属于固体力学范畴的有材料力学、结构力学、弹性力学和塑性力学等，研究对象都被假设为均匀连续介质。后来发展起来的复合材料力学、断裂力学等，将研究范围扩大到了非均匀连续体及缺陷体。

流体力学的研究对象是气体和液体，也采用连续介质假设。研究在力的作用下，流体本身的静止状态、运动状态及流体和固体间有相对运动时的相互作用和流动规律等。属于流体力学的有水力学、空气动力学、环境流体力学等。

（3）力学还可按照采用矢量数学或分析数学表述可以分为**矢量力学**与**分析力学**。

力学在各工程技术领域的应用也形成了如**飞行力学、船舶结构力学、岩土力学、建筑力学、生物力学**等各种应用力学分支。

0.2 建筑力学研究的内容

建筑力学，属于力学在建筑工程领域的应用而形成的应用力学分支。

本书作为高等工科院校的一门专业技术基础课程，介绍内容只涉及应用力学最基础部分，主要应用固体力学理论和方法研究建筑工程构件和结构的静力响应及静力学设计。本书具体按静力学、可变形固体杆件的静力响应分析、可变形固体构件的静力设计、建筑工程结构的静力学响应分析四大块内容进行讨论。

0.3 结论与讨论

0.3.1 基本概念

（1）力学学科。

（2）基础学科。

（3）应用学科。

0.3.2 建议阅读

武际可．力学史［M］．上海：上海辞书出版社，2009.

习题0

0.1 请思考，为何力学学科起源于西方？

0.2 请思考，力学与科学间有什么关系？

0.3 请问，力学与你学的专业有何关系？

第 1 篇

静力学基础

本篇的研究对象为刚体，主要研究处于平衡状态的刚体及刚体系统所承受的力组成的力系遵循的规律，以及如何利用这些规律解决刚体及刚体系统的平衡问题。包括 3 个方面：物体的受力分析；力系的等效与简化；刚体及刚体系统的平衡条件及其应用。

本篇包括 4 章。第 1 章介绍静力学的基本概念，主要有约束与约束反力、力矩与力偶、力系的静力等效及平衡力系等。在建立了基本概念的基础上介绍物体的受力分析。其中受力分析方法是本章的精髓。第 2 章介绍了复杂力系的简化及不同力系等效，为后文探讨物体的平衡规律做准备。其中表示力系特征的指标——特征量（主矢与主矩）是本章的精髓。第 3 章介绍了力系等效的应用。第 4 章介绍刚体及刚体系统的平衡条件及其应用，并介绍了超静定问题的概念。

第 1 章　静力学基本概念和受力分析

学习提示

本章主要介绍力、力矩及力偶的概念和性质，约束与约束反力的概念，物体的受力分析与受力图。这些内容是刚体静力分析的基础。

学习要求

通过学习，熟悉力、力偶、刚体、平衡等静力学基本概念，掌握力的分解、力的投影、力矩和力偶矩的计算方法；熟悉工程中常见的约束类型及其性质，掌握物体的受力分析方法，能熟练地画出受力图。

1.1　静力学基本概念

1.1.1　力的基本概念

1. 力的概念

力是物体间的一种相互的机械作用。常见的作用可分为两种情形：一种是通过物体间的直接接触产生的，如相邻物体间的相互挤压、车头对车厢的牵引等；另一种是通过"场"产生的，如地球应力场作用使物体产生重力、电场作用于电荷产生的引力等。

2. 力的基本性质

力具有物质性，力不能脱离物质单独存在；力具有相互性，根据牛顿第三定律，作用力与反作用力总是成对出现的，分别作用于受力体和施力体，力的大小相等、方向相反且作用在同一条直线上；力是矢量，力有大小、方向和作用点。力的合成满足矢量加法规则。

3. 力的作用效应

力对物体作用的效果称为力的效应，力的作用将使物体发生运动效应或变形效应。

力的**运动效应**又称外效应，力的作用改变物体的运动状态，即产生加速度。力的**变形效应**又称内效应，力的作用使物体发生形状和尺寸的改变。

例如，飞机在空中飞行，有着复杂的整体运动；同时，机翼、机身等结构自身的尺寸和形状也有微小的变化（变形），有时甚至可以看到机翼随飞机的升降而上下翘曲。这两种效应都是力作用的结果。

4. 力的分类

力按作用方式分，有**超距力**和**接触力**两类。超距力通过场起作用，工程实践中常见的超距力为重力及电磁力；接触力通过物体间的相互接触起作用，如物体间的压力及摩擦力等。

力按作用空间位置分，有**分布力**和**集中力**。分布力又可分为体积力和表面力；体积力作用于物体内部的各个质点，如物体的重力；表面力则作用于物体的表面，如压力。体积力和表面力的大小可以用单位体积和单位面积所受力的大小来度量，称为**荷载集度**，常用单位分别为 N/m^3 和 N/m^2。真实物体上所受的力都是分布力，但当分布力作用面积很小时，如静止的汽车通过轮胎作用在桥面上的力、静止的火车车轮作用于钢轨的力、天平刀口支承对天平臂的作用力等，为了分析计算方便，可以将分布力简化为作用于一点的合力，称为**集中力**，常用单位为 N。此外，若表面力作用在一个狭长的面域内，则可以简化为线力，其单位为 N/m，具体的例子在后面将进行讨论。

力按性质分，有**静力**和**动力**。静力是缓慢地施加于物体上的力——力由零逐步增大至某一确定值后不再改变，或有变化但变化速度很慢、变化幅度很小的力。在静力作用下，物体整体保持平衡或者物体各部分产生的相对加速度可以忽略不计。动力又可分为冲击力和交变力。冲击力在很短时间内可以由零增至最大值；交变力的大小或方向随时间做周期性的改变，多次作用在物体上。

还可以按其他的方式分类，将力分为主动力、约束力（或称为被动力）、外力及内力等，将在以后的章节中介绍。

本教材中，用黑体字母表示矢量，用对应字母表示矢量的大小。

集中力常用大写黑体字母 $\boldsymbol{F}$、$\boldsymbol{P}$、$\boldsymbol{W}$ 等表示，分布力常用小写黑体字母 $\boldsymbol{p}$、$\boldsymbol{q}$、$\boldsymbol{w}$ 等表示。对应的表示力的大小用 F、P、W 及 p、q、w。

1.1.2 质点、刚体的概念

力学研究中根据研究对象及目的的不同，将物体及物体系统抽象为质点、质点系、刚体、变形体等模型。

当所研究的物体的运动范围远远超过其本身的几何尺度时，物体的形状和大小对运动的影响很小，这时可以不考虑物体本身的形状和大小，并把物体的质量看作集中在一点时，就将这种物体看成只有质量而无体积的"**质点**"。用质点代替物体，可不考虑物体上各点之间运动状态的差别，如研究汽车在道路上运行的速度、位移时就可以用一个质点代替汽车。

将由若干质点组成的系统，称为**质点系**。例如，运动中的飞机相对于其飞行轨迹可以视为质点；编队飞行的机群则可视为质点系。

实际物体受力时，其内部各点间的相对距离都要发生改变，这种改变称为**位移**，各点位移累加的结果，使物体的形状和尺寸改变，这种改变称为**变形**，并称外力作用下可发生变形的物体为**可变形体**。物体变形很小时，变形对物体运动和平衡的影响非常小，可以忽略不计，这时的物体便可抽象为**刚体**。刚体可看作是内部质点间联系是刚性的质点系，可变形体可看作是内部质点间联系是非刚性（如弹性、塑性）的质点系。

1.1.3 物体的平衡

力学中研究的运动是物体机械运动，机械运动是指随时间推移物体空间位置的变动。

物体是运动还是静止是相对而言的，因此，为了确切描述所研究物体的位置和运动，应该选择其他不变形的物体作为参考系。此外，为了定量描述物体的运动及力，还需要在参考系上取一点作为坐标原点建立坐标系。

本书中，一般取固结于地面的参考系作为惯性参考系，在参考系上建直角坐标系。当物体相对于地面保持静止状态或匀速直线运动状态时，称物体处于**平衡状态**。

1.1.4 力系

将作用在同一物体或物体系统上的一组力称为**力系**。

如果一个力系作用于某一刚体而使该刚体保持平衡状态，则该力系称为**平衡力系，也称零力系**。

如果作用于物体上的一个力系可以用另一个力系来代替，而不改变原力系对物体作用的运动效应，则这两个力系互为**等效力系**。如果一个力与一个力系等效，则此力称为该力系的**合力**，而组成此力系的各力称为该力系的**分力**。

还可以根据其他的原则，将力系分为空间力系、平面力系等，将在后面的章节中介绍。

力系用符号表示为力系（$\boldsymbol{F}_1$，$\boldsymbol{F}_2$，…，$\boldsymbol{F}_n$）。

1.2 力 的 投 影

1.2.1 力在轴上的投影

力 $\boldsymbol{F}$ 在某一轴 n 上的投影，定义为力点乘 n 轴的单位方向矢量，或定义为力的大小乘以力与轴正向夹角的余弦。假定轴 n 的单位方向矢量为 $\boldsymbol{n}$，力与轴正向夹角为 α，如图 1.1 所示。

力 $\boldsymbol{F}$ 在轴 n 上的投影 F_n 为

$$F_n=\boldsymbol{F}\cdot\boldsymbol{n}=F\cos\alpha \tag{1.1}$$

显然，力的投影是代数量，若力与轴正向夹角大于 90°，则力在轴上的投影为负。

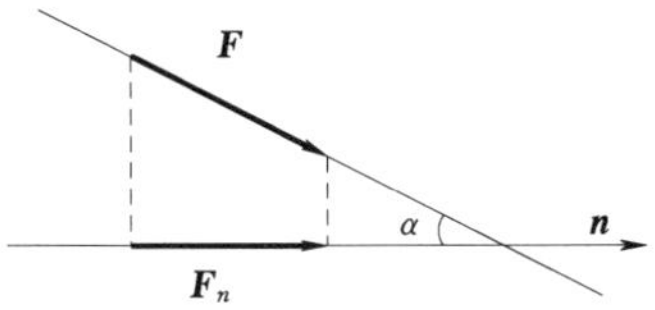

图 1.1

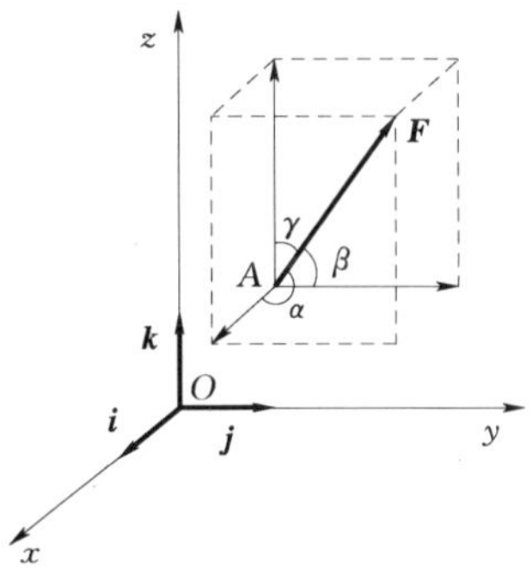

图 1.2

如图 1.2 所示，力 $\boldsymbol{F}$ 在直角坐标系中各轴上投影如何表示呢?

已知 $\boldsymbol{i}$、$\boldsymbol{j}$、$\boldsymbol{k}$ 分别是三坐标轴正向的单位矢量，力 $\boldsymbol{F}$ 与坐标轴正向的夹角为 α、β、γ，则依力在轴上投影的定义，得

$$F_x=\boldsymbol{F}\cdot\boldsymbol{i},\ F_y=\boldsymbol{F}\cdot\boldsymbol{j},\ F_z=\boldsymbol{F}\cdot\boldsymbol{k} \tag{1.2}$$

或

$$F_x=F\cos\alpha,\ F_y=F\cos\beta,\ F_z=F\cos\gamma \tag{1.3}$$

式（1.2）中，F_x、F_y、F_z 分别为力 $\boldsymbol{F}$ 在 x、y、z 轴上的投影，F 为力 $\boldsymbol{F}$ 的大小。

据此可知，力 $\boldsymbol{F}$ 在直角坐标系中可表示为

$$\boldsymbol{F}=F_x\boldsymbol{i}+F_y\boldsymbol{j}+F_z\boldsymbol{k} \tag{1.4}$$

力 $\boldsymbol{F}$ 的大小为

$$F=|\boldsymbol{F}|=\sqrt{F_x^2+F_y^2+F_z^2} \tag{1.5}$$

力 $\boldsymbol{F}$ 与坐标轴正向的夹角 α、β、γ 的余弦为

$$\cos\alpha=\frac{F_x}{F},\ \cos\alpha=\frac{F_y}{F},\ \cos\alpha=\frac{F_z}{F} \tag{1.6}$$

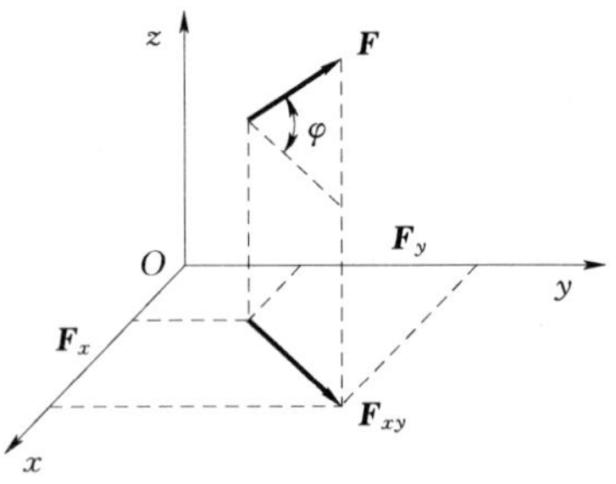

图 1.3

此外，对于一个力 $\boldsymbol{F}$ 在直角坐标系中也可表示为

$$\boldsymbol{F}=F\boldsymbol{u} \tag{1.7}$$

式（1.7）中，$\boldsymbol{u}$ 表示力 $\boldsymbol{F}$ 作用方向线的单位方向矢量。

1.2.2 力在平面的投影

如图 1.3 所示，力 $\boldsymbol{F}$ 在平面 xOy 上的投影 $\boldsymbol{F}_{xy}$ 仍为矢量，其模为 $F_{xy}=F\cos\varphi$。

例 1.1 在边长为 a 的正六面体的对角线上作用一力 $\boldsymbol{F}$，如图 1.4 所示。试求该力分别在 x、y、z 轴上的投影。

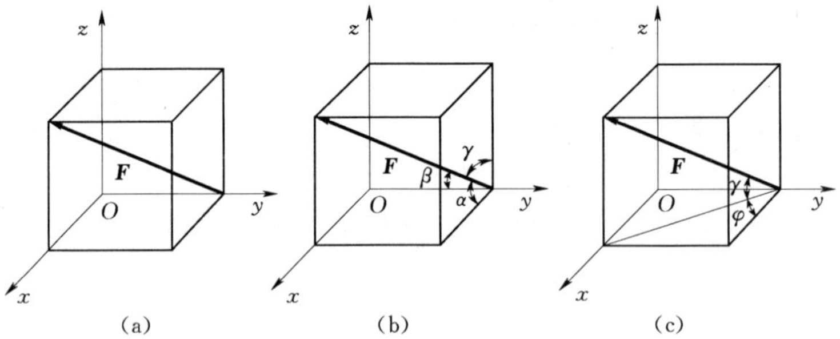

图 1.4

解 方法一：直接投影法

如图 1.4（b）所示，由空间几何可得

$$\cos\alpha=\frac{\sqrt{3}}{3},\ \cos\beta=\frac{\sqrt{3}}{3},\ \cos\gamma=\frac{\sqrt{3}}{3}$$

则力 $\boldsymbol{F}$ 在三轴上的投影为

$$F_x = F\cos\alpha = \frac{\sqrt{3}}{3}F$$

$$F_y = -F\cos\beta = -\frac{\sqrt{3}}{3}F$$

$$F_z = F\cos\gamma = \frac{\sqrt{3}}{3}F$$

方法二：二次投影法

如图 1.4（c）所示，由空间几何可得

$$\cos\gamma = \frac{\sqrt{2}a}{\sqrt{3}a} = \sqrt{\frac{2}{3}},\ \sin\gamma = \frac{a}{\sqrt{3}a} = \frac{\sqrt{3}}{3},\ \sin\varphi = \cos\varphi = \frac{\sqrt{2}}{2}$$

根据二次投影法，得

$$F_x = F\cos\gamma\cos\varphi = \frac{\sqrt{3}}{3}F,\ F_y = -F\cos\gamma\sin\varphi = -\frac{\sqrt{3}}{3}F$$

$$F_z = F\sin\gamma = \frac{\sqrt{3}}{3}F$$

例 1.2 已知力 $F=10\text{kN}$，其作用线通过 $A(4,3,0)$、$B(1,4,\sqrt{6})$ 两点，如图 1.5 所示。试将力 $\boldsymbol{F}$ 表示成矢量形式。

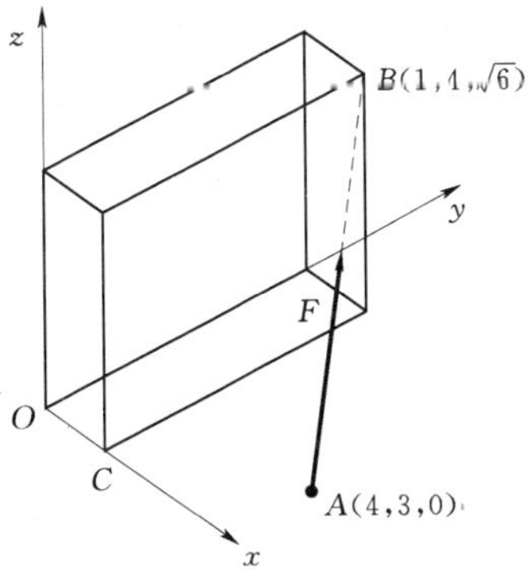

图 1.5

解 求力 $\boldsymbol{F}$ 作用方向线的单位方向矢量

$$\boldsymbol{AB} = (1-4, 4-3, \sqrt{6}-0) = (-3, 1, \sqrt{6})$$

$$\boldsymbol{u}_{AB} = \frac{1}{4}(-3, 1, \sqrt{6}) = \left(-\frac{3}{4}, \frac{1}{4}, \frac{\sqrt{6}}{4}\right)$$

则 $\boldsymbol{F} = F\boldsymbol{u} = 10\left(-\frac{3}{4}, \frac{1}{4}, \frac{\sqrt{6}}{4}\right) = \left(-\frac{15}{2}, \frac{5}{2}, \frac{5\sqrt{6}}{2}\right)$

或写成 $\boldsymbol{F} = -\frac{15}{2}\boldsymbol{i} + \frac{5}{2}\boldsymbol{j} + \frac{5\sqrt{6}}{2}\boldsymbol{k}$

1.3 力的合成与分解

1.3.1 力的合成

作用于物体上同一点力的合成满足矢量加法规则，也就是说，力系的合力与分力之间的关系服从矢量加法规则。

某力系（$\boldsymbol{F}_1$，$\boldsymbol{F}_2$，…，$\boldsymbol{F}_n$）由作用于同一点的各力 $\boldsymbol{F}_i$ 组成，其合力为 $\boldsymbol{F}_R$，则有

$$\boldsymbol{F}_R = \sum_{i=1}^{n}\boldsymbol{F}_i = \boldsymbol{F}_1 + \boldsymbol{F}_2 + \cdots + \boldsymbol{F}_n \tag{1.8}$$

1.3.2 合力投影定理

在图 1.6 中，$\boldsymbol{F}_R$ 是 $\boldsymbol{F}_1$、$\boldsymbol{F}_2$ 的合力，其在轴 $\boldsymbol{n}$ 上的投影为正且大小等于 ab。可见

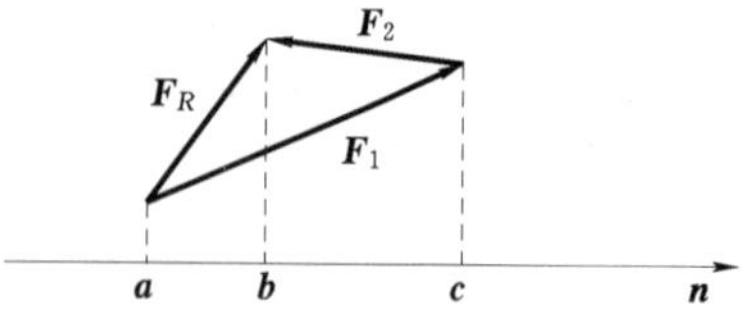

图 1.6

$$F_R = ab = ac + (-bc) = F_{1n} + F_{2n} \tag{1.9}$$

由此加以推广，可以得出**合力投影定理**。即对于存在合力的力系，**合力在某轴上的投影等于力系中各分力在该轴上投影的代数和。**

在直角坐标系 $Oxyz$ 中，作用于同一点的力系（$\boldsymbol{F}_1$，$\boldsymbol{F}_2$，…，$\boldsymbol{F}_n$）的合力为 $\boldsymbol{F}_R$，依合力投影定理，可得

$$F_{Rx} = \sum_{i=1}^{n} F_{ix}, F_{Ry} = \sum_{i=1}^{n} F_{iy}, F_{Rz} = \sum_{i=1}^{n} F_{iz} \tag{1.10}$$

式（1.10）中，$\boldsymbol{F}_R = F_{Rx}\boldsymbol{i} + F_{Ry}\boldsymbol{j} + F_{Rz}\boldsymbol{k}$，$\boldsymbol{F}_i = F_{ix}\boldsymbol{i} + F_{iy}\boldsymbol{j} + F_{iy}\boldsymbol{k}$。

1.3.3 力的分解

力的分解是力的合成的逆运算，其运算服从平行四边形法则。与力的合成不同之处在于，当已知分力求合力时，按平行四边形法则，唯一地求出平行四边形对角线所对应的合力；而当已知某力，将它分解为两个分力且分力方向未定时，按平行四边形法则却可以有无数组解。但当分力方向确定时，解是唯一的。应该指出的是，分力是矢量，非标量。

据此可知，力 $\boldsymbol{F}$ 在直角坐标系中的轴向投影与沿坐标轴分解的分力大小相等。

例 1.3 图 1.7 所示支座承受两个力 $\boldsymbol{F}_1$、$\boldsymbol{F}_2$ 作用，分别求出作用在支座上水平及竖向分力及其合力的大小及方向。其中 $F_1=150\text{kN}$，$F_2=100\text{kN}$。

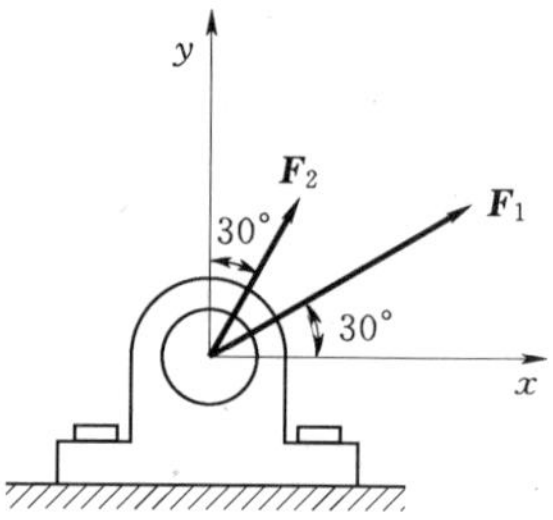

图 1.7

解 $\boldsymbol{F}_1 = 150\cos30°\boldsymbol{i} + 150\cos60°\boldsymbol{j} = 75\sqrt{3}\boldsymbol{i} + 75\boldsymbol{j}$

$\boldsymbol{F}_2 = 100\cos60°\boldsymbol{i} + 100\cos30°\boldsymbol{j} = 50\boldsymbol{i} + 50\sqrt{3}\boldsymbol{j}$

据式（1.8），合力

$$\boldsymbol{F}_R = \sum_{i=1}^{n} \boldsymbol{F}_i = \boldsymbol{F}_1 + \boldsymbol{F}_2 = (75\sqrt{3} + 50)\boldsymbol{i} + (75 + 50\sqrt{3})\boldsymbol{j}$$

合力的大小为

$$F_R = |\boldsymbol{F}_R| = \sqrt{(75\sqrt{3}+50)^2 + (75+50\sqrt{3})^2} = 225.89(\text{kN})$$

合力与 x 轴的夹角为

$$\cos\alpha = \frac{F_{Rx}}{F_R} = \frac{75\sqrt{3}+50}{\sqrt{(75\sqrt{3}+50)^2 + (75+50\sqrt{3})^2}} = 0.796$$

$$\alpha = 37.25°$$

或表示成作用方向的单位方向矢量为

$$\boldsymbol{u}_R = \frac{(75\sqrt{3}+50)\boldsymbol{i} + (75+50\sqrt{3})\boldsymbol{j}}{\sqrt{(75\sqrt{3}+50)^2 + (75+50\sqrt{3})^2}}$$

例 1.4 求图 1.8 所示作用在 O 点的共点力系的合力。

解 取正交坐标如图 1.8 所示，合力 F_R 在坐标轴上的投影为

$$F_{Rx} = \sum F_{ix} = -400 + 250 \times \cos45° - 200 \times \frac{4}{5}$$

$$= -383.2(\text{N})$$

$$F_{Ry}=\sum F_{iy}=250\times\cos45°-500+200\times\frac{3}{5}$$

$$=-203.2(\text{N})$$

$$F_R=\sqrt{F_{Rx}^2+F_{Ry}^2}=433.7\text{N}$$

$$\alpha=\arctan\left(\frac{203.3}{383.2}\right)=27.9°$$

合力如图 1.8 所示。

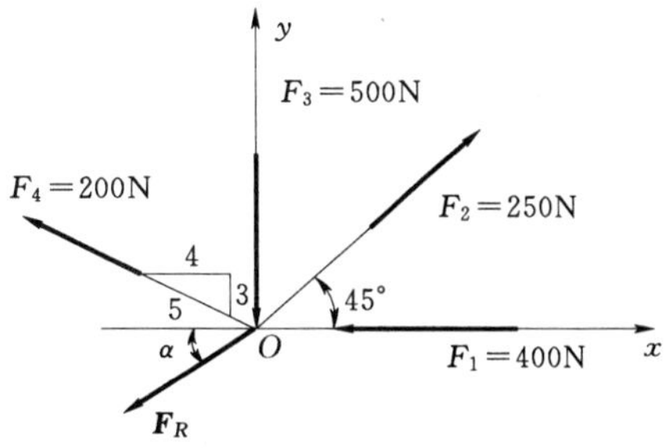

图 1.8

例 1.5 推力 $F=200$N，作用在置于斜面的物体上，如图 1.9 (a) 所示。试求：

(1) 力 $\boldsymbol{F}$ 沿斜面法向 y 和切向 x 的分力。

(2) 力 $\boldsymbol{F}$ 沿铅垂方向 y' 和斜面切向 x 的分力。

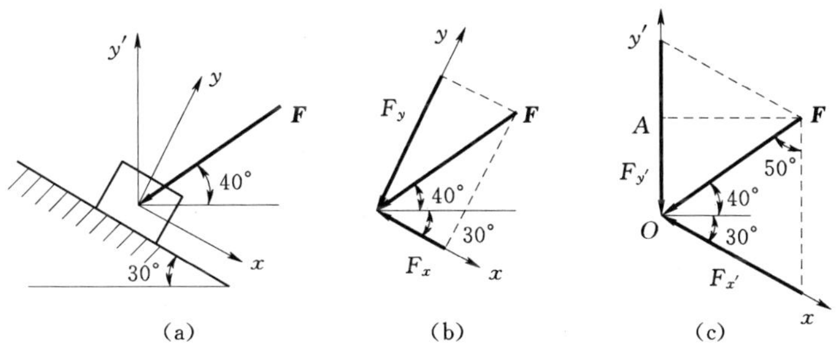

图 1.9

解 (1) 力 $\boldsymbol{F}$ 沿正交坐标轴 x、y 的分力。

依据平行四边形法则，以合力 $\boldsymbol{F}$ 为对角线，作图如图 1.9 (b) 所示。则分力的大小为

$$F_x=|\boldsymbol{F}_x|=F\cos70°=68.4\text{N}$$

$$F_y=|\boldsymbol{F}_y|=F\cos20°=187.9\text{N}$$

(2) 力 F 沿非正交的铅垂方向 y' 和斜面切向 x 的分力。

作平行四边形如图 1.9 (c) 所示。在力三角形中 $\boldsymbol{F}$、$\boldsymbol{F}_x$、$\boldsymbol{F}_{y'}$ 的对角分别为 60°、50°、70°，作图如图 1.9 (c) 所示，力 $\boldsymbol{F}$ 沿铅垂方向 y' 和斜面切向 x 的分力可由正弦定理求得，即得分力的大小为

由 $\dfrac{|\boldsymbol{F}_x|}{\sin50°}=\dfrac{F}{\sin60°}$ 得 $|\boldsymbol{F}_x|=176.9\text{N}$

由 $\dfrac{|\boldsymbol{F}_{y'}|}{\sin70°}=\dfrac{F}{\sin60°}$ 得 $|\boldsymbol{F}_{y'}|=217.0\text{N}$

1.4 力 矩

1.4.1 力对点之矩

作用于自由刚体的一个力，一般不仅能使刚体产生平行移动效应，还可以使刚体产生

转动效应。在中学物理学中，分析过杠杆并引入了力 $\boldsymbol{F}$ 对固定支点的矩。下面将考察空间力对固定点的矩。

力对点之矩是力使物体绕某一点转动效应的量度，这一点称为**力矩中心**，简称**矩心**。

现在考察空间任意力对某一点之矩。如图 1.10 所示，定义**力 $\boldsymbol{F}$ 对点 O 之矩等于矢径 $\boldsymbol{r}$ 与力 $\boldsymbol{F}$ 的矢积**，即

$$\boldsymbol{M}_O(\boldsymbol{F})=\boldsymbol{r}\cdot\boldsymbol{F} \tag{1.11}$$

力矩的方向沿矢径 $\boldsymbol{r}$ 与力 $\boldsymbol{F}$ 形成的面的法向，转向可用右手螺旋法则确定。

力矩的大小为

$$|\boldsymbol{M}_O(\boldsymbol{F})|=|\boldsymbol{r}\cdot\boldsymbol{F}|=r\cdot F\sin\alpha=Fd \tag{1.12}$$

式（1.12）中，$r=|\boldsymbol{r}|$，$F=|\boldsymbol{F}|$，α 为矢径 $\boldsymbol{r}$ 与力 $\boldsymbol{F}$ 正向间夹角，d 为 O 点到力 $\boldsymbol{F}$ 作用线的距离。

在直角坐标系中，取 O 点为坐标原点，设力 $\boldsymbol{F}=F_x\boldsymbol{i}+F_y\boldsymbol{j}+F_z\boldsymbol{k}$；点 O 到力 $\boldsymbol{F}$ 作用点 A 的矢量称为**矢径**，**矢径** $\boldsymbol{r}=x\boldsymbol{i}+y\boldsymbol{j}+z\boldsymbol{k}$。

$$\begin{aligned}\boldsymbol{M}_O(\boldsymbol{F})=\boldsymbol{r}\times\boldsymbol{F}&=\begin{vmatrix}\boldsymbol{i} & \boldsymbol{j} & \boldsymbol{k}\\ x & y & z\\ F_x & F_y & F_z\end{vmatrix}\\ &=(yF_z-zF_y)\boldsymbol{i}+(zF_x-xF_z)\boldsymbol{j}+(xF_y-yF_x)\boldsymbol{k}\\ &=M_{Ox}\boldsymbol{i}+M_{Oy}\boldsymbol{j}+M_{Oz}\boldsymbol{k}\end{aligned} \tag{1.13}$$

式（1.13）中，x、y、z 为 $\boldsymbol{F}$ 作用点的坐标，F_x、F_y、F_z 为力 $\boldsymbol{F}$ 在 3 个坐标轴的投影，M_{Ox}、M_{Oy}、M_{Oz} 分别表示力矩 $\boldsymbol{M}_O(\boldsymbol{F})$ 在 3 个坐标轴的投影。

力矩的大小为

$$\begin{aligned}M_O(\boldsymbol{F})&=|\boldsymbol{M}_O(\boldsymbol{F})|=|\boldsymbol{r}\times\boldsymbol{F}|=Fd\\ &=\sqrt{(yF_z-zF_y)^2+(zF_x-xF_z)^2+(xF_y-yF_x)^2}\\ &=\sqrt{M_{Ox}^2+M_{Oy}^2+M_{Oz}^2}\end{aligned} \tag{1.14}$$

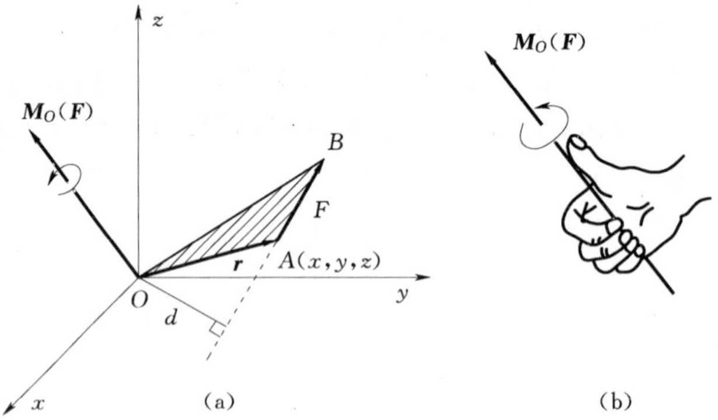

图 1.10

在利用式（1.13）进行计算力对点之矩时要注意，矢径 $\boldsymbol{r}$ 与取矩点 O 的位置有关，力对点的矩必须指明矩心，力对点的矩是一个**定点矢量**，以矩心为始点。力矩的三要素是大小、方向、取矩心。

对于平面力系的情况，当取矩心为坐标原点、取力系所在平面为 xOy 坐标面时，力矩矢量垂直于 xOy 面，力矩方向用正负号即能确定，力矩矢量退化为代数量。设 $\boldsymbol{F}=F_x\boldsymbol{i}+F_y\boldsymbol{j}$，$\boldsymbol{r}=x\boldsymbol{i}+y\boldsymbol{j}$

利用式（1.13）得

$$\boldsymbol{M}_O(\boldsymbol{F})=\boldsymbol{r}\times\boldsymbol{F}=(x\boldsymbol{i}+y\boldsymbol{j})\times(F_x\boldsymbol{i}+F_y\boldsymbol{j})=(xF_y-yF_x)\boldsymbol{k} \tag{1.15}$$

$$M_O(\boldsymbol{F})=|\boldsymbol{M}_O(\boldsymbol{F})|=|(xF_y-yF_x)\boldsymbol{k}|=(xF_y-yF_x) \tag{1.16}$$

条件许可时，应用式（1.15）、式（1.16）计算力矩的大小通常比前面的式子简单。

力对点之矩的单位是 N·m。

1.4.2 力对轴之矩

在工程实践中，存在大量的绕固定轴转动的物体，如平开的门、窗以及带有轴承的车轮和各种旋转机械等。要确定力对绕定轴转动刚体的转动效应，需要引进力对轴之矩的概念。

力对轴之矩是力使物体绕某一轴转动效应的量度。图 1.11 所示为可绕 z 轴转动的平开门，假定此门是刚性的且只能绕 z 轴转动，在其上 A 点作用有不与 z 轴垂直的力 F，为了考察力使门转动的效应，可将力 $\boldsymbol{F}$ 分解为 $\boldsymbol{F}=\boldsymbol{F}_z+\boldsymbol{F}_{xy}$，$\boldsymbol{F}_z$ 平行于 z 轴，$\boldsymbol{F}_{xy}$ 垂直于 z 轴。因为门只能绕 z 轴转动，可知平行于 z 轴的分力 $\boldsymbol{F}_z$ 对门绕 z 轴转动没有贡献，故而，力作用下门的转动取决于分力 $\boldsymbol{F}_{xy}$ 的大小及其与转轴的距离 d。定义**一个力对于某一轴之矩**为此力在垂直于该轴的平面上的投影对于该轴与垂直于该轴的平面的交点 O 之矩。

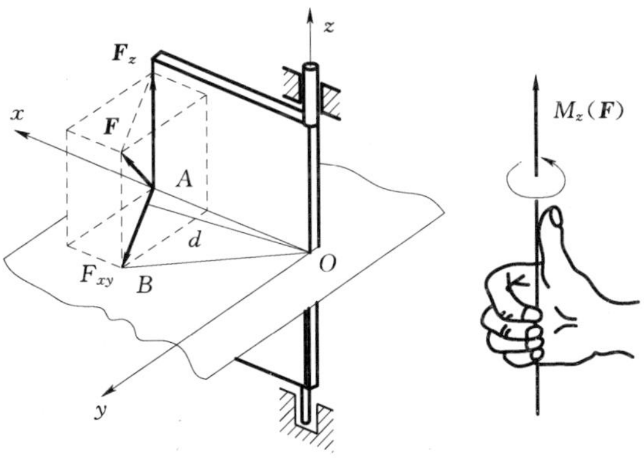

图 1.11

用 $M_z(\boldsymbol{F})$ 表示力 $\boldsymbol{F}$ 对 z 轴之矩，即有

$$M_z(\boldsymbol{F})=M_O(F_{xy})=\pm F_{xy}\cdot d \tag{1.17}$$

力对轴之矩是力使刚体绕定轴转动效应的度量。由于转轴的方位是确定的，故力对轴之矩可以用一个代数量表示，其正负号表示转动方向，按右手螺旋规则确定正向。

力对轴之矩的单位也是 N·m。

由上述定义可以看出，当力与轴相交（$d=0$）或力与轴平行 $F_{xy}=0$ 时，也就是力的作用线与轴共面时，力对轴之矩等于零。

在许多问题中，直接根据定义，由力在垂直于一轴的平面上的投影计算力对轴之矩，往往很不方便。因此，常利用力在直角坐标轴上的投影及其作用点的坐标来计算力对于一轴的矩。设有一力 $\boldsymbol{F}$ 及任一轴 z，为了求力 $\boldsymbol{F}$ 对于 z 轴的矩，以轴 z 上一点 O 为原点，作直角坐标系 $Oxyz$，如图 1.12 所示。设力 $\boldsymbol{F}$ 的作用点 A 的坐标为 $A(x,y,z)$，而力 $\boldsymbol{F}$ 在坐标轴上的投影分别为 F_x、F_y、F_z。将 $\boldsymbol{F}$ 投影到垂直于 z 轴的平面即 xOy 平面上得 $\boldsymbol{F}'$，

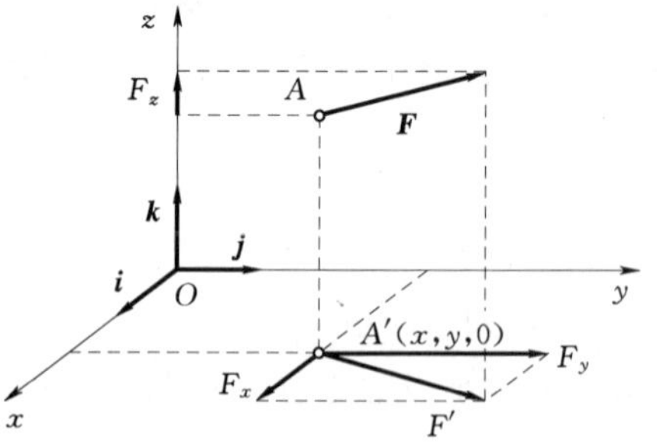

图 1.12

显然 $\boldsymbol{F}'$在坐标轴 x、y 上的投影就是 F_x、F_y，而点 A'的坐标就是 x、y。据定义，$\boldsymbol{F}$ 对于 z 轴的矩等于 $\boldsymbol{F}'$对于 O 点的矩，即 $M_z(\boldsymbol{F})=M_O(F')$；而 $\boldsymbol{F}'$对于 O 点的矩可由式（1.16）求得，即有

$$M_z(\boldsymbol{F})=xF_y-yF_x$$

用类似的方法可求得 $\boldsymbol{F}$ 对 x 轴及 y 轴的矩，即

$$\begin{aligned} M_x(\boldsymbol{F})&=yF_z-zF_y\\ M_y(\boldsymbol{F})&=zF_x-xF_z\\ M_z(\boldsymbol{F})&=xF_y-yF_x \end{aligned}\tag{1.18}$$

1.4.3 力对点之矩与力对轴之矩的关系

下面来建立力对点之矩与力对通过该点的轴之矩的关系。

设刚体上作用有力 $\boldsymbol{F}$，在 O 点建立直角坐标系，O 点到力作用点的矢径为 $\boldsymbol{r}$，它们的解析表达式分别为

$$\boldsymbol{r}=x\boldsymbol{i}+y\boldsymbol{j}+z\boldsymbol{k}\,,\boldsymbol{F}=F_x\boldsymbol{i}+F_y\boldsymbol{j}+F_z\boldsymbol{k}$$

下面看力 $\boldsymbol{F}$ 对 O 点之矩与力 $\boldsymbol{F}$ 对三坐标轴之矩间的关系。

根据式（1.15）有

$$\boldsymbol{M}_O(\boldsymbol{F})=\boldsymbol{r}\times\boldsymbol{F}=(yF_z-zF_y)\boldsymbol{i}+(zF_x-xF_z)\boldsymbol{j}+(xF_y-yF_x)\boldsymbol{k}$$

将上式向 x、y、z 轴投影，并根据式（1.18），可得

$$M_x(\boldsymbol{F})=M_{Ox}\,,\ M_y(\boldsymbol{F})=M_{Oy}\,,\ M_z(\boldsymbol{F})=M_{Oz}\tag{1.19}$$

上式表明，力对某点的力矩矢在通过该点的任意轴上的投影等于此力对该轴之矩。这就是力矩关系定理。

求出了力 $\boldsymbol{F}$ 对 3 个坐标轴的矩之后，即可得 $\boldsymbol{M_O}(\boldsymbol{F})$ 的大小和方向。

$$\begin{gathered} M_O(\boldsymbol{F})=\sqrt{[M_x(\boldsymbol{F})]^2+[M_y(\boldsymbol{F})]^2+[M_z(\boldsymbol{F})]^2}\\ \cos\alpha=\frac{M_x(\boldsymbol{F})}{M_O(\boldsymbol{F})},\ \cos\beta=\frac{M_y(\boldsymbol{F})}{M_O(\boldsymbol{F})},\ \cos\gamma=\frac{M_z(\boldsymbol{F})}{M_O(\boldsymbol{F})} \end{gathered}\tag{1.20}$$

其中 α、β、γ 为力矩矢与 x、y、z 轴正向的夹角。

结合式（1.18）可知

$$\begin{aligned} M_x(\boldsymbol{F})&=yF_z-zF_y=M_{Ox}\\ M_y(\boldsymbol{F})&=zF_x-xF_z=M_{Oy}\\ M_z(\boldsymbol{F})&=xF_y-yF_x=M_{Oz} \end{aligned}\tag{1.21}$$

由式（1.21）可得力对点之矩与力对轴之矩的关系。

力对一点之矩在通过该点的任意一轴上的投影等于该力对该轴之矩；或者换过来，力对一轴之矩等于力对该轴上任意一点的矩在该轴上的投影。

利用此关系，可以用力对坐标轴之矩计算力对坐标原点之矩；也可以从力对一点之矩计算该力对任意一轴之矩。

1.4.4 合力矩定理

若力系存在合力，由力系等效原理不难理解，合力对某一点之矩等于力系中所有力对

同一点之矩的矢量和，此即**合力矩定理**，即

$$\boldsymbol{M}_O(\boldsymbol{F}_R)=\sum_{i=1}^{n}\boldsymbol{M}_O(\boldsymbol{F}_i) \tag{1.22}$$

其中

$$\boldsymbol{F}_R=\sum_{i=1}^{n}\boldsymbol{F}_i \tag{1.23}$$

需要指出的是，对于力对轴之矩，合力矩定理则为：合力对某一轴之矩等于力系中所有力对同一轴之矩的代数和，即

$$M_x(\boldsymbol{F}_R)=\sum_{i=1}^{n}M_x(\boldsymbol{F}_i),\ M_y(\boldsymbol{F}_R)=\sum_{i=1}^{n}M_y(\boldsymbol{F}_i)$$

$$M_z(\boldsymbol{F}_R)=\sum_{i=1}^{n}M_z(\boldsymbol{F}_i) \tag{1.24}$$

例 1.6 如图 1.13 所示，铅直力 $F=500\text{N}$，作用于曲柄上。试求此力对轴 x、y、z 之矩及对原点 O 之矩，图中尺寸单位为 mm。

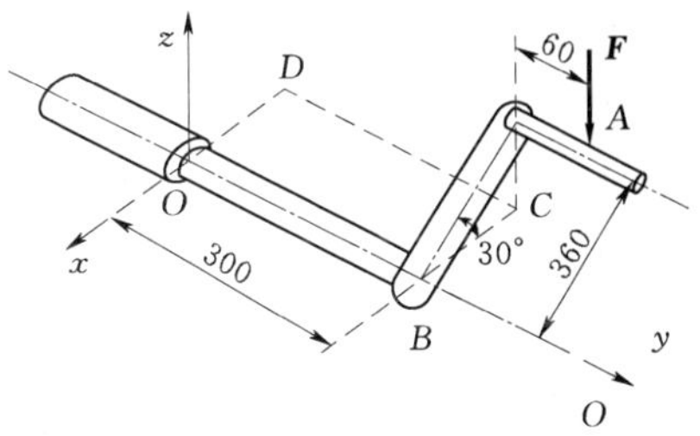

图 1.13

解 首先，根据力对轴之矩的定义，求出力 $\boldsymbol{F}$ 对 x、y、z 之矩

$$M_x(\boldsymbol{F})=-F\times(300+60)=-500\times360=-180(\text{N}\cdot\text{m})$$

$$M_y(\boldsymbol{F})=-F\times360\cos30^\circ=-500\times360\times\frac{\sqrt{3}}{2}=-155.9(\text{N}\cdot\text{m})$$

$$M_z(\boldsymbol{F})=0$$

由式（1.20）得

$$|\boldsymbol{M}_O(\boldsymbol{F})|=\sqrt{(-180)^2+(-155.9)^2}=238.1(\text{N}\cdot\text{m})$$

其方向余弦为

$$\cos\alpha=\frac{-180}{238.1}=-0.756,\cos\beta=\frac{-155.9}{238.1}=-0.655,\cos\gamma=0$$

可见，$\boldsymbol{M_O}(\boldsymbol{F})$ 位于 xOy 平面内的第三象限，它与 x、y 轴正向间的夹角分别为

$$\alpha=\arccos(-0.756)=220.9^\circ$$

$$\beta=\arccos(-0.655)=130.9^\circ$$

例 1.7 如图 1.14 所示，长方体各边长分别为 $a=b=0.2\text{m}$，$c=0.1\text{m}$，沿对角线 AB 作用的力 $F=10\sqrt{6}\text{N}$。求力 $\boldsymbol{F}$ 对轴 ξ 之矩。

解 因为 ξ 轴通过 O 点，先求力 $\boldsymbol{F}$ 对 O 点之矩 $\boldsymbol{M}_O$（$\boldsymbol{F}$）

$$\boldsymbol{F}=F\frac{\boldsymbol{AB}}{AB}=10\sqrt{6}\times\frac{10}{\sqrt{6}}(-0.2\boldsymbol{i}+0.1\boldsymbol{j}+0.1\boldsymbol{k})$$

$$=-20\boldsymbol{i}+10\boldsymbol{j}+0.1\boldsymbol{k}$$

$$\boldsymbol{OA}=0.2\boldsymbol{i}+0.1\boldsymbol{j}$$

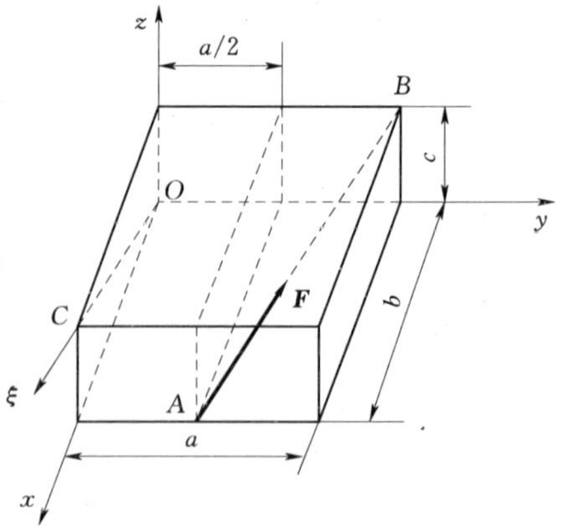

图 1.14

F 对 O 点之矩 $\boldsymbol{M}_O$（**F**）为

$$\boldsymbol{M}_O(\boldsymbol{F})=\boldsymbol{OA}\times\boldsymbol{F}=\begin{vmatrix} \boldsymbol{i} & \boldsymbol{j} & \boldsymbol{k} \\ 0.2 & 0.1 & 0 \\ -20 & 10 & 10 \end{vmatrix}$$

$$=\boldsymbol{i}-2\boldsymbol{j}+4\boldsymbol{k}$$

F 对轴 ξ 之矩为

$$M_\xi(\boldsymbol{F})=\boldsymbol{M}_O(\boldsymbol{F})\cdot\frac{\boldsymbol{OC}}{OC}=(\boldsymbol{i}-2\boldsymbol{j}+4\boldsymbol{k})\cdot\frac{1}{\sqrt{5}}(2\boldsymbol{i}+\boldsymbol{k})$$

$$=\frac{6\sqrt{5}}{5}(\mathrm{N}\cdot\mathrm{m})$$

例 1.8 求图 1.15（a）中力 **F** 对 z 轴的矩 M_z（F）及对 O 点的矩 M_O（F），已知 $F=20\mathrm{N}$，尺寸见图。

解 先求 M_z（F），将 **F** 投影到 xOy 平面上成为 F'，如图 1.15（b）所示，计算 **F**′ 对 O 点的矩，显然 $F'=F\cos60°=10\mathrm{N}$。

$M_z(F)=M_O(F')=(-F'\cos45°)\times(-0.4)-F'\sin45°\times0.5=-0.71\mathrm{N}\cdot\mathrm{m}$，或者先计算出 F 在坐标轴上的投影，再按式（1.13）计算。则

$$F_x=F\cos60°\sin45°=\frac{\sqrt{2}}{2}F$$

$$F_y=F\cos60°\cos45°=-\frac{\sqrt{2}}{2}F$$

$$F_z=-F\sin60°=-\frac{\sqrt{3}}{2}F$$

$$x=-0.4\mathrm{m},y=0.5\mathrm{m},z=0.3\mathrm{m}$$

将 F_x、F_y、F_z 及 x、y、z 的值代入式（1.13）得

$$\boldsymbol{M}_O(\boldsymbol{F})=-6.54\boldsymbol{i}-4.81\boldsymbol{j}-0.71\boldsymbol{k}$$

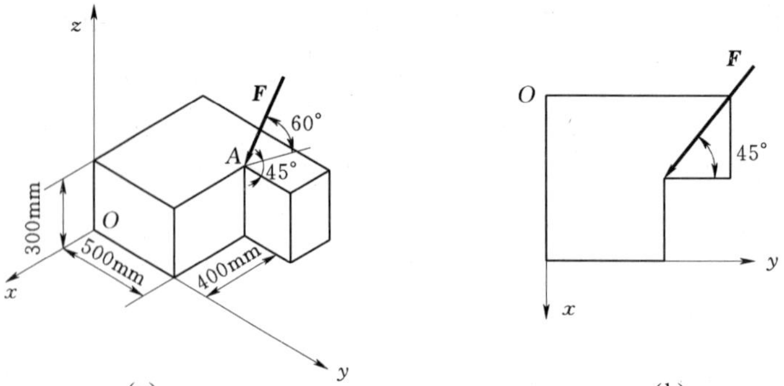

图 1.15

1.5 力偶及力偶矩

1.5.1 力偶及力偶矩

大小相等、方向相反、作用线互相平行但不重合的两个力所组成的力系，称为**力偶**，如图 1.16 所示。力偶是一种最基本的力系，也是一种特殊力系。

力偶中两个力作用线所组成的平面称为**力偶作用面**；力偶中两个力作用线之间的垂直距离 d 称为**力偶臂**。通常用记号（$\boldsymbol{F}$，$\boldsymbol{F}'$）表示力偶。

力偶在工程实践中是常见的。如图 1.17 所示，汽车司机用双手转动转向盘、钳工用铰杠丝锥攻制螺纹时双手的作用力、用手拧动水龙头等，施加于物体上的力系都是力偶。

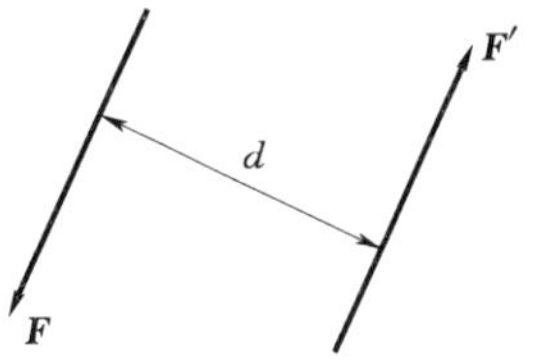

图 1.16

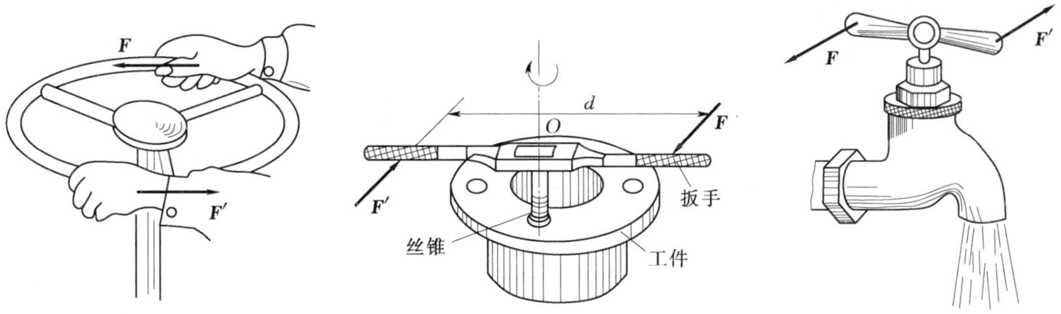

(a) (b) (c)

图 1.17

由经验可知，力偶的作用效应是使刚体的转动状态发生改变。如何度量力偶对刚体的转动效应呢？前面讲过，力对物体绕一点转动的效应是用力矩来表示的，力偶对物体绕某点的转动的效应则可用力偶的两个力对该点的矩之和来量度。下面计算组成力偶的两个力对于任一点的矩之和。

如图 1.18（b）所示，设在平面 p 内有一力偶（$\boldsymbol{F}$，$\boldsymbol{F}'$）。任取一点 O，令 $\boldsymbol{F}$ 及 $\boldsymbol{F}'$ 的作用点 A 及 B 对于点 O 的矢径为 $\boldsymbol{r}_A$ 及 $\boldsymbol{r}_B$，而 B 点相对于 A 点的矢径为 $\boldsymbol{r}_{AB}$。由图可见，$\boldsymbol{r}_B=\boldsymbol{r}_A+\boldsymbol{r}_{AB}$，$\boldsymbol{F}=-\boldsymbol{F}'$。于是，力偶的两个力对于点 O 的矩之和为

$$\begin{aligned}\boldsymbol{M}_O(\boldsymbol{F},\boldsymbol{F}')&=\boldsymbol{r}_A\times\boldsymbol{F}+\boldsymbol{r}_B\times\boldsymbol{F}=\boldsymbol{r}_A\times\boldsymbol{F}+(\boldsymbol{r}_A+\boldsymbol{r}_{AB})\times\boldsymbol{F}'\\&=\boldsymbol{r}_{AB}\times\boldsymbol{F}'\\&=\boldsymbol{r}_{BA}\times\boldsymbol{F}\end{aligned}\tag{1.25}$$

由以上公式可以看出，矢量 $\boldsymbol{M}_O$（$\boldsymbol{F}$，$\boldsymbol{F}'$）的大小、方向与 O 点无关，这样可以得到一个重要的结果，即该力偶对空间任意一点的力矩之和与矩心（该点）的位置无关。也就是说，该力偶对空间所有点的力矩之和都相等。

这样，定义 $\boldsymbol{M}$（$\boldsymbol{F}$，$\boldsymbol{F}'$）为力偶（$\boldsymbol{F}$，$\boldsymbol{F}'$）的**力偶矩**。取

$$\boldsymbol{M}(\boldsymbol{F},\boldsymbol{F}')=\boldsymbol{r}_{BA}\times\boldsymbol{F}\tag{1.26}$$

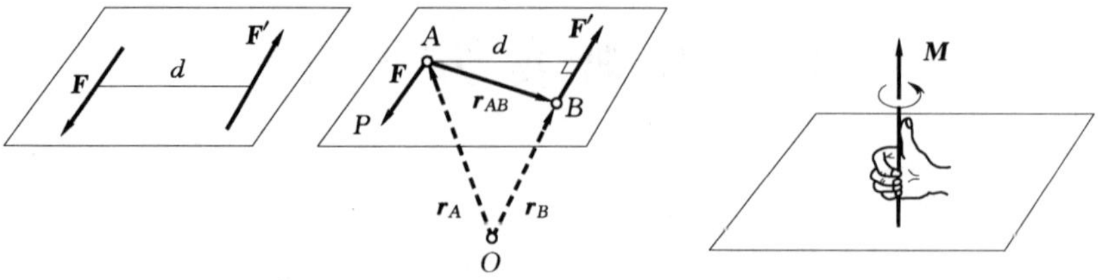

（a）　　　　（b）　　　　（c）

图 1.18

力偶矩 $\boldsymbol{M}$（$\boldsymbol{F}$，$\boldsymbol{F}'$）垂直于力偶所在的平面，力偶矩 $\boldsymbol{M}$（$\boldsymbol{F}$，$\boldsymbol{F}'$）的正方向与力偶在其所在平面内的转向符合右手螺旋法则。力偶矩 $\boldsymbol{M}$（$\boldsymbol{F}$，$\boldsymbol{F}'$）的大小为

$$|\boldsymbol{M}(\boldsymbol{F},\boldsymbol{F}')|=|\boldsymbol{r}_{BA}\times\boldsymbol{F}|=M=F\cdot d \tag{1.27}$$

即力偶矩 $\boldsymbol{M}$($\boldsymbol{F}$，$\boldsymbol{F}'$）的大小等于力偶的一个力与力偶臂之乘积。

力偶矩的单位与力矩的单位相同，也是 N·m。力偶及力偶矩 $\boldsymbol{M}$($\boldsymbol{F}$，$\boldsymbol{F}'$）在空间中和平面上表示见图 1.19。

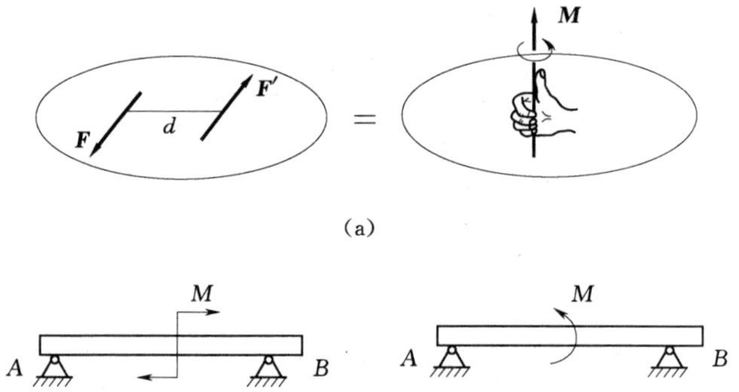

（a）

（b）

图 1.19

力偶（$\boldsymbol{F}$，$\boldsymbol{F}'$）在力偶作用面内或者平行于力偶作用面的平面内移动时，力偶矩 $\boldsymbol{M}$($\boldsymbol{F}$，$\boldsymbol{F}'$）保持不变，它对刚体的转动效应是相同的，所以，力偶矩 $\boldsymbol{M}$($\boldsymbol{F}$，$\boldsymbol{F}'$）是一个自由**矢量**。

此外，和力矩对比分析可知，力矩和力偶对刚体的作用都是转动效应，但它们还是有很大区别的。力矩表示在力作用下，刚体绕矩心转动效应的强弱，力矩是对矩心而言的，是一个固定矢量；力偶矩表示在力偶作用下，刚体转动效应的强弱，与矩心无关，作用于刚体的力偶矩是一个自由矢量。

1.5.2 力偶矩的合成

由两个及两个以上力偶组成的力系称为**力偶系**。

由于作用于刚体的力偶矩是自由矢量，所以对于作用于同一刚体的**力偶系**中每个力偶对应的力偶矩，总可以平移至空间中一点。由此形成以共点矢量系，利用矢量加法，该共点矢量系最终合成一个矢量，即为该力偶系的合力偶矩，表示为

$$\boldsymbol{M}_R = \sum_{i=1}^{n}\boldsymbol{M}_i = \boldsymbol{M}_1 + \boldsymbol{M}_2 + \cdots + \boldsymbol{M}_n \tag{1.28}$$

式中，$\boldsymbol{M}_R$ 为合力偶矩；$\boldsymbol{M}_i$ 为力偶系第 i 个力偶对应的力偶矩。

1.6 约束与约束反力

在工程上研究的对象是具体的物体或物体系统，如一幢房屋的整体结构、房屋结构中的一个构件、一颗子弹、一架飞机、一架飞机中的一个零件等。

根据研究对象在空间中运动受限制的不同，将其分为两类：一类是**自由体**，其在空间中可做任意运动，其位移在空间中不受限制，如飞行的飞机、炮弹和火箭等；另一类是**非自由体**，其在空间中的位移要受到一定的限制。例如，沿轨道行驶的火车，只能沿轨道运行，用绳子悬挂而不能下落的重物，支承于墙上而静止不动的屋架等。它们的运动都受到一定的限制。

力学研究中把预先给定的限制所研究的物体运动位移、运动速度或运动趋势的条件称为**约束**。由于这些限制条件通常是由被约束物体周围的其他物体提供的，也称这些周围物体为**约束体**，如上面提到的轨道、绳子及墙。

约束对被约束体运动的限制是通过其作用于被约束体上的力实现的，称其为**约束力或约束反力**。也常简称为**反力**。与约束力相对应，有些力主动地使物体运动或使物体有运动趋势，这种力称为**主动力**，如重力、水压力、土压力等都是主动力，工程上也常称主动力为**荷载**。在工程设计中，确定荷载是十分重要的工作，对具体的工程可采用调查研究、试验测定等方法确定，这在其他课程中学习。但在静力学中，主动力常常作为已知力给出，需要分析确定未知的多为约束力。

约束力取决于约束体本身的性质、主动力、被约束体的形状及运动状态。约束体限制被约束体是通过相互接触实现的，所以说约束力是接触力，约束力的特征与接触面的物理性质和约束的结构形式有关。约束力的作用位置应在相互接触处。**约束力的方向总是与约束所限制的运动或运动趋势的方向相反**。约束力的大小一般是未知的，需要根据物体所受主动力及运动状态或运动趋势来确定。当物体沿约束限制方向无运动或运动趋势时，即便有约束体存在，也不会产生约束力。可见，约束力属于被动力，约束力没有能力主动引起物体的运动或是使物体有运动趋势。

工程中非自由体受到的约束具有不同的形式，根据约束体是刚体还是弹性体，常见的约束可以分为**刚性约束和柔性约束**；根据约束体限制被约束体位移的不同，常见的约束又可以分为单侧约束和双侧约束；根据考虑接触面间摩擦力与否，可分为**理想约束**与**非理想约束**；还可根据约束复杂程度分为基本约束和组合约束。

下面是工程中常见的几种约束的实例、简化符号及对应的约束力的表示法。对于指向不定的约束力，图中的指向是根据约束的性质假设的。

1. *柔索*

绳索、链条、皮带等属于柔索类约束。柔索是柔软的细长物体，它只能限制物体沿柔索轴线伸长的运动趋势，但不限制其他方向（使柔索缩短、弯曲、扭转及沿其横向）的运动或运动趋势。所以，柔索只能提供沿其轴向的拉力。一般情况下，柔索的横截面很小，在图中常用其轴线代表柔索，约束力也可以看作是集中力，作用在与被约束体的连接处，方向沿柔索背离被约束体。但若柔索约束的是滑轮，则约束力方向沿滑轮切线。柔索属于柔性约束，也属于单侧约束，它只能在一个方向产生约束力，用 $\boldsymbol{F}_T$ 表示，如图 1.20 和图 1.21 所示。

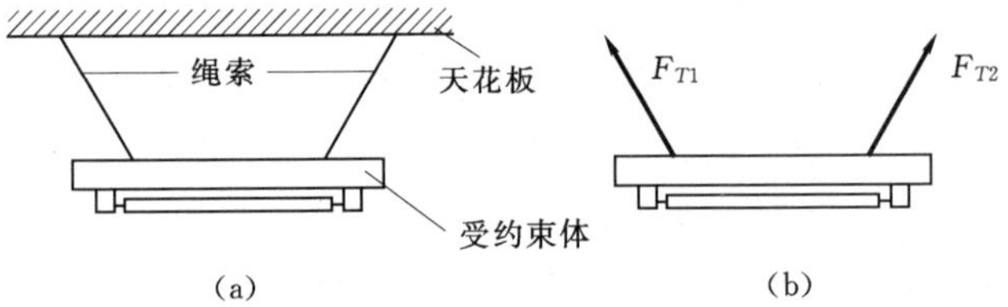

图 1.20

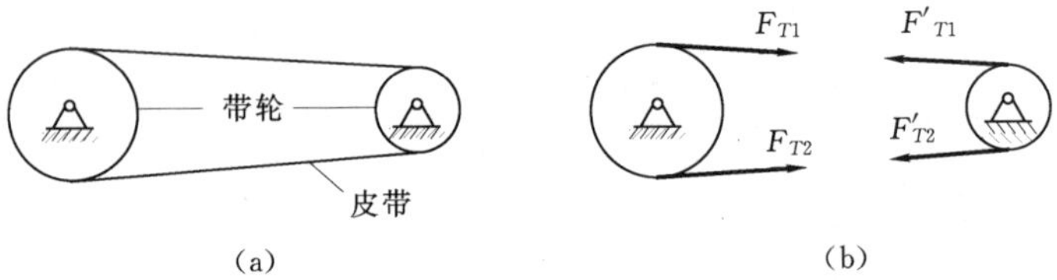

图 1.21

2. 光滑接触面

当两物体接触面上的摩擦力可以忽略时，即可看作光滑接触面。这时，不论接触面形状如何，只能限制被约束体沿接触面公法线趋向接触面的运动或运动趋势，而不能限制沿法向的离开和沿切向的运动或运动趋势。所以，光滑接触面的约束力通过接触点，沿接触面在该点的公法线指向被约束物体的压力。

当两个接触面均为平面时，约束力是平行同向的分布力，可以简化为一个合力，其作用点位置取决于约束力的分布情况。当其中一个面为光滑曲面，或两个面均为光滑曲面时，接触面缩小为一个点或一条线，约束力为集中力或沿接触线的分布力，每一点处的约束力作用线通过接触点并沿接触点处的公法线方向。称这类约束力为法向约束力，用 $\boldsymbol{F}_N$ 表示。如图 1.22～图 1.24 所示。工程实际中桥梁、房屋结构中的平板、弧形支座、墙对搁在墙上的梁的约束等都可以看成是光滑接触面约束。

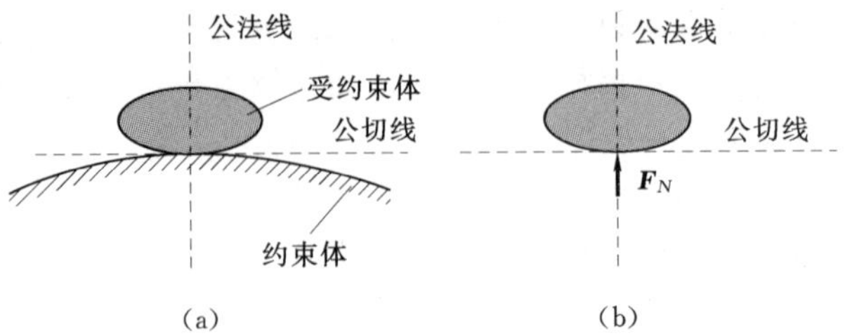

图 1.22

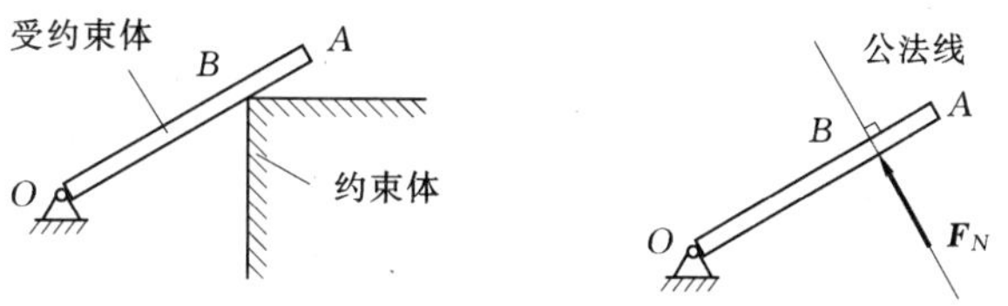

图 1.23

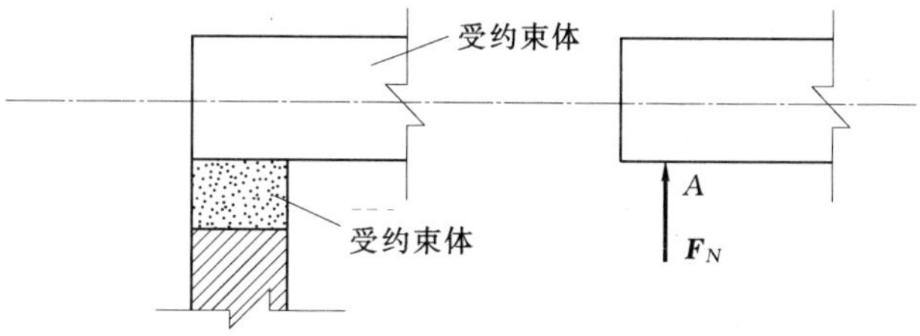

（a）　　　　（b）

图 1.24

3. 光滑圆柱铰链

光滑圆柱铰链约束简称为柱铰约束，柱铰是通过圆柱销钉将两个留有相同直径销孔的构件连接在一起。被连接构件可以绕销钉轴线相对转动，但沿径向的移动受到限制。销钉和销孔接触面的位置取决于被约束体转过的角度，假定销钉和销孔接触面是光滑的，则销钉给被约束体销孔的约束反力必定沿径向通过销孔中心，用 $\boldsymbol{F}_R$ 表示，$\boldsymbol{F}_R$ 可任意分解为垂直于销钉轴线的平面内的两个沿坐标方向的分力 $\boldsymbol{F}_x$ 和 $\boldsymbol{F}_y$。

光滑圆柱铰链用于实际工程中，有固定铰支座和活动铰两种类型。它们是土木工程中常用的二维约束体系。

如图 1.25 所示，常把铰链连接的两个构件之一是与结构基础或结构主体固结的，则把该构件和铰链一起称为**固定铰支座**。在力学计算简图中，常把固定铰支座简化表示为图 1.25（b）、（c）所示，其对被约束体的反力如图 1.25（d）及图 1.26（c）所示。

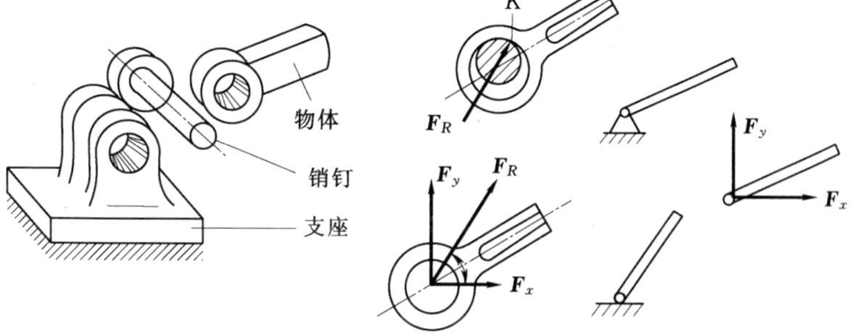

（a）　　（b）　　（c）　　（d）

图 1.25

同样，在实际工程中，常用铰链连接两个均未固定于基础或主体的构件，称该铰链为

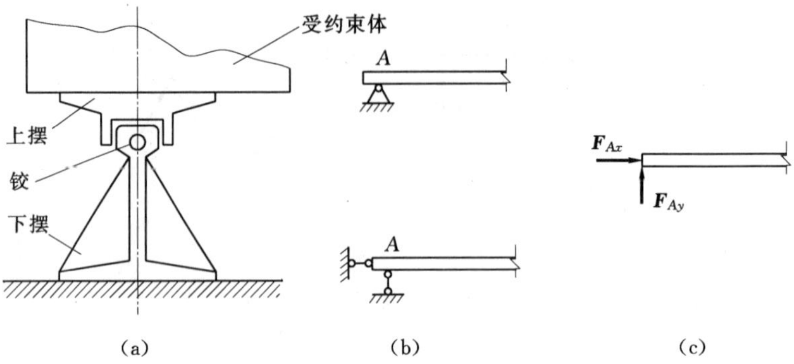

图 1.26

中间铰或活动铰，如图 1.27（a）所示，作用于两构件的反力如图 1.27（c）所示，在力学计算简图中，常把活动铰符号化为图 1.27（b）所示。

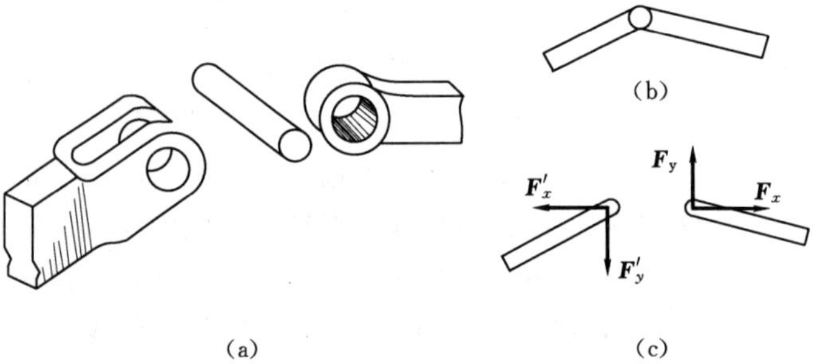

图 1.27

4. 球形铰链

球形铰链简称球铰，由球头和球窝将两个构件连接在一起。被约束体可以绕球心做相对转动，但不能离开球心向任意方向移动。工程中用的球铰有固定球铰支座和活动球铰两类。

固定球铰支座的示意简图如图 1.28（c）所示。

球铰支座是用于空间问题中的约束。球窝给予球的约束力必通过球心，但可取空间任何方向。因此，可用 3 个相互垂直的分力 $\boldsymbol{F}_x$、$\boldsymbol{F}_y$、$\boldsymbol{F}_z$ 来表示，如图 1.28（b）所示。

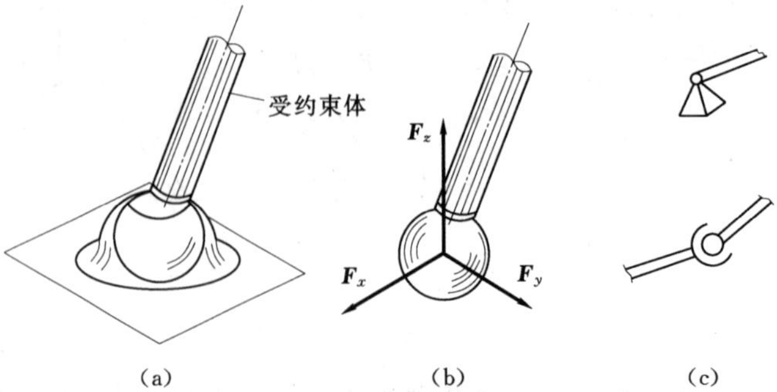

图 1.28

5. 链杆

两端用光滑的圆柱链或球铰铰链与其他物体连接且不考虑自重的刚性杆件，称为**链杆**，链杆常被用来作为拉杆或撑杆形成约束，它是一种组合约束。如图 1.29 所示，杆 AB 为一链杆。这种约束只能限制物体沿两铰链中心的连线方向的运动，而其他方向的运动都不能限制。所以，链杆对物体的约束反力沿着链杆两铰链中心的连线，其指向或背离物体，或朝向物体。图 1.29（b）、（c）分别为链杆的简图及其链杆约束横杆产生的反力 $\boldsymbol{F}'_B$ 表示法。

若单独来看链杆 AB，显然，杆 AB 仅在两端分别受到一个通过铰链中心的力，若此杆在此二力作用下处于平衡状态，根据后面将要介绍的二力平衡条件，这两个力必定大小相等、方向相同且作用在同一条直线上。

反过来说，把只受两个力作用而处于平衡状态的刚体（构件），称为**二力构件**或**二力杆**，根据平衡条件可以推出，作用二力构件上的二力之间的关系是：该二力必定大小相等、方向相反且作用线相同。

二力杆在工程实际中经常遇到，链杆就属于二力杆。

了解链杆的这一性质，有助于进行受力分析。

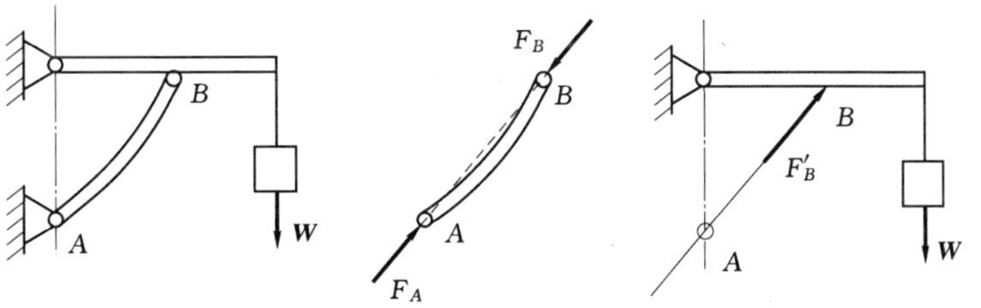

(a)　　(b)　　(c)

图 1.29

6. 可动铰支座

如图 1.30 所示，在铰链支座与光滑支承面之间装上几个辊轴构成的约束体，称为**可动铰支座**，或辊轴支座。它是由光滑接触面和铰链两种约束体组合而成的一种约束体，可以阻止物体与支座连接处向着支承面或离开支承面的运动，但不能阻止被约束物体沿着支

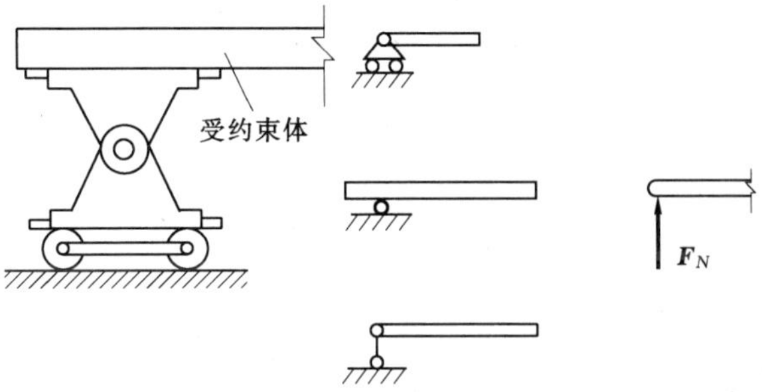

(a)　　(b)　　(c)

图 1.30

承面的运动及绕铰链的旋转。所以，可动铰支座的约束力 $\boldsymbol{F}_N$ 必定垂直于支承面且通过销钉中心，指向则与被约束体承受的主动力有关，可任意假设。图 1.30（b）是辊轴支座的简化表示法，图 1.30（c）是**可动铰**支座约束力的表示法。

7. 固定端约束

固定端约束是工程上常见的一种约束类型，将被约束体的一端牢固地插入约束体（如基础或固定在其他静止的物体）内，如图 1.31（a）及图 1.32（a）所示，就构成固定端约束，有时也称为固定支座。

图 1.31 所示为空间固定支座，其简化表示如图 1.31（b）所示；图 1.32 所示为平面固定支座，它们的简化表示如图 1.32（b）所示。

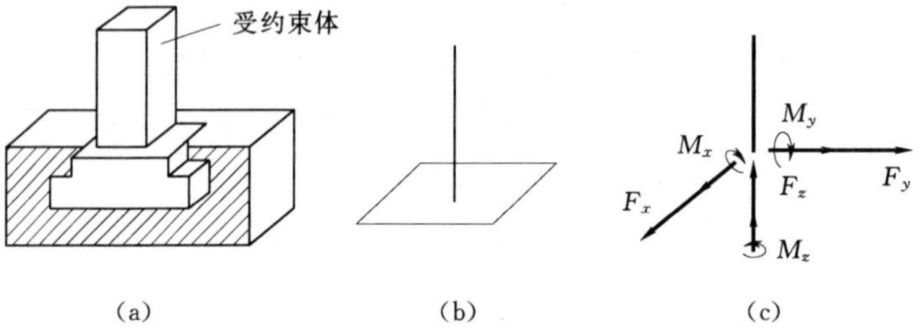

图 1.31

从约束对构件的运动限制来说，空间固定支座能阻止杆端在空间内任一方向的移动和绕任一轴的转动，所以其约束力必为空间内一个方向未定的力和方向未定的力偶矩矢量。空间固定支座的约束力表示如图 1.31（c）所示，图中力的指向及力偶的转向都是假设的。

平面固定支座既能阻止杆的插入端移动，也能阻止杆的插入端转动，因而其约束力必为一个方向未定的力和一个力偶。平面固定支座的约束力表示如图 1.32（c）所示，其中力的指向及力偶的转向都是假设的。

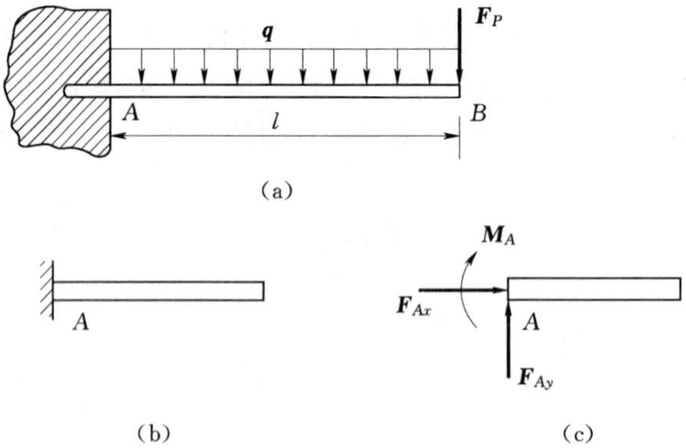

图 1.32

上面介绍的各种约束是对物体间实际连接或接触方式的理想化和简化，实际是各种连接或接触的力学模型。

前面介绍的几种是较为简单的约束，在工程实践中，约束的类型远不止这几种，在以后的章节中遇到再作介绍。

1.7 受力分析与受力图

前文讲过，作用在物体及物体系统上的力可以分为两类：其一是主动力，如物体的重力、风力、气体压力等，一般是已知的；其二是约束体对于物体的约束反力，又称被动力，一般是未知的。

在工程实际中，需要求出处于平衡状态物体或物体系统的未知力。为了求出未知的力，首先要分析确定所研究的物体或物体系统受了几个力，每个力的作用位置和作用方向。

为了清晰地表示物体的受力情况，将需要研究的物体或物体系统（称为**受力体**）假想地从与之接触或连接的物体（称为**施力体**）中分离出来，单独画出它的简图，这个过程叫做**取研究对象**或**取分离体**。

然后把施力体施加给受力体（分离体）的主动力及约束反力全部画在受力体上。将这种表示物体或物体系统受力的简明图形，称为物体或物体系统的**受力图**。

分析作用在分离体上的全部主动力和约束力，画出分离体的受力简明图形——**受力图**。这一过程即为**物体的受力分析**。

上述受力分析中画约束力的理论基础是**解除约束原理**，即当受约束的物体在某些主动力作用下处于平衡，若将其部分或全部的约束除去，代之以相应的约束反力，则物体的平衡不受影响。

为了完成正确的受力分析，建议按下列步骤进行受力分析：

（1）选定需要的研究的对象，确定分离体。

（2）画出所有作用在分离体上的主动力。

（3）在分离体的所有约束处，根据约束的性质画出约束力。

前文讨论过，实际的约束可以理想化为不同的约束类型。不同类型的约束对应的约束力的数量、作用位置、作用线的方位和指向不同。

当选择若干个物体组成的系统作为研究对象时，作用于系统上的力可分为两类：系统外物体作用于系统内物体上的力，称为**外力**，外力包括主动力及外约束力（约束对系统整体的约束力）；系统内物体间的相互作用力称为**内约束力**。根据牛顿第三定律，系统的内约束力总是成对出现的，并且每一对内约束力总是大小相等、作用方向相反、作用于同一直线上。根据动量定理和动量矩定理，内约束力不改变物体系统的整体运动状态。因此，在取整个系统为分离体时，在受力图中不必画出内约束力，只画外力即可。但当取物体系统中的一部分作分离体，则系统其余部分对该部分的作用力就变成分离体所受的外力，必须在受力图中画出。

下面举例说明。

例 1.9 画出图 1.33（a）所示重量为 $\boldsymbol{W}$ 的 AB 杆置于 U 形槽中的受力图。所有接触处均为光滑接触。

解 （1）选取研究对象：取 AB 杆，画出其分离体图。

（2）在分离体上画上主动力 **W**。

（3）由各光滑面接触处约束力沿其公法线方向画出 3 处的约束力，如图 1.33（b）所示。

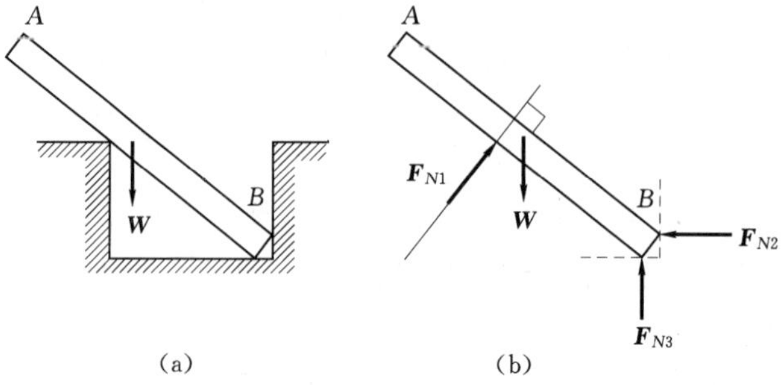

图 1.33

例 1.10 如图 1.34（a）所示，水平梁 AB 受已知力 $\boldsymbol{F}$ 作用，A 端是固定端支座，梁的自重不计。试画出梁的受力图。

解 （1）取梁 AB 为研究对象，解除 A 处的约束，并画出其简图。

（2）在梁的 B 处画出主动力。

（3）在解除约束的 A 处，画出约束反力。A 处是平面固定端支座，其反力有互相垂直的未知分力 $\boldsymbol{F}_{Ax}$、$\boldsymbol{F}_{Ay}$ 和未知反力偶 $\boldsymbol{M}_A$。受力如图 1.34（b）所示。

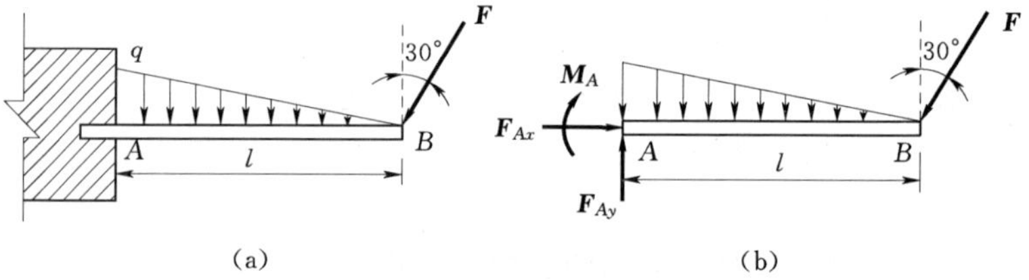

图 1.34

例 1.11 水平简支平面梁 AB 如图 1.35（a）所示，A 端是固定铰支座，B 端为可动铰支座，在 C 处作用一集中载荷 $\boldsymbol{F}$，梁自重不计，画出梁 AB 的受力图。

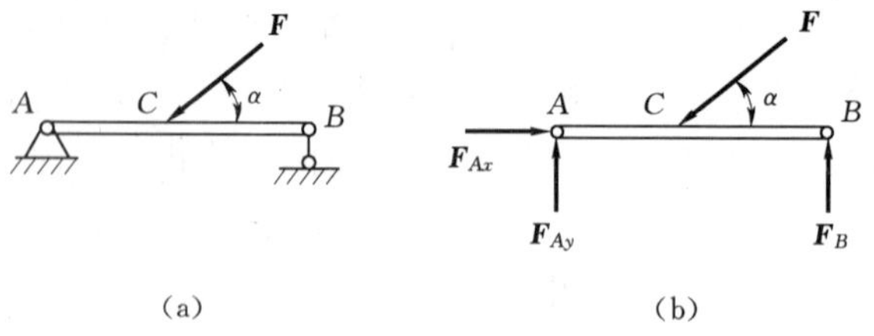

图 1.35

解 （1）取梁 AB 为研究对象，解除 A、B 两处的约束，并画出其简图。

（2）在梁的 C 处画出主动力。

（3）在解除约束的 A 处和 B 处，画出约束反力。A 处是固定铰支座，其反力通过铰链中心，用互相垂直的分力 $\boldsymbol{F}_{Ax}$、$\boldsymbol{F}_{Ay}$ 表示，B 处是可动铰支座，其反力通过铰链中心且垂直于支承面，用 $\boldsymbol{F}_B$ 表示。受力如图 1.35（b）所示。

例 1.12 如图 1.36（a）所示，水平梁 AB 受已知力 $\boldsymbol{F}_1$、$\boldsymbol{F}_2$ 及力偶矩 $\boldsymbol{M}$ 的作用，梁

的自重不计。试画出梁的受力图。

解 (1)取梁 AB 为研究对象，解除 A、B 及 C 处的约束，并画出其简图。

(2)画出主动力。

(3)在解除约束的 A、B 及 C 处画出约束反力。A 处是固定铰支座，其反力通过铰链中心，用互相垂直的分力 $\boldsymbol{F}_{Ax}$、$\boldsymbol{F}_{Ay}$ 表示，B 及 C 处是可动铰支座，其反力通过铰链中心且垂直于支承面，用 $\boldsymbol{F}_B$ 和 $\boldsymbol{F}_C$ 表示。受力如图 1.36(b)所示。

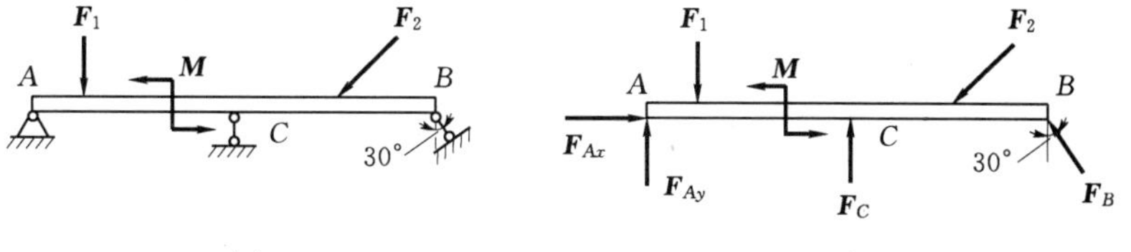

图 1.36

例 1.13 如图 1.37(a)所示，水平梁 AB 用斜杆 CD 支撑，A、C、D 3 处均为光滑铰链连接。均质梁重 $\boldsymbol{W}_1$，其上放置一重为 $\boldsymbol{W}_2$ 的电动机。不计杆 CD 的自重，试分别画出杆 CD 和梁 AB(包括电动机)的受力图。

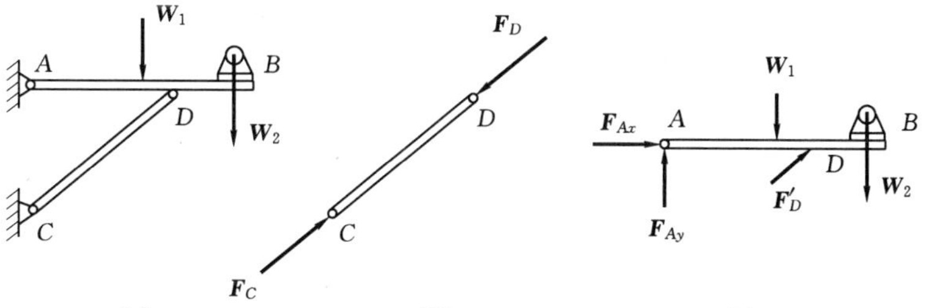

图 1.37

解 (1)取 CD 杆为研究对象由于斜杆 CD 的两端为光滑铰链，自重不计，因此杆 CD 为二力杆，由经验判断，此处杆 CD 受压力，杆 CD 的受力如图 1.37(b)所示。

(2)取梁 AB(包括电动机)为研究对象，它受有两个主动力 $\boldsymbol{W}_1$、$\boldsymbol{W}_2$ 的作用。梁在铰链 D 处受有二力杆 CD 给它的约束反力 $\boldsymbol{F}'_D$ 的作用。根据作用和反作用公理，$\boldsymbol{F}'_D$ 与 $\boldsymbol{F}_D$ 方向相反。梁受固定铰支座给它的约束反力的作用，由于方向未知，可用两个大小未定的正交分力 $\boldsymbol{F}_{Ax}$、$\boldsymbol{F}_{Ay}$ 表示。梁 AB 的受力如图 1.37(c)所示。

例 1.14 如图 1.38(a)所示，梯子的两部分 AB 和 AC 在 A 点铰接，又在 D、E 两点用水平绳连接。梯子放在光滑水平面上，自重不计，在 AB 的中点 H 处作用一竖向载荷 $\boldsymbol{F}$。试分别画出绳子 DE 和梯子 AB、AC 部分以及整个系统的受力图。

解 (1)取绳 DE 为研究对象，绳子两端 D、E 分别受到梯子对它的拉力 FD、FE 的作用，绳 DE 的受力如图 1.38(b)所示。

(2)取梯子的 AB 部分为研究对象，它在 H 处受载荷 $\boldsymbol{F}$ 的作用，在铰链 A 处受 AC 部分给它的约束反力 $\boldsymbol{F}_{Ax}$、$\boldsymbol{F}_{Ay}$ 的作用。在 D 点受绳子对它的拉力 $\boldsymbol{F}'_D$(与 $\boldsymbol{F}_D$ 互为作用力和

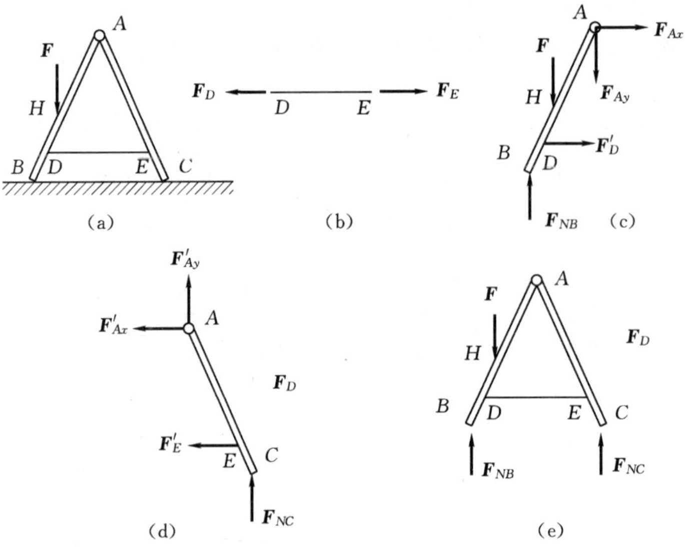

图 1.38

反作用力)。在 B 点受光滑地面对它的法向反力 $\boldsymbol{F}_{NB}$ 的作用，梯子 AB 部分的受力如图 1.38（c）所示。

（3）取梯子的 AC 部分为研究对象，在铰链 A 处受 AB 部分对它的作用力 $\boldsymbol{F}'_{Ax}$、$\boldsymbol{F}'_{Ay}$（分别与 $\boldsymbol{F}_{Ax}$、$\boldsymbol{F}_{Ay}$ 互为作用力和反作用力)。在 E 点受绳子对它的拉力 $\boldsymbol{F}'_E$（与 $\boldsymbol{F}_E$ 互为作用力和反作用力)。在 C 处受光滑地面对它的法向反力 $\boldsymbol{F}_{NC}$，梯子 AC 部分的受力如图 1.38（d）所示。

（4）取整个系统为研究对象，由于铰链 A 处所受的力互为作用力与反作用力关系，即 $\boldsymbol{F}_{Ax}=-\boldsymbol{F}'_{Ax}$，$\boldsymbol{F}_{Ay}=-F'_{Ay}$；绳子与梯子连接点 D 和 E 所受的力也分别互为作用力与反作用力关系，即 $\boldsymbol{F}_E=-\boldsymbol{F}'_E$，$\boldsymbol{F}_D=-\boldsymbol{F}'_D$，这些力都是系统内各物体之间相互作用的内约束力，内约束力成对地作用在整个系统内，它们对系统的作用效应相互抵消，并不影响整个系统的平衡。内约束力在受力图中不必画出。在受力图中只需画出系统以外的物体给系统的作用力，这种力称为外力。这里，载荷 $\boldsymbol{F}$ 和约束反力 $\boldsymbol{F}_{NB}$、$\boldsymbol{F}_{NC}$ 都是作用于整个系统的外力。整个系统的受力如图 1.38（e）所示。

从此例中可以看出，内约束力与外力的区分不是绝对的。例如，当把梯子的 AC 部分作为研究对象时，$\boldsymbol{F}_{Ax}$、$\boldsymbol{F}_{Ay}$ 和 $\boldsymbol{F}'_E$ 均属外力，但取整体为研究对象时，$\boldsymbol{F}_{Ax}$、$\boldsymbol{F}_{Ay}$ 和 $\boldsymbol{F}'_E$ 又成为内约束力。可见，内约束力与外力的区分只有相对于某一确定的研究对象才有意义。

例 1.15 画出图 1.39（a）所示 AO、AB 和 CD 构件的受力图。各杆重力均不计，所有接触处均为光滑接触。

解 （1）整体受力如图 1.39（b）所示。O、B 两处为固定铰链约束，约束力如图 1.39（b）所示。其余各处的约束力均为内约束力。D 处作用有主动力 $\boldsymbol{F}$。

（2）AO 杆受力如图 1.39（c）所示。其中 O 处受力与图 1.39（b）一致；C、A 两处为中间活动铰链，约束力可以分解为两个分力。

（3）CD 杆受力如图 1.39（d）所示。其中 C 处受力与 AO 在 C 处的受力互为作用力

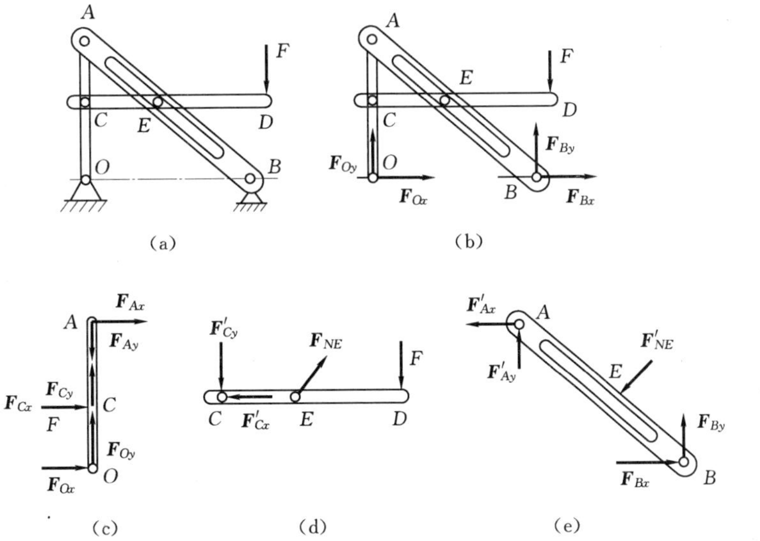

图 1.39

和反作用力；CD 上所带销钉 E 处受到 AB 杆中斜槽光滑面约束力 $\boldsymbol{F}_{NE}$；D 处作用有主动力 $\boldsymbol{F}$。

(4) AB 杆受力如图 1.39 (e) 所示。其中 A 处受力与 AO 在 A 处的受力互为作用力和反作用力；E 处受力与 CD 在 E 处的受力互为作用力和反作用力；B 处的约束力分解为两个分量［与图 1.39 (b) 相一致］。

例 1.16 如图 1.40 (a) 所示的平面构架，由杆 AB、DE 及 DB 铰接而成。A 为可动铰链支座，E 为固定铰链支座。钢绳一端拴在 K 处，另一端绕过定滑轮Ⅰ和动滑轮Ⅱ后拴在销钉 B 上。物重为 $\boldsymbol{W}$，各杆及滑轮的自重不计。

(1) 试分别画出各杆、各滑轮、销钉 B 以及整个系统的受力图。

(2) 画出销钉 B 与滑轮Ⅰ一起的受力图。

(3) 画出杆 AB、滑轮Ⅰ、Ⅱ、钢绳和重物作为一个系统时的受力图。

解 (1)

1) 取杆 BD 为研究对象（B 处为没有销钉的孔），如图 1.40 (b) 所示，由于杆 BD 为二力杆，故在铰链中心 D、B 处分别受 $\boldsymbol{F}_{DB}$、$\boldsymbol{F}_{BD}$ 两力的作用，其中 $\boldsymbol{F}_{BD}$ 为销钉给杆 BD 的约束反力，杆 BD 的受力如图 1.40 (b) 所示。

2) 取杆 AB 为研究对象（B 处为没有销钉的孔），如图 1.40 (c) 所示，A 处受有可动铰支座的约束反力 $\boldsymbol{F}_A$ 的作用；C 为铰链约束，其约束反力可用两个正交分力 $\boldsymbol{F}_{Cx}$、$\boldsymbol{F}_{Cy}$ 表示；B 处受有销钉给杆 AB 的约束反力，亦可用两个正交分力 $\boldsymbol{F}_{Bx}$、$\boldsymbol{F}_{By}$ 表示，杆 AB 的受力、力方向假设如图 1.40 (c) 所示。

3) 取杆 DE 为研究对象，如图 1.40 (d) 所示，D 处受二力杆 BD 给它的约束反力 $\boldsymbol{F}'_{DB}$ 作用；K 处受钢绳的拉力 $\boldsymbol{F}_K$ 作用，铰链 C 受到反作用力 $\boldsymbol{F}'_{Cx}$ 与 $\boldsymbol{F}'_{Cy}$ 作用；E 为固定铰链支座，其约束反力可用两个正交分力 $\boldsymbol{F}_{Ex}$ 与 $\boldsymbol{F}_{Ey}$ 表示。杆 DE 的受力如图 1.40 (d) 所示。

4）取轮Ⅰ为研究对象（B 处为没有销钉的孔），如图 1.40（e）所示，其上受有两段钢绳的拉力 $\boldsymbol{F}'_K$、$\boldsymbol{F}'_{T1}$ 和销钉 B 对轮Ⅰ的约束反力 $\boldsymbol{F}_{B1x}$ 及 $\boldsymbol{F}_{B1y}$，轮Ⅰ的受力如图 1.40（e）所示。

5）取轮Ⅱ为研究对象，如图 1.40（f）所示，其上受 3 段钢绳拉力，即 $\boldsymbol{F}_{T1}$、$\boldsymbol{F}_{T2}$、$\boldsymbol{F}_{T3}$，轮Ⅱ的受力如图 1.40（f）所示。

6）单独取销钉 B 为研究对象，如图 1.40（g）所示，它与杆 DB、AB 轮Ⅰ及钢绳等 4 个物体连接，因此这 4 个物体对销钉都有力的作用。二力杆 DB 对它的约束反力为 $\boldsymbol{F}'_{BD}$；杆 AB 对它的约束反力为 $\boldsymbol{F}'_{Bx}$、F'_{By}；轮Ⅰ给销钉 B 的约束反力为 $\boldsymbol{F}'_{B1x}$ 与 $\boldsymbol{F}'_{B1y}$；另外还受到钢绳对销钉 B 的拉力 $\boldsymbol{F}'_{T3}$。销钉 B 的受力如图 1.40（g）所示。

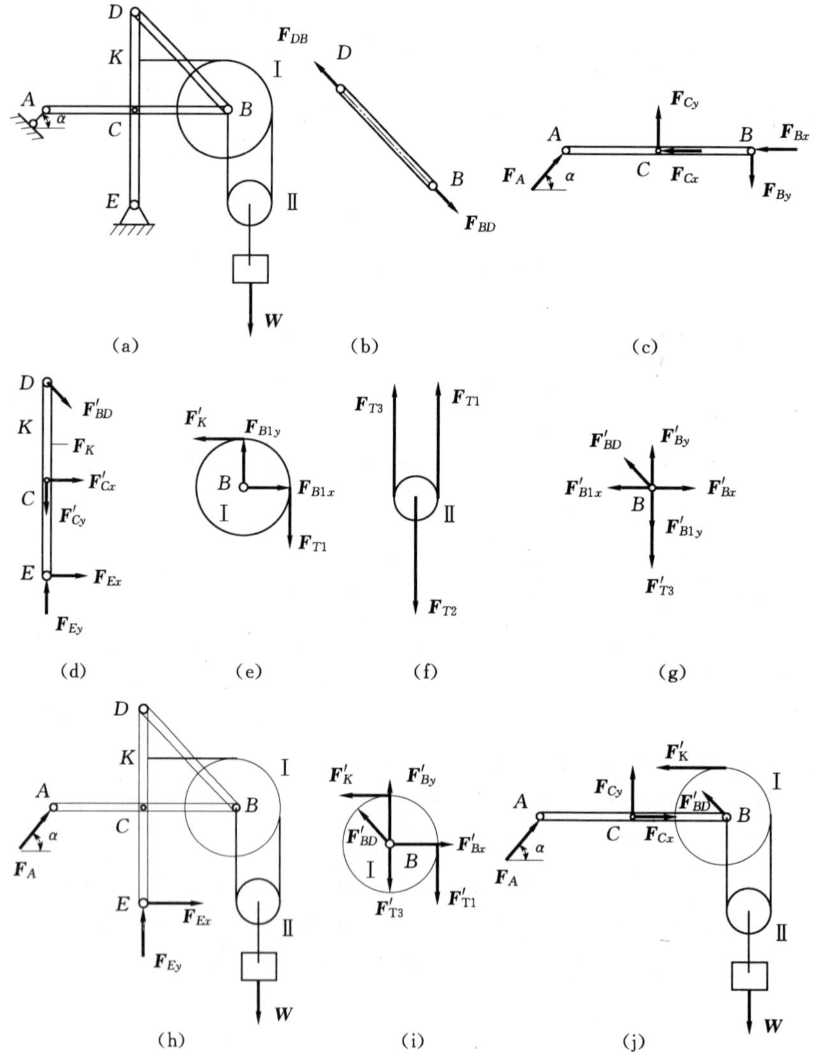

图 1.40

7）取整体为研究对象，如图 1.40（h）所示，铰链 B、C、D 处受力及钢绳的拉力均为内约束力，故可不画。系统的外力除主动力 $\boldsymbol{W}$ 外，还有约束反力 $\boldsymbol{F}_A$ 与 $\boldsymbol{F}_{Ex}$、$\boldsymbol{F}_{Ey}$。整体

的受力如图 1.40（h）所示。

（2）取销钉 B 与滑轮Ⅰ一起为研究对象，如图 1.40（i）所示，销钉 B 与滑轮Ⅰ之间的作用与反作用力为内约束力，故可不画。其上除受三绳拉力 $\boldsymbol{F}'_K$、$\boldsymbol{F}'_{T1}$ 及 $\boldsymbol{F}'_{T3}$ 外，还受到二力杆 BD 及杆 AB 在 B 处对它的约束反力 $\boldsymbol{F}'_{BD}$ 及 $\boldsymbol{F}'_{Bx}$、$\boldsymbol{F}'_{By}$。销钉 B 与滑轮Ⅰ的受力如图 1.40（i）所示。

（3）取杆 AB、滑轮Ⅰ、Ⅱ以及重物、钢绳（包括销钉 B）一起为研究对象，如图 1.40（j）所示，销钉 B 处受力及轮Ⅰ、轮Ⅱ间钢绳的拉力均为内约束力，故可不画。系统上的外力有主动力 $\boldsymbol{W}$，约束反力 $\boldsymbol{F}_A$、$\boldsymbol{F}'_{BD}$ 及 $\boldsymbol{F}_{Cx}$、$\boldsymbol{F}_{Cy}$，还有 K 处的钢绳拉力 $\boldsymbol{F}'_K$。其受力如图 1.40（j）所示。

本题由于销钉 B 与 4 个物体连接，销钉 B 与每个连接物体之间都有作用力与反作用力关系，故销钉 B 上受的力较多，因此必须明确其上每一个力的施力物体。必须注意：当分析各物体在 B 处的受力时，应根据求解需要，将销钉单独画出或将它属于某一个物体。因为各研究对象在 B 处是否包括销钉的受力图是不同的，如图 1.40（e）与图 1.40（i）所示。以后凡遇到销钉与 3 个以上物体连接时，都应注意上述问题。

例 1.17 画出图 1.41（a）所示结构中各构件的受力图。不计各构件重力，所有约束处均为光滑约束。

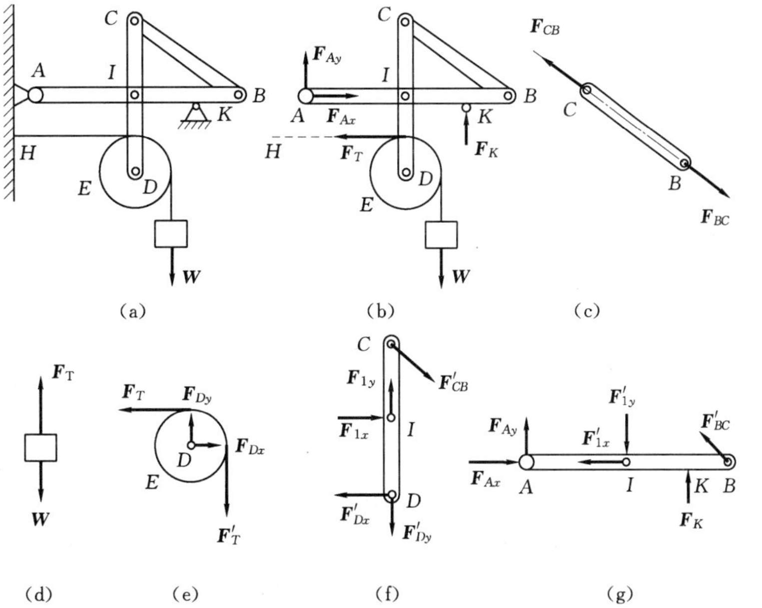

图 1.41

解 （1）整体受力如图 1.41（b）所示：A 处为固定铰链，约束力方向未知，可用两个分力 $\boldsymbol{F}_{Ax}$、$\boldsymbol{F}_{Ay}$ 表示；K 处为辊轴支承，只有铅垂方向约束力 $\boldsymbol{F}_K$；H 处为柔索，约束力 $\boldsymbol{F}_T$（拉力）。D、C、I、B 处未解除约束，约束力无需画出。

（2）CB 杆为二力杆，受力如图 1.41（c）所示，可以用 $\boldsymbol{F}_{CB}$ 和 $\boldsymbol{F}_{BC}$ 表示，其 B 端约束力与 AB 杆 B 端的约束力互为作用力与反作用力，其 C 端约束力与 CD 杆 C 端的约束力互为作用力与反作用力。

(3) 重物受柔索约束，受力如图 1.41 (d) 所示。

(4) 轮 D 受力如图 1.41 (e) 所示。

(5) CD 杆受力如图 1.41 (f) 所示，因 CB 为二力杆，所以 C 处 $\boldsymbol{F}_{CB}$ 方向如图沿 CB；I 处为中间活动铰链，故 I 处约束力可用两个分力 $\boldsymbol{F}_{1x}$、$\boldsymbol{F}_{1y}$ 表示；同理 D 处中间活动铰链处的约束力也可用两个分力 $\boldsymbol{F}_{Bx}$、$\boldsymbol{F}_{By}$ 表示。

(6) AB 杆受力如图 1.41 (g) 所示。

讨论：如果以 CD 杆和轮 D 组成的系统作为研究对象，请读者画出其受力图。

例 1.18 画出图 1.42 (a) 所示简易起重支架中各构件的受力图。不计各构件重力，所有约束处均为光滑约束。

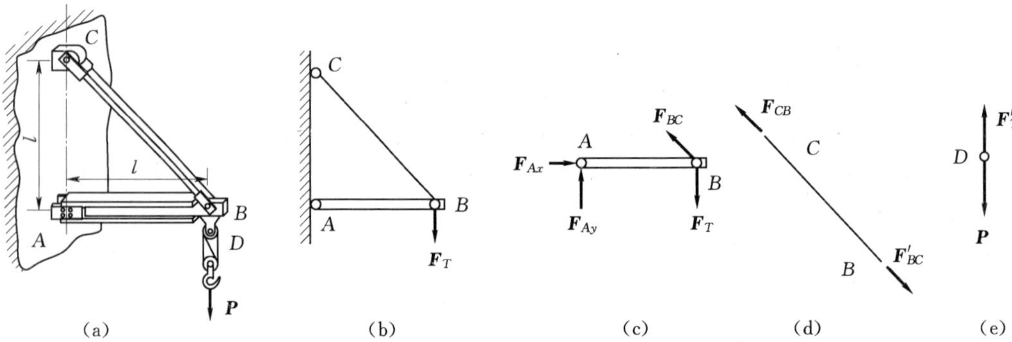

图 1.42

解 (1) 取计算简图如图 1.42 (b) 所示，将节点 A、C 简化为固定铰支座，B 点简化为活动铰，拉杆 BC 简化为链杆。

(2) 分别选取研究对象，画主动力及约束力如图 1.42 (c)、(d)、(e) 所示。

1.8 力学建模简介

1.8.1 力学模型及力学计算简图

科学研究是对考察体通过科学抽象与合理简化，略去次要因素并抓住其本质特征而建立近似写照模型来进行分析的。力学分析也是按照这样的道理建立力学模型进行的，即利用力学、工程结构知识和实践经验，根据物体实际的受力、变形的情形，对物体进行合理的简化及抽象；经简化后可以用作分析计算的模型，称为物体的**力学模型**。实际的物体都是三维的，为了便于用图表示，一般将物体及其与其他相关物体关系用简单图形表示，称为物体的力学**计算简图**，或**计算简图**。以力学模型为基础，依据相应的力学及物理原理建立的表示作用于物体上外力与物体的力学响应的各个量之间的数学结构，称为物体的**计算模型**。将实际问题化为力学模型的过程称为**力学建模**。

获得力学模型一般需要做 3 个方面的简化及抽象：其一，所研究的物体或物体系统；其二，与所研究物体或物体系统相联系物体间的关系，如约束、场的作用等；其三，作用力的简化。

1. 物体或物体系统的简化

力学研究中根据研究对象及研究目的的不同，将物体及物体系统抽象为质点、质点系统、刚体、变形体等模型。

当所研究的物体的运动范围远远超过其本身的几何尺度时，物体的形状和大小对运动的影响很小，这时可以不考虑物体本身的形状和大小，并把物体的质量看作集中在一点时，就将这种物体看成只有质量而无体积的“**质点**”。用质点代替物体，可不考虑物体上各点之间运动状态的差别。例如，研究汽车在道路上运行的速度、位移时，就可以用一个质点代替汽车。

将由若干质点组成的系统，称为**质点系统**。例如，运动中的飞机相对于其飞行轨迹可以视为质点；编队飞行的机群则可视为质点系统。

实际物体受力时，其内部各点间的相对距离都要发生改变，这种改变称为**位移**，各点位移累加的结果，使物体的形状和尺寸改变，这种改变称为**变形**，并称外力作用下可发生变形的物体为可**变形体**。物体变形很小时，变形对物体运动和平衡的影响非常小，可以忽略不计，这时的物体便可抽象为**刚体**。刚体可看作是内部质点间联系是刚性的质点系，可变形体可看作是内部质点间联系是非刚性（如弹性、塑性）的质点系统。

在本书静力学基础篇中所研究的工程构件的变形对结论影响很小，且研究构件在外力作用下外效应问题，忽略变形对外效应的影响，都假定为质点或刚体；在后面所有篇中研究构件在外力作用下内效应问题及构件的设计时，假定所研究的工程构件都为弹性变形体。

2. 约束的简化

1.6 节中作了一些介绍，后面遇到再作详细介绍。

3. 力的简化

分布力系简化成集中力，一般作用于物体的力都是分布力，如固定端的约束反力、光滑铰链的约束反力都是分布力。为了便于计算，一般都将其在不同方向的合力或合力偶求出，也就在计算中等于将其看成了集中力。力系的简化在第 2 章将作详细的介绍。

1.8.2 力学模型的简化原则

一般而言，将一个实际的物体抽象成力学模型应遵循以下原则：

1. 可靠性原则

建立力学模型要从物体的实际出发，建成的力学模型应正确地反映实际物体的主要受力特征，并保证后面的计算模型能够建成，且从计算模型中求出的结果能够达到工程设计检验的要求。可靠性原则应该是建立力学模型的基本原则，是物体的力学分析在工程应用中得以认可的基础。

2. 可行性及经济性原则

建立力学模型要分清主次，略去次要因素，使计算简化，以保证计算模型的可行性及经济性。简化的目的有二，其一是使结构分析能够进行，即能够应用数学工具进行描述、处理和有效的量化计算。其二是在对应的目的下所需的时间、设备及人力等最少。采用不同的力学模型，相应的计算模型、计算设备、计算手段将有可能不同。应该指出以上两原则在一定程度上是矛盾的，对具体的要根据物体受力特点在保证可行性及经济性的条件下，争取获得较为可靠的结果。

1.9 结论与讨论

1.9.1 基本概念

力——物体间的相互机械作用，力是矢量。

力矩——力使物体绕某一点转动效应的量度。

力偶——大小相等、方向相反、作用线互相平行但不重合的两个力所组成的力系。

刚体——力作用下没有变形的物体。

变形体——力作用下会发生变形的物体。

约束——力学研究中把预先给定的限制物体运动位移、运动速度或运动趋势的条件。

约束力——约束对被约束物体的作用力。

外力——系统外物体作用于系统内物体上的力，包括主动力与外约束力。

内约束力——系统内物体间的相互作用力。

物体的平衡——物体相对惯性系静止或做匀速直线运动。

1.9.2 基本方法

受力分析方法是本章最基本、最重要的方法，受力分析的主要步骤为：选择合适的隔离体；正确分析约束性质和约束力；画出受力图。

1.9.3 基本概念的区分

物体处于平衡状态指物体相对惯性系静止或做匀速直线运动。作用于物体的力系平衡指的是在该力系作用下物体保持平衡状态，平衡力系是零力系。物体处于平衡状态，则作用于该物体上力系一定是平衡力系；反之则不然，平衡力系作用于物体，物体未必一定处于平衡状态。

内约束力与外约束力是相对于研究对象而言的，以物体系统而言是内约束力的，对某单个构件而言，则是外约束力。

1.9.4 力的数学描述

力是矢量，在三维空间中，数学描述是三维向量；在平面内，是二维向量，在数轴上，则可用标量表示。

分力是力，是矢量，而力在轴上的投影是标量。

1.9.5 基本定理

合力投影定理：对于存在合力的力系，合力在某轴上的投影等于力系中各分力在该轴上投影的代数和。

合力矩定理：对于存在合力的力系，合力对某一点之矩，等于力系中所有力对同一点之矩的矢量和。

以上两个定理是结构静力分析中常用的定理。

1.9.6 工程实际中的约束分析

对工程实际中的约束，在分析时，一般要略去次要因素，从**组成分析**与**运动分析**着手，就能简化为理想模型，接下来应根据约束的特点来判断约束反力的作用位置、作用方向。

1.9.7 常见的基本约束及组合约束

柔索、光滑接触面及固定端约束为基本约束；固定铰支座、中间铰、活动铰支座及链杆为组合约束。

习题 1

1.1 已知 $F_1=100\text{N}$，$F_2=50\text{N}$，$F_3=60\text{N}$，$F_4=80\text{N}$，各力方向如习题 1.1 图所示，试分别求各力在 x、y 轴上的投影。

1.2 如习题 1.2 图（a）、（b）所示，Ox_1y_1 与 Ox_2y_2 分别为正交与斜交坐标系。试将同一方 $\boldsymbol{F}$ 分别对两坐标系进行分解和投影，并比较分力与力的投影。

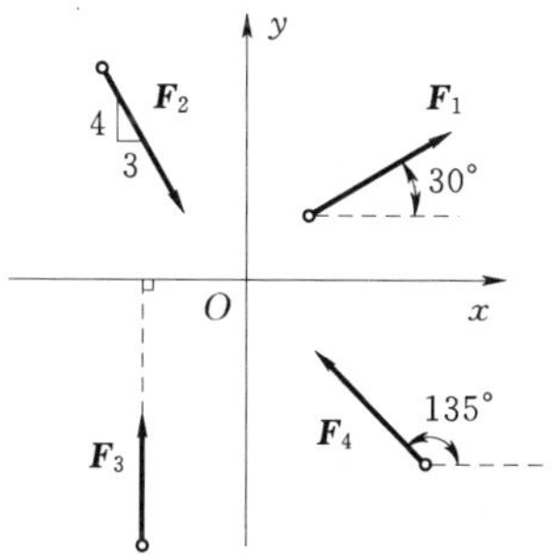

习题 1.1 图

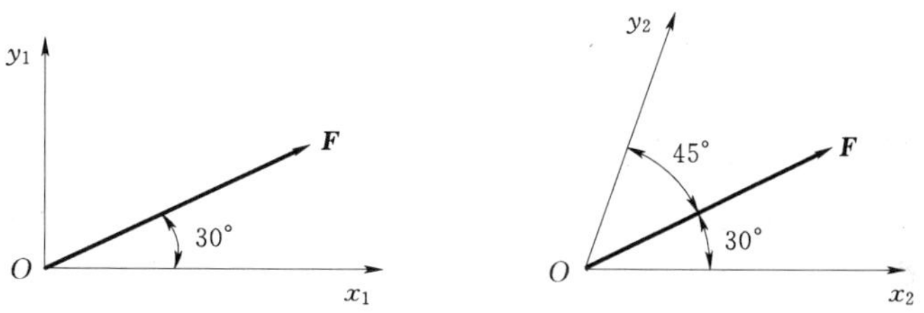

习题 1.2 图

1.3 支座受力 $\boldsymbol{F}$，已知 $F=10\text{kN}$，方向如习题 1.3 图所示，求力 $\boldsymbol{F}$ 沿 x、y 轴及沿 x'、y'轴分解的结果，并求力 $\boldsymbol{F}$ 在各轴上的投影。

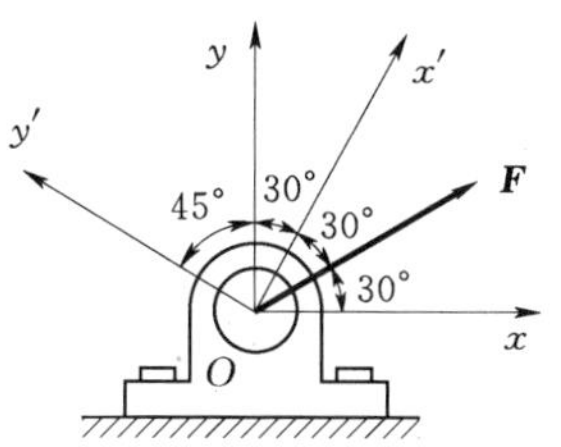

习题 1.3 图

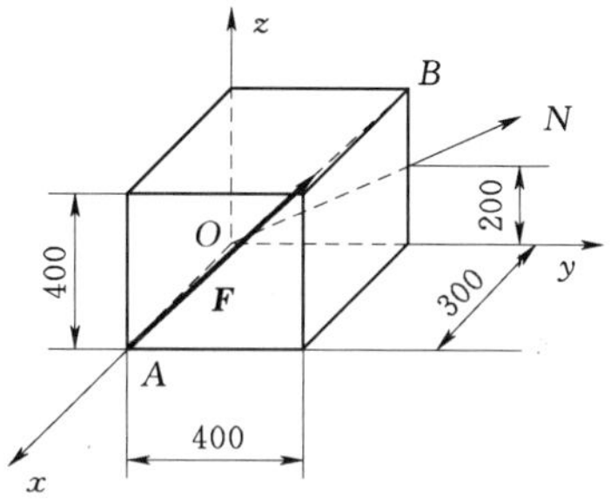

习题 1.4 图

1.4 如习题 1.4 图所示，力 $\boldsymbol{F}$ 沿正六面体的对顶线 AB 作用，$F=100\text{kN}$，轴 ON 在 Oyz 平面内，求 $\boldsymbol{F}$ 在 ON 上的投影。

1.5 已知 $F=10\text{N}$，其作用线通过 $A(4,2,0)$、$B(1,4,3)$ 两点，如习题 1.5 图所示，

试求力 **F** 在沿 CB 的 T 轴上的投影。

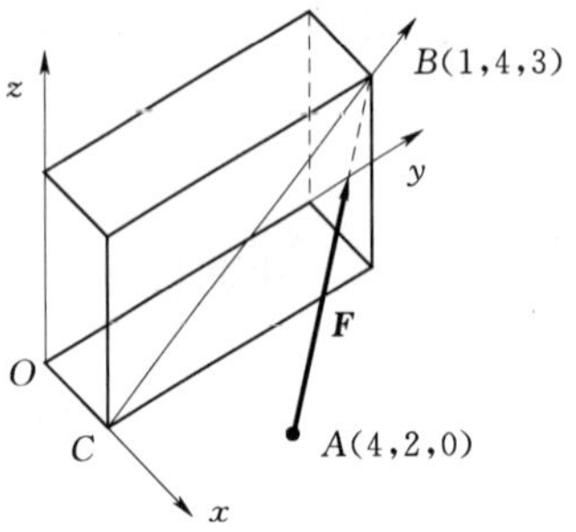

习题 1.5 图

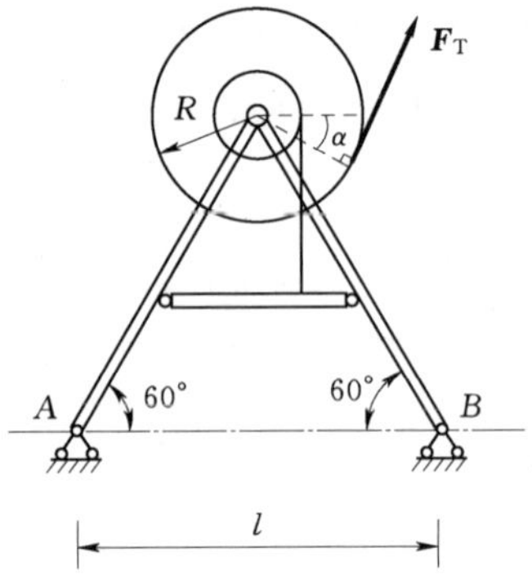

习题 1.6 图

1.6　试求习题 1.6 图所示绳子张力 $\boldsymbol{F}_T$ 对 A 点及对 B 点的矩。已知 $F_T=20\text{kN}$，$l=2\text{m}$，$R=0.5\text{m}$，$\alpha=30°$。

1.7　作下列各构件及整体的受力图。如习题 1.7 图所示，物体重量除图上已注明者外，均略去不计。假设接触处都是光滑的。

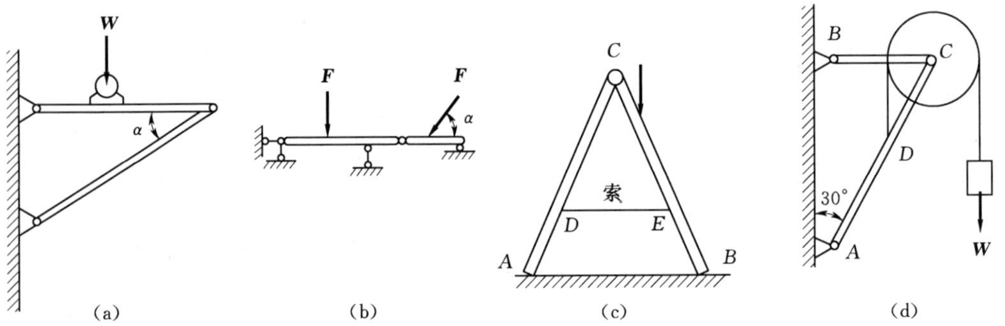

习题 1.7 图

1.8　习题 1.8 图中固定环上作用着两个力 $\boldsymbol{F}_1$ 和 $\boldsymbol{F}_2$，若希望得到垂直向下的合力 $F_R=1\text{kN}$，又要求力 $\boldsymbol{F}_2$ 尽量小，试确定 θ 角和力 $\boldsymbol{F}_1$、$\boldsymbol{F}_2$ 的大小。

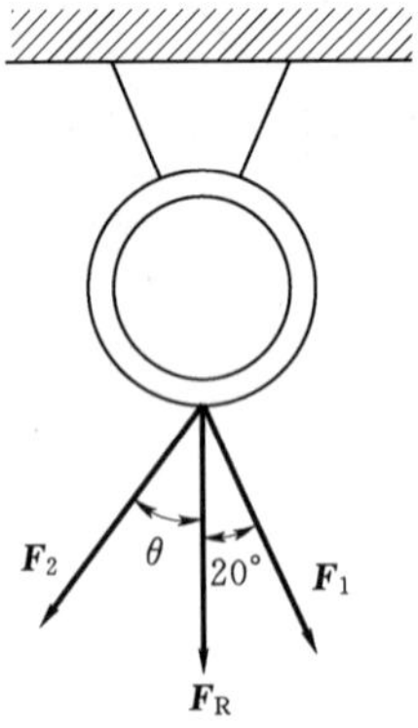

习题 1.8 图

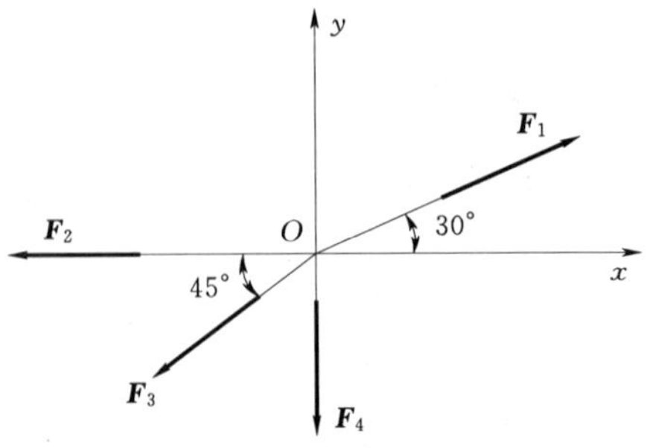

习题 1.9 图

1.9　求习题 1.9 图所示平面汇交力系的合力。已知 $F_1=500\text{N}$，$F_2=1000\text{N}$，$F_3=600\text{N}$，$F_4=2000\text{N}$。

1.10　如习题 1.10 图所示，一钢结构节点，在沿 OA、OB、OC 的方向受到 3 个力的作用，已知 $F_1=2\text{kN}$，$F_2=3\text{kN}$，$F_3=1\text{kN}$，试求这 3 个力的合力。

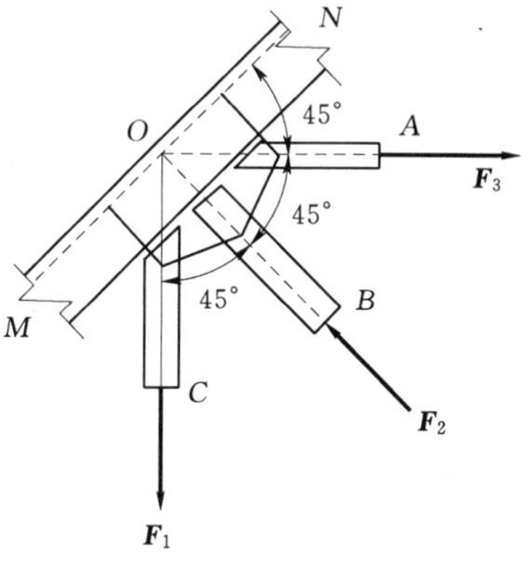

习题 1.10 图

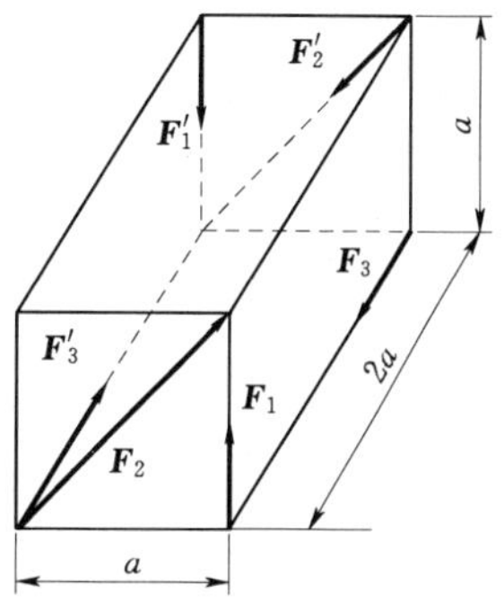

习题 1.11 图

1.11　如习题 1.11 图所示一矩形刚体上作用着 3 个力偶，即（$\boldsymbol{F}_1$，$\boldsymbol{F}_1'$）、（$\boldsymbol{F}_2$，$\boldsymbol{F}_2'$）、（$\boldsymbol{F}_3$、$\boldsymbol{F}_3'$）。已知 $F_1=F_1'=10\text{N}$，$F_2=F_2'=16\text{N}$，$F_3=F_3'=20\text{N}$，$a=0.1\text{m}$，求 3 个力偶的合成结果。

1.12　试画出习题 1.12 图（a）、（b）两情形下各物体的受力图，并进行比较。

1.13　习题 1.13 图（a）所示为三脚架结构。力 $\boldsymbol{F}_1$ 作用在 B 铰上。杆 AB 不计自重，杆 BD 杆自重为 $\boldsymbol{W}$。试画出习题 1.13 图（b）、（c）、（d）所示的隔离体的受力图，并加以讨论。

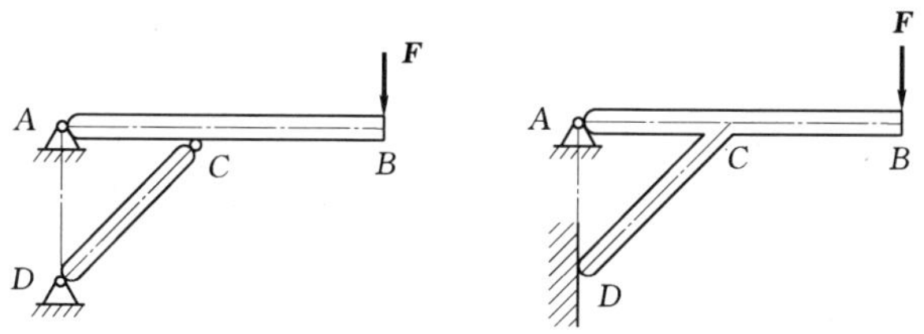

(a)　　(b)

习题 1.12 图

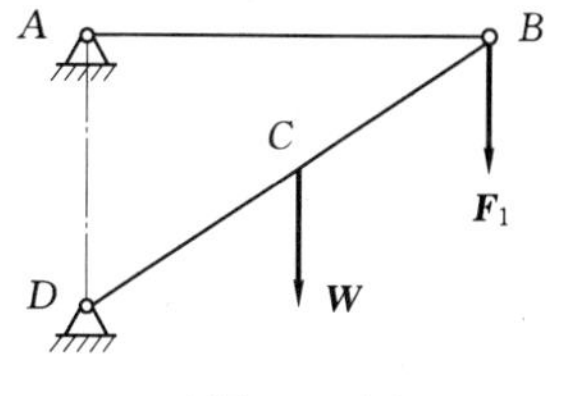

习题 1.13 图

1.14　试画出习题 1.14 图所示结构中各构件的受力图。

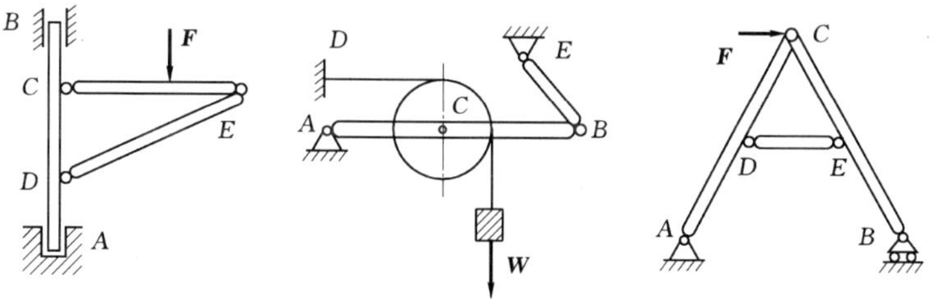

(a)　　(b)　　(c)

习题 1.14 图

1.15　如习题 1.15 图所示，试求 **F** 对点 A 的力矩。

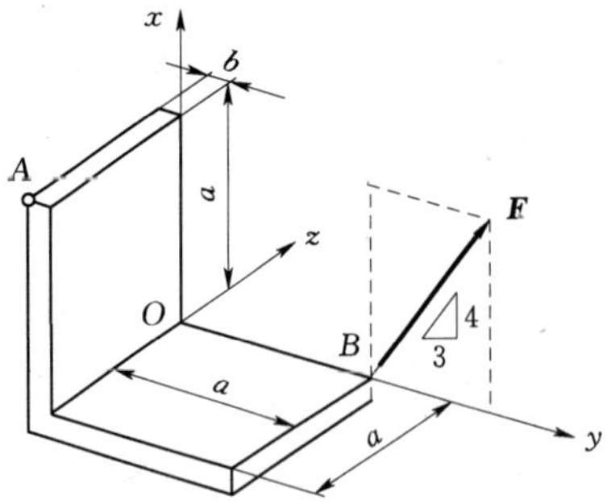

习题 1.15 图

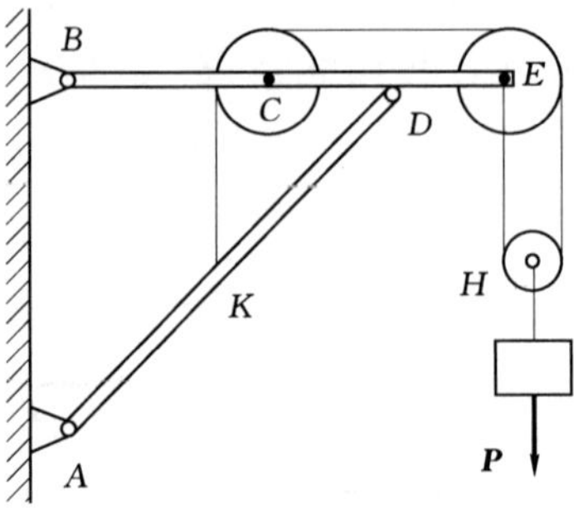

习题 1.16 图

1.16　试画出习题 1.16 图所示结构中各构件的受力图。

第2章　力系的等效与简化

学习提示

本章主要介绍力系的概念及类别、力系的主矩及主矢、等效力系定理、力向一点平移定理及力系的简化。这些内容是学习刚体及刚体系统平衡的基础。

学习要求

通过学习，熟悉力系、力系的主矩及主矢的基本概念，掌握等效力系定理、力向一点平移定理及力系的简化。

2.1　力系的分类

在第1章曾介绍过，将作用于所研究的物体或物体系统上的一组力称为**力系**。

根据构成力系的各力的作用线间的关系，可以将力系分为以下几种情形。

（1）当构成力系的各力的作用线不在同一平面内时，称该力系为**空间力系或空间一般力系。**

（2）当构成力系的各力的作用线位于同一平面内时，称该力系为**平面力系或平面一般力系。**

（3）当构成力系的各力的作用线汇交于同一点时，称该力系为**汇交力系**。

（4）当构成力系的各力的作用线相互平行时，称该力系为**平行力系。**

（5）当力系是由两个及两个以上力偶组成时，称该力系为**力偶系。**

汇交力系、力偶系及平行力系也有空间和平面之分。

根据力系是否平衡，可以将力系分为**平衡力系**（零力系）及非**平衡力系**。

2.2　力系等效的基本原理

2.2.1　力系的主矢与主矩

图2.1所示为空间一般力系（$\boldsymbol{F}_1$，$\boldsymbol{F}_2$，…，$\boldsymbol{F}_n$）。

力系的主矢：定义力系中所有力的矢量和为力系的**主矢量**，简称主矢，即

$$\boldsymbol{F}_R = \sum_{i=1}^{n} \boldsymbol{F}_i \tag{2.1}$$

式中，$\boldsymbol{F}_R$ 为力系主矢；$\boldsymbol{F}_i$ 为力系中第 i 个力。

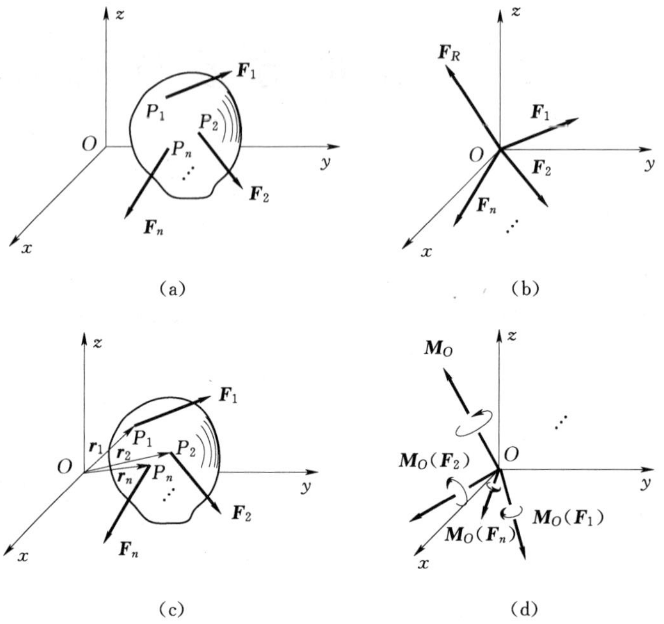

图 2.1

依合力投影定理，式（2.1）在直角坐标系下可以写成投影表达式，即

$$F_{Rx} = \sum_{i=1}^{n} F_{ix}, F_{Ry} = \sum_{i=1}^{n} F_{iy}, F_{Rz} = \sum_{i=1}^{n} F_{iz} \tag{2.2}$$

力系的主矩：定义力系中所有各力对同一点之矩的矢量和为力系的**主矩**，即

$$\boldsymbol{M}_O = \sum_{i=1}^{n} \boldsymbol{M}_O(\boldsymbol{F}_i) = \sum_{i=1}^{n} \boldsymbol{r}_i \times \boldsymbol{F}_i \tag{2.3}$$

式中，$\boldsymbol{M}_O$ 为力系主矢；$\boldsymbol{M}_O$（$\boldsymbol{F}_i$）为力系中第 i 个力对 O 点的矩。

主矩在坐标系上的分量表达式为

$$\begin{aligned} M_{Ox} &= \sum_{i=1}^{n} M_{Ox}(\boldsymbol{F}_i), M_{Oy} = \sum_{i=1}^{n} M_{Oy}(\boldsymbol{F}_i) \\ M_{Oz} &= \sum_{i=1}^{n} M_{Oz}(\boldsymbol{F}_i) \end{aligned} \tag{2.4}$$

对于力系的分力有内力的，由牛顿第三定律可知，内力都是成对出现、大小相等、方向相反且作用在同一条直线上，故知力系中内力的矢量和及内力矩的矢量和均为零。

由上述定义可以看出，力系的主矢取决于分力的大小、方向，而与分力的作用点没有关系，力系的主矢是一个自由矢量。它不同于合力的概念。并且，对于给定的力系，其主矢是唯一的。力系的主矩则是一个固定矢量，它的作用点就是取矩心。对于非平衡力系而言，同一力系对于不同点的主矩是不相同的。

例 2.1 图 2.2 所示为 $\boldsymbol{F}_1$、$\boldsymbol{F}_2$ 及 $\boldsymbol{F}_3$ 组成的空间力系。试求力系的主矢 $\boldsymbol{F}_R$ 及对 O 点的主矩 $\boldsymbol{M}_O$。已知 $F_1=2\text{kN}$，$F_2=3\text{kN}$，$F_3=1\text{kN}$。$\boldsymbol{F}_3$ 作用线在 yOz 面内，$\boldsymbol{F}_1$ 和 $\boldsymbol{F}_2$ 分别

在长方体的棱边上。

解 解法一：取 $\boldsymbol{i}$、$\boldsymbol{j}$、$\boldsymbol{k}$ 为 x、y、z 方向的单位矢量，则力系中三力可写为

$$\boldsymbol{F}_1=2\boldsymbol{i},\boldsymbol{F}_2=3\boldsymbol{k},\ \boldsymbol{F}_3=0.6\boldsymbol{j}+0.8\boldsymbol{k}$$

应用式（2.1），力系的主矢为

$$\boldsymbol{F}_R=\sum_{i=1}^{3}\boldsymbol{F}_i=2\boldsymbol{i}+0.6\boldsymbol{j}+0.8\boldsymbol{k}+3\boldsymbol{k}$$
$$=2\boldsymbol{i}+0.6\boldsymbol{j}+3.8\boldsymbol{k}$$

三力对应的矢径为

$$\boldsymbol{r}_1=3\boldsymbol{j},\boldsymbol{r}_2=4\boldsymbol{i},\boldsymbol{r}_3=0\boldsymbol{k}$$

应用式（2.3），力系的主矩为

$$\boldsymbol{M}_O=\sum_{i=1}^{3}\boldsymbol{M}_O(\boldsymbol{F}_i)=\sum_{i=1}^{3}(\boldsymbol{r}_i\times\boldsymbol{F}_i)$$
$$=3\boldsymbol{j}\times2\boldsymbol{i}+0\times(0.6\boldsymbol{j}+0.8\boldsymbol{k})+4\boldsymbol{i}\times3\boldsymbol{k}$$
$$=-12\boldsymbol{j}-6\boldsymbol{k}$$
$$=12\boldsymbol{i}-\boldsymbol{j}-6\boldsymbol{k}$$

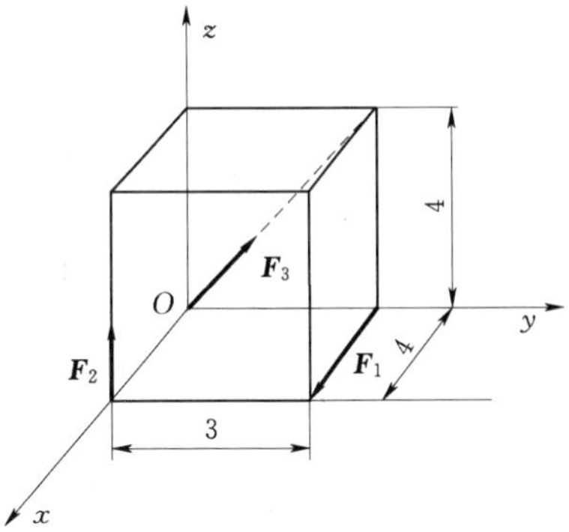

图 2.2

解法二：

$$F_{Rx}=2,F_{Ry}=0.6,F_{Rz}=3+0.8=3.8$$
$$M_{Ox}=0,M_{Oy}=-3\times4=-12,M_{Oz}=-2\times3=-6$$

例 2.2 如图 2.3 所示，沿正六面体的三棱边作用着 3 个力，在平面 OAB 内作用一个力偶。已知 $F_1=20\text{N}$，$F_2=30\text{N}$，$F_3=50\text{N}$，$M=1\text{N}\cdot\text{m}$。试求力系的主矢 $\boldsymbol{F}_R$ 及主矩 $\boldsymbol{M}_O$，图中单位为 mm。

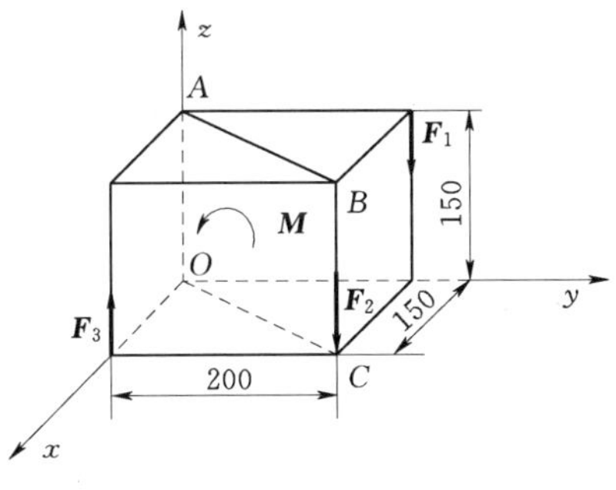

图 2.3

解 解法一：

建立如图 2.3 所示坐标系，取 $\boldsymbol{i}$、$\boldsymbol{j}$、$\boldsymbol{k}$ 为 x、y、z 方向的单位矢量，力系中三力、力偶及矢径表示为矢量形式：

$$\boldsymbol{M}=0.6\boldsymbol{i}-0.8\boldsymbol{j}$$
$$\boldsymbol{F}_1=-20\boldsymbol{k},\boldsymbol{r}_1=0.2\boldsymbol{j}+0.15\boldsymbol{k}$$
$$\boldsymbol{F}_2=-30\boldsymbol{k},\boldsymbol{r}_1=0.15\boldsymbol{i}+0.2\boldsymbol{j}$$
$$\boldsymbol{F}_3=50\boldsymbol{k},\boldsymbol{r}_1=0.15\boldsymbol{i}$$

应用式（2.1），力系的主矢为

$$\boldsymbol{F}_R=\sum_{i=1}^{3}\boldsymbol{F}_i=-20\boldsymbol{k}-30\boldsymbol{k}+50\boldsymbol{k}=0$$

应用式（2.3），力系的主矩为

$$\boldsymbol{M}_O=\sum_{i=1}^{4}\boldsymbol{M}_O(\boldsymbol{F}_i)=\boldsymbol{M}+\sum_{i=1}^{3}(\boldsymbol{r}_i\times\boldsymbol{F}_i)$$
$$=(0.6\boldsymbol{i}-0.8\boldsymbol{j})+(0.2\boldsymbol{j}+0.15\boldsymbol{k})\times(-20\boldsymbol{k})$$
$$+(0.15\boldsymbol{i}+0.2\boldsymbol{j})\times(-30\boldsymbol{k})+(0.15\boldsymbol{i})\times(50\boldsymbol{k})$$

$$= 0.6i - 0.8j - 4i - 6i + 4.5j - 7.5j$$
$$= -9.4i - 3.8j$$

解法二：

$$F_{Rx} = 0, F_{Ry} = 0, F_{Rz} = -20 - 20 + 50 = 0$$

故知，$\boldsymbol{F}_R = 0$

$$M_{Ox} = \sum_{i=1}^{n} M_{Ox}(\boldsymbol{F}_i) = -20 \times 0.2 - 30 \times 0.2 + 1 \times 0.6 = -9.4$$

$$M_{Oy} = \sum_{i=1}^{n} M_{Oy}(\boldsymbol{F}_i) = 30 \times 0.15 - 50 \times 0.15 - 1 \times 0.8 = -3.8$$

$$M_{Oz} = \sum_{i=1}^{n} M_{Oz}(\boldsymbol{F}_i) = 0$$

故得：$\boldsymbol{M}_O = -9.4\boldsymbol{i} - 3.8\boldsymbol{j}$

2.2.2 等效力系定理

前面已对等效力系作了定义，即当作用于物体上的一个力系可以用另一个力系来代替，物体的运动效应不发生改变，则这两个力系互为**等效力系**。

可以证明，对于质点及质点系而言，其运动效应完全由作用于质点或质点系的力系的主矢及主矩决定。

对于刚体而言，有以下**等效力系定理**：

不同的两力系对刚体运动效应相同的条件是不同的力系的主矢相等以及对任意一点的主矩相等。

上述定理进一步指出了等效力系间的关系。以一个力系的等效力系代替该力系的变换称为**力系的等效变换**。力系的等效变换只是在考虑同一物体在不同力系作用下的运动效应的情况，但不涉及力系对物体的变形效应。

若某力系的主矢和对任意一点的主矩都等于零，则该力系称为**零力系**，也称为**平衡力系**。

由等效力系定理和平衡力系的性质可以得到以下**加减平衡力系原理**：

在已知力系上任意增加或减去平衡力系，并不会改变原力系对刚体的作用效应。

由加减平衡力系原理很容易得到以下推论：

1. 作用于刚体的力的可传性

作用在刚体上某点的一个力，可以沿着它的作用线移到该刚体上的任意一点而不改变该力对刚体的作用效果。

对此推论可以简单证明，如图 2.4 所示，刚体 A 点受力 $\boldsymbol{F}$ 作用，在力的作用线上任意一点 B 施加大小等于 F 的平衡力系 $\boldsymbol{F}_1$、$\boldsymbol{F}_2$，依据上述加减平衡力系原理，新力系（$\boldsymbol{F}$、$\boldsymbol{F}_1$、$\boldsymbol{F}_2$）与原来的力 $\boldsymbol{F}$ 等效。而 $\boldsymbol{F}$ 和 $\boldsymbol{F}_1$ 为平衡力系，减去后不改变力系的作用效应。于是，力 $\boldsymbol{F}_2$ 与原力系 $\boldsymbol{F}$ 等效。力 $\boldsymbol{F}_2$ 与力 $\boldsymbol{F}$ 大小相等，作用线和指向相同，只是作用点由 A 变为 B。可看成是力 $\boldsymbol{F}$ 沿平行线传到了 B 点。

例如，用小车运送物品，如图 2.5 所示，不论在车后 A 点用力 $\boldsymbol{F}$ 推车，抑或在车前

同一直线上的 B 点用力 $\boldsymbol{F}$ 拉车，效果都是一样的。

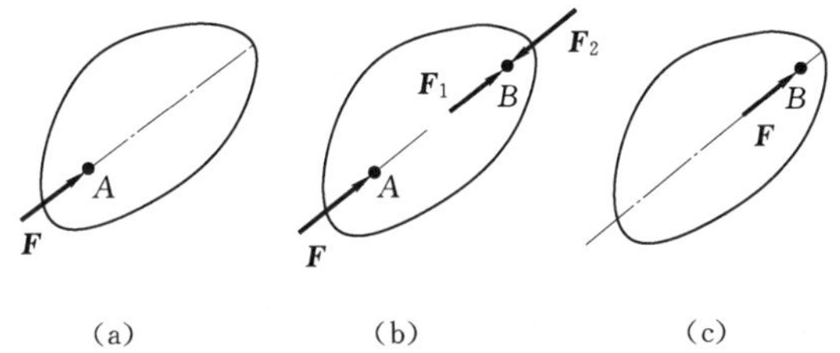

图 2.4

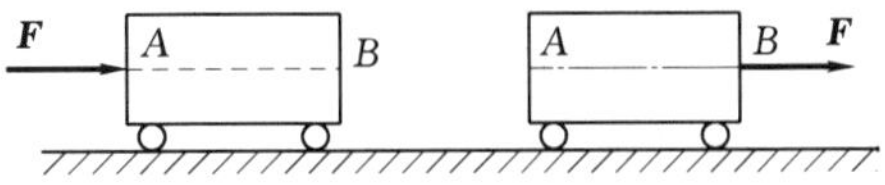

图 2.5

推论说明，从力对刚体效应方面看，作用于单个刚体上的力是一个滑动矢量，三要素为大小、方向、作用线。

2. 作用于刚体的力的平移定理

如图 2.6（a）所示，设一力 $\boldsymbol{F}_A$ 作用在刚体上的 A 点，现要将其等效地平行移动到刚体上的任一点 B。为此，可以在 B 点加上大小相等、方向相反且相互平行的一对平衡力 $\boldsymbol{F}_B$ 和 $\boldsymbol{F}'_B$，并使 $\boldsymbol{F}_A=\boldsymbol{F}_B=-\boldsymbol{F}'_B$。根据加减平衡力系原理，力 $\boldsymbol{F}_A$ 与 $\boldsymbol{F}_A$、$\boldsymbol{F}_B$ 和 $\boldsymbol{F}'_B$这 3 个力构成的力系等效。显然，$\boldsymbol{F}'_B$和 $\boldsymbol{F}_A$ 组成一个力偶，称为**附加力偶**，设其力偶矩矢为 $\boldsymbol{r}_{BA}$。由此过程，作用于 A 点的力 $\boldsymbol{F}_A$，可由作用在 B 点的力 $\boldsymbol{F}_B$ 和一个附加力偶（$\boldsymbol{F}_A$、$\boldsymbol{F}'_B$）来代替。可见，作用在 A 点的力 $\boldsymbol{F}_A$在平移到刚体上任一指定点 B 时，必须同时附加一个力偶。该力偶的力偶矩为

$$\boldsymbol{M}=\boldsymbol{r}_{BA}\times\boldsymbol{F}_A=\boldsymbol{M}_B(\boldsymbol{F}_A) \tag{2.5}$$

其作用面为力 $\boldsymbol{F}_A$ 与 B 点所确定的平面。

由此可得力的**平移定理：作用在刚体上的力，可以等效地平移到刚体上任一指定点，但必须在该力与指定点所确定的平面内附加一个力偶，附加力偶的力偶矩矢等于原力对指定点的力矩。**

图 2.6（b）所示的一个力 $\boldsymbol{F}_B$ 和一个力偶矩 $\boldsymbol{M}$，常称为是共面的一个力和一个力偶。根据上述力的平移定理的逆过程，可以得知共面的一个力和一个力偶（即力偶矩矢与力矢垂直）总可以合成为一个力，此力的大小和方向与原力相同，但它们的作用线却要相距一定的距离。

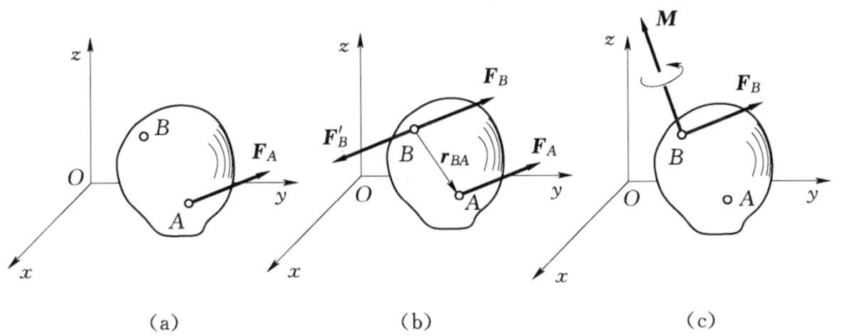

图 2.6

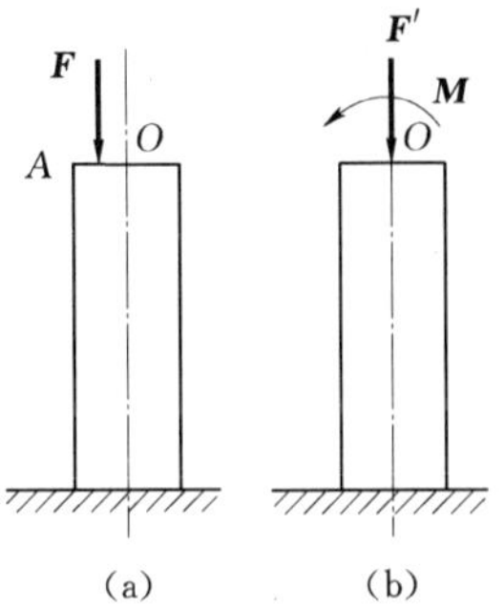

图 2.7

工程上有时也将力平行移动，以便了解其效应。例如，作用于立柱上 A 点的偏心力 $\boldsymbol{F}$ 如图 2.7（a）所示，可平移至立柱轴线上成为 $\boldsymbol{F}'$，并附加一力偶矩矢为 $\boldsymbol{M}=\boldsymbol{M}_O(\boldsymbol{F})$ 的力偶，如图 2.7（b）所示，这样并不改变力 $\boldsymbol{F}$ 的总效应，但却容易看出，轴向力 $\boldsymbol{F}'$ 将使立柱 $\boldsymbol{F}'$ 压缩，而力偶矩矢 $\boldsymbol{M}$ 将使立柱弯曲。

力的平移定理是力系简化的一个普遍方法，也是力系向一点简化的理论基础。

2.3 力系的简化

力系的简化就是将由若干力和力偶所组成的一般力系，等效地替换为一个力或者一个力和一个力偶。这种用简单力系等效替换复杂力系的过程称为**力系的简化**。力系简化的基础是**力的平移定理。**

2.3.1 任意力系的简化

1. 空间任意力系向某一点的简化

设有空间任意力系 $\boldsymbol{F}_1$、$\boldsymbol{F}_2$、…、$\boldsymbol{F}_n$，各力分别作用于 P_1、P_2、…、P_n 各点，如图 2.8 所示。简化时可任取一点 O 作简化中心，将各力平行移至 O 点，并各附加一力偶，于是得到一个作用于 O 点的汇交力系 $\boldsymbol{F}_1'$、$\boldsymbol{F}_2'$、…、$\boldsymbol{F}_n'$ 和一个附加力偶系 $\boldsymbol{M}_1$、$\boldsymbol{M}_2$、…、$\boldsymbol{M}_n$。各附加力偶矩应作为矢量，分别垂直于相应的力与 O 点所决定的平面，并分别等于相应的力对于 O 点的矩。汇交力系 $\boldsymbol{F}_1'$、$\boldsymbol{F}_2'$、…、$\boldsymbol{F}_n'$ 可合成为一个力 $\boldsymbol{F}_R$，等于各力的矢量和，即

$$\boldsymbol{F}_R=\boldsymbol{F}_1+\boldsymbol{F}_2+\cdots+\boldsymbol{F}_n=\sum\boldsymbol{F}_i \tag{2.6}$$

附加力偶系可合成为一个力偶，其力偶矩 $\boldsymbol{M}_O$ 等于各附加力偶的力偶矩矢的矢量和，即

$$\boldsymbol{M}_O=\boldsymbol{M}_1+\boldsymbol{M}_2+\cdots+\boldsymbol{M}_n=\sum\boldsymbol{M}_i \tag{2.7}$$

亦即等于原力系中各力对于简化中心 O 的矩的矢量和，即

$$\boldsymbol{M}_O=\boldsymbol{M}_O(\boldsymbol{F}_1)+\boldsymbol{M}_O(\boldsymbol{F}_2)+\cdots+\boldsymbol{M}_O(\boldsymbol{F}_n)=\sum\boldsymbol{M}_O(\boldsymbol{F}_i) \tag{2.8}$$

可以看出，$\boldsymbol{F}_R$ 为原力系的主矢，$\boldsymbol{M}_O$ 为原力系对于简化中心的主矩。

综上所述，可得以下结论：

空间力系向某一点（简化中心）简化的结果一般是**一个力**和**一个力偶**，这个力作用于简化中心，等于原力系中所有各力的矢量和，亦即等于原力系的主矢量；这个力偶的矩等于原力系中所有各力对于简化中心的矩的矢量和，亦即等于原力系对于简化中心的主矩。也就是说，在一般情形下，空间力系可以用由一个力和一个力偶组成的简单力系等效代替。

2. 空间任意力系简化的最后结果

如上文所述，将一空间力系向一点简化，一般可以得到一个力和一个力偶。又根据力的平移定理的逆向使用可知，当力和力偶共面时，可以将其等效为一个力。由此可知，上文所述空间力系向一点简化的部分结果还可以进一步简化。空间力系最后的简化结果为下

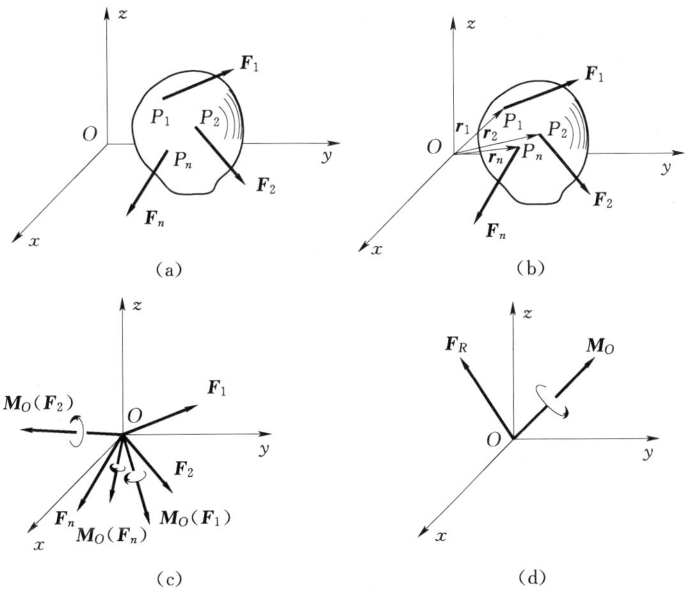

图 2.8

列 4 种情形之一。

（1）平衡力系。这时 $\boldsymbol{F}_R=0$，$\boldsymbol{M}_O=0$。具有这样特征的力系称为平衡力系，其为静力学研究的重点，将在第 4 章详细讨论。

（2）合力偶。这时 $\boldsymbol{F}_R=0$，$\boldsymbol{M}_O\neq0$。此时，力系对任意一点的主矩都相等，主矩与简化中心无关。如力偶系简化的结果为一个合力偶。

（3）合力。这时有两种情况，一种情况是 $\boldsymbol{F}_R\neq0$，$\boldsymbol{M}_O=0$，合力的作用线通过点 O，大小、方向决定于力系的主矢；另一种情况是：$\boldsymbol{F}_R\neq0$，$\boldsymbol{M}_O\neq0$，且 $\boldsymbol{F}_R\cdot\boldsymbol{M}_O=0$。也就是说，前期简化得到的力和力偶矩都不为零，并且它们二者互相垂直，根据力向一点平移定理的逆向使用可知，$\boldsymbol{F}_R$ 和 $\boldsymbol{M}_O$ 最终可以简化为一个合力，如图 2.9 所示，合力的作用线通过另一简化中心 O'。O' 相对 O 的矢径 $r_{OO'}$ 由式（2.9）确定，即

$$\boldsymbol{r}_{OO'}=\frac{\boldsymbol{F}_R'\times\boldsymbol{M}_O}{|\boldsymbol{F}_R'|^2} \tag{2.9}$$

或

$$r_{OO'}=\frac{M_O}{F_R'}$$

（4）力螺旋。这时 $\boldsymbol{F}_R\neq0$，$\boldsymbol{M}_O\neq0$，且 $\boldsymbol{F}_R\cdot\boldsymbol{M}_O\neq0$，对这种情况，可将主矩 $\boldsymbol{M}_O$ 分解为沿力 $\boldsymbol{F}_R$ 作用线方向的 $\boldsymbol{M}_{O1}$ 和垂直于力 $\boldsymbol{F}_R$ 作用线方向的 $\boldsymbol{M}_{O2}$。这样，进一步将 $\boldsymbol{M}_{O2}$ 和 $\boldsymbol{F}_R$ 简化为过点 O' 的 $\boldsymbol{F}_R'$。最终，将原力系简化为一个力 $\boldsymbol{F}_R'$ 和与此力共线的力偶 $\boldsymbol{M}_{O1}$，如图 2.9 所示，这样的一个力和与之垂直的平面内的一个力偶的组合称为力螺旋。力螺旋也是最简单的力系之一，无法进一步简化。

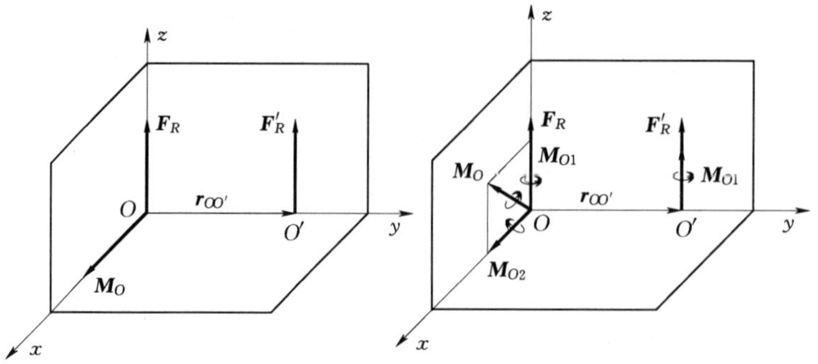

(a) (b)

图 2.9

例 2.3 图 2.10（a）所示为 $\boldsymbol{F}_1$、$\boldsymbol{F}_2$ 组成的空间力系。试求此力系向 O 点简化的主矢 $\boldsymbol{F}_R$ 及主矩 $\boldsymbol{M}_O$。已知 $F_1=15\text{kN}$，$F_2=15\text{kN}$。

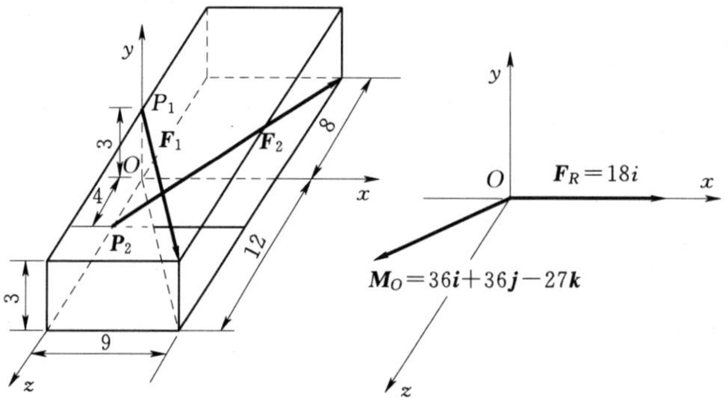

(a) (b)

图 2.10

解 将已知量表示为矢量形式

$$\boldsymbol{F}_1=9\boldsymbol{i}+12\boldsymbol{k},\boldsymbol{r}_1=3\boldsymbol{j}$$

$$\boldsymbol{F}_2=9\boldsymbol{i}-12\boldsymbol{k},\boldsymbol{r}_2=4\boldsymbol{k}$$

$$\boldsymbol{F}_R=\sum_{i=1}^{3}\boldsymbol{F}_i=18\boldsymbol{i}$$

$$\begin{aligned}\boldsymbol{M}_O &= \sum_{i=1}^{2}\boldsymbol{M}_O(\boldsymbol{F}_i) = \sum_{i=1}^{2}(\boldsymbol{r}_i\times\boldsymbol{F}_i)\\ &=(3\boldsymbol{j})\times(9\boldsymbol{i}+12\boldsymbol{k})+(4\boldsymbol{k})\times(9\boldsymbol{i}-12\boldsymbol{k})\\ &=-27\boldsymbol{k}+36\boldsymbol{i}+36\boldsymbol{j}\\ &=36\boldsymbol{i}+36\boldsymbol{j}-27\boldsymbol{k}\end{aligned}$$

例 2.4 图 2.11 是某重力坝段中央平面的受力情况，其中 $\boldsymbol{F}_1$ 是上游水压力，$\boldsymbol{F}_2$ 是泥沙压力，$\boldsymbol{W}$ 是坝段所受重力。已知 $F_1=8000\text{kN}$，$F_2=150\text{kN}$，$W=14000\text{kN}$，试将三力向 O 点简化，并求出简化的最后结果。图中长度单位为 m。

解 先求主矢量。取坐标如图 2.11 所示，利用式（2.2）及式（2.4）则

$$F_{Rx}=F_1+F_2=8150\text{kN}$$
$$F_{Ry}=-W=-14000\text{kN}$$
$$F_R=\sqrt{F_{Rx}^2+F_{Ry}^2}=16200\text{kN}$$
$$\cos\alpha=\frac{8150}{16200}=0.5031$$

再求对 O 点的主矩：

$$M_O=-150\times2-8000\times13.5-14000\times5.5=-185300(\text{kN}\cdot\text{m})$$

负号表示 $\boldsymbol{M}_O$ 的转向是顺时针方向，如图 2.11 所示。因主矢量 $\boldsymbol{F}_R$ 不等于零，故原力系可简化为一合力 $\boldsymbol{F}'_R$，而 $\boldsymbol{F}'_R=\boldsymbol{F}_R$。设 $\boldsymbol{F}'_R$的作用线与 x 轴交于 A 点。A 点的坐标可利用合力矩定理求得。

$$x=\frac{M_O}{F'_R}=-185300/(-16200)=11.44(\text{m})$$

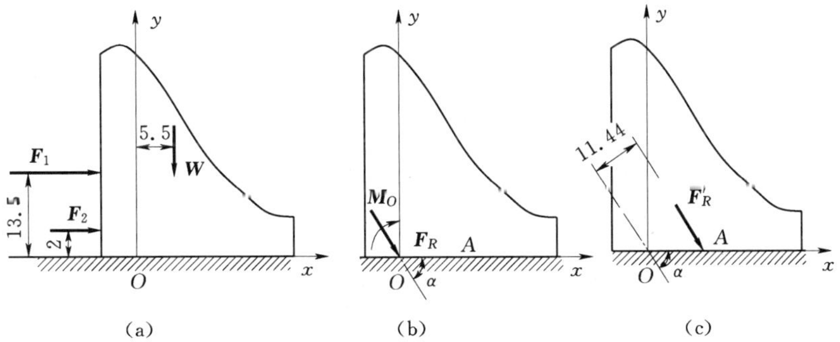

图 2.11

2.3.2 特殊力系简化的结果

空间汇交力系、空间平行力系及空间力偶系都可以看成是空间特殊力系。它们的简化方法如同空间一般力系，简化的结果有一定的规律，下面逐一讨论。

1. 汇交力系简化结果

汇交力系又可分为空间汇交力系和平面汇交力系，它们的简化方法一样，具有相同的特征。只不过平面力系在数学上可以用二维向量描述，空间力系要用三维向量描述。

设汇交力系由分力 $\boldsymbol{F}_1$、$\boldsymbol{F}_2$、…、$\boldsymbol{F}_n$ 构成，取汇交点为简化中心，可知汇交力系可以简化为一主矢，没有主矩，主矢作用线过汇交点。主矢为

$$\boldsymbol{F}_R=\boldsymbol{F}_1+\boldsymbol{F}_2+\cdots+\boldsymbol{F}_n=\sum\boldsymbol{F}_i \tag{2.10}$$

若简化中心没有取在过汇交点以主矢 $\boldsymbol{F}_R$ 方向的直线上，简化的结果将是主矢及主矩都不为零。

例 2.5 将图 2.12 所示平面汇交力系在汇交点进行简化。已知 $F_1=500\text{N}$，$F_2=1000\text{N}$，$F_3=600\text{N}$，$F_4=2000\text{N}$。

解 利用式（2.2）主矩 $\boldsymbol{F}_R$ 在 x、y 轴上的投影为

$$F_{Rx}=\sum F_{ix}=0-1000\cos45^\circ-600+2000\cos30^\circ$$
$$=425(\text{N})$$

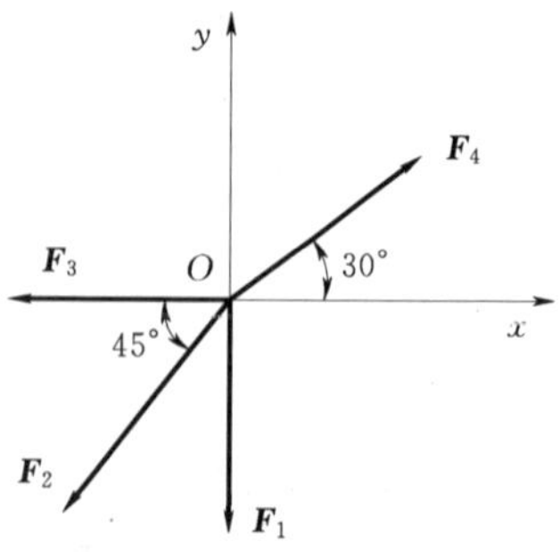

图 2.12

$$F_{Ry}=\sum F_{iy}=-500-1000\sin45°+0+2000\sin30°$$
$$=-207(\text{N})$$

再求 $\boldsymbol{F}_R$ 的大小及方向余弦：

$$F_R=\sqrt{F_{Rx}^2+F_{Ry}^2}=473\text{N}$$
$$\cos(F_R,x)=\cos\alpha=0.9$$
$$\cos(F_R,y)=\cos\beta=-0.438$$

所以，$\alpha=26°$，$\beta=116°$

2. 力偶系简化的结果

首先来看单个力偶（$\boldsymbol{F}$，$\boldsymbol{F}'$）能否进一步简化，众所周知，力偶（$\boldsymbol{F}$，$\boldsymbol{F}'$）是由大小相等、方向相反、作用线互相平行但不重合的两个力所组成的力系，故知力偶（$\boldsymbol{F}$，$\boldsymbol{F}'$）对任一点简化的结果都是 $\boldsymbol{F}_R=0,\boldsymbol{M}_o=\boldsymbol{M}(\boldsymbol{F},\boldsymbol{F}')$。可见，力偶对刚体的作用无法用一个力来代替。也就是说，组成力偶的两个力所构成的力系是最简单、最基本的力系之一，不能进一步简化。力偶只能与力偶等效。因此，力偶同力一样，是组成力系的基本元素。

对于力偶系，其对任一点简化的结果都是 $\boldsymbol{F}_R=0$，$\boldsymbol{M}_O\neq0$，即没有主矢，只有主矩，简化的结果是一个力偶。

单个力偶不能等效于一个力。

3. 平面力系简化的结果

平面力系也是工程上常见的一种力系。工程上平面结构所受的主动力如果都在结构平面内，则约束力也必定在该平面内，主动力和约束力组成平面力系。

建筑工程上许多结构都可以看成平面结构，其上作用的主动力及约束反力一般都处于结构平面内，构成了平面力系。

平面力系简化中一般取平面内一点作为简化中心进行简化，此时，若力系的主矩不等于零，则其必定垂直于力系作用线所构成的平面。故而可知，平面力系简化的最后结果只可能是以下 3 种情形之一：平衡力系、合力、合力偶，不可能出现力螺旋。

2.3.3 平行力系的简化

空间平行力系是在工程中经常遇到的力系之一，如水对固体平面作用的压力、物体所受到的重力、风对墙面作用的压力等。

由平行力系的构成不同，将平行力系分为两类：一类由分布力构成的力系，如图 2.13 所示，其上某一点处的大小为 $p(x,y)$，用荷载集度来表示，单位为 N/m^2 或 Pa；另一类由集中力构成的力系，如图 2.14 所示。

将力系简化理论应用于平行力系，可知平行力系简化的最终结果有 3 种情形：平衡力系、合力偶和合力。

可以证明，**主矢不等于零的平行力系可以简化成一个合力；主矢等于零但对某一点主矩不等于零的平行力系可以简化成一个力偶。**

对于可以简化为合力的平行力系而言，合力大小和方向是容易确定的，主要问题是确定合力作用点的位置。下面进行讨论。

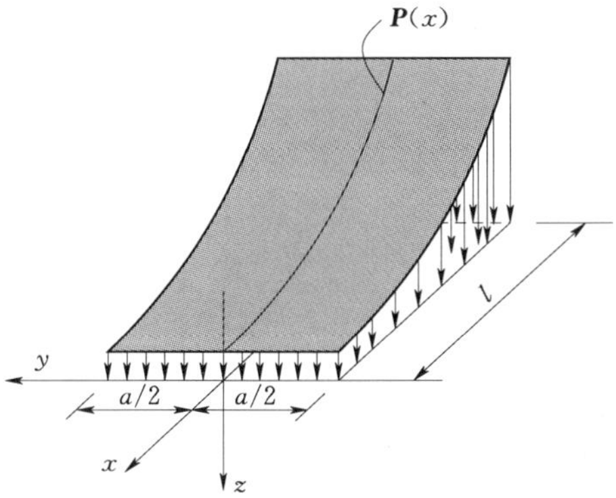

图 2.13

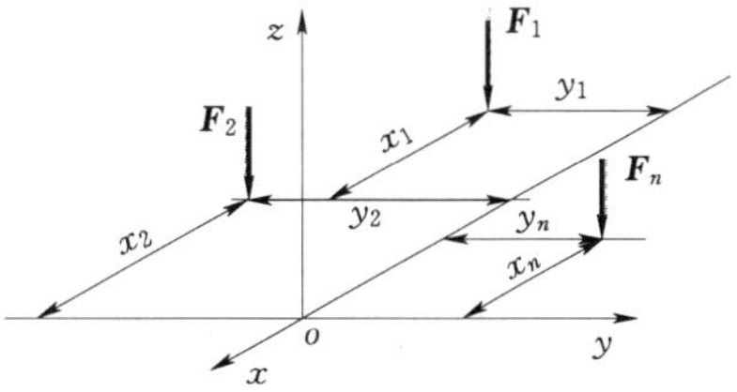

图 2.14

1. 存在合力的平行力系的简化

假定一平板如图 2.15 所示，其上作用有荷载集度为 $p=p(x,y)$ N/m^2 的荷载，$p=p(x,y)$ 是已知函数，利用微元法，可以在板任意位置取微小面积 dA，进而确定微小面积 dA 作用的合力 dF。

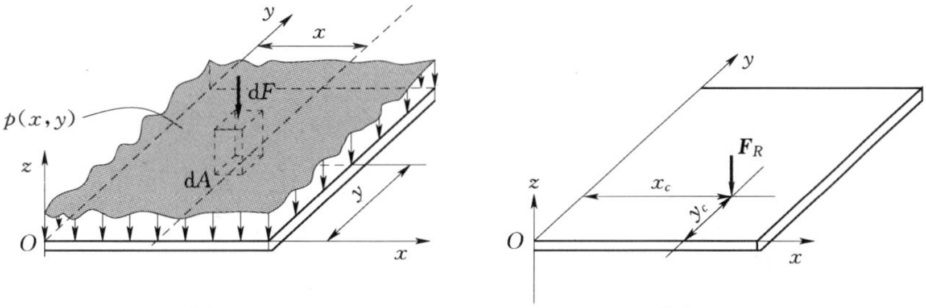

(a)　　　　　　　　(b)

图 2.15

$dF=[p(x,y)N/m^2][dAm^2]=[p(x,y)dA]N$，平板上作用的分布力系的合力 $\boldsymbol{F}_R$ 可以看成由无数个不同点处的平行 dF 的合成，$\boldsymbol{F}_R$ 的大小为

$$\boldsymbol{F}_R=\sum F \qquad \boldsymbol{F}_R=\int_A p(x,y)\mathrm{d}A \tag{2.11}$$

合力 $\boldsymbol{F}_R$ 的作用点位置可由合力矩定理得

$$x_c=\frac{\int_A xp(x,y)\mathrm{d}A}{\int_A p(x,y)\mathrm{d}A} \qquad y_c=\frac{\int_A yp(x,y)\mathrm{d}A}{\int_A p(x,y)\mathrm{d}A} \tag{2.12}$$

例 2.6　一梁承受如图 2.16 (a) 所示的平行力系，试确定其合力的大小、作用位置。

解　由荷载集度 $p=(200x)$Pa，代入以上公式，得知

合力大小为$F_R=\int_A 200x\mathrm{d}A=\int_{-0.2}^{0.2}\int_0^9 200x\mathrm{d}x\mathrm{d}y=3240\mathrm{N}$

$$作用点位置 x_c = \frac{\int_A x p(x,y) \mathrm{d}A}{\int_A p(x,y) \mathrm{d}A} = \frac{\int_{-0.2}^{0.2}\int_0^9 200x^2 \mathrm{d}x\mathrm{d}y}{\int_{-0.2}^{0.2}\int_0^9 200x \mathrm{d}x\mathrm{d}y} = \frac{19440}{3240} = 6(\mathrm{m})$$

$$y_c = \frac{\int_A y p(x,y) \mathrm{d}A}{\int_A p(x,y) \mathrm{d}A} = \frac{\int_{-0.2}^{0.2} y \int_0^9 200x \mathrm{d}x\mathrm{d}y}{\int_{-0.2}^{0.2}\int_0^9 200x \mathrm{d}x\mathrm{d}y} = 0$$

合力的大小及作用位置如图 2.16（b）所示。

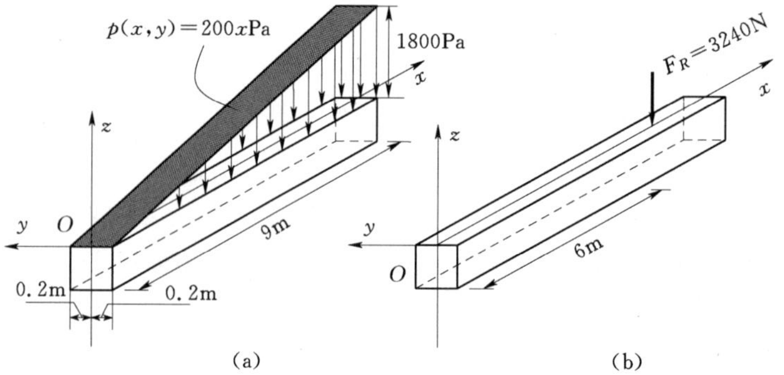

图 2.16

2. 平面平行分布力系的简化

如图 2.17 所示的平行分布力系，和 y 轴平行的直线上荷载集度相等，这样分布力系可以进一步简化为平面平行分布力系，如图 2.17（a）所示，取 $w=[p(x,y)\mathrm{N/m^2}][a\mathrm{m}]=p(x,y)a=w(x)\mathrm{N/m}$，为其荷载集度，单位为 N/m，称为平面分布力系，有时也称为线荷载，均值等截面杆件的自重、作用于杆件上的分布荷载，可以简化为平面均布力系。

对图 2.17（a）所示平面分布力系，当 $w=w(x)$ 函数已知时，可以求出其合力的大小及合力作用点位置。

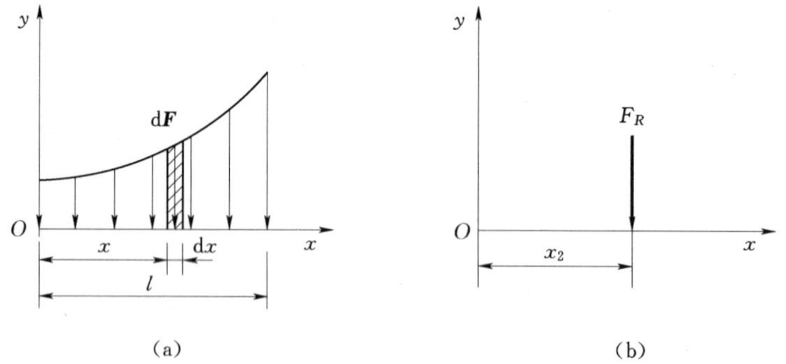

图 2.17

应用微元法，合力大小为

$$F_R = \int_L w(x) \mathrm{d}x = \int_A p(x,y) \mathrm{d}A \tag{2.13}$$

由合力矩定理，求得合力作用点位置为

$$x_c = \frac{\int_L x w(x) \mathrm{d}x}{\int_L w(x) \mathrm{d}x} \tag{2.14}$$

例 2.7 对图 2.18（a）所示的平面平行力系进行简化。荷载集度 $w(x)=(30x^2)$ N/m。

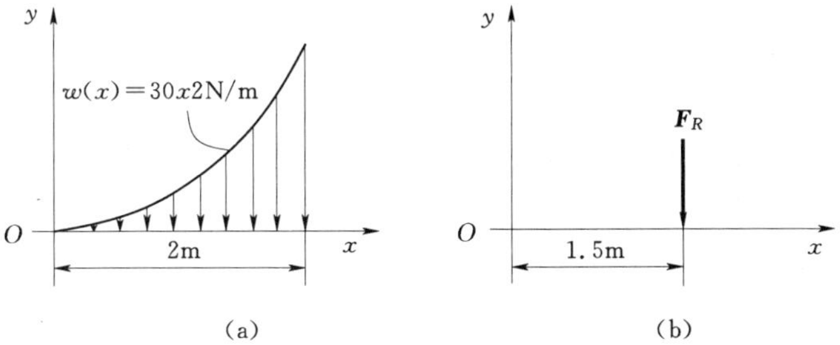

图 2.18

解 本题中荷载集度已知，可以利用以上公式求解。

合力大小为：$F_R = \int_L w(x) \mathrm{d}x = \int_0^2 30x^2 \mathrm{d}x = 10x^3 \big|_0^2 = 80\ \mathrm{N}$

作用点位置：$x_c = \dfrac{\int_L x w(x) \mathrm{d}x}{\int_L w(x) \mathrm{d}x} = \dfrac{\int_0^2 30x^3 \mathrm{d}x}{\int_0^2 30x^2 \mathrm{d}x} = \dfrac{120}{80} = 1.5\ (\mathrm{m})$

3. 集中力构成的平行力系的简化

如图 2.19（a）所示的集中力构成的平行力系，其合力 $\boldsymbol{F}_R = \sum \boldsymbol{F}_i$，据合力矩定理，如图 2.19（b）所示，得

$$x_c = \frac{\sum x_i F_i}{\sum F_i}, y_c = \frac{\sum y_i F_i}{\sum F_i} \tag{2.15}$$

利用以上公式，对可以简化为合力的分布力系进行简化，得出合力点的位置。

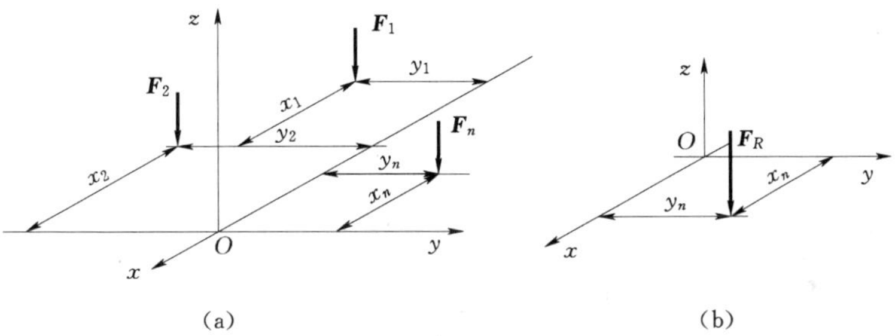

图 2.19

4. 平行力系的中心

对一个存在合力的平行力系，如果平行力系中的每一个力都绕自身的作用点向同一个方向转动一个相同的角度，仍然保持平行，则显然合力也将转动同一个角度，并且可以得

出在进行上述转动时，平行力系的合力作用线总是通过同一点，该点是合力的作用点，称为**平行力系的中心**。下面进行简单证明。

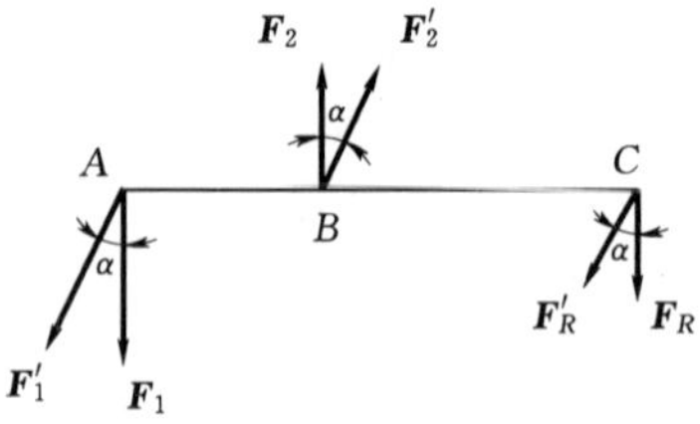

图 2.20

假设图 2.20 所示刚体的 A、B 的两点上分别作用有反向、平行、大小不等的力 $\boldsymbol{F}_1$ 和 $\boldsymbol{F}_2$，$F_1>F_2$，由主矩为零的条件，可以确定主矢 $\boldsymbol{F}_R$ 的作用点在 AB 连线的外分点 C，作用线与 $\boldsymbol{F}_1$ 和 $\boldsymbol{F}_2$ 平行，即 $F_1\cdot CA=F_2\cdot CB$。若两力同时绕作用点向同一方向转 α 角度变成$\boldsymbol{F}_1'$和 $\boldsymbol{F}_2'$，则 $\boldsymbol{F}_1'$和 $\boldsymbol{F}_2'$的合力 $\boldsymbol{F}_R'$也肯定通过点 C，也向同一方向转 α 角度。由于 α 是任意的，故 C 即为力系($\boldsymbol{F}_1$、$\boldsymbol{F}_2$)的中心。对于其他存在合力的平行力系，也可以证明此结论是正确的。

由以上证明可知，当平行力系中各平行力绕其作用点向同一方向转同一角度时，该平行力系合力作用线通过同一点，也就是该平行力系的中心。反过来说，某一平行力系的中心只与该平行力系中各力的大小和作用点位置有关，而与该平行力系的方向无关。

具体确定某存在合力的平行力系的中心时，可以运用前面求合力作用位置的方法，确定平行力系中心的位置。

对于分布平行力系，前面已经得出了确定中心位置的前两个坐标，即

$$x_c=\frac{\int_A xp(x,y)\mathrm{d}A}{\int_A p(x,y)\mathrm{d}A},\qquad y_c=\frac{\int_A yp(x,y)\mathrm{d}A}{\int_A p(x,y)\mathrm{d}A} \tag{2.16}$$

令力系中各力转到垂直于 yOz 坐标面，将荷载集度改为对变量 y 及 z 的，即 $p=p(y,z)$ 对 z 轴应用力系的合力矩定理，可得

$$z_c=\frac{\int_A zp(y,z)\mathrm{d}A}{\int_A p(y,z)\mathrm{d}A} \tag{2.17}$$

对于由集中力组成的平行力系，可由

$$x_c=\frac{\sum x_iF_i}{\sum F_i},y_c=\frac{\sum y_iF_i}{\sum F_i},z_c=\frac{\sum z_iF_i}{\sum F_i} \tag{2.18}$$

求出其中心坐标。

2.4　力系简化的简单应用

在第 1 章介绍过，真实物体上所受的力都是分布力，但当分布力作用面积很小或为了分析计算方便，一般将分布力简化为作用于一点的集中力，如第 1 章中介绍的约束力，大都表现为集中力或力偶，其实都是将作用于物体面上或体积上的分布力系简化为作用于一点的力及力偶的结果。下面举例说明。

例 2.8　如图 2.21 所示，边长为 1m、容重为 $2\mathrm{kN/m^3}$ 的正方体刚性体由均质材料组成，下表面平整光滑，置于光滑刚性地面，处于静止状态，地面和水平面齐平，求地面对正方体刚性体的实际约束力。

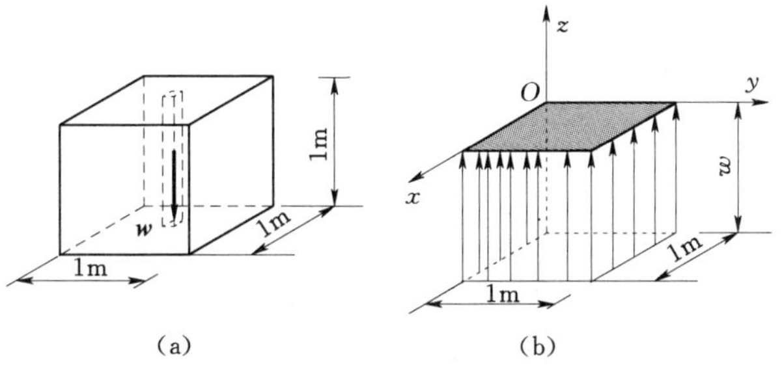

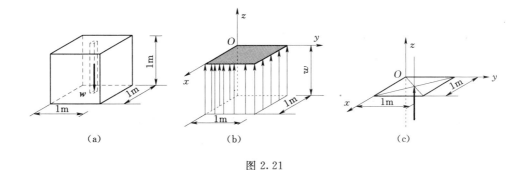

图 2.21

解 在正方体刚性体底面上每点作用于地面的重力为

$$w=1\text{m}\times2\text{kN/m}^3=2\text{kN/m}^2$$

由牛顿第三定律可知，地面对刚体底面上每点的作用力也是 2kN/m²，故知地面对正方体刚性体的约束力是一分布力系，荷载集度为 2kN/m²，作用方向垂直于地面，指向刚体底面。

为了计算方便，一般将上述分布力系表示为作用在刚体底面某点上的一集中力，其大小为

$$F_N=1\text{m}^3\times2\text{kN/m}^3=2\text{kN}$$

建立坐标系，根据合力矩原理，可以求出等效合力作用点在刚体底面中心点处，如图 2.21 所示。

例 2.9 如图 2.22（a）所示，嵌固于结构主体中的悬臂梁，选取梁为研究对象时，在第 1 章中学过，约束体对梁的约束力表示为 $\boldsymbol{F}_{Ax}$、$\boldsymbol{F}_{Ay}$ 及 $\boldsymbol{M}_A$——两个集中力及一个力偶，如图 2.22（b）所示，实际上约束体对梁嵌固段上的作用力是一分布力系，此分布力系在 A 点的简化结果是 $\boldsymbol{F}_{RA}$ 及 $\boldsymbol{M}_A$，如图 2.22（c）所示，将 $\boldsymbol{F}_{RA}$ 分解成 $\boldsymbol{F}_{Ax}$、$\boldsymbol{F}_{Ay}$ 就是第 1 章介绍的结果。

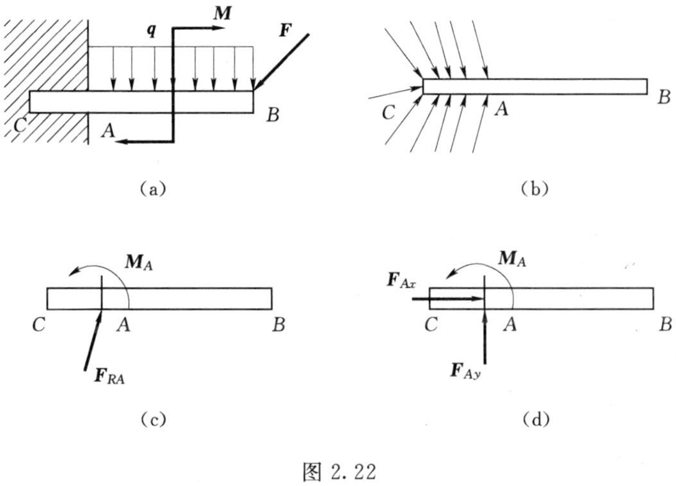

图 2.22

2.5 结论与讨论

2.5.1 基本概念

力系：作用于所研究的物体或物体系统上的一组力。

等效力系：作用于物体上的一个力系可以用另一个力系来代替，物体的运动效应不发生改变，则这两个力系互为等效力系。

力系的主矢：力系中所有力的矢量和。

力系的主矩：力系中所有各力对同一点之矩的矢量和。

平衡力系：力系的主矢 $\boldsymbol{F}_R=0$ 及对任意点 O 的主矩 $\boldsymbol{M}_O=0$。

2.5.2 基本定理

等效力系定理 不同的两力系对刚体运动效应相同的条件是不同的力系的主矢相等以及对同一点的主矩相等。

加减平衡力系原理 在已知力系上任意增加或减去平衡力系，并不会改变原力系对刚体的作用效应。

力的平移定理 作用在刚体上的力，可以等效地平移到刚体上任一指定点，但必须在该力与指定点所确定的平面内附加一个力偶，附加力偶的力偶矩矢等于原力对指定点的力矩。

2.5.3 基本方法

力系的简化的方法。

2.5.4 力系简化的结果

力系简化的结果有 4 种，即平衡力系、合力、力偶和力螺旋。

2.5.5 力系简化的应用

集中力是分布力系的简化。

真实的约束力大多数是分布力系，表示成第 1 章所示集中力的形式，实际可以看成是分布力系简化的应用。

2.5.6 讨论

如果已知一分布力系等效简化后的结果主矢及主矩，能否确定此分布力系？

习题 2

2.1 如习题 2.1 图所示，重力坝受重力和水压作用，$\boldsymbol{P}_1=450\text{N}$，$\boldsymbol{P}_2=200\text{N}$，$\boldsymbol{F}_1=600\text{N}$，$\boldsymbol{F}_2=140\text{N}$。求力系向点 O 简化结果和力系简化的最终结果。

2.2 柱上作用着 $\boldsymbol{F}_1$、$\boldsymbol{F}_2$、$\boldsymbol{F}_3$ 3 个铅直力，已知 $F_1=80\text{kN}$，$F_2=60\text{kN}$，$F_3=50\text{kN}$，三力位置如习题 2.2 图所示。图中长度单位为 mm，求将该力系向 O 点简化的结果。

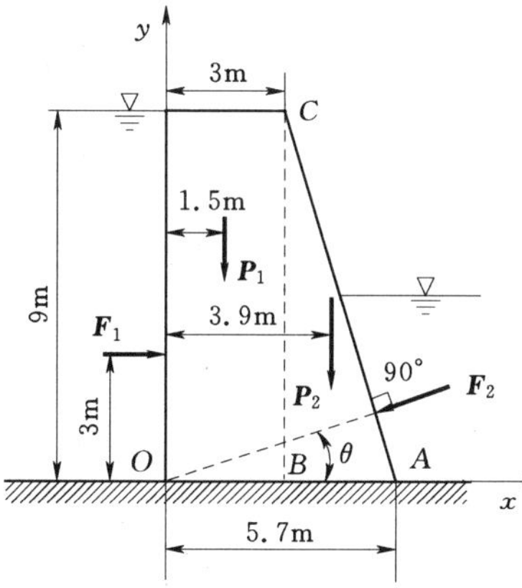

习题 2.1 图

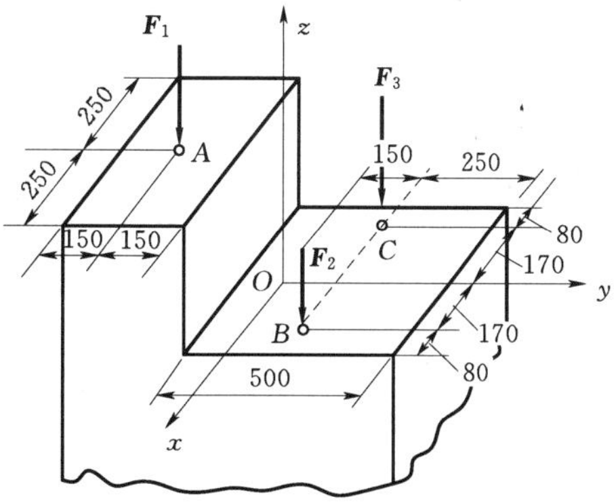

习题 2.2 图

2.3　平板 $OABD$ 上作用空间平行力系如习题 2.3 图所示，问 x、y 应等于多少才能使该力系合力作用线过板中心 C？

2.4　一力系由 4 个力组成，如习题 2.4 图所示。已知 $F_1=60\text{kN}$，$F_2=400\text{kN}$，$F_3=500\text{kN}$，$F_4=200\text{kN}$。试将该力系向 A 点简化，图中长度单位为 m。

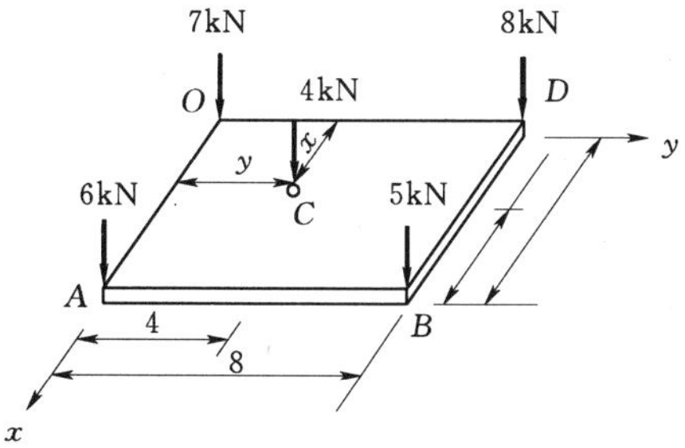

习题 2.3 图

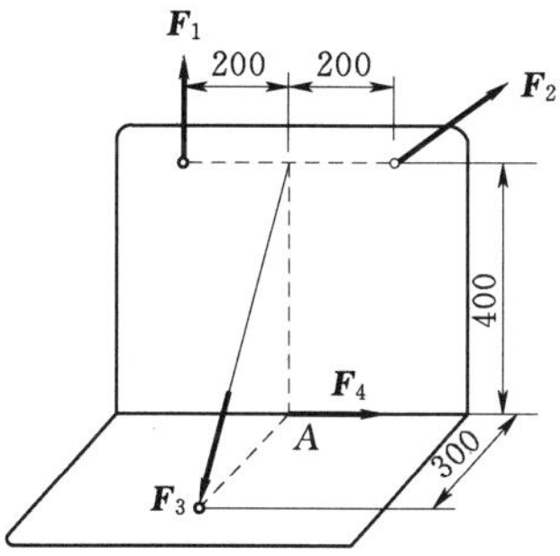

习题 2.4 图

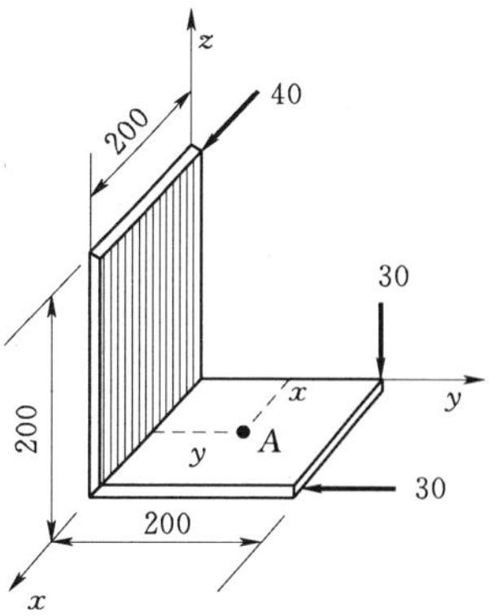

习题 2.5 图

2.5　如习题 2.5 图所示，一力系由三力组成，各力大小、作用线位置和方向见图。已知将该力系向 A 简化所得的主矩最小。试求主矩的值及简化中心 A 的坐标。图中力的单位为 N，长度单位为 mm。

2.6　如习题 2.6 图所示，某厂房排架的柱子，承受吊车传来的力 $F_1=250\text{kN}$，屋顶传来的力 $F_2=30\text{kN}$，试将该两力向底面中心 O 简化。图中长度单位是 mm。

2.7　如习题 2.7 图所示，已知挡土墙自重 $W=400\text{kN}$，土压力 $F=320\text{kN}$，水压力 $F_1=180\text{kN}$，求这些力向底面中心 O 简化的结果；如能简化为一合力，试求出合力作用线的位置。图中长度单位为 m。

2.8　如习题 2.8 图所示，在刚架的 A、B 两点分别作用 $\boldsymbol{F}_1$、$\boldsymbol{F}_2$ 两力，已知 $F_1=F_2$

$=10\text{kN}$。欲以梁上 C 点的一个力 $\boldsymbol{F}$ 代替 $\boldsymbol{F}_1$、$\boldsymbol{F}_2$，求 $\boldsymbol{F}$ 的大小、方向及 B、C 间的距离。

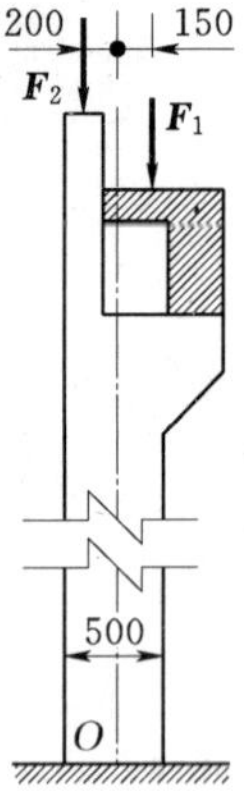

习题 2.6 图

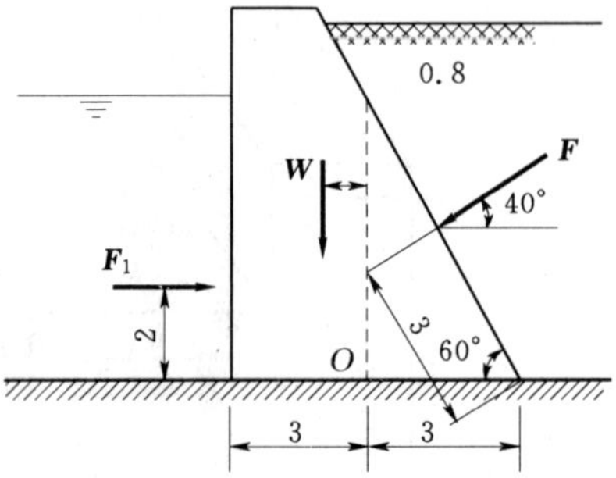

习题 2.7 图

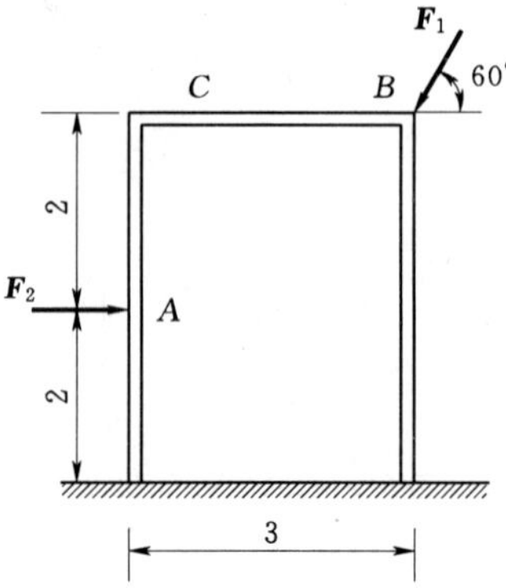

习题 2.8 图

第3章 重心、质心及形心

学习提示

本章主要讨论重心、质心及形心的概念，如何确定任意形状刚体及离散质点体系的重心、质心及形心。这些内容是应用力系等效简化分析的结果。

学习要求

通过学习，熟悉重心、质心及形心的概念，掌握确定任意形状刚体及离散质点体系的重心、质心及形心的方法。

3.1 质点系的重心及质心

如图 3.1 所示，置于地球表面附近的由 n 个质点组成的质点系，第 i 个质点的质量为 m_i，质点系总质量为 $m=\sum_{i=1}^{n}m_i$，该质点所受重力为 w_i，各质点上所受重力严格考虑的话并不平行。但是，一般工程上研究的质点系统的尺寸远小于地球半径，故这些力之间的夹角非常微小，所以各质点系上所受力可以看成是铅直向下的空间同向平行力系，其合力 $\boldsymbol{W}$ 就是整个质点系所受的重力，其大小为

$$W=\sum_{i=1}^{n}w_i \tag{3.1}$$

当质点系中各质点空间位置确定时，合力 $\boldsymbol{W}$ 的作用线必定通过某一确定点 C，这一点就称为质点系的**重心**。可以看出，置于地球表面附近的质点系的重心就是对应平行力系的中心，建立直角坐标系，假定第 i 个质点的坐标为（x_i，y_i，z_i），利用式（2.18）可得质点系的重心坐标为

$$x_c=\frac{\sum x_iw_i}{\sum w_i}=\frac{\sum x_iw_i}{W},y_c=\frac{\sum y_iw_i}{\sum w_i}=\frac{\sum y_iw_i}{W}$$

$$z_c=\frac{\sum z_iw_i}{\sum w_i}=\frac{\sum z_iw_i}{W} \tag{3.2}$$

质心就是所研究物体或物体系统质量的中心，其只与质点系的质量分布有关，与质点系是否受力无关。在研究质点系受外力作用发生运动状态改变时，要用到质量的中心，即质心的概念。

在中学已学过，$w_i=m_ig$、$W=mg$，将这两式代入式（3.2），化简可得

$$x_c=\frac{\sum x_im_i}{m},y_c=\frac{\sum y_im_i}{m},z_c=\frac{\sum z_im_i}{m} \tag{3.3}$$

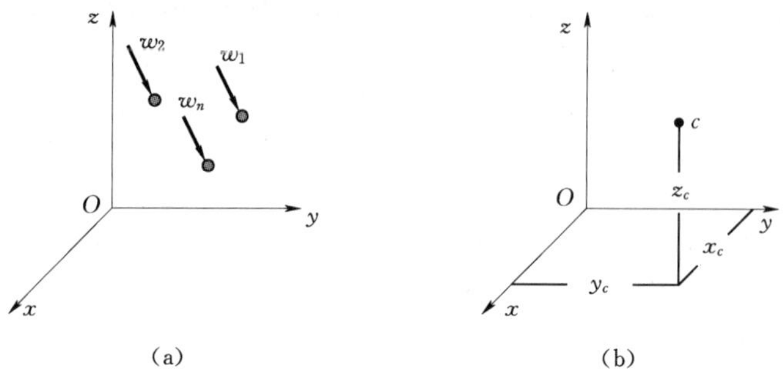

图 3.1

由公式确定的 $C(x_c,y_c,z_c)$ 点定义为前述质点系的质心。

从式（3.3）中可以看出，质心只与质点系中质量的分布有关，不涉及重力，利用式（3.3）可以求质点系质心的位置。

质点系中各质点的质量是定值时，质点系的重心及质心取决于质点系中各质点的相对位置。当质点系中各质点的相对位置不发生变化时，质点系的重心及质心不会发生变化；当质点系中各质点的相对位置发生变化时，质点系的重心及质心随着会发生相应的变化。

3.2 刚体的重心、质心及形心

前面学习过，刚体可看作是无数质点通过内部刚性联系的质点系。将刚体置于地球表面附近时，刚体在重力作用下不会发生变形，组成刚体的各个微粒上所受重力是一空间平行力系，并且不管此刚体怎样放置，其平行力分布重力的合力的作用线，都将通过该刚体上一个确定的点，这一点称为该**刚体的重心**。

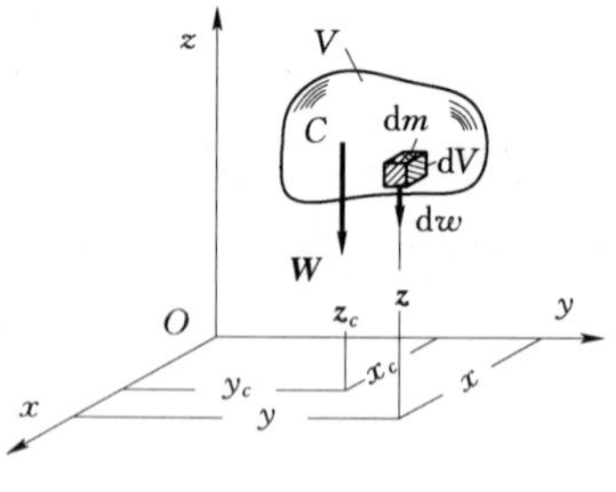

图 3.2

如图 3.2 所示，均质刚体置于地球附近，重力加速度为 g，该物体的体积为 V，质量为 m，密度为 ρ，单位体积重力为 γ。建立图 3.2 所示坐标系，将它分成许多微小的部分，第 i 个微小部分体积为 Δv_i，所受重力为 w_i，所有微小部分所受重力构成铅直向下的空间同向平行力系，其合力大小为 $W=\sum w_i$，假定第 i 个微小部分中心的坐标为（x_i，y_i，z_i），可得单个刚体中心坐标计算公式同式（3.2），同质点系质心求解方法，得单个刚体质心计算式同式（3.3）。

因为物体是均质的，则有

$$w_i=\gamma\Delta v_i,W=\sum w_i=\sum\gamma\Delta v_i=\gamma\sum\Delta v_i=\gamma V$$

代入式（3.2），得

$$x_c=\frac{\sum x_i\Delta v_i}{V},y_c=\frac{\sum y_i\Delta v_i}{V},z_c=\frac{\sum z_i\Delta v_i}{V} \tag{3.4}$$

由式（3.4）可见，均质物体的重心位置完全取决于物体的几何形状，而与物体的重量无关。

式（3.4）决定刚体的几何中心为刚体的**形心**。从式（3.4）可以看出，其取决于刚体的几何形状和尺寸。

显然，利用式（3.2）、式（3.3）及式（3.4）求解刚体的重心、质心及形心，其精确度取决于刚体被分割的微小单元的大小及数量，分割的微小单元数量越多、越小，则求得的值越精确。当取 Δv_i 趋近于零时，也就是取极限情况下，式（3.2）、式（3.3）及式（3.4）可以写成积分形式，即

刚体重心的坐标为

$$x_c=\frac{\int_V x\,\mathrm{d}W}{\int_V \mathrm{d}W},y_c=\frac{\int_V y\,\mathrm{d}W}{\int_V \mathrm{d}W},z_c=\frac{\int_V z\,\mathrm{d}W}{\int_V \mathrm{d}W} \tag{3.5}$$

刚体的质心坐标为

$$x_c=\frac{\int_V \rho x\,\mathrm{d}V}{m},y_c=\frac{\int_V \rho y\,\mathrm{d}V}{m},\ z_c=\frac{\int_V \rho z\,\mathrm{d}V}{m} \tag{3.6}$$

刚体的形心坐标为

$$x_c=\frac{\int_V x\,\mathrm{d}V}{V},y_c=\frac{\int_V y\,\mathrm{d}V}{V},z_c=\frac{\int_V z\,\mathrm{d}V}{V} \tag{3.7}$$

利用式（3.5）、式（3.6）及式（3.7）可以求出单个刚体重心、质心及形心的精确值。

对照前面几个公式可知，对于匀质物体，其重心、质心及形心相重合，对于非匀质物体，则重心和质心重合，但形心将不会与前二者重合。究其原因，是由于重心和质心都与物体质量分布有关，而形心只与物体的几何形状有关。

对于厚度相等的平薄板，假定板厚为 t，板面积为 A，可知 $V=tA$，取微单元 $\Delta v_i=t\Delta A_i$，将 $V=tA$、$\Delta v_i=t\Delta A$ 代入式（3.4），简化后得

$$x_c=\frac{\sum x_i\Delta A_i}{A},y_c=\frac{\sum y_i\Delta A_i}{A},z_c=\frac{\sum z_i\Delta A_i}{A} \tag{3.8}$$

写以下成积分式，即

$$x_c=\frac{\int_A x\,\mathrm{d}A}{A},\ y_c=\frac{\int_A y\,\mathrm{d}A}{A},z_c=\frac{\int_A z\,\mathrm{d}A}{A} \tag{3.9}$$

对于厚度相等的平薄板，当其板面位于 xOy 平面内时，在厚度方向知其形心在 $\frac{t}{2}$ 处，求另外两个坐标只需式（3.9）中前两个公式。

不难证明，凡具有对称面、对称轴或对称中心的均质物体（或几何形体），其重心、质心、形心必定在对称面、对称轴或对称中心上。

此外，当板厚趋近于零时，板就变成了平面，可知其形心坐标在平面图形内，取平面图形所在平面为 xOy 面建立坐标系，则平面图形的形心可由式（3.10）求出，即

$$x_c=\frac{\sum x_i\Delta A_i}{A},y_c=\frac{\sum y_i\Delta A_i}{A} \tag{3.10}$$

积分式为

$$x_c=\frac{\int_A x\mathrm{d}A}{A},\ y_c=\frac{\int_A y\mathrm{d}A}{A} \tag{3.11}$$

上两式即为平面图形的形心定义及求解公式。

定义积分 $S_y=\int_A x\mathrm{d}A$ 及 $S_x=\int_A y\mathrm{d}A$ 分别称为平面图形对 x 轴及 y 轴的**静矩**，也称其为面积的一次矩。显然，平面图形对通过其形心的任一轴的静矩为零，这也可作为平面图形形心的定义；反之，若平面图形对于某一轴的静矩为零，则该轴必定通过此平面图形的形心。

如图 3.3 所示，对于均质等截面细长杆，假定杆件横截面面积为 A，A 是一个常数，杆件总长为 l，$\Delta v_i=A\Delta l_i$，$V=lA$，代入式（3.8）并简化得

$$x_c=\frac{\sum_{i=1}^{n}\Delta l_i x_i}{l},y_c=\frac{\sum_{i=1}^{n}\Delta l_i y_i}{l},z_c=\frac{\sum_{i=1}^{n}\Delta l_i z_i}{l} \tag{3.12}$$

写成积分式为

$$x_c=\frac{\int_l x\mathrm{d}l}{l}\quad y_c=\frac{\int_l y\mathrm{d}l}{l}\quad z_c=\frac{\int_l z\mathrm{d}l}{l} \tag{3.13}$$

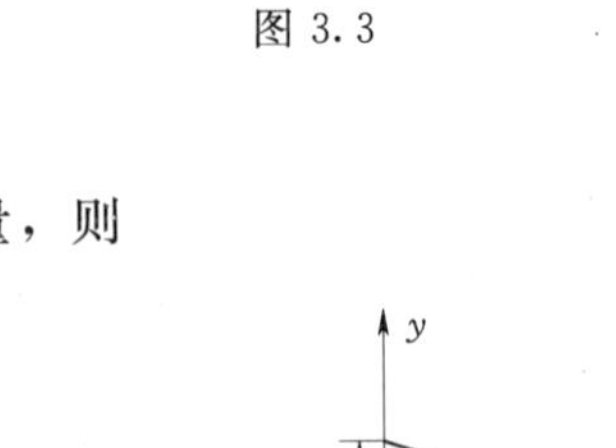

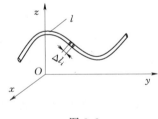

图 3.3

工程中常见的均质物体很多是简单几何形状的，或由几个简单几何形状的物体组合而成的。因此，将它们看成是刚体，确定简单几何形状物体的重心具有重要的意义。

对于具有简单几何形状物体的形心，一般可应用积分形式的形心坐标公式求解，或查阅有关工程手册。现将一些常见的简单形体的形心位置见于表 3.1 中，以供参考。

例 3.1 求图 3.4 所示三角形图形的形心坐标。

解 建立如图 3.4 所示坐标系，求 x_c 时取 $\mathrm{d}x$ 为积分变量，则

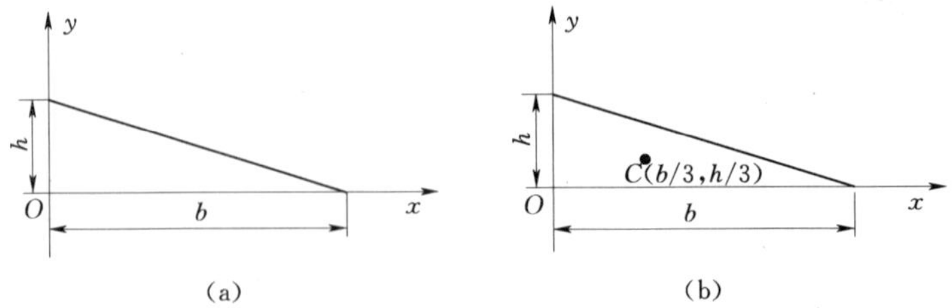

图 3.4

$dA=ydx=\frac{h}{b}(b-x)dx$，求 y_c 时，取 dy 为积分变量，则 $dA=xdy=\frac{b}{h}(h-y)dy$，代入式（3.5）得

$$x_c=\frac{\int_A x dA}{A}=\frac{\int_0^b \frac{h}{b}x(b-x)dx}{\frac{bh}{2}}=\frac{b}{3}$$

$$y_c=\frac{\int_A y dA}{A}=\frac{\int_0^h \frac{b}{h}y(h-y)dy}{\frac{bh}{2}}=\frac{h}{3}$$

例 3.2 求图 3.5 所示半圆形的形心坐标。

解 过圆心 O 作与 x 轴垂直的 y 轴，由对称性知 $x_c=0$。
在距 x 为任意高度 y 处取一个与 x 轴平行的窄条，其面积为

$$dA=2\sqrt{r^2-y^2}dy$$

代入式（3.5）得

$$y_c=\frac{\int_A y dA}{A}=\frac{\int_0^r y(2\sqrt{r^2-y^2})dy}{\pi r^2/2}=\frac{2r^3/3}{\pi r^2/2}=\frac{4r}{3\pi}$$

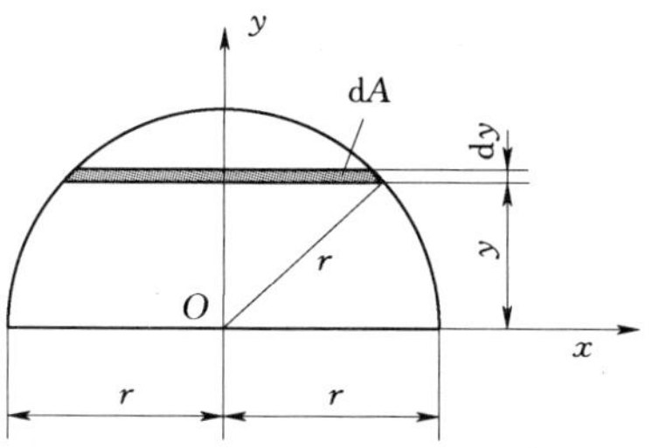

图 3.5

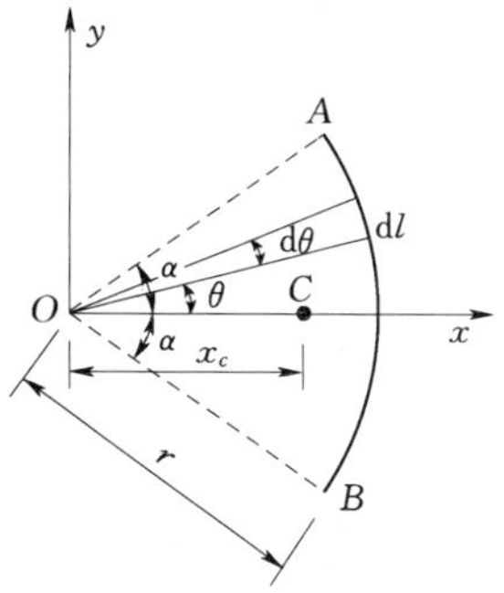

图 3.6

例 3.3 求图 3.6 所示圆弧$\overset{\frown}{AB}$的形心坐标。

解 取坐标如图 3.6 所示。由于图形对称于 x 轴，因而 $y_c=0$。为了求 x_c，取微小弧段 $dl=rd\theta$，其坐标为 $x=r\cos\theta$，于是

$$x_c=\frac{\int_l x dl}{l}=\frac{2\int_0^\alpha r^2\cos\theta d\theta}{2\int_0^\alpha r d\theta}=\frac{r\sin\theta}{\alpha}$$

表 3.1　　简单形体的形心

图　形	形心坐标
圆弧 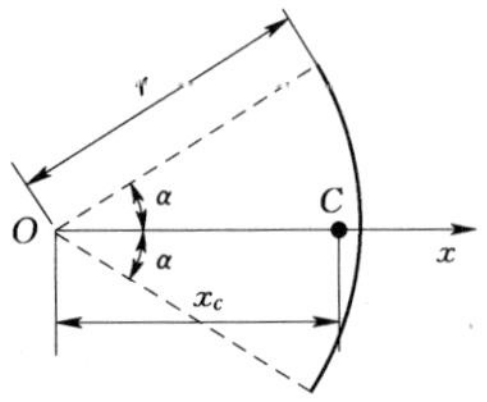	$x_c=\dfrac{r\sin\alpha}{\alpha}$ （α 以 rad 计） 当 $\alpha=\dfrac{\pi}{2}$，则 $x_c=\dfrac{2r}{\pi}$
三角形 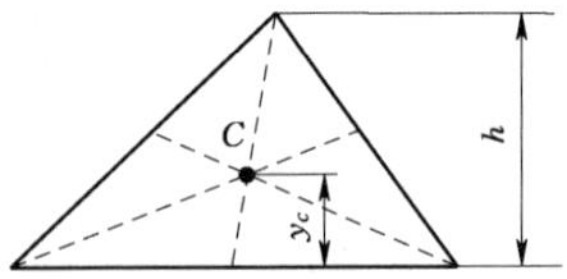	在中线交点 $y_c=\dfrac{h}{3}$
梯形 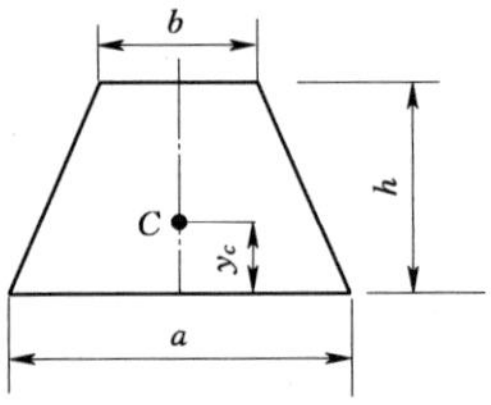	在上下底中点的连线上 $y_c=\dfrac{h(2a+b)}{3(a+b)}$
伞形 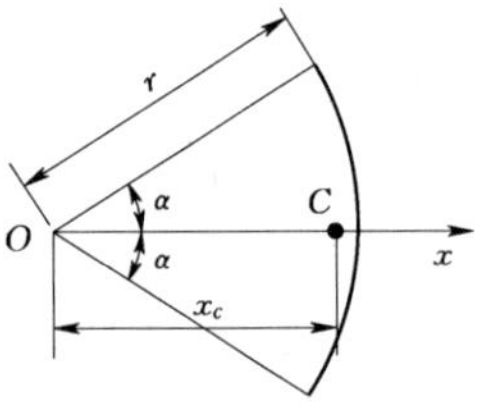	$x_c=\dfrac{2r\sin\alpha}{3\alpha}$ 对于半圆 $\alpha=\dfrac{\pi}{2}$，则 $x_c=\dfrac{4r}{3\pi}$
椭圆形 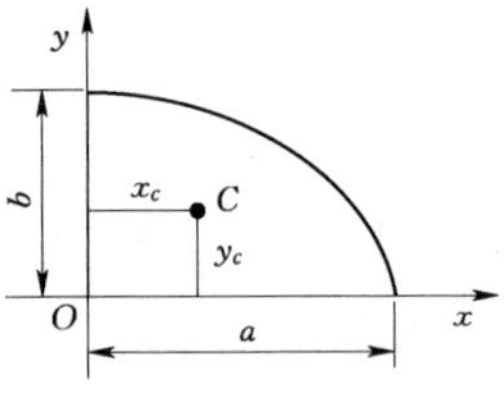	$x_c=\dfrac{4a}{3\pi}$ $y_c=\dfrac{4b}{3\pi}$ $A=\dfrac{\pi ab}{4}$
抛物线面 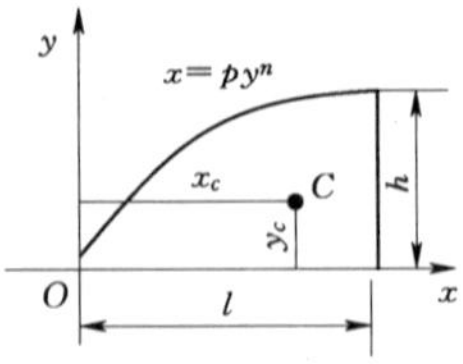	$x_c=\dfrac{n+1}{2n+1}l$ $y_c=\dfrac{n+1}{2(n+2)}h$ 当 $n=2$ 时， $x_c=\dfrac{3}{5}l$ $y_c=\dfrac{3}{8}h$

续表

图　形	形　心　坐　标
半球体 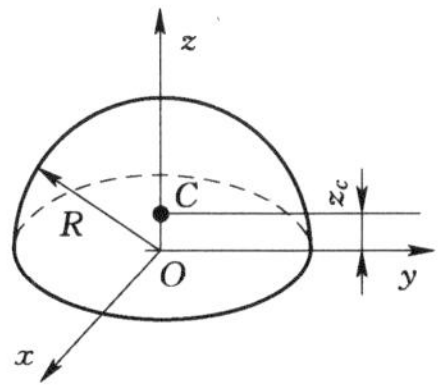	$z_c=\frac{3}{8}R$
锥形 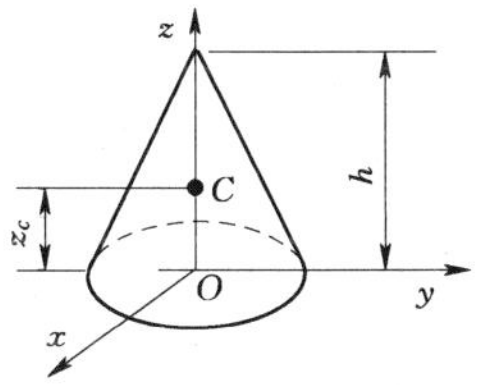	在顶点与底面中心 O 的连线上 $z_c=\frac{h}{4}$

3.3　组合体的重心、形心

在工程上，有很多常见的构件是由几个简单几何形状的物体组合而成的，称为组合体。求组合体的重心时，可将其分割成几个简单形状的刚体，先求出或查出简单形状的刚体的重心，然后将简单形状的刚体看成是质点，代入式（3.2）中，可求出组合体的重心。

对于组合图形的形心，可先求出简单图形的形心，然后将简单图形看成 ΔA_i，代入式（3.10）中，便可求得。

例 3.4　如图 3.7 所示平面图形，尺寸以 mm 计。求此图形的形心。

解　将整个图形分割成图示 3 个简单图形，取坐标系如图 3.7 所示。以 A_1、A_2、A_3 分别表示这些图形的面积；C_1、C_2、C_3 分别表示这些图形的形心；x_1、y_1、x_2、y_2、x_3、y_3 分别表示这些重心的坐标。

由图 3.7 可知：

$A_1=2\text{mm}^2$，$A_2=5\text{mm}^2$，$A_3=3\text{mm}^2$，$x_1=-1\text{mm}$，$x_2=0.5\text{mm}$，$x_3=2.5\text{mm}$，$y_1=4.5\text{mm}$，$y_2=2.5\text{mm}$，$y_3=0.5\text{mm}$，代入式（3.8）得

$$x_c=\frac{\sum_{i=1}^{3}A_ix_i}{\sum_{i=1}^{3}A_i}=\frac{2\times(-1)+5\times0.5+3\times2.5}{5+2+3}=0.8(\text{mm})$$

$$y_c=\frac{\sum_{i=1}^{3}A_iy_i}{\sum_{i=1}^{3}A_i}=\frac{2\times4.5+5\times2.5+3\times2.5}{2+5+3}=2.3\text{(mm)}$$

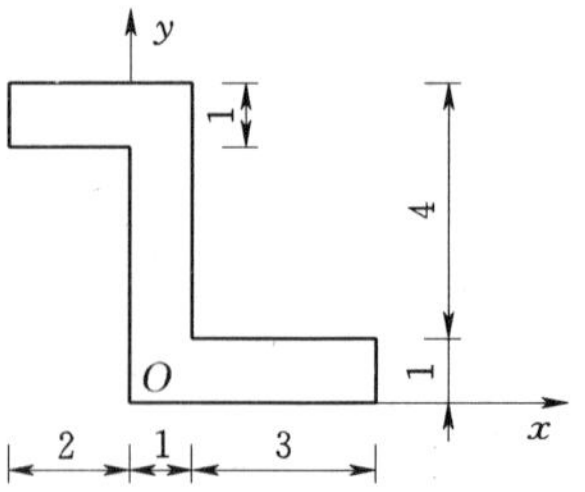

图 3.7

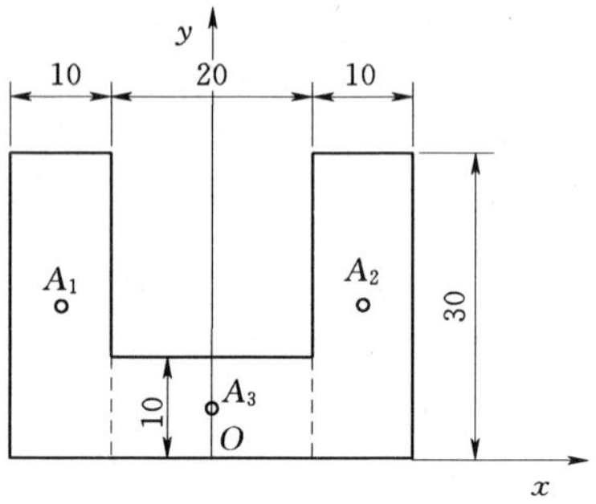

图 3.8

例 3.5 试求图 3.8 所示匀质槽形钢板横截面的形心。

解 建立图 3.8 所示坐标系，已知，$A_1=300\text{cm}^2$，$A_2=300\text{cm}^2$，$A_3=200\text{cm}^2$，$x_1=-25\text{cm}$，$x_2=25\text{cm}$，$x_3=0\text{cm}$，$y_1=15\text{cm}$，$y_2=15\text{cm}$，$y_3=5\text{cm}$，代入式（3.8）得

$$x_c=\frac{\sum_{i=1}^{3}A_ix_i}{\sum_{i=1}^{3}A_i}=\frac{300\times(-25)+300\times(25)+200\times0}{300\times2+200}=0(\text{cm})$$

$$y_c=\frac{\sum_{i=1}^{3}A_iy_i}{\sum_{i=1}^{3}A_i}=\frac{300\times15\times2+200\times5}{300\times2+200}=12.5\text{cm}$$

3.4 结论与讨论

本章的基本概念：

（1）重心——物体重力的合力作用点。

（2）质心——物体质量的中心。

（3）形心——几何形体的中心。

习题 3

3.1 求习题 3.1 图所示平面图形面积的形心。图中尺寸以 cm 计。

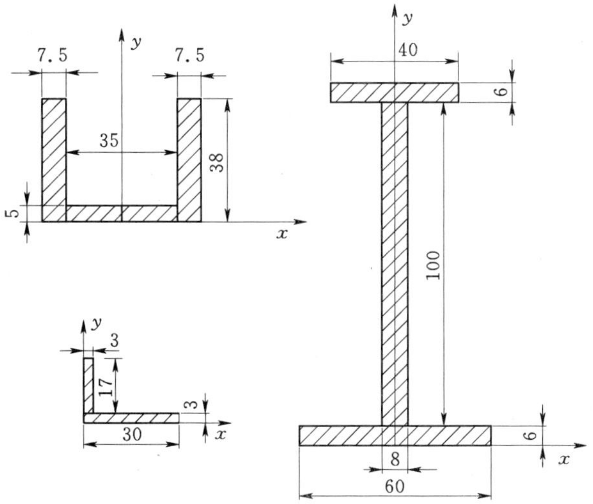

习题 3.1 图

3.2 如习题 3.2 图所示，求均质材料做成的基础的重心。图中尺寸以 cm 计。

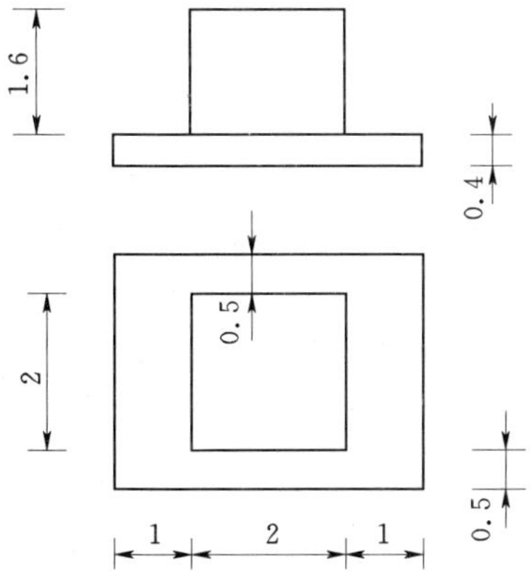

习题 3.2 图

第 4 章　刚体和刚体系统的平衡

学习提示

本章主要讨论刚体和刚体系统的平衡条件及问题；分析和解决刚体和刚体系统的平衡问题是结构静力学设计的基础。

学习要求

通过学习，熟悉刚体和刚体系统的平衡条件，了解静定及超静定问题的概念，了解摩擦的基本规律，了解考虑摩擦时刚体平衡问题的解法，掌握静定刚体及刚体系统问题的分析方法，熟练应用刚化原理求解变形体平衡问题。

4.1　质点系和刚体的平衡条件

由前面章节的讨论可知，物体平衡指其相对于惯性参考系静止或做匀速直线运动的状态，是物体机械运动的一种特殊形式，它是相对于惯性参考系而言的，本章所讨论平衡都取固结于地面的参考系作为惯性参考系。例如，地球上相对于地面静止的物体，相对于太阳表面则不见得静止。

在第 2 章中指出，平衡力系指主矢等于零和对任意一点的主矩等于零的力系，平衡力系是一个**零力系**。物体处于平衡状态与作用在物体上的外力系为平衡力系之间有什么联系，是下面要讨论的。

4.1.1　单质点的平衡条件

对于单个质点，由于作用在单质点上的力系只能是汇交力系，汇交力系在汇交点可以合成一合力，根据牛顿第一定律，质点平衡的充分必要条件是合力等于零，即力系的主矢为

$$\boldsymbol{F}_R = 0 \tag{4.1}$$

也就是说，单个质点处于平衡，则肯定有作用在该质点上的力系的合力为零；反过来说，当作用在某质点上的力系的合力为零时，该质点处于平衡。

4.1.2　质点系的平衡条件

质点系平衡，指质点系中每一个质点均处于平衡状态。即质点系中所有的质点相对参

考系全都处于静止状态，或全都处于匀速运动状态。下面研究处于平衡状态的质点系上外力 $\boldsymbol{F}_1$、$\boldsymbol{F}_2$、…、$\boldsymbol{F}_n$ 间的关系。

众所周知，作用于质点系中每个质点上的力可以分为外力和内力两种，内力为质点系内各质点间相互的作用力。设所研究质点系由 m 个质点构成，其上所受外力为 $\boldsymbol{F}_1$、$\boldsymbol{F}_2$、…、$\boldsymbol{F}_n$，用 $\boldsymbol{F}_{Ri}$ 表示作用于 i 质点的外力的合力，用 $\boldsymbol{f}_{Ri}$ 表示作用于 i 质点的内力的合力。把作用于每个质点上的力作为一个小组，来计算作用于该质点系的外力及质点系质点间内力构成的力系的主矢和主矩。对于 i 质点，根据式（4.1）知，$\boldsymbol{F}_{Ri}+\boldsymbol{f}_{Ri}=0$，即每个小组的合力为零。可以推出，所有小组的力的合力为零，即所研究的力系的主矢为零。根据合力矩定理，每个小组的力对任意点 O 的力矩之和也等于零，即主矩也为零。由此得到质点系平衡时其上作用的力系应满足的条件，即平衡条件为

$$\sum_{i=1}^{m}(\boldsymbol{F}_{Ri}+\boldsymbol{f}_{Ri})=0,\sum_{i=1}^{m}\boldsymbol{M}_O(\boldsymbol{F}_{Ri}+\boldsymbol{f}_{Ri})=0 \tag{4.2}$$

根据牛顿第三定律，质点系内力总是成对出现，相互作用，具有大小相等、方向相反、作用在同一条直线上的性质。因此，每对内力的矢量和及其对任意点 O 的力矩之和均等于零，即 $\sum_{i=1}^{m}\boldsymbol{F}_{Ri}=0$

$$\sum_{i=1}^{m}\boldsymbol{M}_O(\boldsymbol{F}_{Ri}+\boldsymbol{f}_{Ri})=0\Rightarrow\sum_{i=1}^{m}\boldsymbol{r}_i\times(\boldsymbol{F}_{Ri}+\boldsymbol{f}_{Ri})=0\Rightarrow\sum_{i=1}^{m}\boldsymbol{r}_i\times\boldsymbol{F}_{Ri}+\sum_{i=1}^{m}\boldsymbol{r}_i\times\boldsymbol{f}_{Ri}=0\Rightarrow$$
$$\sum_{i=1}^{m}\boldsymbol{r}_i\times\boldsymbol{F}_{Ri}=0\Rightarrow\sum_{i=1}^{m}M_O(\boldsymbol{F}_i)=0$$

故上式可化为

$$\sum_{i=1}^{m}\boldsymbol{F}_{Ri}=0,\sum_{i=1}^{m}\boldsymbol{M}_O(\boldsymbol{F}_{Ri})=0 \tag{4.3}$$

质点系中每个质点上外力的合力等于所有外力合力，质点系中每个质点上外力的合力对 O 点之矩的和等于所有外力对 O 点之矩的和。式（4.3）可进一步化为

$$\sum\boldsymbol{F}_i=0,\sum M_O(\boldsymbol{F}_i)=0 \tag{4.4}$$

式（4.4）表明，质点系处于平衡时，作用于该质点系的外力系的主矢及外力对任一点 O 的主矩必定为零，由第 2 章知，作用于该质点系的外力系为平衡力系。式（4.4）成立是质点系处于平衡状态的必要条件，即质点系平衡，式（4.4）一定成立。

反过来看，式（4.4）成立是否质点系一定平衡呢？需要分不同的情况讨论。

对于单个刚体而言，可以证明，式（4.4）是单个刚体平衡的充要条件，即

式(4.4)成立 $\Leftrightarrow$ 单个刚体平衡

但对变形体而言，变形体平衡，式（4.4）成立，反过来则不一定成立，即

变形体平衡 $\Rightarrow$ 式(4.4)成立

但作用于变形体上所有外力（主动力和约束力）构成的力系满足式（4.4），变形体不一定平衡。

例如，在一根比较细弱的弹簧两端施加大小相等、方向相反、作用在同一直线的力，弹簧两端会开始背向远离，直到其内部产生的弹性力和施加的力相等，才能停下来、停止

伸长。在此例中，在弹簧停止伸长之前，作用在它上面的力系是符合式（4.4）的，但弹簧仍然在运动，不平衡。在弹簧停止伸长之后，处于平衡状态，同时，其上作用的外力系也符合式（4.4）。

对于具体的问题而言，条件中的外力包括主动力及约束力。

4.2 刚体的平衡方程

4.2.1 一般空间力系作用下刚体的平衡方程

由上面的讨论得知，刚体平衡的充要条件是作用在刚体上的外力系的主矢及外力对任一点 O 的主矩都为零，写成矢量方程组是式（4.4），在工程中，为了方便应用，可以利用矢量投影定理，将其投影在 3 个互相垂直的坐标轴上，得到 6 个标量形式的平衡方程，即

$$\sum F_{ix}=0,\sum F_{iy}=0,\sum F_{iz}=0$$
$$\sum M_x(F_i)=0,\sum M_y(F_i)=0,\sum M_z(F_i)=0 \tag{4.5}$$

式（4.5）为一般空间力系的平衡方程，也叫做**空间任意力系的平衡方程**。

上述方程表明，平衡力系中所有力在直角坐标系各轴上投影的代数和都为零；同时平衡力系中所有力各轴之矩的代数和也分别等于零。

上述平衡方程适用于任意力系作用下的刚体，但如果作用在刚体上的力系是空间特殊力系，则上述方程中的某些平衡方程会自动满足，方程数目会减少。

4.2.2 特殊空间力系作用下刚体的平衡方程

对于空间汇交力系，如果取汇交点为坐标原点，则力系中各力对通过汇交点的任一轴的力矩都为零，3 个力矩方程自动满足。独立平衡方程只剩 3 个，即

$$\sum F_{ix}=0,\sum F_{iy}=0,\sum F_{iz}=0 \tag{4.6}$$

对于空间力偶系，由于力偶在任一轴上的投影为零，力的投影方程自然满足。独立平衡方程只剩 3 个，即

$$\sum M_x(F_i)=0,\sum M_y(F_i)=0,\sum M_z(F_i)=0 \tag{4.7}$$

对于力系中所有力的作用线相互平行的空间力系，若坐标系 $Oxyz$ 的轴 z 与力作用线平行，则各力在 x 轴和 y 轴上的投影均为零，各力对 z 轴之矩均为零，3 个方程自动满足，只剩 3 个独立方程，即

$$\sum F_{iz}=0,\sum M_x(F_i)=0,\sum M_y(F_i)=0 \tag{4.8}$$

可以看出，对于受空间汇交力系、空间力偶系、空间平行力系作用而处于平衡状态的刚体，当如上所述选取合适的坐标系时，都将有 3 个平衡方程自动满足，独立的平衡方程只有 3 个。

4.2.3 平面力系作用下刚体的平衡方程

1. 平面任意力系作用下刚体的平衡方程

力系中所有力的作用线都在同一平面内，该力系称为平面任意力系。对于平面任意力

系，如果令平面任意力系作用面与坐标面 xy 重合，则可知平衡方程中的 $\sum F_{iz}=0$、$\sum M_x(F_i)=0$、$\sum M_y(F_i)=0$ 将自动满足，并可将 $\sum M_z(F_i)=0$ 变为 $\sum M_O(F_i)=0$，O 为 xOy 面内任一点。只剩 3 个独立方程，即

$$\sum F_{ix}=0, \sum F_{iy}=0, \sum M_O(F_i)=0 \tag{4.9}$$

式（4.9）称为平面任意力系的平衡方程，其中前两个称为投影方程，后一个称为力矩方程。式（4.9）是平面任意力系平衡方程的基本形式，除了这种形式外，还可将平衡方程表示为二力矩形式或三力矩形式。

二力矩形式的平衡方程是一个投影方程和两个力矩方程，即在平面 xy 内任取两点 A、B 为矩心，另取一轴 x 为投影轴，建立平衡方程，即

$$\sum F_{ix}=0, \sum M_A(F_i)=0, \sum M_B(F_i)=0 \tag{4.10}$$

但 A、B 的连线不能垂直于 x 轴。

三力矩形式的平衡方程是任取不在一直线上的三点 A、B、C 为矩心而得到的力矩平衡方程，即

$$\sum M_A(F_i)=0, \sum M_B(F_i)=0, \sum M_C(F_i)=0 \tag{4.11}$$

2. 平面特殊力系作用下刚体的平衡方程

对于平面平行力系，其各力都在同一平面且作用线平行，令各力都在 xy 面内，且各力作用线平行于 y 轴，则只剩两个独立方程，即

$$\sum F_{iy}=0, \sum M_O(F_i)=0 \tag{4.12}$$

对于平面汇交力系，取汇交点为坐标原点，令各力都在 xy 面内，建立坐标系，则只剩两个独立方程，即

$$\sum F_{ix}=0, \sum F_{iy}=0 \tag{4.13}$$

当只有两个力，且作用线在同一坐标轴线上时，将只有一个方程。

对于平面力偶系，取力偶作用平面为坐标 xOy 面时，将只有一个独立方程，即

$$\sum M_z=0 \tag{4.14}$$

综上所述，对于特殊力系作用而处于平衡状态的刚体，当如上所述选取合适的坐标系时，都将有一些平衡方程自动满足，独立的平衡方程个数会大大减少。

3. 二力和三力作用下刚体平衡时，力之间的关系——平衡条件

只受两个力作用而处于平衡状态的刚体（构件），称为**二力构件**或**二力杆**，根据平衡条件可以推出，作用二力构件上的二力之间的关系是：该二力必定大小相等、方向相反、作用线相同。

了解二力杆的这一性质，有助于进行受力分析。

在 3 个力作用下处于平衡状态的刚体，根据平衡条件可以得出，这 3 个力之间的关系可以按照作用线间的关系分为两类。一是三力构成平面平行力系，取合适坐标系，三力之间关系满足式（4.10）。二是三力构成平面汇交力系，取合适坐标系，三力之间关系满足式（4.11）。也可以将这种性质总结成三力平衡汇交定理——**若刚体受到相互不平行的 3 个力作用而平衡，则此 3 个力必定在同一平面内，且 3 个力的作用线汇交于一点。**

4.3 刚 体 平 衡 问 题

前面讨论了刚体平衡条件及平衡方程，其目的是要解决工程中常见的刚体静力平衡问题。

工程中常见的基本刚体静力平衡问题，一般可分为两类：一类是完全被约束住的物体或物体系统（如土木工程结构），此类物体或物体系统在外力作用下没有可能运动，且变形已经完成，处于平衡状态，在已知外载荷的作用下，求约束力；另一类是未被完全约束住的物体或物体系统（如机构），此类物体或物体系统有某种运动的可能，必须满足平衡条件才能处于平衡状态，求解平衡时载荷所应满足的条件及约束力。

工程中物体或物体系统实际上都是变形体，但当只求完全约束体处于平衡状态时的约束力及未完全约束体的平衡问题时，当变形体的变形较小时，可以忽略变形带来的影响，将其看成是刚体。

下面以几个例题说明平衡问题的一般分析方法。

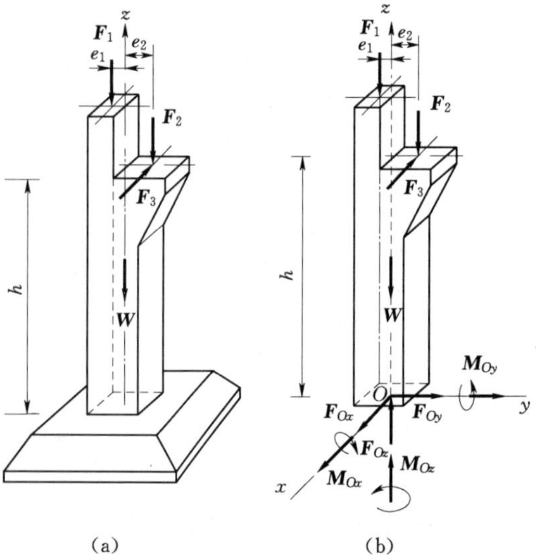

图 4.1

4.3.1 单个刚体的平衡问题求解

例 4.1 某厂房支承屋架和吊车梁的柱子如图 4.1（a）所示，下端固定独立基础。柱顶承受屋架传来的力 $\boldsymbol{F}_1$，牛腿上承受吊车梁传来的铅直力 $\boldsymbol{F}_2$ 及水平制动力 $\boldsymbol{F}_3$。如以柱脚中心为坐标原点 O，铅直轴为 z 轴，x 及 y 轴分别平行于柱脚的两边，如图 4.1（b）所示，则力 $\boldsymbol{F}_1$ 及 $\boldsymbol{F}_2$ 均在 yOz 平面内，与 z 轴距离分别为 $e_1=0.1\text{m}$，$e_2=0.34\text{m}$，制动力 $\boldsymbol{F}_3$ 平行于 x 轴。已知 $F_1=120\text{kN}$，$F_2=300\text{kN}$，$F_3=25\text{kN}$，$h=6\text{m}$。柱所受重力 W 可认为沿 z 轴作用，且 $W=40\text{kN}$。试求基础对柱作用的约束力。

解 （1）取柱子为研究对象，由题意知其在主动力及约束力作用下处于平衡。

（2）受力分析，柱子下端在任意方向既不能移动又不能转动，为固定端约束。其约束力是空间任意方向的一个力和一个力偶，分别用 3 个分量 F_{Ox}、F_{Oy}、F_{Oz} 和 M_{Ox}、M_{Oy}、M_{Oz} 表示，见图 4.1（b）（事实上固定端的约束力是作用在柱端表面的一个分布力，向 O 点简化后就得到上面的结果）。

（3）列平衡方程，由受力图可以看出外力系是任意空间力系，结合式（4.9）

$$\sum F_{ix}=0, F_{Ox}-F_3=0$$

$$\sum F_{iy}=0, F_{Oy}=0$$

$$\sum F_{iz}=0, F_{Oz}-F_1-F_2-W=0$$
$$\sum M_x(F_i)=0, M_{Ox}+F_1e_1-F_2e_2=0$$
$$\sum M_y(F_i)=0, M_{Oy}-F_3h=0$$
$$\sum M_z(F_i)=0, M_{Oz}+F_3e_2=0$$

(4) 将已知值代入，解得

$$F_{Ox}=25\text{kN}, F_{Oy}=0\text{kN}, F_{Oz}=460\text{kN}$$
$$M_{Ox}=90\text{kN}\cdot\text{m}, M_{Oy}=150\text{kN}\cdot\text{m}, M_{Oz}=-8.5\text{kN}\cdot\text{m}$$

结果为正值者，说明实际作用力方向与假设方向一致；结果为负值者，说明实际作用力方向与假设方向相反。

例 4.2 图 4.2（a）所示为简易起重机，起重杆 AB 的 A 端为球铰链，B 端是一个半径为 r 的滑轮，杆 BC 和 BD 两端接为铰链，杆 BC 和 BD 轴线所在平面和地面平行。若起吊重物重量为 $P=19.61\text{kN}$，$\alpha=60°$，$\beta=30°$，$\theta=30°$，$\gamma=45°$。不计摩擦力，求匀速提升重物时各杆所受的力。

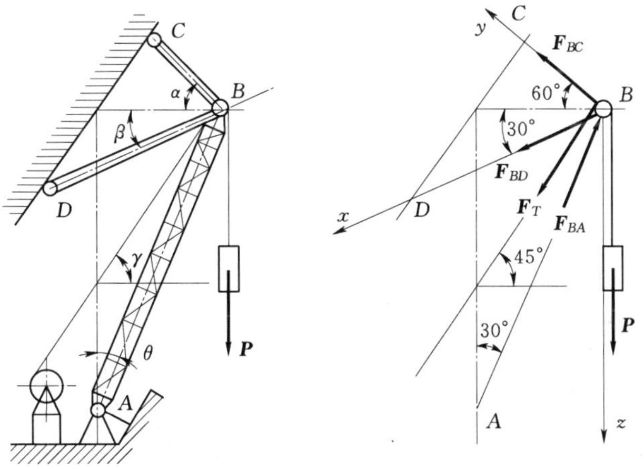

图 4.2

解 (1) 以支撑滑轮的轴为研究对象，建立如图 4.2（b）所示坐标系。

(2) 受力分析，由于 AB、BC 及 CD 三杆都是两端铰接，杆上没有外力作用，故都是二力杆。假设 AB 受压，BC 及 CD 受拉。钢缆可看成柔索，拉力为 $\boldsymbol{F}_T$。力 $\boldsymbol{F}_{BA}$、$\boldsymbol{F}_{BC}$、$\boldsymbol{F}_{BD}$ 及 $\boldsymbol{F}_T$ 组成空间汇交力系，如图 4.2（b）所示。

(3) 根据受力图和空间汇交力系平衡方程，有

$$\sum F_{ix}=0, F_{BD}+F_T\cos\gamma\cos\beta-F_{BA}\sin\theta\cos\beta=0$$
$$\sum F_{iy}=0, F_{BC}+F_T\cos\gamma\cos\alpha-F_{BA}\sin\theta\cos\alpha=0$$
$$\sum F_{iz}=0, P+F_T\sin\gamma-F_{BA}\cos\theta=0$$

分析柔索受力，补充方程：

$$F_T=P=19.61\text{kN}$$

(4) 由上述方程解得：

$$F_{BA}=38.6\text{kN}, F_{BC}=2.72\text{kN}, F_{BD}=4.71\text{kN}$$

所得结果均为正值，说明力方向与假设方向一致。

例 4.3 求图 4.3 所示平面梁 AB 的支承反力。

解 （1）以梁为研究对象，由题意知梁处于平衡状态。

（2）对梁进行受力分析，固定铰 A 处约束力为 $\boldsymbol{F}_{Ax}$、$\boldsymbol{F}_{Ay}$，滚动铰 B 处约束反力为 $\boldsymbol{F}_{By}$，分布载荷 q 可用其合力 $\boldsymbol{F}_{Rq}$ 代替，$\boldsymbol{F}_{Rq}$ 的大小等于分布载荷图形面积 $\frac{qa}{2}$；$\boldsymbol{F}_{Rq}$ 的作用线过图形形心，距 A 点为 $\frac{a}{3}$。建立图示坐标系，梁上所受力系为平面任意力系，受力图如图 4.3（b）所示。

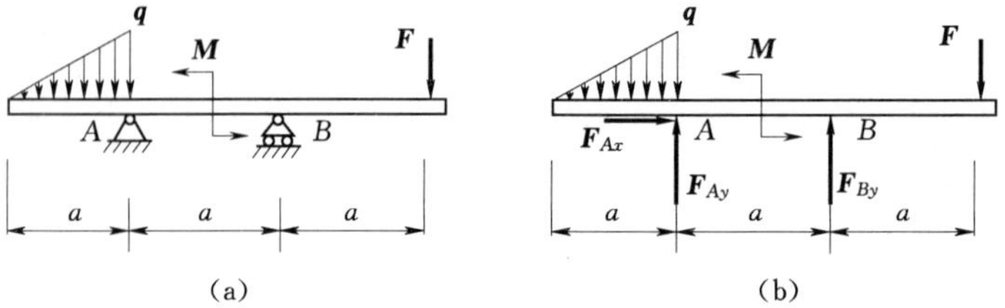

图 4.3

（3）根据受力图和平面任意力系平衡方程，有

$$\sum F_{ix}=0,\quad \sum F_{iy}=0,\ \sum M_O(F_i)=0$$

可以写出

$$F_{Ax}=0$$

$$F_{Ay}+F_{By}-F-F_{Rq}=0$$

$$\sum M_A(F_i)=F_{Rq}\times\frac{a}{3}+M+F_{By}\times a-F\times 2a=0$$

已知 $F_{Rq}=\frac{qa}{2}$

解方程得：$F_{Ax}=0$，$F_{By}=2F-\frac{1}{6}qa-\frac{M}{a}$，$F_{Ay}=\frac{2}{3}qa-F+\frac{M}{a}$

例 4.4 图 4.4 所示为平面梁 AB，一端为固定端，另一端悬空，这样的梁称为悬臂平面梁。设梁上受最大集度为 q 的分布荷载，并在 B 端受一集中力 $\boldsymbol{F}$。求 A 端的约束反力。

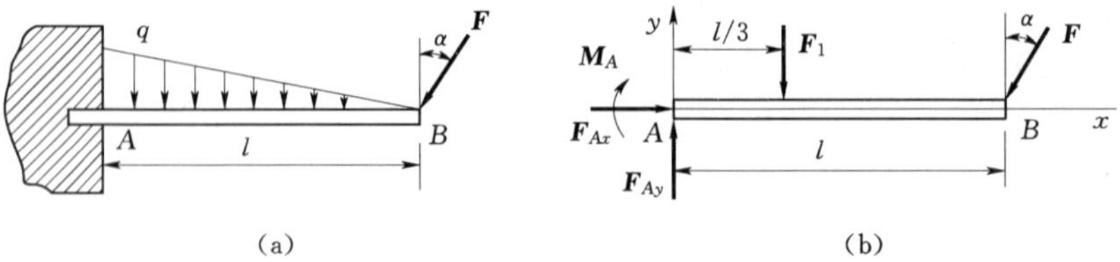

图 4.4

解 （1）取梁 AB 为研究对象，由题意知其处于平衡状态。

（2）进行受力分析。为了下面计算方便，首先将梁上布荷载合成为一个合力 $\boldsymbol{F}_1$，$\boldsymbol{F}_1$ 的大小为 $F_1=\frac{ql}{2}$，方向与分布荷载方向相同，作用点在距 A 点 $\frac{l}{3}$ 处。A 端为固定端约束，受力图如图 4.4（b）所示，建立图示坐标系，梁所受力为平面任意力系。

（3）根据受力图和平面任意力系平衡方程，有

$$\sum F_{ix}=0, F_{Ax}-F\sin\alpha=0$$
$$\sum F_{iy}=0, F_{Ay}-F\cos\alpha-F_1=0$$
$$\sum M_A(F_i)=0, -M_A-F_1 l/3-Fl\cos\alpha=0$$

补充方程

$$F_1=ql/2$$

（4）解方程组，得

$$F_{Ax}=F\sin\alpha, F_{Ay}=ql/2+F\cos\alpha, M_A=-ql^2/6-Fl\cos\alpha$$

归纳一下，求解刚体平衡问题的一般方法和步骤如下：

（1）选取处于平衡状态的单个物体，并将它分离出来得到分离体。

（2）对分离体进行受力分析，画出分离体上所受的一切外力。

（3）建立相应的坐标系，分析分离体上所受力系的类型，列出平衡方程。

（4）求解平衡方程。

依照以上方式和步骤就可以求解刚体平衡问题。

4.3.2 静定和超静定问题的概念

由前面的讨论可知，在求解刚体问题时，要利用力系的平衡方程。并且知晓，每一种力系的独立平衡方程的个数是确定的，当所求问题的未知量个数不多于刚体上所作用的力系对应的独立方程的个数时，应用平衡方程即可求出全部的未知量，这类平衡问题称为**静定问题**。上面所举的例子全部为静定问题。若未知量的个数多于刚体上所作用的力系对应的独立方程的个数时，则仅仅应用平衡方程就无法确定全部的未知量，这类平衡问题称为**超静定或静不定问题。**

如前文述，对于刚体平衡问题中未知量为**约束力**的，约束力的个数与刚体受约束的程度有关。

力学中用自由度来衡量刚体受约束的程度。定义物体的**自由度**为完全确定物体在空间的位置所需的独立**变量数**，用 N 表示。如决定一个质点在空间中的位置，最少需要知道 3 个坐标，即 x、y 和 z，因此质点有 3 个自由度。如果是刚体，除了要知道刚体质心在空间中的位置，即 x、y 和 z，还需要知道刚体在空间中的转动状况。刚体在空间中的转动可描述为刚体绕固定轴转动，即方位角 α、β 和 γ，因此刚体的自由度数为 6，可分为 3 个平动的和 3 个转动的。自由刚体在平面内自由运动有 3 个自由度，沿两个相互垂直方向平动和绕垂直于平面的任一轴转动，需要 3 个独立变量 x、y 和 φ，如图 4.5 所示。

刚体受到约束后，其某些运动会受到限制，自由度将减少，对一平面自由刚体施加一固定铰支座的约束，如图 4.6（a）所示，由于铰支座作用产生了两个约束力（F_{Ax}、F_{Ay}），限制其沿任意方向的平动，但不限制其绕固定支座的转动，则自由度 $N=3-2=1$。力学中将这种刚体受到了约束，仍然具有自由度，即 $N>0$ 情形称为**不完全约束。**工

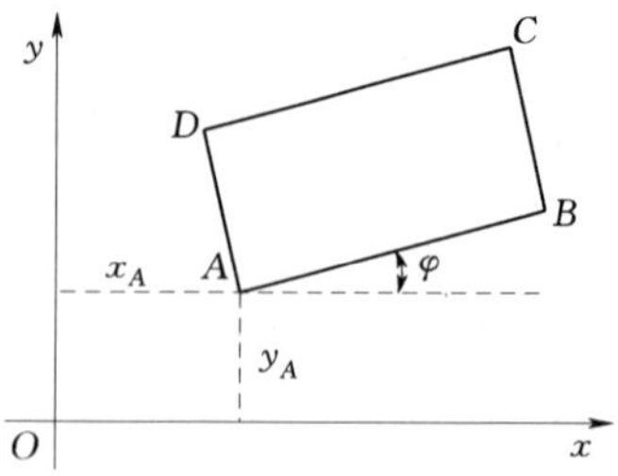

图 4.5

程上还将这种自由度 $N>0$ 的构件系统称为**机构**，机构中某些部件位置在外力作用下会发生变化，只有当作用在机构上的力之间满足一定条件时，机构才能保持平衡。

如果对刚体 AB 在图 4.6（a）所示机构上再施加一个可动铰支座约束，如图 4.7（a）所示，则刚体的转动也受到限制，即再增加一个约束力 F_{By}，此时，$N=0$。在一般情况下，若刚体受到的约束恰好完全限制了刚体的运动，使刚体相对惯性坐标系保持静止，即 $N=0$，也就是说，减少任一约束都使刚体自由度大于零，这种情形称为**完全约束**。

将真实的构件看成刚体，工程上将在任意荷载作用下位置不发生变化的刚体或刚体系统称为**结构**。

在受到完全约束的刚体或刚体系统上又施加了约束，如图 4.8（a）所示，将多增加的约束称为**赘余约束**。可以看出，有赘余约束的刚体及体系的自由度 $N=0$，但去掉赘余约束，刚体及体系的自由度仍保持 $N=0$。

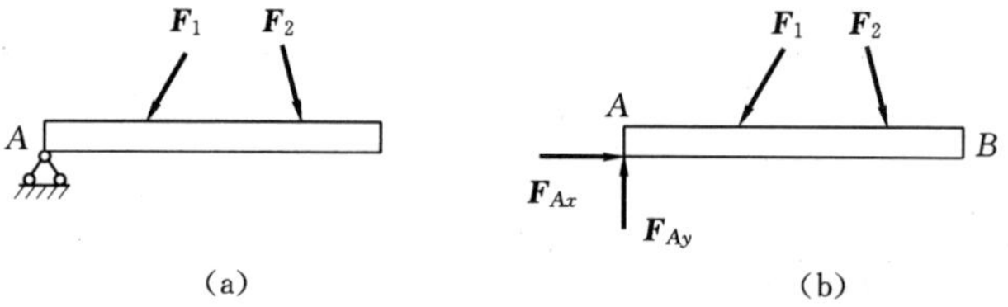

图 4.6

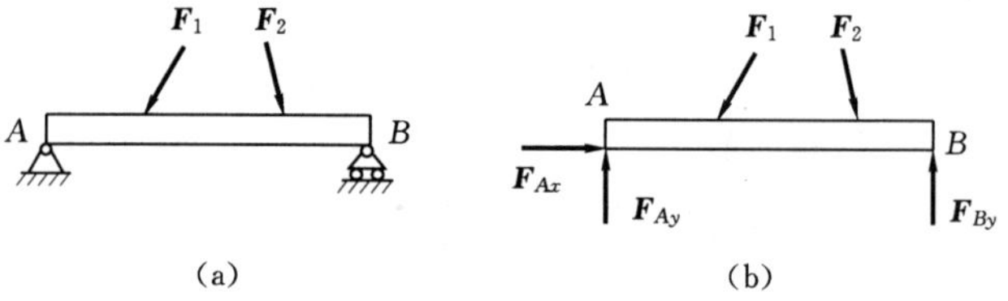

图 4.7

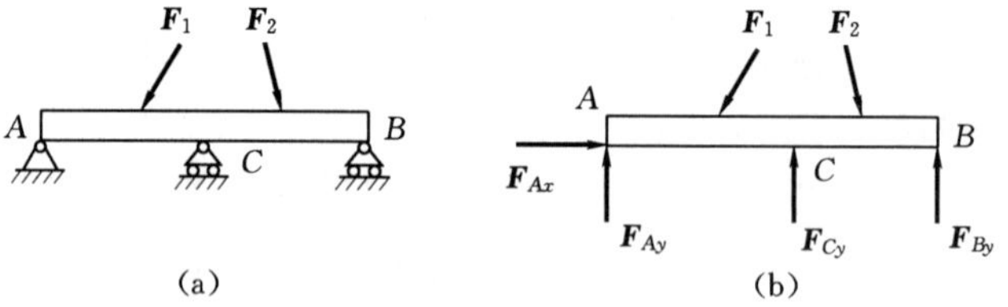

图 4.8

工程上将无赘余约束的结构称为**静定结构**。将有赘余约束的结构称为**超静定结构**。

一般而言，对于机构的平衡问题，未知量为约束力和一些主动力。对于结构的平衡问题，未知量为约束力。

下面举例说明超静定问题。

例 4.5 求图 4.9 所示平面梁 AB 的支承反力，已知 $F=10\text{N}$。

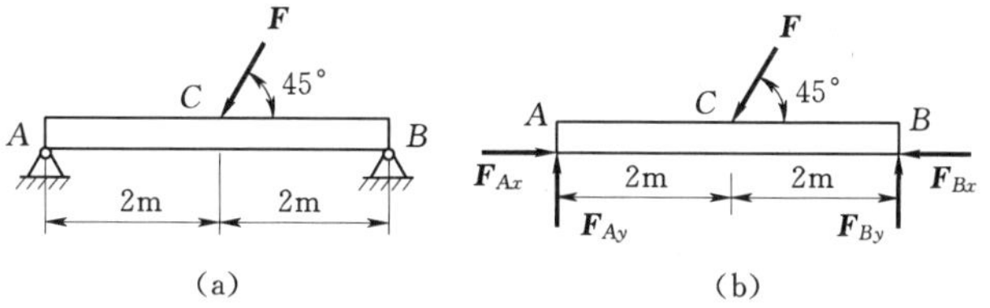

图 4.9

解 (1) 取梁为研究对象，由题意知梁处于平衡状态。

(2) 对梁进行受力分析，固定铰 A 处约束力为 $\boldsymbol{F}_{Ax}$、$\boldsymbol{F}_{Ay}$，固定铰 B 处约束反力为 $\boldsymbol{F}_{Bx}$、$\boldsymbol{F}_{By}$，建立图示坐标系，可知梁上所受力系为平面任意力系，受力图如图 4.9 (b) 所示。

(3) 根据受力图和平面任意力系平衡方程，有

$$\sum F_{ix}=0, F_{Ax}-10\cos45°-F_{Bx}=0$$
$$\sum F_{iy}=0, F_{Ay}-10\sin45°+F_{By}=0$$
$$\sum M_A(F_i)=0, 20\sin45°-4F_{By}=0$$

(4) 解方程组得

$$F_{Ax}-F_{Bx}=5\sqrt{2}N, F_{Ay}=\frac{5}{2}\sqrt{2}N, F_{By}=\frac{5}{2}\sqrt{2}N$$

可以看出，此例中共有 4 个未知量，而独立的平衡方程的个数只有 3 个，求解的结果是有两个未知量不能完全确定，验证了上述结论，对于超静定问题，仅用平衡方程无法确定全部的未知量。要完全确定超静定结构的未知量，需要将物体看成变形体，除了进行力的平衡研究外，还需进行变形的研究、力与变形关系的研究。这将在后面的章节中讨论。

4.4 静定刚体系统的平衡问题

在工程实际中，研究的对象往往不止一个物体，而是由若干物体通过一定的约束组成的物体系统。当物体系统中的每一个物体均可看作刚体时，称为刚体系统。工程中的各类结构或机构，当所有构件变形都是微小的可以忽略时，其所有的构件或部件均可看成是刚体，就可以将结构或机构视作刚体系统进行研究。

在刚体系统静力平衡问题中，和单个刚体静力平衡问题最大的不同在于研究对象由一个变成了多个，仅考虑系统整体或某个局部（单个刚体或局部刚体系统），不能确定全部未知力。相同点不管是单个刚体还是刚体系统，在外力作用下都处于平衡状态，需要利用平衡方程求未知量。

为了解决刚体系统的平衡问题，需要知道刚体系统平衡的特点，即：**若刚体系统处于平衡状态，则组成系统的一部分刚体或任意一个刚体也必将处于平衡状态。**

刚体系统的平衡问题和单个刚体的平衡问题一样，都有静定和超静定之分。

对于静定的刚体平衡问题，应用平衡方程就可求解。下面举例说明。

例 4.6 联合平面梁支承及荷载情况如图 4.10 (a) 所示。已知 $F_1=10\text{kN}$，$F_2=$

20kN。试求约束反力。图中尺寸单位是 m。

解 (1) 选取研究对象，建立图示坐标系，进行受力分析。

选取结构整体为研究对象，整体是由 AC 和 CB 在点 C 铰接形成的体系。如图 4.10 (b) 所示，在 A 处有两个约束力，设为 F_{Ax}、F_{Ay}，在 D 处和 B 处各有一竖直方向的约束力 F_D 及 F_B，这些力称为系统的外约束力。4 个外约束力加上主动力 F_1、F_2，形成一平面任意平衡力系，此力系中有 4 个未知量，依靠 3 个独立方程无法全部解出。因此，除了以系统整体作为研究对象外，还必须找其他的平衡对象。

整体是由 AC 及 CB 在点 C 铰接形成的体系，C 处的铰接是系统内部构件间的约束，称为内约束。

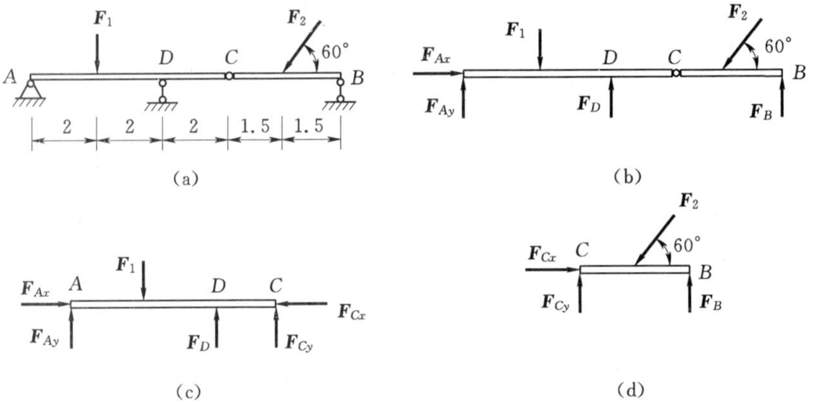

图 4.10

将系统从 C 处拆开，分成两个对象 AC 和 CB，铰接点 C 处的约束力可以用相互垂直的两个分力表示为 F_{Cx} 和 F_{Cy}，可知作用在刚体 AC 即 CB 上同一点 C 的约束力互为作用力与反作用力。此约束力称为系统的内约束力。由上面分析看出，内约束力属于刚体间的内力，研究对象为整体时并不出现。

故可得系统整体的受力如图 4.10 (b) 所示，刚体 AC 及 CB 的受力如图 4.10 (c)、(d) 所示。

(2) 列平衡方程求解。

考虑整体平衡，由 $\sum F_{ix}=0$，$F_{Ax}-F_2\cos60°=0$ 得

$$F_{Ax}=F_2\cos60°=10\text{kN}$$

其余 3 个未知数 F_{Ay}、F_D 及 F_B，不论怎样选取投影轴和矩心，都无法求得其中任何一个，因此必须将 AC、CB 两部分分开考虑。

局部平衡，首先取 CB 作为研究对象，如图 4.10 (d) 所示。

$$\sum F_{ix}=0, F_{Cx}-F_2\cos60°=0$$

$$F_{Cx}=10\text{kN}$$

$$\sum M_c(F_i)=0, F_B\times3-F_2\sin60°\times1.5=0$$

$$F_B=8.66\text{kN}$$

$$\sum F_{iy}=0, F_B+F_{Cy}-F_2\sin60°=0$$

$$F_{Cy}=8.66\text{kN}$$

取 AC 为研究对象，如图 4.10（c）所示，这时，F_{Ax} 及 F_B 均已求出，只有 F_{Ay}、F_D 两个未知数，可以写出两个平衡方程。

由 $\sum M_A(F_i)=0$，$F_1\times2-F_D\times4-F_{Cy}\times6=0$ 得：$F_D=18\text{kN}$

由 $\sum F_{iy}=0$，$F_{Ay}-F_D-F_{Cy}-F_1=0$ 得：$F_{Ay}=0.66\text{kN}$

从本例题的求解可以看出，本例中系统是由两个单刚体通过一铰连接而成的，作用在系统上的外力系是平面任意力系，整体的外约束力有 4 个，单用整体平衡方程无法求出所有外约束力。系统有两个内约束力，总共有 6 个未知量。两个刚体平衡，共有 6 个平衡方程，可以解出。

例 4.7 图 4.11（a）所示结构由两根平面梁在 B 处铰接，在 A 处固结于大地，在 C 处活动铰支座连接，其上作用的均布线荷载为 $q=20\text{kN/m}$，试求 A 和 C 处的全部约束力。

解 建立图示坐标系，先取整体为研究对象，进行受力分析，受力图如图 4.11（b）所示，考察其平衡，有 4 个未知约束力，独立方程数只有 3 个，仅考虑整体平衡不能求出所有未知量。但可以看出，据 $\sum F_{ix}=0$，可得 $F_{Ax}=0$。

为求出其余未知量，考虑局部平衡，将系统从 C 点拆开，分别进行受力分析，各部分受力分别如图 4.11（c）、（d）所示。

以 BC 为研究对象，写平衡方程，即

$$\sum M_C(F_i)=0,F_{By}\times2-2\times20\times\left(\frac{1}{2}\times2\right)=0,\text{解得 }F_{By}=20\text{kN}$$

$$\sum F_{iy}=0,\text{解得：}F_{Cy}=F_{By}=20\text{kN}$$

$$\sum F_{ix}=0,F_{Cx}=0$$

再以整体为研究对象，写平衡方程，即

$$\sum M_A(F_i)=0,M_A+20\times6-20\times6\times\left(6\times\frac{1}{2}\right)=0\text{，解得：}M_A=240\text{kN}\cdot\text{m}$$

$$\sum F_{iy}=0\text{，}F_{Ay}+20-20\times3=0\quad\text{解得：}F_{Ay}=40\text{kN}$$

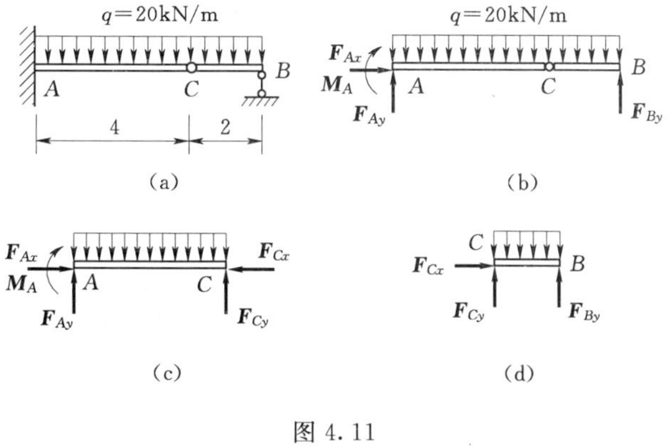

图 4.11

例 4.8 求图 4.12（a）所示平面结构由杆 AC 和 BC 在 C 点铰接而成，在 AC 杆中间作用有集中力 $F=10\text{N}$，$l=2\text{m}$，$\alpha=30°$，求铰链 A、B 处的约束反力。

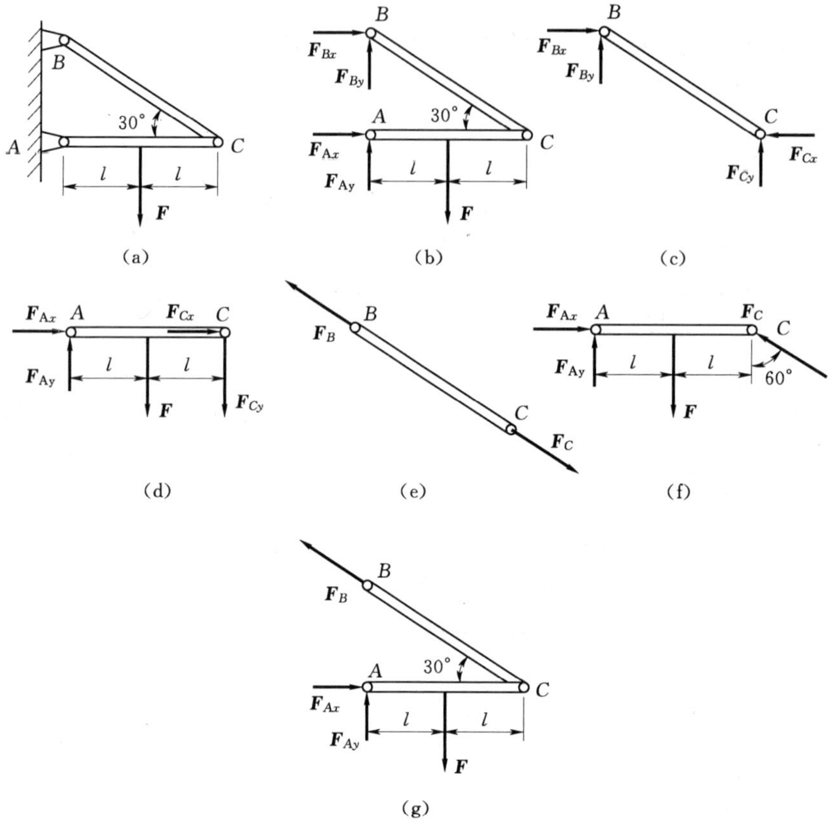

图 4.12

解 建立图示坐标系，取系统整体为研究对象。画受力图如图 4.12（b）所示。固定铰 A 处约束反力用 F_{Ax}、F_{Ay} 表示，固定铰约束力用 F_{Bx}、F_{By} 表示。有 4 个未知约束力，独立方程数只有 3 个，仅考虑整体平衡不可以求出所有未知量。本题和前面两题有所不同，考虑整体平衡，求不出一个未知量。

考虑局部平衡，将系统从 C 点拆开，分别进行受力分析，各部分受力分别如图 4.12（c）、（d）所示。

取 AC 为研究对象，列平衡方程

由 $\sum M_A(F_i)=0$，$F_{Cy}\times 4+10\times 2=0$，得：$F_{Cy}=-5\text{N}$

$\sum F_{iy}=0$，$F_{Ay}+5-10=0$，得：$F_{Ay}=5\text{N}$

取整体为研究对象，列平衡方程，即

$\sum F_{iy}=0$，$F_{By}+5-10=0$，得：$F_{By}=5\text{N}$

$\sum M_A(F_i)=0$，$-F_{Bx}\times\dfrac{4\sqrt{3}}{3}-10\times 2=0$ 得：$F_{Bx}=-8.66\text{N}$

$\sum F_{ix}=0$，$F_{Bx}+F_{Ax}=-8.66+F_{Ax}=0$，得：$F_{Ax}=8.66\text{N}$

例 4.9 平面三铰拱的左半部 AC 上作用一力偶，如图 4.13（a）所示，其矩为 M，转向如图 4.13（a）所示，求固定铰 A 和 B 处的反力。

解　建立图示坐标系，取整体为研究对象，受力如图 4.13（b）所示，A、B 共有 4 个未知量，独立方程只有 3 个，不能解出全部的未知量，注意到右 3 个未知力作用线过 A 点或 B 点。由整体平衡可得

$\sum M_A(F_i)=0$，$F_{By}\times 2a-M=0$，得：$F_{By}=\dfrac{M}{2a}$

$\sum F_{iy}=0$，$F_{Ay}+F_{By}=0$，$F_{Ay}=F_{By}=\dfrac{M}{2a}$

$\sum F_{ix}=0$，$F_{Ax}-F_{Bx}=0$，$F_{Ax}=F_{Bx}$

将系统从 C 点拆开，左、右半拱受力如图 4.13（c）及图 4.13（d）所示。

取右半拱为平衡对象

$\sum M_C(F_i)=0$，$-F_{Bx}\times a+F_{By}\times a=0$，得：$F_{Bx}=F_{Ax}=\dfrac{M}{2a}$

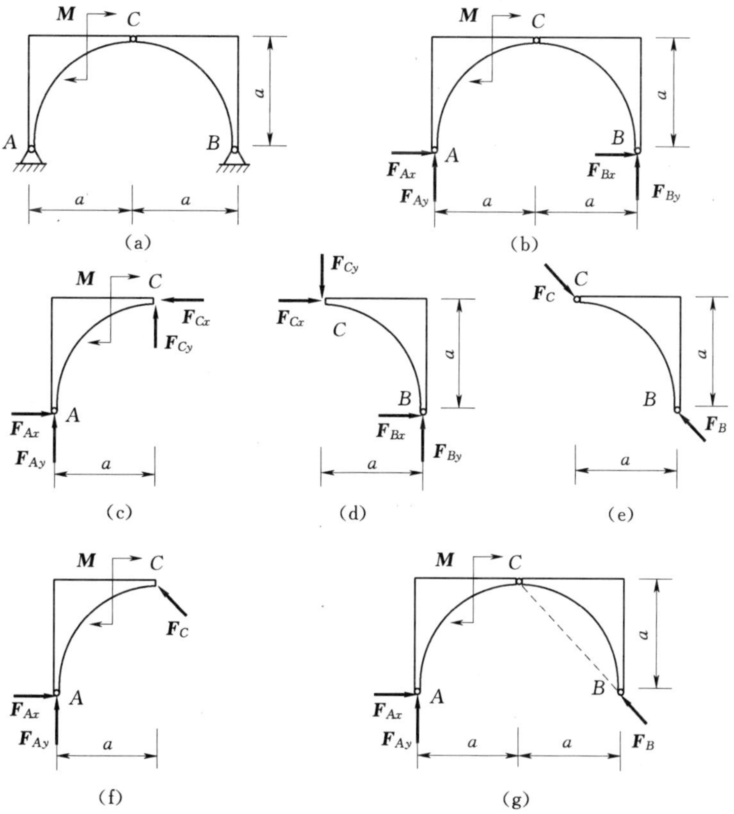

图 4.13

通过上面对于静定刚体系统的求解可以看出，受力分析和求解的理论依据是：系统是平衡的，其每个局部必然平衡。也就是说，作用在系统的所有外力形成的力系是平衡力系；系统中任一局部分离出来单独看，作用其上的所有外力形成的力系也是平衡力系。可以从前面的例子中看出系统平衡力系是由所有作用在系统上的主动力及系统外约束力构成；局部平衡力系是由一部分主动力、外约束力、内约束力组成或者三者之中一两种组

成的。

在具体的静定多刚体问题的求解中，应该注意以下要点：

（1）选择合适分离体。对于多刚体组成的刚体系统，选择合适的分离体作为平衡对象对于解题很重要。一般情况下，应“先整体，后局部”及尽量做到一个平衡方程求解一个未知量，先整体可以明确所有外约束力；后局部的选择中选为质量最少的分离体，以便做到不解或少解联立方程。

（2）正确进行分离体的受力分析，画出受力图。对于选出的分离体，画出其上所受所有外力，包括作用于所选分离体上的主动力、外约束力以及因拆开而暴露出来的内约束力。

分清内约束力、外约束力，系统的内约束力对于从其中分离出的局部而言就是外约束力。

（3）选择恰当的平衡方程。在对应选出来的分离体上的力系列平衡方程时，首先要分清力系类别，明确该力系独立方程的数目。

4.5 刚化原理

上面介绍了刚体及刚体体系平衡问题的求解。但在工程实践中，不管是机构还是结构，其实都是由可变形体或由可变形体系组成，对于可变形体的约束反力如何求，有以下**刚化原理**：

当变形体在某一力系作用下处于平衡状态时，如果将此变形体看成为刚体，其平衡状态保持不变。

刚化原理是一条人们在生活和生产实践中得出的符合客观实践规律，这个原理提供了把变形体看作刚体模型的条件。为求解变形体的平衡问题提供了依据。由此原理也验证了本章 4.1 节的结论，刚体平衡条件是变形体平衡的必要条件，而非充分条件。

利用此原理，对于在荷载作用下变形很小的结构或机构，因为构件或部件的变形相对其原始尺寸来说极其微小，对力的投影和力矩的计算影响很小，故可以将变形体视为刚体，并以变形体为受力前原始尺寸为依据，计算结构或机构处于稳定状态时的约束力及其他未知力。

这样，将本章中刚体及刚体体系稳定问题中所有例题中的刚体都看成是变形体，并假定它们在荷载作用下都是小变形，所求出的未知量就是对应的机构或结构处于平衡状态的约束反力或其他所求量。

4.6 摩擦及考虑摩擦时的平衡问题

前面所讲平衡问题，在进行受力分析时，全都假定物体间的接触面是绝对光滑而没有摩擦的，采用了光滑接触面的这一力学模型。这一模型对于那些摩擦力较小（接触面光滑或有润滑剂时）的情形，是可以接受的。

实际工程中，有时这些摩擦在物体的平衡问题中起着重要作用，不能忽略，如车辆的制动、螺旋连接与锁紧装置、楔紧装置等。

本节将介绍两类摩擦（滑动摩擦和滚动摩擦）的基本概念和性质以及摩擦角、自锁、摩擦定律等概念和理论。重点介绍有摩擦平衡问题的分析方法和过程，为解决实际工程问题提供一定的理论基础。

4.6.1 滑动摩擦力及库仑摩擦定律

当两物体接触处沿着接触点的公切面有相对滑动或有相对滑动趋势时，彼此作用着阻碍相对滑动的力，称为**滑动摩擦力**，简称**摩擦力**，由于摩擦力阻碍两物体相对滑动，所以它的方向必与物体相对滑动方向或相对滑动趋势的方向相反。至于摩擦力的大小，则将随不同的情况而各异。

设将重 $\boldsymbol{W}$ 的物体放在水平面上，并施加一水平力 $\boldsymbol{F}_T$，如图 4.14 所示。根据经验可知，当 $\boldsymbol{F}_T$ 的大小不超过某一数值时，物体虽有滑动的趋势，但仍可保持静止。这就表明水平面对物体除了有法向反力 $\boldsymbol{F}_N$ 外，还有一摩擦力 $\boldsymbol{F}$。这时的摩擦力 $\boldsymbol{F}$ 称为静摩擦力。$\boldsymbol{F}$ 的大小根据物体的平衡条件，$\boldsymbol{F}=\boldsymbol{F}_T$。由此可见，如 $\boldsymbol{F}_T=0$，则 $\boldsymbol{F}=0$，即物体没有滑动趋势时，也就没有摩擦力；而当 $\boldsymbol{F}_T$ 增大时，静摩擦力 $\boldsymbol{F}$ 亦随着相应增大。但当 $\boldsymbol{F}_T$ 增大到一定数值时，物体就将开始滑动。这说明摩擦力不能无限增大而有一极限值。当静摩擦力达到极限值时，物体处于将动未动的状态，即临界状态，这时的摩擦力称为极限摩擦力或最大静摩擦力。

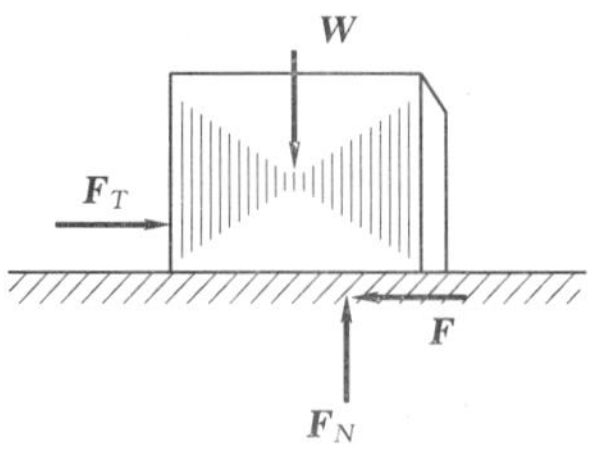

图 4.14

综上所述，静摩擦力的大小由平衡条件决定，但必介于零与极限摩擦力的大小之间，如以 $\boldsymbol{F}_L$ 表示极限摩擦力 $\boldsymbol{F}_L$ 的大小，则静摩擦力 $\boldsymbol{F}$ 的大小的变化范围为

$$0 \leqslant \boldsymbol{F} \leqslant \boldsymbol{F}_L$$

根据大量试验结果，极限摩擦力的大小可用以下的近似关系求得：极限摩擦力的大小与接触面之间的正压力（即法向反力）$\boldsymbol{F}_N$ 成正比，即

$$\boldsymbol{F}_L = \boldsymbol{f}_s \boldsymbol{F}_N \tag{4.15}$$

这就是通常所说的**库仑摩擦定律**。式中比例常数 f_s 的量纲为 1，称为静摩擦因数，它的大小与接触体的材料以及接触面状况（粗糙度、湿度、温度等）有关。各种材料在不同表面情况下的静摩擦因数是由试验测定的，这些值一般可在一些工程手册中查到。下面列举几种材料的静摩擦因数 f_s 的大约值供参考：

钢对钢	0.10～0.20	木材对木材	0.40～0.60
钢对铸铁	0.20～0.30	木材对土	0.30～0.70
皮革对铸铁	0.30～0.50	混凝土对砖	0.70～0.80
橡胶对铸铁	0.50～0.80	混凝土对土	0.30～0.40

必须指出，式（4.15）所表示的关系只是近似的，它并没有反映出摩擦现象的复杂性。但由于公式简单，应用方便，用它求得的结果对于一般工程问题来说已能满足要求，故目前仍被广泛采用。摩擦因数的数值对工程的安全与经济有着极为密切的关系。对于一些重要的工程，如采用式（4.15）必须通过现场量测与试验精确地测定静摩擦因数的值，作为设计计算的依据。例如，某大型水坝与基础的摩擦因数的数值若提高 0.01，则为了

维持该坝体滑动稳定所需的自重，可相应地减少，从而可节约混凝土 20000m^3。可见，精确地测定摩擦因数是一项十分重要的工作。

物体间有相对滑动时的摩擦力称为动摩擦力。动摩擦力与法向反力也有与式（4.15）相同的近似关系：动摩擦力的大小与接触面之间的正压力（法向反力）成正比。如以 $\boldsymbol{F}'$ 代表动摩擦力，则有

$$\boldsymbol{F}' = f\boldsymbol{F}_N \tag{4.16}$$

式中，f 为一个无量纲的比例常数，称为动摩擦因数。动摩擦因数 f 将随物体接触处相对滑动的速度而变，但由于它们间的关系复杂，通常在一定速度范围内，可不考虑这种变化，而认为只是与接触面的材料和表面状况有关的常数。动摩擦因数一般比静摩擦因数略小。这就说明，为什么维持一个物体的运动比使其由静止进入运动要容易。

4.6.2 摩擦角与自锁现象

当有摩擦时，支承面对物体的约束力包括法向反力 $\boldsymbol{F}_N$ 与摩擦力 $\boldsymbol{F}$，这两个力的合力 $\boldsymbol{F}_R$ 就是支承面对物体作用的全约束反力。当摩擦力 $\boldsymbol{F}$ 达到极限摩擦力 $\boldsymbol{F}_L$ 时，$\boldsymbol{F}_R$ 与 $\boldsymbol{F}_N$ 所成的角 $\boldsymbol{\varphi}_m$ 称为静摩擦角，如图 4.15 所示，简称摩擦角。由于 $\boldsymbol{F}_L$ 是最大的静摩擦力，所以 φ_m 也是 $\boldsymbol{F}_R$ 与 $\boldsymbol{F}_N$ 之间可能有的最大夹角。由图可见，$\boldsymbol{F}_L = \tan\varphi_m \boldsymbol{F}_N$。

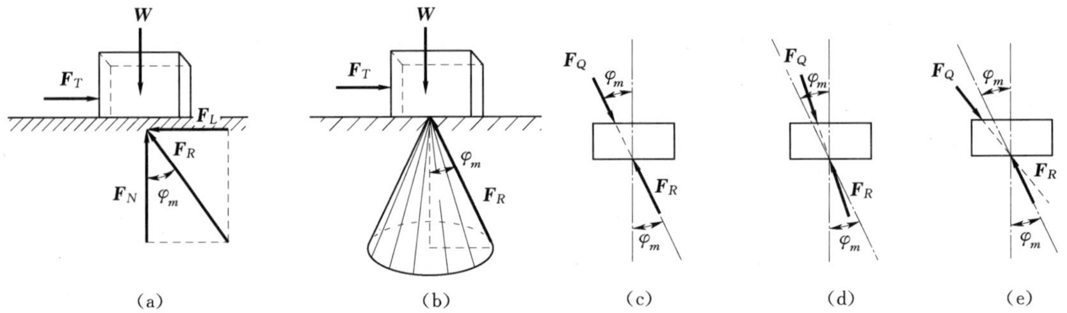

图 4.15

根据式（4.15）有 $\boldsymbol{F}_L = f_s\boldsymbol{F}_N$，因此有

$$\tan\varphi_m = f_s \tag{4.17}$$

即摩擦角的正切等于静摩擦因数。摩擦角这一概念在工程上有较为广泛的应用，如螺杆的设计及土建工程中土压力的计算等都涉及这一概念。

如通过接触点在不同的方向作出在极限摩擦情况下的全约束反力的作用线，则这些直线将形成一个锥面，称摩擦锥。如沿接触面的各个方向的摩擦因数都相同，则摩擦锥是一个顶角为 $2\varphi_{\mathrm{m}}$ 的圆锥，如图 4.15 所示。因为全约束反力 $\boldsymbol{F}_R$ 与接触面法线所成的角不会大于 φ_{m}，也就是说 $\boldsymbol{F}_R$ 作用线不可能超出摩擦锥，所以物体所受的主动力的合力 $\boldsymbol{F}_Q$ 的作用线必须在摩擦锥内，物体才不致滑动；而只要 $\boldsymbol{F}_Q$ 的作用线在摩擦锥内，则不论 $\boldsymbol{F}_Q$ 多大，物体总能保持静止，这种现象称为“自锁”。

工程上常利用“自锁”设计一些机构或夹具，如螺旋千斤顶举起重物后不会自行下落就是自锁现象。而在另一些问题中则要设法避免产生自锁现象。

4.6.3 考虑滑动摩擦时的平衡分析

对于有摩擦的平衡问题，在考虑摩擦力之后，与求解无摩擦的平衡问题过程相同，只是由于静摩擦力的大小可在零与极限值 $\boldsymbol{F}_L$ 之间变化，即 $0\leqslant \boldsymbol{F}\leqslant \boldsymbol{F}_L$，因而相应地，物体平衡位置或所受的力也有一个范围，这是不同于没有摩擦的平衡问题之处。

如何确定物体平衡位置或所受的力的范围？通常可以取物体的临界状态进行分析，来确定平衡位置或受力大小的边界值。这个过程可称为临界平衡状态分析法。这时极限摩擦力的方向总与相对滑动趋势方向相反，不能任意假设。另一种情况，可能需要确定物体在某一位置或在一定力作用下能否保持平衡。此时，可以把摩擦力看成是约束力，假设物体是平衡的，通过平衡方程求出摩擦力 $\boldsymbol{F}$ 和法向约束力 $\boldsymbol{F}_N$，然后将 $\boldsymbol{F}$ 与极限摩擦力 $\boldsymbol{F}_L$ 进行比较，如 $\boldsymbol{F}\leqslant \boldsymbol{F}_L$，则物体能保持平衡；否则物体不能保持平衡。

例 4.10 重 $\boldsymbol{W}$ 的物块放在倾角 α 大于摩擦角 φ_m 的斜面上，如图 4.16（a）所示，另加一水平力 F_T 使物块保持静止。求 F_T 的最小值与最大值。设摩擦因数为 f_s。

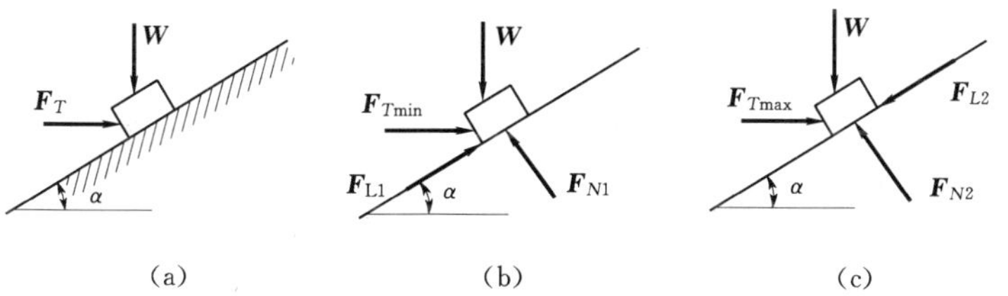

图 4.16

解 因 $\alpha>\varphi_m$，如 F_T 太小，则物块将下滑；如 F_T 过大，又将使物块上滑，所以需要分两种情形加以讨论。

先求恰能维持物块不下滑所需的力 F_T 的最小值 $F_{T\min}$。这时物块有下滑的趋势，所以摩擦力向上，如图 4.16（b）所示。

写出平衡方程：

$$F_{T\min}\cos\alpha+F_{L1}+W\sin\alpha=0$$
$$F_{N1}-F_{T\min}\sin\alpha-W\cos\alpha=0$$

结合 $F_{L1}=f_sF_{N1}$

得：$F_{T\min}=\dfrac{\sin\alpha-f_s\cos\alpha}{\cos\alpha+f_s\sin\alpha}W$

又 $\tan\varphi_m=f_s$，代入上式，则

$$F_{T\min}=\frac{\sin\alpha-f_s\cos\alpha}{\cos\alpha+f_s\sin\alpha}W=W\tan(\alpha-\varphi_m)$$

其次，求不使物块向上滑动的 F_T 的最大值 $F_{T\max}$。这时摩擦力向下，如图 4.16（c）所示，写出平衡方程：

$$F_{T\max}\cos\alpha-F_{L2}-W\sin\alpha=0$$
$$F_{N2}-F_{T\max}\sin\alpha-W\cos\alpha=0$$

结合 $F_{L2}=f_sF_{N2}=\tan\varphi_mF_{N2}$，得：

$$F_{T\max}=\frac{\sin\alpha+f_s\cos\alpha}{\cos\alpha-f_s\sin\alpha}W=W\tan(\alpha+\varphi_m)$$

可见，要使物块在斜面上保持静止，力 F_T 必须满足以下条件：

$$W\tan(\alpha-\varphi_m)\leqslant F_T\leqslant W\tan(\alpha+\varphi_m)$$

从上面公式可以看出，如果 $\alpha=\varphi_m$，则 $F_{T\min}=0$，就是说，无需施加力 F_T 物块已能平衡。但这只是临界状态，只要 α 略微增加，物块即将下滑。在临界状态下的角 α 称为休止角，可用来测定摩擦因数。

例 4.11 梯子 AB 长为 l，一端支于地板，另一端靠在墙上，梯与地板成角 α，如图 4.17 所示。若梯与地板及墙壁之间的静摩擦角都等于 φ_m，不计梯重，求重为 W 的人沿梯上行而梯不滑倒的距离。设墙壁与地板垂直。

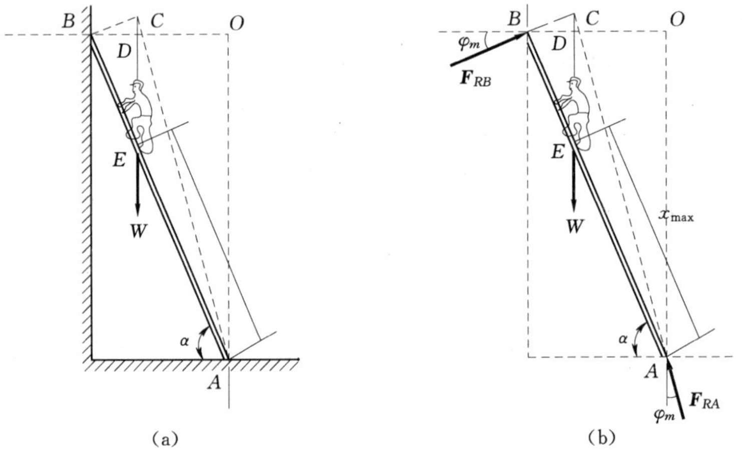

图 4.17

解 如果梯两端与地板及墙壁都是光滑接触，则两处反力都垂直于接触面。当人上梯时，其重力 W 有使梯绕 O 逆时针方向转动的趋势，于是 A 点向右而 B 点向下。因此，A 点的摩擦力向左，而 B 点的摩擦力向上。当人上行距离到达极值 $x_{\max}$，梯即将开始滑动时，A、B 两点的反力都与接触面的法线成角 φ_m，如图 4.17（b）所示。延长 $\boldsymbol{F}_{RA}$ 及 $\boldsymbol{F}_{RB}$ 的作用线交于点 C，则重力 $\boldsymbol{W}$ 必须通过 C 点三力才能平衡。这时，人所在位置就是极限位置。因设墙壁与地板垂直，所以 $AC\perp BC$。由直角三角形 ABC 及 BCD 中的几何关系可知

$$BC=l\cos(\alpha+\varphi_m)$$

$$BD=BC\cos\varphi_m=l\cos(\alpha+\varphi_m)\cos\varphi_m$$

又 $x_{\max}=l-BE=l-BD\sec\alpha=l\ [1-\cos\ (\alpha+\varphi_m)\ \cos\varphi_m\sec\alpha]$

因此，要使梯不滑倒，人上行的距离应为 $x\leqslant x_{\max}$，即

$$x\leqslant l[1-\cos(\alpha+\varphi_m)\cos\varphi_m\sec\alpha]$$

由此可见，当 α 有一定值时，人上行的最大距离决定于摩擦角，而与人重 $\boldsymbol{W}$ 无关。

4.6.4 滚动摩擦简介

将一半径为 r、重为 W 的轮子放在水平面上，在轮心 O 加一水平力 $\boldsymbol{F}_T$，如图 4.18（a）所示，并假定接触处有足够的摩擦阻止轮子滑动。要是轮子与平面都是刚体，则两者

接触于 I 点（实际上是通过 I 点的一条直线）；法向反力 $\boldsymbol{F}_N$ 和摩擦力 $\boldsymbol{F}$ 都作用于 I 点。显然 $\boldsymbol{F}_N=-\boldsymbol{W}$，又由轮子不滑动的条件可知 $\boldsymbol{F}=-\boldsymbol{F}_T$。这时 F_N 与 W 作用线相同、大小相等、方向相反、互相平衡，而 $\boldsymbol{F}_T$ 与 $\boldsymbol{F}$ 组成一力偶。不论 $\boldsymbol{F}_T$ 的值多么小，都将使轮子滚动。但由经验可知，当力 $\boldsymbol{F}_T$ 较小时，轮子并不滚动，可见必另有一个力偶与力偶（$\boldsymbol{F}_T$，$\boldsymbol{F}$）平衡，该力偶的矩应为 $M=F_T \cdot r$，如图 4.18（b）所示。这一个阻碍轮子滚动的力偶称为滚动摩擦力偶（有时也称滚阻力偶）。

滚动摩擦力偶的发生，主要由于接触物体（轮子与水平面）并非刚体，受力后产生了微小变形，使接触处不是一直线而是偏向轮子相对滚动的前方的一小块面积，水平面对轮子作用的力就分布在这一小块面积上，如图 4.19（a）所示。将分布力合成为一个力 $\boldsymbol{F}_R$，则 $\boldsymbol{F}_R$ 的作用线也稍稍偏于轮子前方，再将 $\boldsymbol{F}_R$ 沿水平与铅直两个方向分解，则水平方向的分力即摩擦力 $\boldsymbol{F}$，铅直方向的分力即法向反力 $\boldsymbol{F}_N$。可见，$\boldsymbol{F}_N$ 向轮子前方偏移了一小段距离 d，使 $\boldsymbol{F}_N$ 与 $\boldsymbol{W}$ 组成一个力偶，这个力偶就是滚动摩擦力偶。

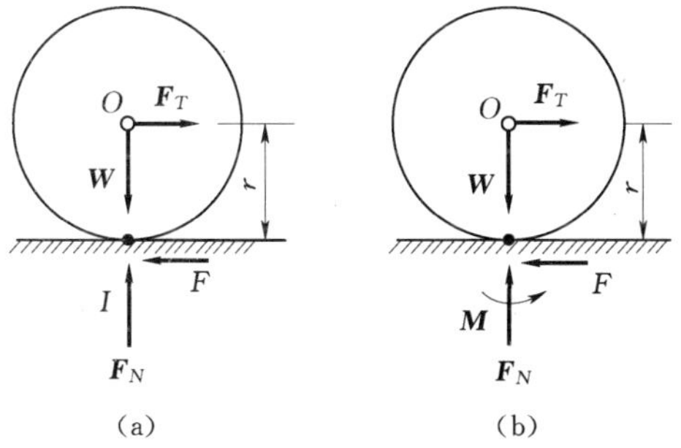

图 4.18

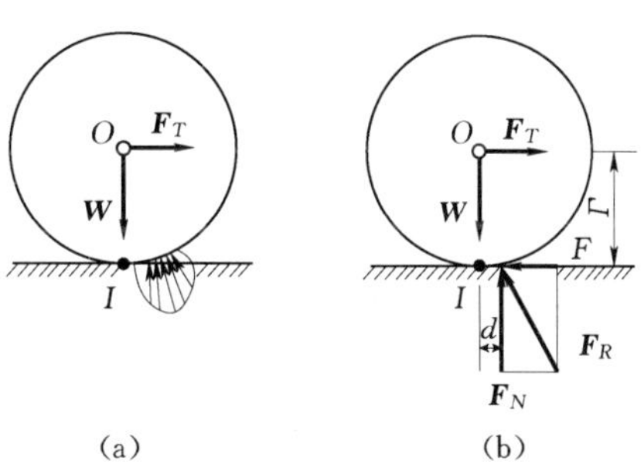

图 4.19

当 $\boldsymbol{F}_T$ 增大时，若轮子仍处于静止，显然滚动摩擦力偶矩也随着增大。但是滚动摩擦力偶矩不能无限增大，而有一最大值。当主动力偶的矩超过该最大值时，轮子就要开始滚动。滚动摩擦力偶矩的最大值称为极限滚动摩擦力偶矩。根据试验结果，极限滚动摩擦力偶矩近似与法向反力成正比。如用 $\boldsymbol{M}_L$ 代表极限滚动摩擦力偶矩，则有

$$\boldsymbol{M}_L=\delta \boldsymbol{F}_N \tag{4.18}$$

式中，δ 为滚动摩擦因数，是一个以长度为单位的系数，常用的单位是 mm。显然 δ 起着力偶臂的作用，它是法向反力朝相对滚动的前方偏离轮子最低点的最大距离。滚动摩擦因数 δ 的大小与接触体材料性质有关，可由试验测定。某些材料的 δ 值也可在工程手册中查到。下面列举几种材料的滚动摩擦因数的大约值：

木对木	$\delta=0.5\sim0.8$mm
软钢对软钢	$\delta=0.05$mm
木对钢	$\delta=0.3\sim0.4$mm
轮胎对路面	$\delta=2\sim10$mm

现在再来研究轮子的平衡条件。

由以上讨论可知，要想使轮子不滚动，必须使滚动力偶矩不超过极限滚动摩擦力偶矩，即 $\boldsymbol{F}_T\boldsymbol{r}\leqslant\delta\boldsymbol{F}_N$。又根据轮子的平衡条件有 $F_N=W$，于是得轮子不滚动的条件为

$$F_T r \leqslant \delta W \quad 或 \quad F_T \leqslant \frac{\delta}{r} W$$

要轮子不滑动，又必须满足条件

$$F_T \leqslant f_s W$$

因此，要使轮子既不滚动又不滑动，必须满足的条件是

$$F_T \leqslant \frac{\delta}{r} W, F_T \leqslant f_s W$$

一般情况下，有

$$\frac{\delta}{r} \ll f_s$$

因而使轮子滚动要比使它滑动容易得多。在生产实践中，常以滚动代替滑动，如沿地面拖拽重物时，常在重物底部垫以圆辊、在机器中用滚珠轴承代替滑动轴承等，就是利用了这个原理。

4.7 结论与讨论

4.7.1 基本概念

静定问题：所求问题的未知量个数不多于刚体上所作用的力系对应的独立方程的个数时，应用平衡方程即可求出全部的未知量，这类平衡问题称为静定问题。

超静定或静不定问题：若所求问题的未知量的个数多于刚体上所作用的力系对应的独立方程的个数时，则仅仅应用平衡方程就无法确定全部的未知量，这类平衡问题称为超静定或静不定问题。

4.7.2 基本结论

质点平衡⇔作用于质点的所有外力构成的力系是平衡力系。

单刚体平衡⇔作用于刚体的所有外力构成的力系是平衡力系。

刚体系统平衡⇒作用于刚体系统的所有外力构成的力系是平衡力系⇒作用于从刚体系统中取出的局部上的所有外力构成的力系是平衡力系。

变形体平衡⇒作用于变形体的所有外力构成的力系是平衡力系。

4.7.3 基本原理

刚化原理——当变形体在某一力系作用下处于平衡状态时，如果将此变形体看成为刚体，其平衡状态保持不变。

4.7.4 分析刚体平衡问题时需要注意的问题

（1）受力分析是求解刚体平衡问题成败的极其重要的一步，只有受力分析正确无误时，后面的分析才能取得正确的结果。要习惯根据约束的性质分析约束力。

（2）分析刚体上作用的力系的类别，建立适当的坐标系，确定需要应用的独立方程个数。

4.7.5 分析刚体系统平衡问题时需要注意的问题

刚体系统平衡问题的分析是本章的重点，也是难点，分析时应注意以下问题：

(1) 要理解、掌握“若刚体系统处于平衡状态，则组成系统的一部分刚体或组成系统的任意一个刚体也必将处于平衡状态”的含义，在选择分离体及受力分析时保证都是平衡的。

(2) 灵活选择研究对象，研究对象可以是系统整体或单个刚体或两个以上刚体组成的局部。一次可以选择其中之一作为研究对象，一般应遵循的原则是：尽量使一个方程中只包含一个未知力，以求达到不解或少解联立方程。

(3) 注意区分内力与外约束力、作用力与反作用力。内力只在系统拆开时才会出现，当以整体为研究对象时内力不会出现。

习题 4

4.1 铰接梁如习题 4.1 图所示。$M=qa^2$，梁自重不计。求各支座和铰链 C 的约束力

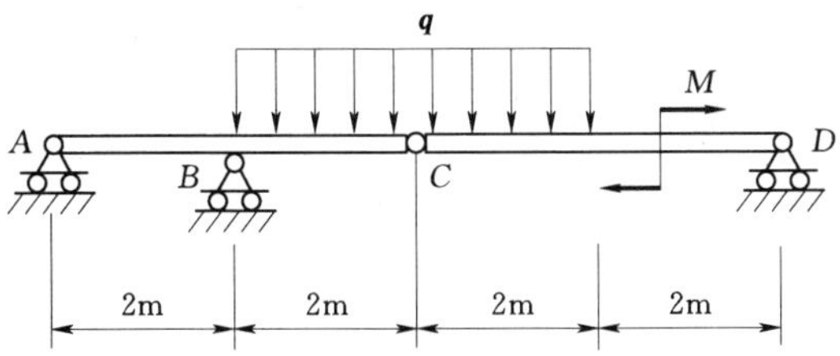

习题 4.1 图

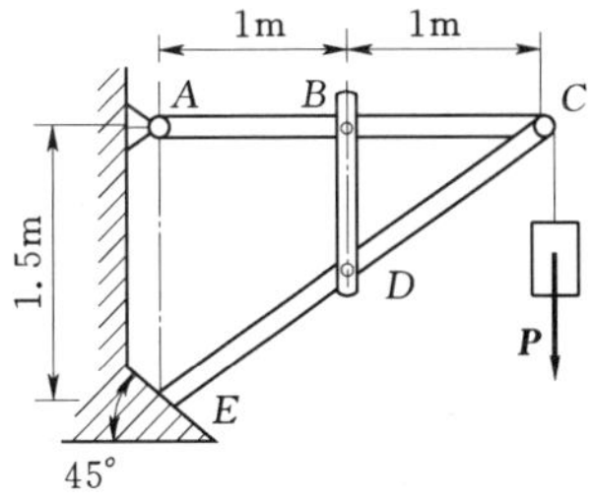

习题 4.2 图

4.2 如习题 4.2 图所示起重支架，$p=1000$kN，杆件自重不计，A 处固定铰支座连接，B、C、D 处铰接连接，E 处于光滑地面支撑，C 处滑轮半径 $r=0.1$m，不计摩擦力。求 A、E 处的支座约束力。

4.3 如习题 4.3 图所示，三铰拱受铅直力 $\boldsymbol{F}$ 作用，如拱的重量不计，求 A、B 处支座反力。

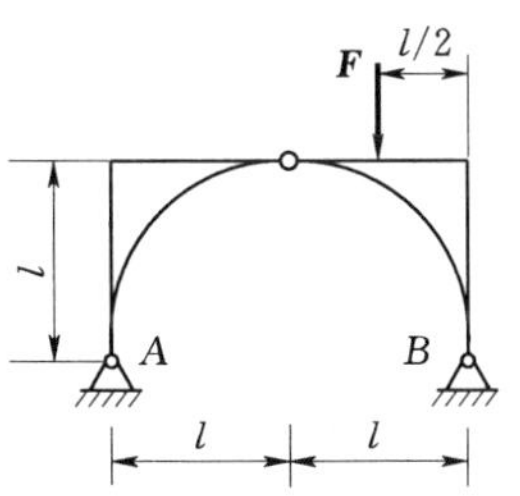

习题 4.3 图

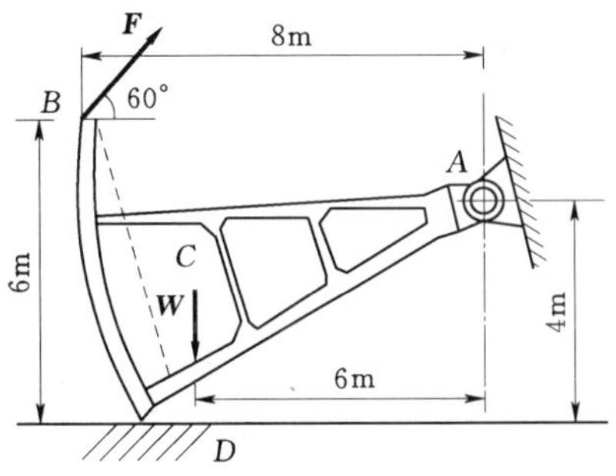

习题 4.4 图

4.4 如习题 4.4 图所示，弧形闸门自重 $W=150$kN，试求提起闸门所需的拉力 $\boldsymbol{F}$ 和

铰支座 A 处的反力。

4.5　如习题 4.5 图所示，已知 $F=10\text{kN}$，杆 AC、BC 及滑轮重均不计。试用作图法求杆 AC、BC 对轮的约束力。

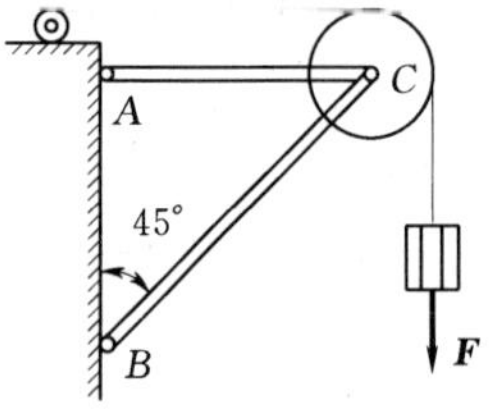

习题 4.5 图

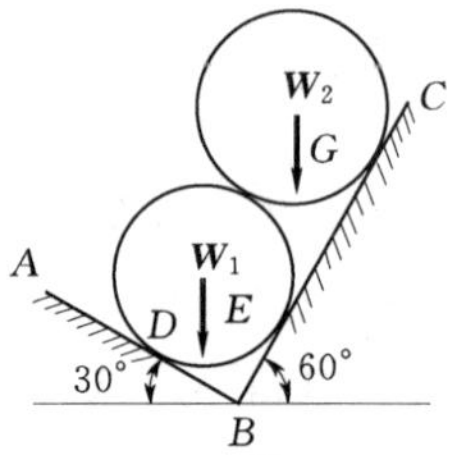

习题 4.6 图

4.6　如习题 4.6 图所示，直径相等的两均质混凝土圆柱放在斜面 AB 与 BC 之间，柱重 $W_1=W_2=40\text{kN}$。设圆柱与斜面接触处是光滑的。试用作图法求圆柱对斜面 D、E、G 处的压力。

4.7　习题 4.7 图所示，为一履带式起重机，起吊重量 $\boldsymbol{W}=100\text{kN}$，在图示位置平衡。如不计吊臂 AB 自重及滑轮半径和摩擦，求吊臂 AB 缆绳 AC 受的力。

4.8　习题 4.8 图所示，压路机碾子重 $W=20\text{kN}$，半径 $R=400\text{mm}$，若用水平力 $\boldsymbol{F}$ 拉碾子越过高 $h=80\text{mm}$ 的石坎，问 $\boldsymbol{F}$ 应多大？若要使 $\boldsymbol{F}$ 为最小，力 $\boldsymbol{F}$ 与水平线的夹角 α 应为多大？此时 $\boldsymbol{F}$ 等于多少？

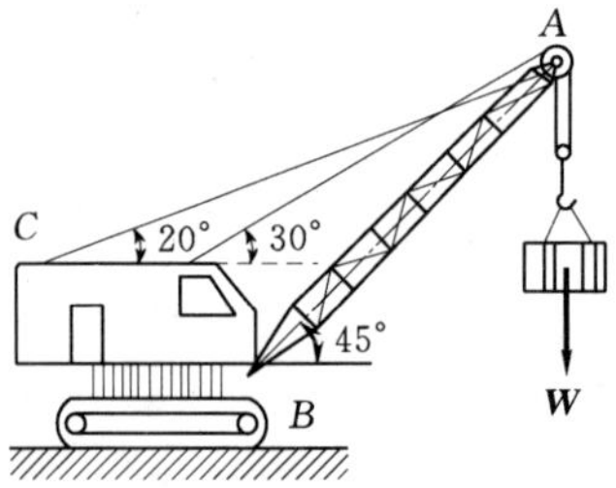

习题 4.7 图

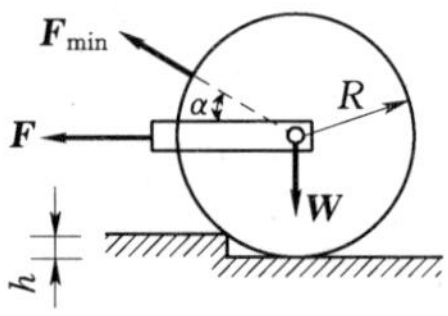

习题 4.8 图

4.9　长 $2l$ 的杆 AB，重 W，搁置在宽 a 的槽内，如习题 4.9 图所示。A、D 接触处都是光滑的。试求平衡时杆 AB 与水平线所成的角 α。设 $1>a$。

4.10　习题 4.10 图所示结构上作用一水平力 F。试求 A、C、三处的支座反力。

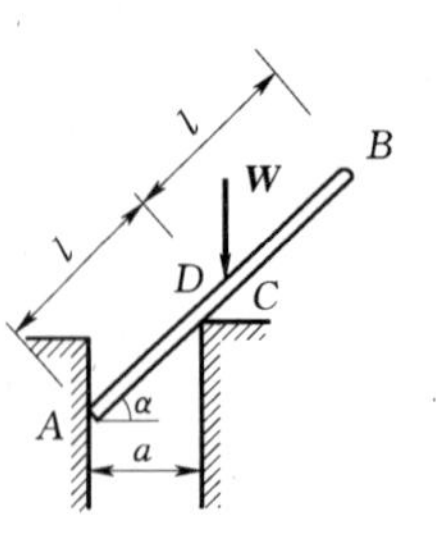

习题 4.9 图

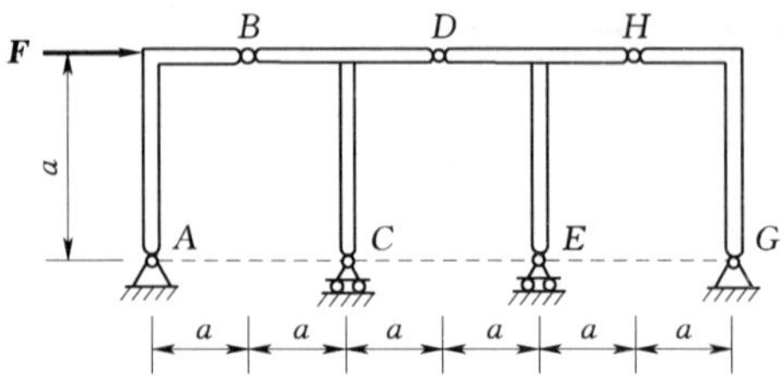

习题 4.10 图

4.11 AB、AC、AD 三连杆支承一重物，如习题 4.11 图所示。已知 $W=10\text{kN}$，$AB=4\text{m}$，$AC=3\text{m}$，且 $ABEC$ 在同一水平面内。试求三连杆所受的力。

4.12 如习题 4.12 图所示，立柱 AB 用 3 根绳索固定，已知一根绳索在铅直平面 ABE 内，其张力 $F=100\text{kN}$，立柱自重 $F_W=20\text{kN}$。求另外两根绳索 AC、AD 的张力及立柱在 B 处受到的约束力。

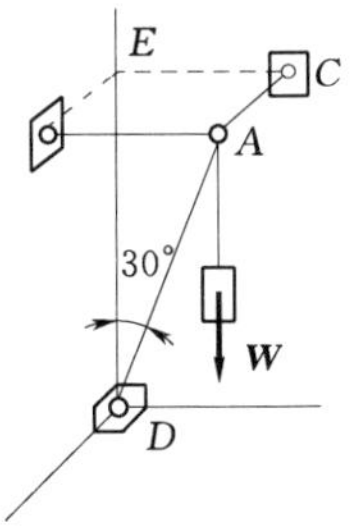

习题 4.11 图

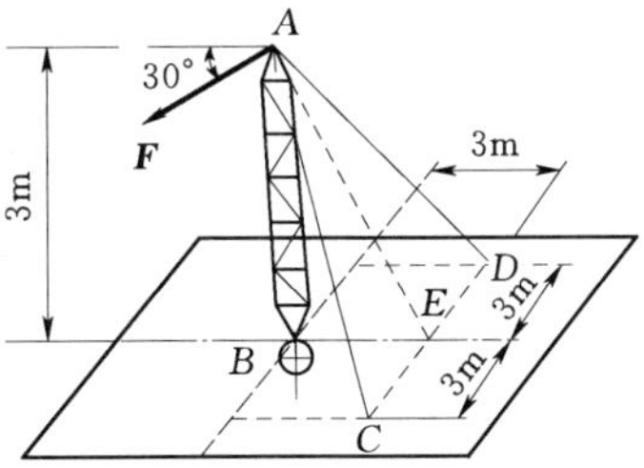

习题 4.12 图

4.13 滑道摇杆机构受两力偶作用，在习题 4.13 图所示位置平衡。已知 $OO_1=OA=0.2\text{m}$，$M_1=200\text{N}\cdot\text{m}$。求另一力偶矩 M_2 及 O、O_1 两处的约束力（摩擦力不计）。

4.14 一力与一力偶的作用位置如习题 4.14 图所示。已知 $F=200\text{N}$，$M=100\text{N}\cdot\text{m}$，在 C 点加一个力，使之与 $\boldsymbol{F}$ 和 $\boldsymbol{M}$ 成平衡。求该力及 x 的值。

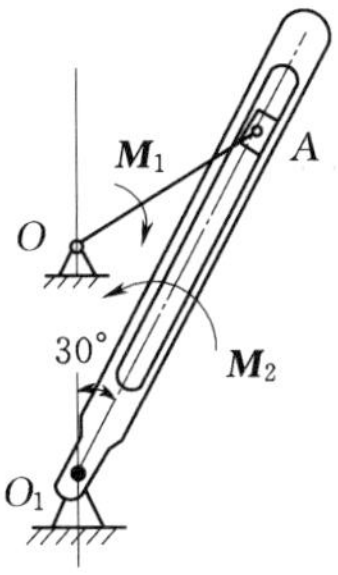

习题 4.13 图

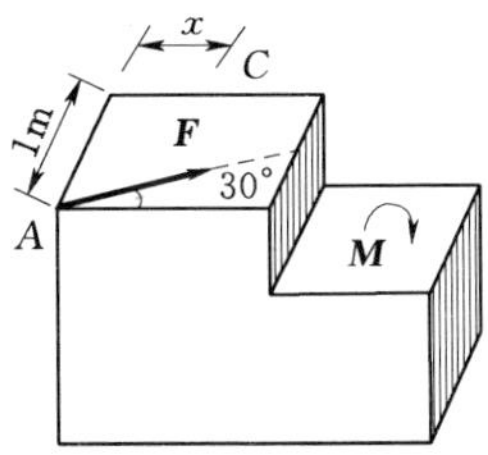

习题 4.14 图

4.15 有一均质等厚的板如习题 4.15 图所示，重 200N，角 A 用球铰，另一角 B 用铰链与墙壁相连，再用一索 EC 维持于水平位置。若 $\angle ECA=\angle BAC=30°$。试求索内的拉力及 A、B 两处的反力（注意：铰链 B 沿 y 方向无约束力）。

4.16 如习题 4.16 图所示，均质杆 AB 重 W，长 l，A 端靠在光滑墙面上，并用一绳 AC 系住，AC 平行于 x 轴，B 端用球铰连于水平面上。求杆 A、B 两端所受的力。图中长度单位为 m。

4.17 正方形板 $ABCD$ 由 6 根连杆支承，如习题 4.17 图所示。在 A 点沿 AD 边作用水平力 F。求各杆的内力。板自重不计。

4.18 曲杆 ABC 用球铰 A 及连杆 CI、DE、GH 支承，如习题 4.18 图所示，在其上作用两个力 $\boldsymbol{F}_1$、$\boldsymbol{F}_2$。力 $\boldsymbol{F}_1$ 与 x 轴平行，$\boldsymbol{F}_2$ 铅直向下。已知 $F_1=300\text{N}$，$F_2=600\text{N}$。求所有的约束力。

4.19 试判断习题4.19图所示各结构是静定的还是超静定的？

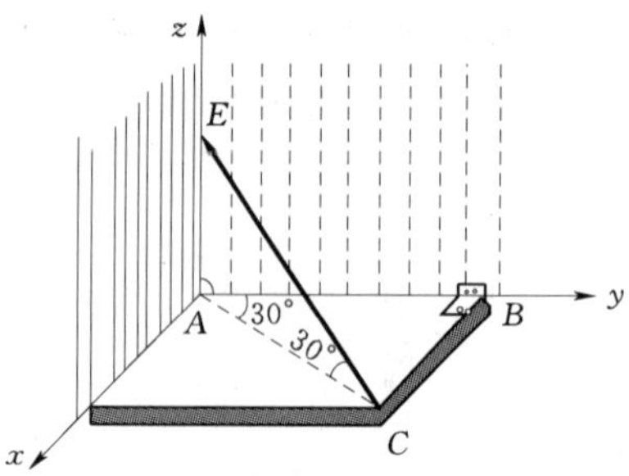

习题4.15图

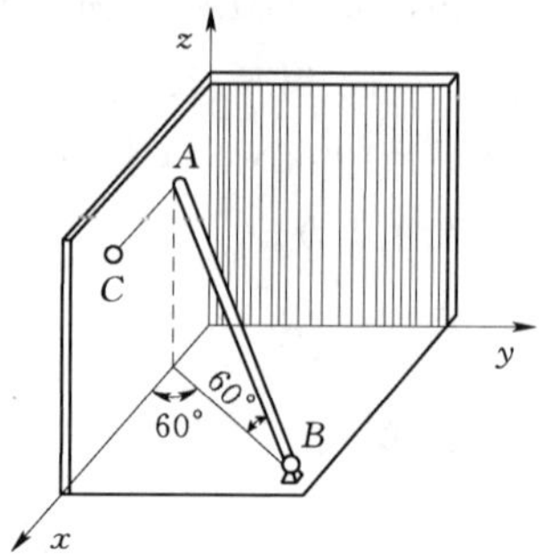

习题4.16图

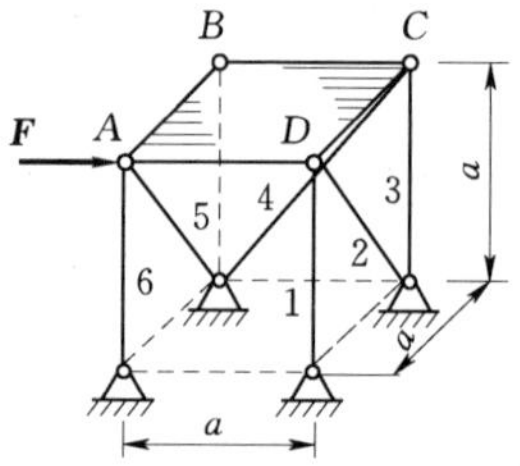

习题4.17图

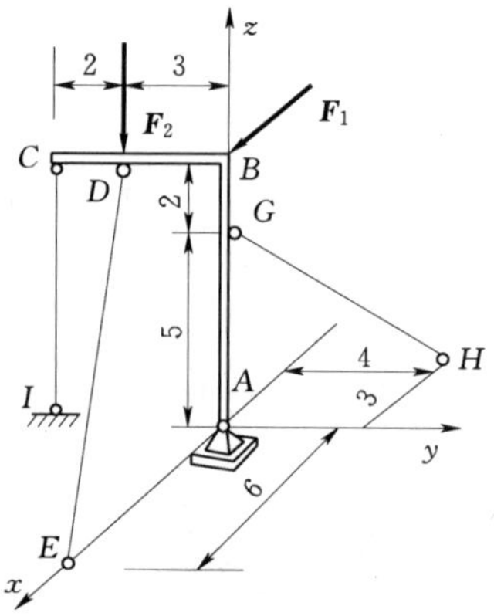

习题4.18图

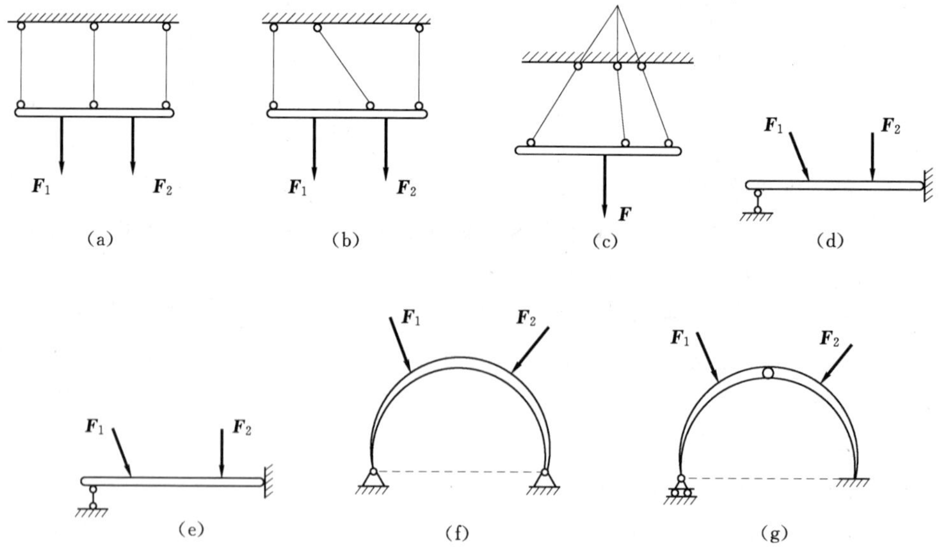

习题4.19图

4.20　如习题4.20图所示，外伸梁 AC 受集中力 F 及力偶（F，F'）的作用。已知 $F=2\text{kN}$，力偶矩 $M=1.5\text{kN}\cdot\text{m}$。求支座 A、B 的反力。

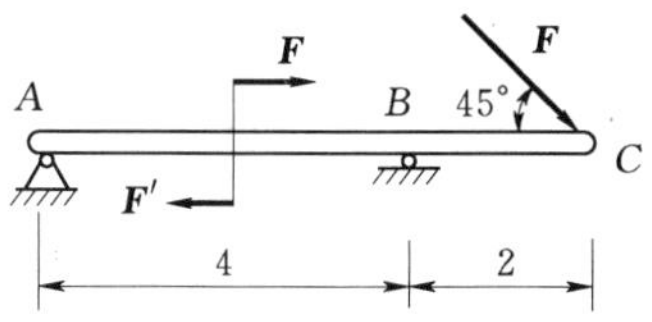

习题4.20图

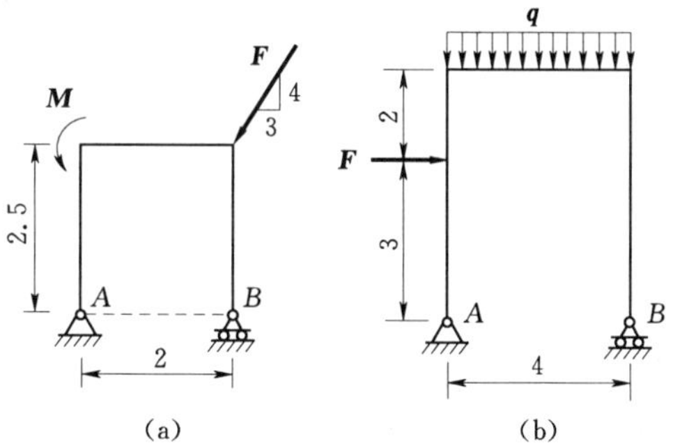

习题4.21图

4.21　求习题4.21图所示刚架支座 A、B 的反力。已知：(a) $M=2.5\text{kN}\cdot\text{m}$，$F=5\text{kN}$；(b) $q=1\text{kN/m}$，$F=3\text{kN}$。

4.22　如习题4.22图所示，拱形桁架的一端 A 为铰支座，另一端 B 为辊轴支座，其支承面与水平面所成倾角30°。桁架重量 W 为100kN，风压力的合力 $F=20\text{kN}$，其方向平行于 AB。求支座反力。

4.23　悬管刚架受力如习题4.23图所示。已知 $q=4\text{kN/m}$，$F_1=4\text{kN}$，$F_2=5\text{kN}$。求固定端A的约束反力。

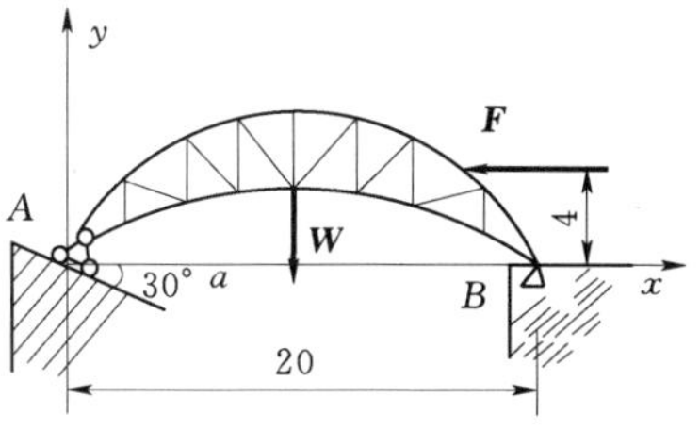

习题4.22图

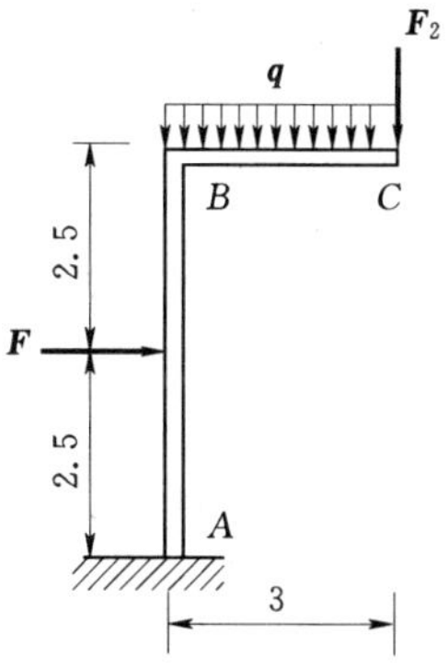

习题4.23图

4.24　三铰拱桥，每一半拱自重 $W=40\text{kN}$，其重心分别在 D 和 E 点，桥上有荷载 $F=20\text{kN}$，位置如习题4.24图所示。求铰 A、B、C 3处的约束力。图中长度单位为m。

4.25　刚架 ABC 和梁 CD，支承与荷载如习题4.25图所示。已知 $F=5\text{kN}$，$q=200\text{N/m}$，$q_0=300\text{N/m}$。求支座 A、B 的反力。图中长度单位为m。

4.26　静定刚架如习题4.26图所示。匀布荷载 $q_1=1\text{kN/m}$，$q_2=4\text{kN/m}$。求 A、B、E 3支座处的约束反力。图中长度单位为m。

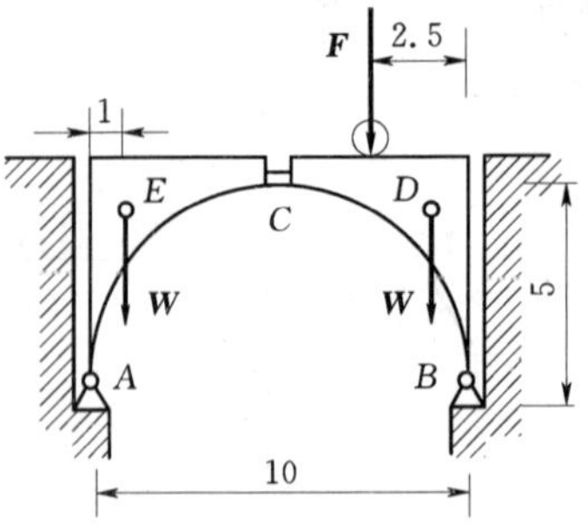

习题 4.24 图

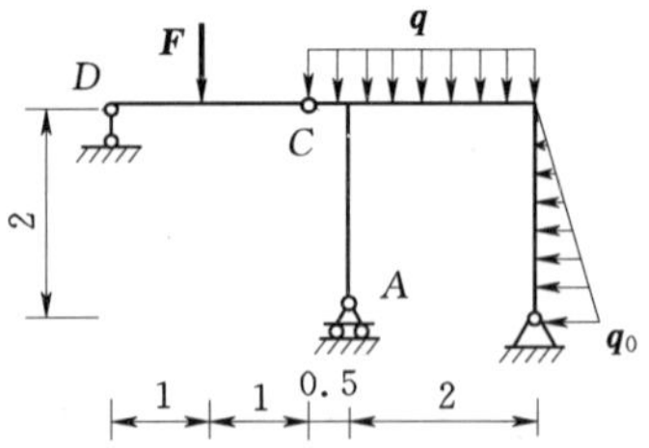

习题 4.25 图

4.27　一组合结构、尺寸及荷载如习题 4.27 图所示，求杆 1、2、3 所受的力。图中长度单位为 m。

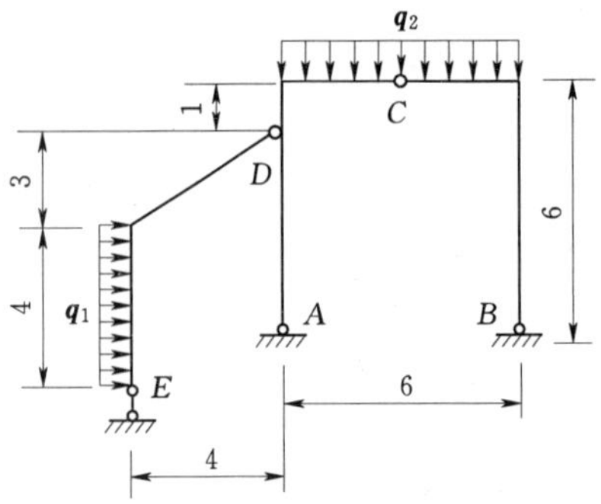

习题 4.26 图

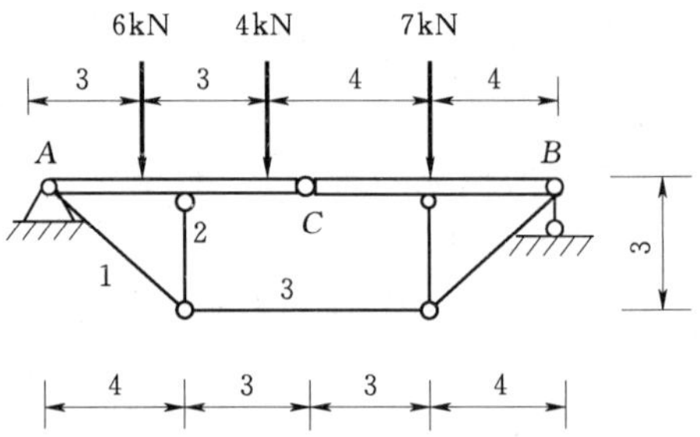

习题 4.27 图

4.28　如习题 4.28 图所示，物体 A 重 $F_P=10\text{N}$，与斜面间摩擦因数 $f=0.4$。(1) 设物体 B 重 $F_Q=5\text{N}$，试求 A 与斜面间的摩擦力的大小和方向。(2) 若物体 B 重 $F_Q=8\text{N}$，则物体与斜面间的摩擦力方向如何？大小多少？

4.29　习题 4.29 图所示为运送混凝土的装置，料斗连同混凝土总重 25kN，它与轨道面的动摩擦因数为 0.3，轨道与水平面的夹角为 70°，缆索和轨道平行。求料斗匀速上升及料斗匀速下降时缆绳的拉力。

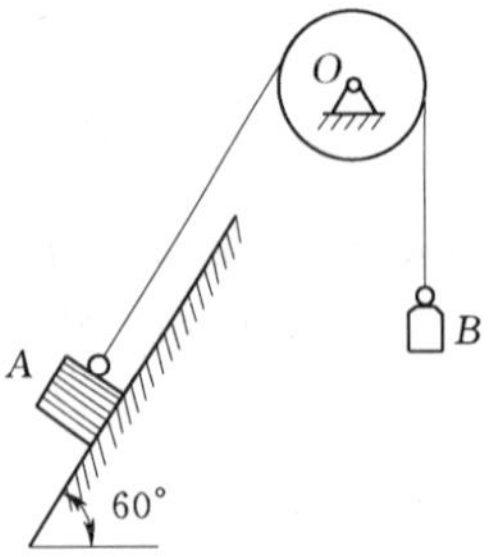

习题 4.28 图

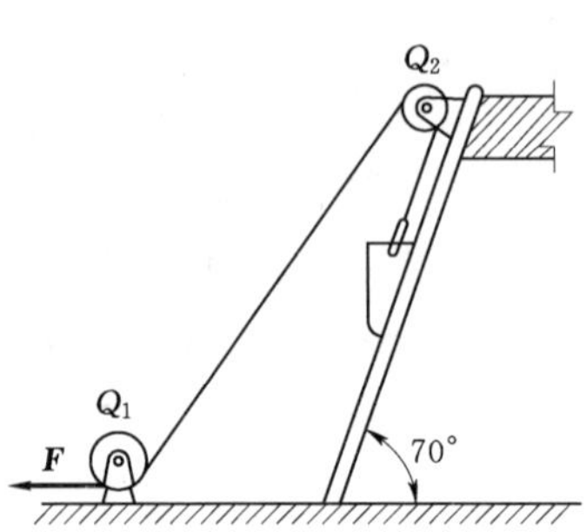

习题 4.29 图

4.30　如习题 4.30 图所示，两块钢板用两枚高强度螺栓连接，并受力 $F=F'=$

24kN，钢板接触面的摩擦因数 $f=0.2$。问：欲使钢板不致错动，螺栓内必须产生多大的拉力（设螺栓周围留有空隙）？

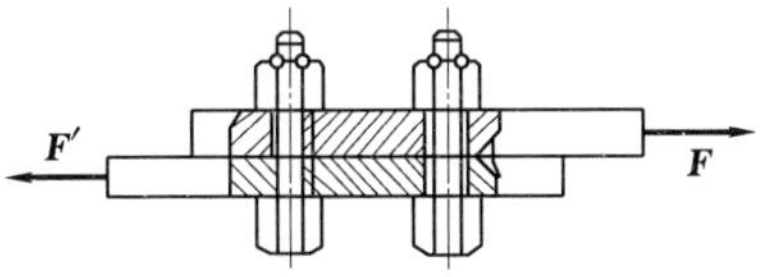

习题 4.30 图

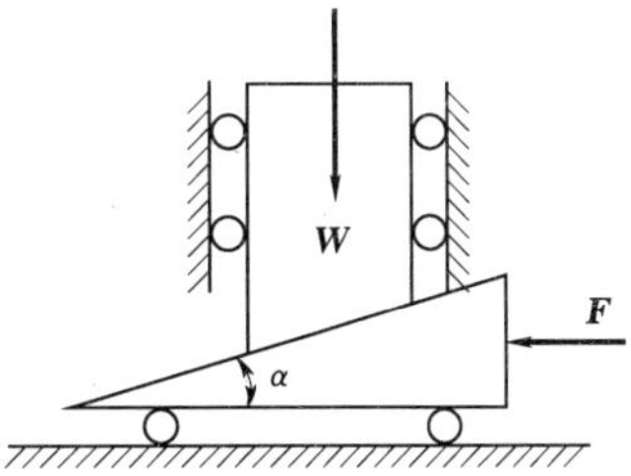

习题 4.31 图

4.31　用尖劈顶起重物的装置如习题 4.31 图所示。重物与尖劈间的摩擦因数为 f，其他有圆辊处为光滑接触，尖劈顶角为 α，且 $\tan\alpha < f$，被顶举的重量设为 W。试求：(1) 顶举重物上升所需的 F 值；(2) 顶住重物使之不下降所需的 F 值。

4.32　攀登电线杆的脚套钩如习题 4.32 图所示。设电线杆直径 $d=300$mm，脚作用力 F 到电线杆中心的距离 $l=250$mm。若套钩与电线杆之间摩擦因数 $f_s=0.3$，为了保证工人操作安全，套钩 A、B 间的铅直距离 b 的最大值为多少。

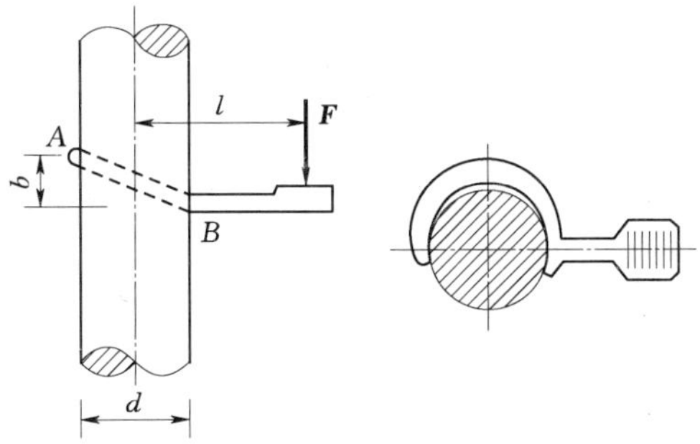

习题 4.32 图

4.33　如习题 4.33 图所示，均质杆 OC 长 4m，重 500N；轮重 300N，与杆 OC 及水平面接触处的摩擦因数分别为 $f_{AS}=0.4$，$f_{BS}=0.2$。设滚动摩擦不计，求拉动圆轮所需的 **F** 的最小值。

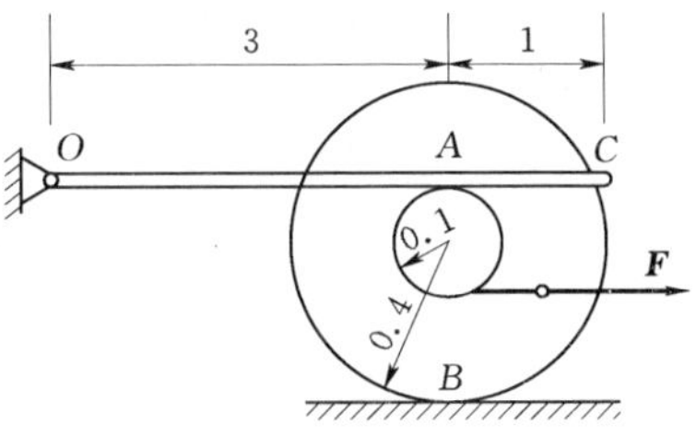

习题 4.33 图

第 2 篇

可变形固体杆件的静力响应分析

本篇的研究对象为可变形固体，研究分析固体杆件在静力作用下的响应（内力、变形及应力）。为解决固体杆件静力学设计（强度、刚度及稳定性）奠定基础。

第 5 章介绍了处于平衡状态的物体系统所承受的力组成的力系所遵循的规律，即变形体固体平衡原理，以及如何将此原理用于变形体内力分析。

第 6 章介绍了应力与应变的基本概念。

第 7 章介绍工程材料的基本静力学性能，即材料简单受力条件下变形体所受的力与所产生的变形之间的关系，以及由试验得出的胡克定理、材料失效和失效判据。后面对材料的研究从单纯力的研究扩展到力系（主要考虑力系平衡）的研究、变形（变形协调）的研究及力和变形的规律（本构关系）的研究，为求杆件横截面上任意一点的应力或应变及超静定结构的内力分析奠定基础。

第 8 章主要介绍了工程上常见弹性构件横截面的内力分析。

第 9 章研究对象为从弹性体中分离出来的微元体。主要介绍一点处的应力状态的概念，平面应力分析的方法及结果。

第 10 章主要介绍工程上常见弹性构件变形分析。

第 11 章主要介绍稳定性的概念及理想压杆的稳定性分析。

第5章　可变形固体的平衡和杆件内力分析

学习提示

本章主要介绍可变形固体的平衡条件以及杆件内力分析的方法；这些内容是应力分析及静力学设计的基础。

学习要求

通过学习，熟悉可变形固体的概念、基本假设及几何分类，掌握可变形固体的内力、内力主矢及主矩、内力分量、外力及应力的概念，重点掌握可变形固体平衡原理，熟练应用可变形固体平衡原理求解杆件内力。

5.1　可变形固体的概念及可变形固体静力学研究的内容

5.1.1　可变形固体的概念

工程实践中制造结构构件及机械零件所用的材料，如砖、石、金属、钢筋混凝土、工业陶瓷及高分子聚合物等，这些材料间相比，化学成分及物质结构各不相同。但这些材料间有一些相同处，一是都是固体；二是都是变形体——在外力作用下都会发生物体形状和尺寸的改变。因此，将这些材料统称为**可变形固体**。

5.1.2　可变形固体静力学研究的内容

可变形固体静力学研究的内容为：用可变形固体制造成的结构构件或机械零件（弹性杆件）的静力学响应——内力、应力、变形、变形能；以及可变形固体材料的宏观力学行为——变形、失效等。

5.2　可变形固体的模型化

材料的种类繁多，材料的物质结构和性质比较复杂，不同的材料力学性能不同，在后面的章节中，研究对象仅限于固体材料，并且为了研究的方便，通常采用下述假设建立可变形固体的理想化模型。

1. 有关材料的3个基本假设

（1）连续性假设。

假设物体在整个体积内都毫无空隙地充满着物质，是密实、连续的。有了这一假设，就可以从被研究物体中取出任一部分来进行研究，它具有与材料整体相同的性质。还因为假定了材料是密实、连续的，材料内部在变形前和变形后都不存在任何“空隙”，也不允许产生“重叠”，故在材料发生破坏之前，其变形必须满足几何协调（相容）条件。

（2）均匀性假设。

假设从物体内任意一点处取出的体积单元，其力学性能都能代表整个物体的力学性能，即物体内任何部分都具有相同的力学性能。显然，这种能够代表材料力学性能的体积单元的尺寸是随材料的组织结构不同而有所不同的。例如，对于金属材料，一般取0.1mm×0.1mm×0.1mm为其代表体积单元的最小尺寸；对于混凝土，至少则取10mm×10mm×10mm为其体积单元代表，代表性体积单元的最小尺寸必须保证在其体积中包含有足够多数量的基本组成部分，以使其力学性能的统计值能保持一个恒定值。

（3）各向同性假设。

假设材料沿各不同方向均具有相同的力学性质，这样的材料称为各向同性材料。因为材料的晶粒尺寸很小且是随机排列的，故从宏观上看，从统计平均的意义上看，大多数工程材料都可以接受这一假设。这一假设使力与变形间物理关系的讨论得以大大简化，即在物体中沿任意方位选取一部分材料研究时，其力与变形间的物理关系都是相同的。

以上两个假设对金属材料和玻璃相当吻合，对砖、石、混凝土等材料的吻合性稍差，但仍可近似地采用。

当然，有一些材料沿不同方向具有不可忽视的不同的力学性质，力与变形间的物理关系与材料取向有关，这样的材料称为**各向异性材料**，如胶合板、纤维增强复合材料等，当然这不是本书的研究对象。

2. 有关变形的两个基本假设

（1）小变形假设。

在本章可变形固体在静力作用下内力的分析中，全部假定可变形固体的变形为**小变形**，就是假设物体受力后处于平衡状态时的形状和尺寸的改变相对受力前是很小的。假设物体受力后的变形很小，在分析力的平衡时用受力前物体的几何尺寸计算就不至于引入大的误差。这样的问题，称为**小变形问题**。对于小变形问题，结合刚化定律可知，就可以将变形体看成刚体，应用刚体平衡方程求解问题。小变形问题，实际上是忽略了变形对约束反力、对内力的影响。

在工程实际中，有些结构或构件受力后的变形一般很小，相对于其原有尺寸而言，变形后尺寸改变的影响往往可以忽略不计。

反之，当变形较大，其影响不可忽略时的问题，称为**大变形问题**，如弹簧受力、悬索受力、压杆稳定就属于这类问题。大变形问题就不可以忽略变形对约束反力、内力的影响。

基于上述假设，除了稳定性问题外，后面章节讨论的变形体静力学问题是均匀连续介质、各向同性材料的小变形问题。也就是说，除了稳定性问题，本书的研究中都采用了**理想的变形体**——均匀、连续、各向同性、小变形。在稳定性问题中采用了均匀、连续、各向同性、大变形的变形体模型。

（2）线弹性假设。

可变形固体在外力作用下的变形又可分为**弹性变形及塑性变形**。当作用在可变形固体上的荷载不超过一定的范围时，绝大多数的可变形固体在卸除荷载后均可恢复原状。当荷载超过一定范围时，则可变形固体在卸除荷载后只能部分地复原而残留下一部分变形不能消失。在卸除荷载后能完全消失的那一部分变形，称为**弹性变形**，不能消失而残留下来的那一部分变形，称为**塑性变形**。在力学分析中，当作用于构件的外力不超过一定的值时，构件只产生弹性变形，并且外力与变形之间符合线性关系时，能够利用胡克定律解算，此种变形称为**线弹性变形**。

实践证明，在工程实际问题的分析中，采用以上假设，将可变形固体模型化，忽略不同材料间的差异，极大地简化了工程实际问题的分析，当然，在模型化材料上建立起来的理论都是符合工程实际要求的。

5.3 可变形固体的几何分类

按照几何特征，可变形固体构件可分为杆、板、壳和实体四大类。

杆的几何特征为长条形，长度尺寸远大于其他两个方向的尺寸（横截面两个方向的尺寸）。杆横截面中心的连线称为轴线，轴线为直线的杆称为直杆；轴线为曲线的杆称为曲杆。所有横截面的形状、大小均相同者称为等截面杆，如图 5.1（a）所示。

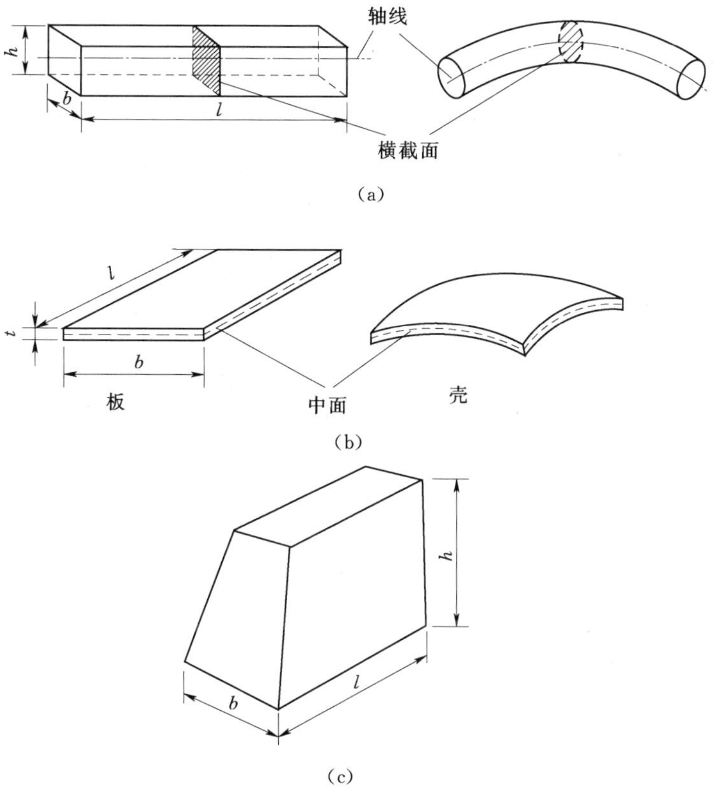

图 5.1

板壳的厚度尺寸远小于其他两个方向的尺寸（长度和宽度），板的几何特征为平面形，壳的几何特征为曲面形，如图 5.1（b）所示。

实体的几何特征为块体，其长、宽、高 3 个方向的尺寸大体相近，内部大多为实体，如图 5.1（c）所示。

在本书中，取等截面弹性直杆为主要研究对象。

5.4 可变形固体的外力、内力及应力的概念

将由各种环境因素产生的直接作用在所研究的可变形固体上的各种力称为荷载。

在可变形固体发生变形前，其内部原子间和分子间已经存在着相互的作用力，可知其内部相邻两部分之间存在着相互作用力。

在外力作用下，可变形固体会发生变形，其内部各质点间的相对位置也会发生改变，这种改变导致各质点间相互的作用力也发生了改变。

可变形固体在外力作用前后，其内部相邻两部分之间相互作用力的**改变量**称为**附加内力**，对于均匀、连续的固体，附加内力实际上是一个连续分布的内力系，将此内力系的合成（力及力偶）称为**内力**。

相应地，可以得出**应力**的概念，将可变形固体在外力作用前后其内部相邻两点之间相互作用力的**改变量**称为**附加应力**，简称**应力**。

从上面内力的定义可以看出内力的一些性质：其一，内力是外力的响应，变形体上没有外力也就没有内力；其二，内力的产生与可变形固体内部发生的变形有关，变形体上没有变形也就没有内力；其三，内力是变形体内部相邻两部分之间存在的相互作用力，这相邻两部分指的是变形体内部相邻的。

要研究内力，就要确定是变形体内部哪部分对相邻部分的内力，最好的办法是用一个面将这两部分分开，留下一部分研究，将内力暴露出来，这种方法叫**截面法**。

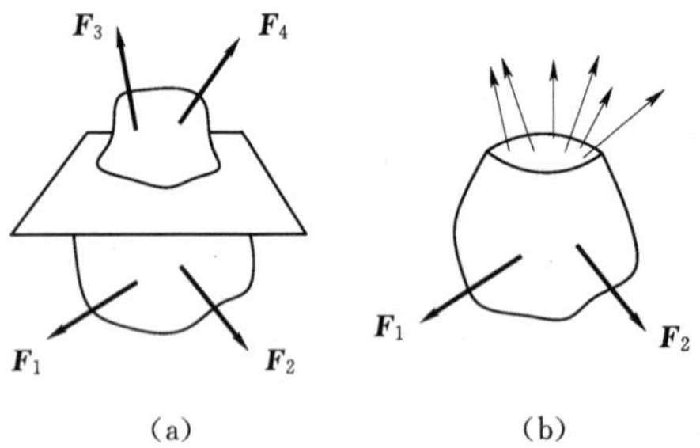

图 5.2

假想用一截面将图 5.2 所示 4 个力作用下处于平衡状态的可变形固体从指定截面处截开，分成两部分，若制造可变形固体的材料是均匀、连续的，则在截开处的截面上存在一分布内力系（若制造可变形固体的材料不是均匀、连续的，如钢筋混凝土构件，则在截开处的截面上仍然存在一内力系，但此内力系就有可能不是分布内力系）。这一分布内力系可看成上半部分施加给下半部分截面的力。

内力的存在可用橡皮受力的例子反证。

截面法研究杆件内力的步骤如下：

（1）**截开**。假想地沿待求内力所在截面将杆件截成两部分。

（2）**代替**。取截开后的任一部分作为研究对象，并把弃去部分对留下部分的作用以截面上的内力代替。

（3）**平衡**。当分离体处于平衡状态时，未知内力与作用在分离体上的已知外力组成平衡力系，变形体受外力作用产生的内力不能是任意的，列出平衡方程，计算出内力。

5.5　可变形固体平衡原理

通过第 4 章的讨论知道，对于刚体，$\sum \boldsymbol{F}_i=0$，$\sum \boldsymbol{M}_O（\boldsymbol{F}_i）=0$ 是刚体平衡的充要条件。但对于可变形固体，$\sum \boldsymbol{F}_i=0$、$\sum \boldsymbol{M}_O（\boldsymbol{F}_i）=0$ 只是可变形固体平衡的必要而非充分条件。

又知当刚体系统处于平衡状态，组成系统的任意一部分刚体或任意一个刚体也必将处于平衡状态。

结合以上思想，并作推广，得可变形固体平衡原理：

若可变形固体整体在外力系作用下保持平衡，那么任意从其中截取出来部分也必定保持平衡。

上述平衡原理又可简称为整体平衡或局部平衡。整体一般指杆件系统或单个杆件；局部指组成杆件系的单个杆件或单个杆件中一段、一个微元体等。

即当可变形固体整体平衡时，作用于其上的载荷满足

$$\sum \boldsymbol{F}_i=0,\sum \boldsymbol{M}_O(\boldsymbol{F}_i)=0 \tag{5.1}$$

对于从整体中截取出来部分，作用于该部分的载荷满足式（5.1）。此平衡力系中部分力对于该部分是外力，对整体而言，是内力。

利用可变形固体平衡原理，就可以求解可变形固体平衡问题。

5.6　弹性杆件横截面的内力主矢、主矩与内力分量

5.6.1　内力主矢、主矩与内力分量

工程构件中主要是杆件，对于杆件最有意义的是杆件横截面的内力。

对于杆件，一般取杆端横截面形心为坐标原点、杆轴线为 x 轴，在截面内建立相应的 y、z 轴，对于如图 5.3（a）所示的理想弹性等截面直杆，在空间任意力系作用下处于平衡状态，从横截面 x［过（x，0，0）垂直于 x 轴的截面］处截开，由于杆件是由均匀、连续的材料制造而成，可知横截面 x 上存在一目前不知内力集度的分布力系，可以将分布力系向该横截面形心为简化中心简化，得到如图 5.3（d）所示一主矢和一主矩，二者分别称为横截面 x 的**内力主矢** $\boldsymbol{F}_R$（x）和**内力主矩** M（x），小括号内 x 表示横截面在 x 轴上坐标。

工程计算中较方便的是主矢和主矩在确定的坐标方向的分量，称为**内力分量**。如图 5.3（e）所示，$\boldsymbol{F}_N(x)$、$\boldsymbol{F}_{Qy}(x)$、$\boldsymbol{F}_{Qz}(x)$ 和 $\boldsymbol{M}_x(x)$、$\boldsymbol{M}_y(x)$、$\boldsymbol{M}_z(x)$ 分别为主矢和主矩在 x、y、z 轴方向上的分量。各分量的名称和作用说明如下：

$\boldsymbol{F}_N(x)$ 常简写为 $\boldsymbol{F}_N$，称为横截面 x 的轴力，主矢 $\boldsymbol{F}_R(x)$ 的轴向分量，下标 N 表示轴力，表示在垂直作用于横截面，有使杆件沿轴向伸长或缩短的作用。

$F_{Qy}(x)$ 和 $F_{Qz}(x)$ 称为剪力，主矢的横向分量，切向作用于横截面，有使杆件横截面相对于其相邻横截面沿横向错动的作用。

$M_x(x)$ 称为扭矩，主矩的轴向分量，是一作用线平行于横截面的力偶，有使杆件横截面绕 x 轴线转动的作用。

$M_y(x)$ 和 $M_z(x)$ 称为弯矩，主矩的横向分量，是作用线垂直于横截面的一力偶，有使杆件横截面分别绕 y、z 轴转动的作用。

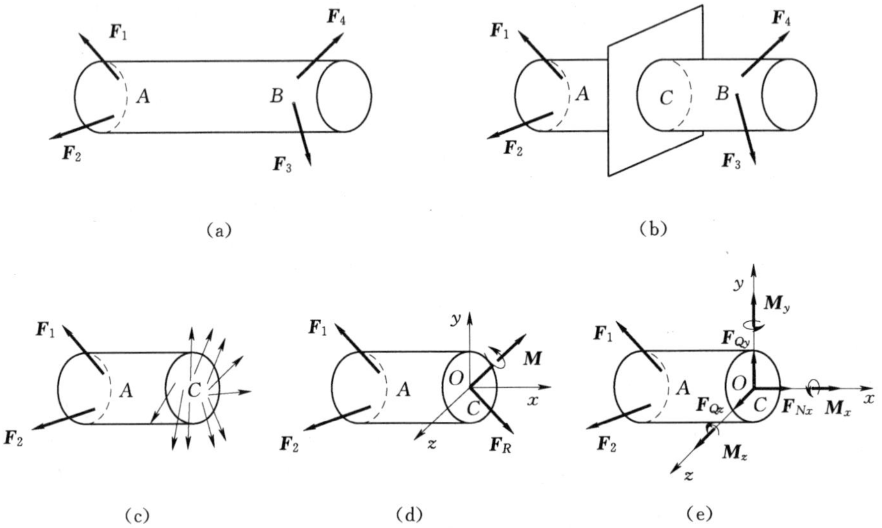

图 5.3

可以看出，对于在空间任意力系作用下处于平衡状态的杆件，其横截面的内力分量最多有 6 个，可分为 4 类。对于在特殊力系作用下处于平衡状态的杆件，其横截面的内力分量有可能少于 6 个。

5.6.2 内力分量的正负号规定

由内力的定义可知，杆件同一处左右截面上同一名称内力分量属于作用力与反作用力的关系，在应用中同取为正号或负号较为方便，如图 5.4 所示，本章作以下规定：

对轴力 $F_N(x)$，不管其作用于哪侧截面上，使分离体受拉的为正，受压为负。

对剪力 $F_{Qy}(x)$ 和 $F_{Qz}(x)$，使其作用的分离体顺时针转动为正，逆时针转动为负。

对扭矩 $M_x(x)$，扭矩矢量方向与横截面外法线方向一致者为正，反之为负。

对弯矩 $M_y(x)$ 和 $M_z(x)$，作用在左侧截面上使左侧分离体逆时针转动、作用在右侧截面上使右侧分离体顺时针转动的为正；否则为负。

5.6.3 杆件横截面内力分量各自对应的杆件的基本变形

由内力的概念知，之所以有内力，是因为可变形固体发生了变形，那么对杆件横截面的 4 种类型内力分量而言，是由哪 4 种相应的变形产生的呢？需要考察杆件两相邻横截面的变形，可以看出：

(1) 轴力 F_{Nx} 或 F_N 单独存在，杆件相邻横截面出现靠近或远离的变形，称这种变形

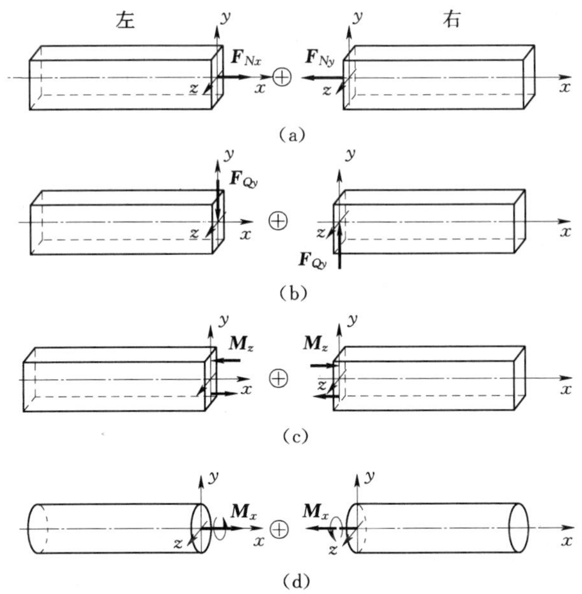

图 5.4

为杆件轴向拉伸或轴向压缩，如图 5.5（a）所示。

（2）剪力 $\boldsymbol{F}_{Qy}$ 或 $\boldsymbol{F}_{Qz}$ 单独存在，杆件相邻横截面出现相互错动，称这种形式的变形为剪切，如图 5.5（b）所示。

（3）扭矩 $\boldsymbol{M}_x$ 单独存在，杆件相邻横截面将绕轴线发生相对转动，而轴线仍为直线。这种变形称为扭转，如图 5.5（d）所示。

（4）弯矩 $\boldsymbol{M}_y$ 或 $\boldsymbol{M}_z$ 单独存在，直杆相邻横截面将绕垂直于杆轴线的轴发生相对转动，变形后直杆轴线将弯成曲线。这种变形形式称为弯曲，如图 5.5（c）所示。

定义上述 4 种变形为杆件的基本变形。

当直杆横截面上只有一种内力分量时，直杆变形形式只有一种。反过来说，直杆变形形式只有一种时，直杆横截面上只有一种内力分量。

工程中常用构件在载荷作用下的变形，大多数为上述几种基本变形的组合变形，当然也有些构件的变形为一种基本变形，如拉压杆、轴的受力变形；也有些是两种基本变形的组合变形，如横力弯曲梁的变形。在后面章节将进行介绍。

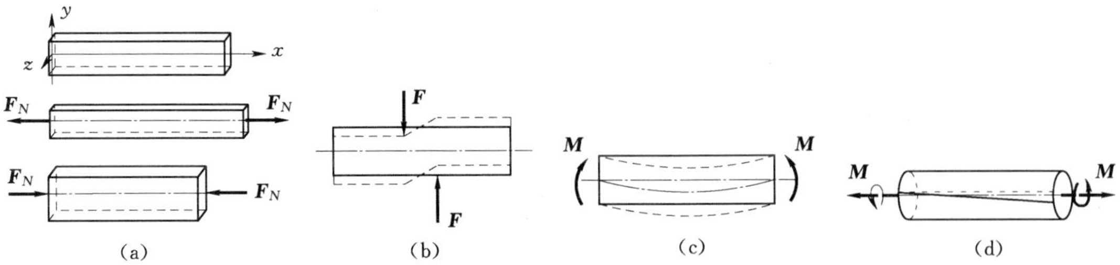

图 5.5

5.6.4 内力与外力间的关系

对处于静力平衡状态的可变形固体，可利用变形体平衡原理找出其某一截面的内力与相应外力之间的关系。对于其他情形，如变形体在外力作用下进行加速运动、进行振动等时，则上述关系不再成立。

对于图 5.3 所示弹性杆，当在 C 截面截开，取左半部分为平衡对象，作用在分离体上的外力有 $\boldsymbol{F}_1$、$\boldsymbol{F}_2$，利用平衡原理，得矢量式为

$$\boldsymbol{F}_1+\boldsymbol{F}_2+\boldsymbol{F}_R=0 \tag{5.2}$$

在 C 截面上 O 点取矩，有

$$\boldsymbol{M}_O(\boldsymbol{F}_1)+\boldsymbol{M}_O(\boldsymbol{F}_2)+\boldsymbol{M}=0 \tag{5.3}$$

式（5.3）可以写成标量的形式，有 6 个方程，就变成了内力分量式形式。对于任意的平衡对象，用作用在平衡对象上的外力代替 $\boldsymbol{F}_1$、$\boldsymbol{F}_2$，就可以写出相应的方程。当外力已知时，利用上述方程的标量式，可以求出内力及内力分量。

5.7 特殊平衡力系作用下杆件的内力计算

综上所述，对于一般力系作用下处于平衡状态的杆件，其横截面内力分量有 6 个。若要求出 6 个内力分量，须利用任意空间力系平衡方程。

当作用在杆件上外力系为特殊力系，外力系作用位置也符合一定条件，引起的杆件变形也比较特殊时，有可能在杆件的横截面上只产生一种或两种内力分量，也就是说，其他内力分量为零的情形，就可利用特殊力系的平衡方程求解。

在工程实践中具有上述内力和变形特征的杆件应用较为广泛，如轴心拉压直杆、受扭圆直杆，其横截面上只有一种内力；如平面弯曲梁，其横截面上只有两种内力。

下面分别一一介绍。

5.7.1 轴心拉压杆的内力

只承受沿杆件轴线的外力作用的直杆称为**轴心拉压杆**。如图 5.6 所示，又可定义承受轴向拉力的直杆为轴心**拉杆**，承受轴向压力的直杆为轴心**压杆**。在拉杆上指定两横截面，拉力作用下会相互远离；在压杆指定两横截面，压力作用下会相互靠近。

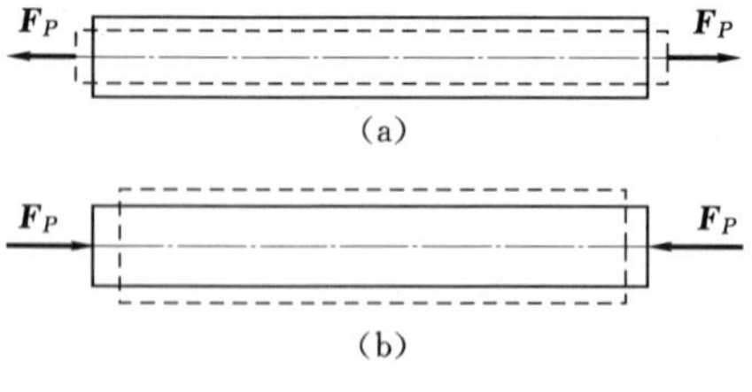

图 5.6

轴心拉压杆是工程中常见的构件，如组成理想桁架的各杆在节点力的作用下不是拉杆就是压杆，柱子中的轴心受压柱可看成是压杆，起重机的支架和吊索各杆、内燃机中的连杆等都是拉压杆。

当轴心拉压杆受力后处于平衡状态，由截面法可知，其横截面上只有轴力，其变形形式为轴向伸长或缩短，只有一种基本变形。轴力正负号规定如前文，即“拉正压负”。

对于受载荷而处于平衡状态的轴心拉压杆，利用截面法就可求出指定截面的轴力，工程实际中，杆件所受外力可能很复杂，这时直杆各横截面上的轴力将不同，可将 F_N 表示

成横截面位置坐标 x 的函数，即

$$F_N = F_N(x) \tag{5.4}$$

称式（5.4）为轴力函数。

为了清楚地表达杆件各截面的轴力，采取作轴力图的方法。

以平行于杆件轴线的 x 坐标表示各横截面的位置，以垂直于杆轴线的 F_N 坐标表示对应横截面上的轴力，这样画出的函数图形称为**轴力图**。

下面举例说明如何用截面法确定轴力、轴力函数及轴力图。

例 5.1 求图 5.7（a）所示杆横截面 1—1、2—2 上的轴力。已知 $F_1=6\text{kN}$，$F_2=10\text{kN}$，$F_3=4\text{kN}$，分别作用于杆上 A、B、C 截面处。

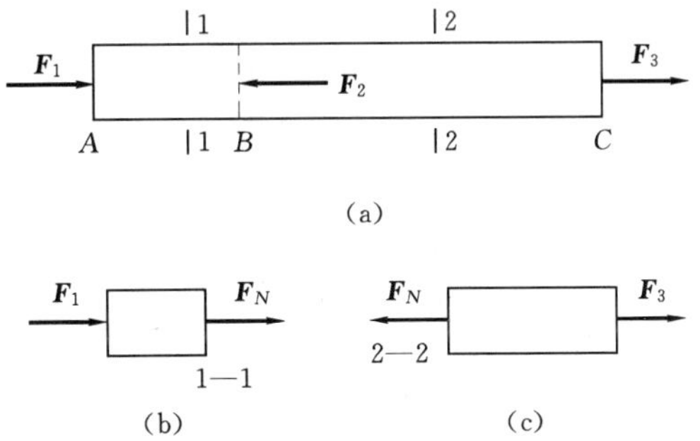

图 5.7

解 （1）求 1—1 截面上的内力。从1—1截面处截开，取左段为研究对象，受力如图 5.7（b）所示，依据变形体平衡原理，得

$$\sum F_{ix}=0, F_1+F_{N1}=0$$

$$F_{N1}=-F_1=-6\text{kN}$$

（2）求 2—2 截面上的内力。从 2—2 截面处截开，取右段为研究对象，受力如图 5.7（c）所示，得

$$\sum F_{ix}=0$$

$$-F_{N2}+F_3=0, F_{N2}=F_3=4\text{kN}$$

例 5.2 如图 5.8（a）所示杆件，已知 $F_1=70\text{kN}$、$F_2=20\text{kN}$、$F_3=10\text{kN}$，分别作

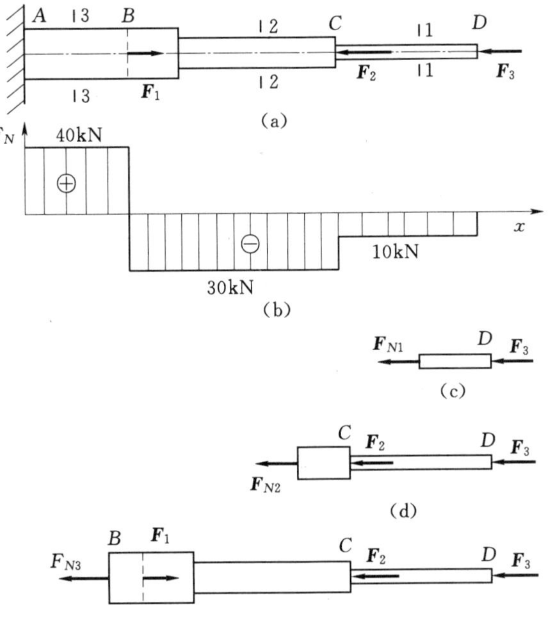

图 5.8

用于横截面 B、C、D 的形心处。试绘出杆件的轴力图。

解 (1) 在 CD 段内任意选取横截面 1—1，截出分离体如图 5.8 (c) 所示，依据变形体平衡原理，得

$$\sum F_{ix}=0，-F_{N1}-F_3=0, F_{N1}=-F_3=-10\text{kN}$$

可知，在 CD 段内任意横截面上，轴力都为−10kN。

(2) 在 BC 段内任意选取横截面 2—2，截出分离体如图 5.8 (d) 所示，依变形体平衡原理，得

$$\sum F_{ix}=0，-F_{N2}-F_2-F_3=0, F_{N2}=-F_2-F_3=-30\text{kN}$$

可知，在 BC 段内任意横截面上，轴力都为−30kN。

(3) 在 AB 段内任意选取横截面 3—3，截出分离体如图 5.7 (e) 所示，依变形体平衡原理，得

$$\sum F_{ix}=0, -F_{N3}+F_1-F_2-F_3=0, F_{N3}=F_1-F_2-F_3=40\text{kN}$$

可知，在 AB 段内任意横截面上，轴力都为 40kN。

(4) 绘出轴力图如图 5.8 (b) 所示。

例 5.3 图 5.9 (a) 所示为等截面钢杆，顶端固定，B 截面形心处受力 $F_1=5\text{kN}$，C 截面形心处受力 $F_2=10\text{kN}$ 作用，钢杆自重不计。绘出钢杆的轴力图。

解 (1) 在 AB 段内任意选取横截面 1—1，截出分离体连同受力图如图 5.9 (b) 所示，依据变形体平衡原理，得

$$\sum F_{ix}=0, F_{N1}+F_1-F_2=0$$

$$F_{N1}=F_2-F_1=10-5=5\text{kN}$$

(2) 在 BC 段内任意选取横截面 2—2，如图 5.9 (c) 所示，同理得

$$\sum F_{ix}=0, F_{N2}=10\text{kN}$$

(3) 轴力图如图 5.9 (e) 所示。

对照例 5.2 及例 5.3 轴力图，可以看出，在集中力作用的横截面处，轴力大小发生了突变，轴力值变化大小等于该截面上作用外力值的大小。

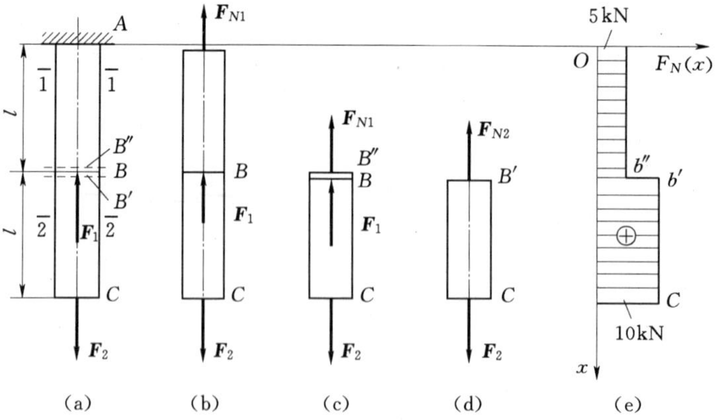

图 5.9

例 5.4 图 5.10 (a) 所示为等截面钢杆，A 端铰接于屋面板，B 端挂着一重量为

$\boldsymbol{P}$kN 的重物，钢杆单位长度自重为 qkN/m，钢杆总长为 lm。试画出钢杆的轴力图。

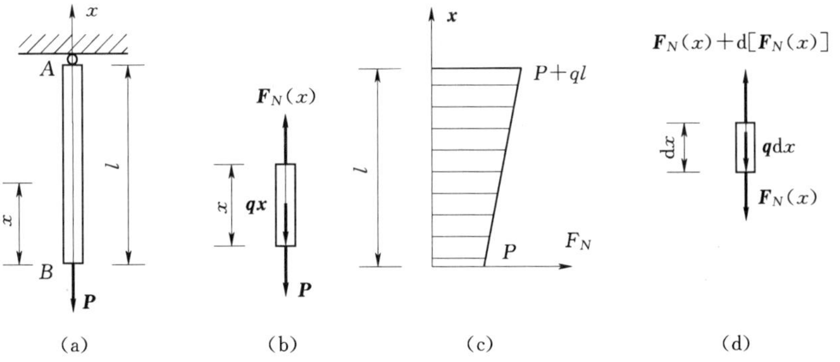

图 5.10

解 解法一：取 B 点为坐标原点，x 轴沿杆轴向上。在距 B 点为 x 处将杆截开，取截面下部的杆为分离体，画出受力图如图 5.10（b）所示，列平衡方程，即

$$\sum F_{ix}=0, F_N(x)-qx-P=0$$

得轴力方程，$F_N(x)=qx+P(0\leqslant x\leqslant l)$

画出轴力图如图 5.10（c）所示。

解法二：用微元法求解，在 x 处和 $x+\mathrm{d}x$ 处分别用两个截面将杆截开，取中间微段为分离体，画出受力图如图 5.10（d）所示，列平衡方程，即

$$\sum F_{ix}=0,\ F_N(x)+\mathrm{d}F_N(x)-q\mathrm{d}x-F_N(x)=0$$

化简，得 $$\mathrm{d}F_N(x)=q\mathrm{d}x$$

两边同除 $\mathrm{d}x$，得平衡微分方程，即

$$\mathrm{d}F_N(x)/\mathrm{d}x=q$$

对 x 两边积分，得 $F_N(x)=qx+C$

由边界条件 $x=0$，$F_N=P$ 代入上式。得 $C=P$。知

$$F_N(x)=qx+P(0\leqslant x\leqslant l)$$

与第一种解法所得结果相同。

利用高等数学知识，作轴力图实际上是在坐标系内画出函数 $F_N(x)$ 图形，但此函数 $\mathrm{d}F_N(x)/\mathrm{d}x=q$ 已知，即斜率已知，若知 $0\leqslant x\leqslant l$ 内任意一点处 $F_N(x)$ 的值，A 端或 B 端的值，则可以画出轴力图；或通过 $\mathrm{d}F_N(x)/\mathrm{d}x=q$ 判断出函数 $F_N(x)$ 图形唯一直线，若知其上任意两点处 $F_N(x)$ 的值，A 端及 B 端的值，将其连起来即可。

上述方法也适用于杆轴上外力是其他情况的情形。

5.7.2 受扭圆直杆的内力

圆截面直杆若受到作用面垂直于轴线的力偶作用时，称为**受扭圆截面直杆**，机械工程中常称为轴，如机器中的传动轴、水轮发电机的主轴等。

工程上，轴所受到的外力偶矩 M 通常不是直接给出的，通常已知的是轴的转速 n 和转递功率 P，功率、转速、力偶矩之间的关系为

$$M=9549\frac{P}{n}$$

式中，M 为外力偶矩，N·m；P 为转递功率，kW；n 为轴的转速，r/min。

确定了轴的外力偶矩后，就可以应用截面法求横截面上的内力。根据力偶只能与力偶来平衡的原理，横截面上的内力分量只有**扭矩**，用 M_x 表示，扭矩的正负号如前文规定。用一个平衡方程 $\sum M_x=0$ 便可以确定。并且可以看出，受扭轴的变形只有扭转变形。

图 5.11（a）所示为某转动轴简图，为求任一截面上的扭矩，假想沿图示截面截开，用 M_x 代替两段间相互作用的扭矩，取左段研究其平衡，如图 5.11（b）所示，可得

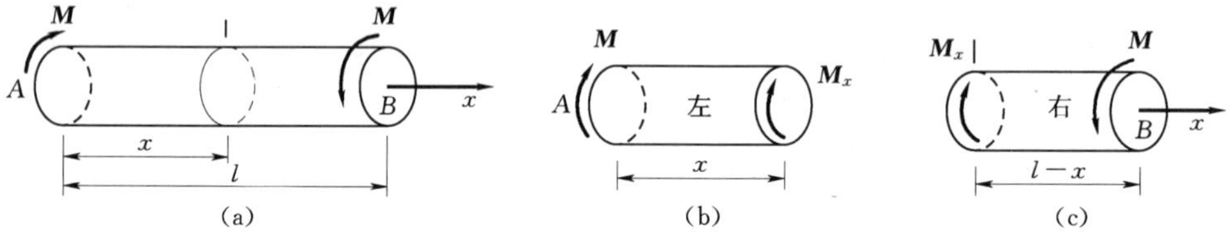

图 5.11

$$\sum M_x=0$$

$$M_x-M=0,M_x=M$$

工程实际中，杆件所受外力偶可能很复杂，这时直杆各横截面上的扭矩将不同，可将 M_x 表示成横截面位置坐标 x 的函数，即

$$M_x=M_x(x) \tag{5.5}$$

称式（5.5）为扭矩函数。

为了清楚地表达杆件各截面的扭矩，采取作扭矩图的方法。

以平行于杆件轴线的 x 坐标表示各横截面的位置，以垂直于杆轴线的坐标表示对应横截面上的扭矩，这样画出的 M_x 函数图形称为**扭矩图**。

例 5.5 图 5.12（a）所示传动轴，轴的转速 $n=300$r/min，输入功率 $P_A=220$kW，输出功率 $P_B=110$kW，$P_C=110$kW。试作该轴的扭矩图。

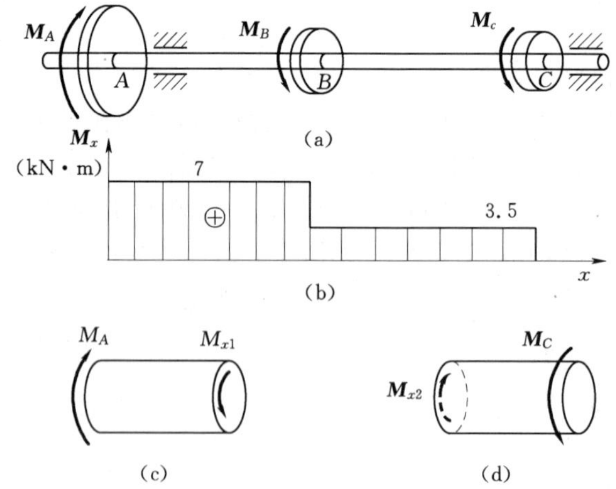

图 5.12

解 计算外力偶矩。

$$M_A = 9549\ \frac{P}{n} = 9549 \times \frac{220}{300}\text{N} \cdot \text{m} = 7\text{kN} \cdot \text{m}$$

$$M_B = 9549\ \frac{P}{n} = 9549 \times \frac{110}{300}\text{N} \cdot \text{m} = 3.5\text{kN} \cdot \text{m}$$

$$M_C = 9549\ \frac{P}{n} = 3.5\text{kN} \cdot \text{m}$$

AB 段，取左端为研究对象，如图 5.12（c）所示。BC 段取右端为研究对象，如图 5.12（d）所示。

$$M_{x1} = M_A = 7\text{kN} \cdot \text{m}, M_{x2} = M_C = 3.5\text{kN} \cdot \text{m}$$

作转动轴 AC 的扭矩图如图 5.12（b）所示。

例 5.6 轴的计算简图如图 5.13（a）所示。试作出该轴的扭矩图。

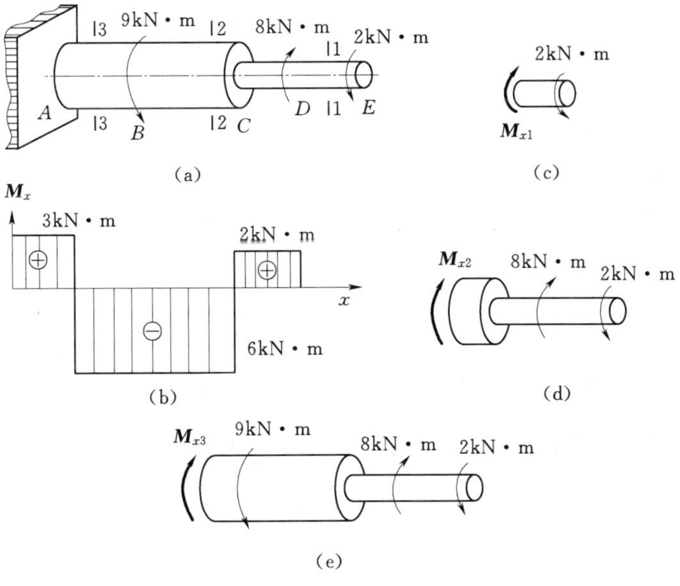

图 5.13

解 该轴仍分为 3 段，即 AB、BD、DE 进行计算。为避免计算支座反力，各段在计算扭矩时，可均取右段为研究对象。

计算 1—1 截面的扭矩 如图 5.13（c）所示。

$$\sum M = 0,\ M_{x1} - 2 = 0,\ M_{x1} = 2\text{kN} \cdot \text{m}$$

计算 2—2 截面的扭矩 如图 5.13（d）所示。

$$\sum M = 0, M_{x2} + 8 - 2 = 0, M_{x2} = -6\text{kN} \cdot \text{m}$$

计算 3—3 截面的扭矩 如图 5.13（e）所示。

$$\sum M = 0, M_{x3} - 9 + 8 - 2 = 0, M_{x3} = 3\text{kN} \cdot \text{m}$$

作扭矩图如图 5.13（b）所示。

5.7.3 平面弯曲梁的内力

工程实际中，许多构件是发生弯曲变形的，如图 5.14 所示的楼板梁、公路桥梁、单位长度的混凝土重力坝和机车轮轴等。以弯曲变形为主要变形的杆件称为受弯构件或梁式杆，水平或倾斜放置的梁式杆简称为梁。

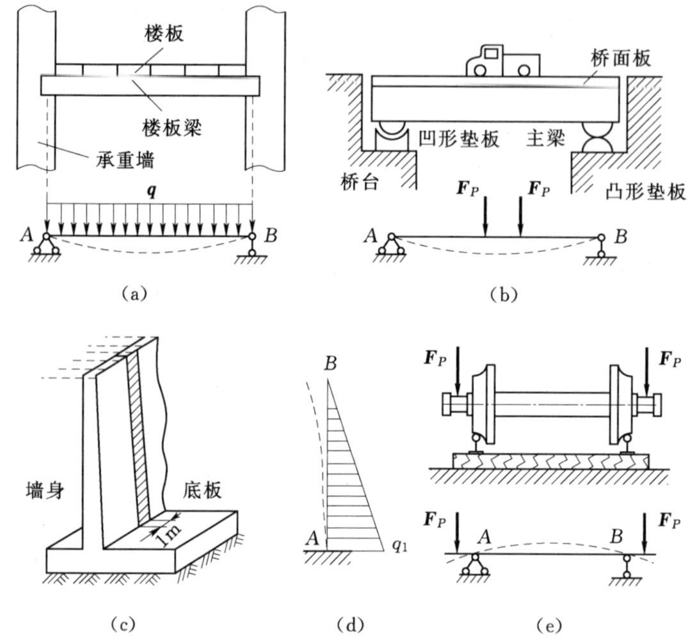

图 5.14

这类杆件的受力特点是：在通过杆轴线的平面内，受到力偶或垂直于轴线的外力作用。

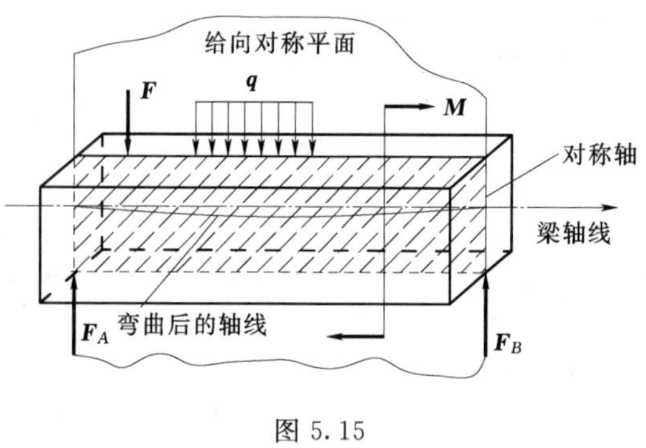

图 5.15

工程实际中，大多数梁的横截面都有一个对称轴。梁的轴线与横截面的竖向对称轴所构成的平面，称为**梁的纵向对称面**。这样的梁称为对称截面梁，如图 5.15 所示。当引起梁弯曲的载荷位于梁的纵向对称面时，梁的轴线弯曲成一条在梁的纵向对称面内的平面曲线，这种弯曲称为**平面弯曲**。平面弯曲是一种最基本、最常见的弯曲变形。在本节中只讨论平面弯曲，故可在弯曲平面内进行分析计算。

对于平面弯曲梁在进行内力计算时可以采用以下计算模型：

（1）用梁的轴线表示梁。

（2）作用于梁上的荷载有集中力、集中力偶和线分布荷载。

（3）支承结构简化 3 种平面约束类型——固定铰支座、可动铰支座和固定端。

在上述简化的基础上建立平面弯曲梁的计算模型，工程上常见的单跨静定梁一般可分为以下三类：

（1）简支梁。梁的一端为固定铰支座，另一端为可动铰支座，如图 5.16（a）所示。

（2）悬臂梁。梁的一端为固定端，另一端自由，如图 5.16（b）所示。

（3）外伸梁。梁的一端或两端伸出支座之外的简支梁，如图 5.16（c）所示。

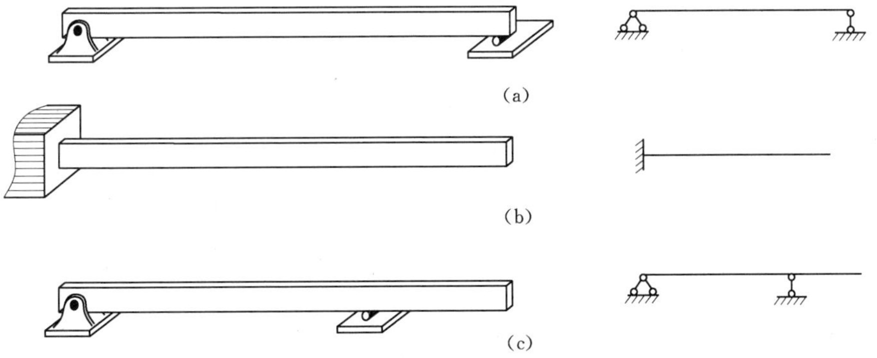

图 5.16

由于平面任意平衡力系有 3 个独立的平衡方程，图 5.16 所示所有梁的约束反力均可以由梁的整体平衡求出。

进一步可以利用截面法求出平面梁任一横截面的弯矩和剪力。

1. 平面梁的内力、内力方程及内力图

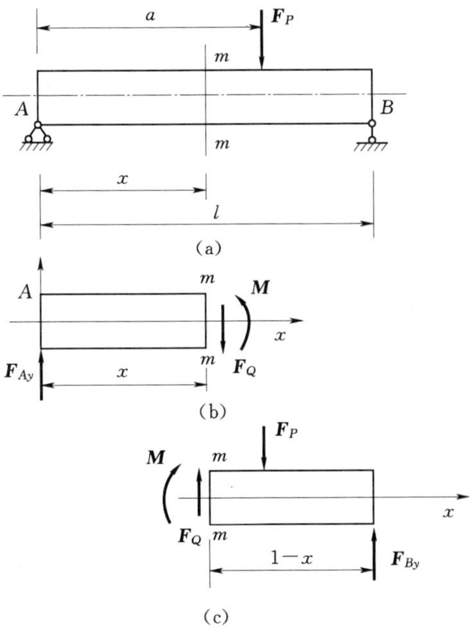

图 5.17

在梁的计算中，一般取梁轴线为 x 轴，弯曲平面内垂直于梁轴线的方向为 y 轴，垂直于弯曲平面的方向为 z 轴。

由截面法可确定，梁横截面上的内力分量一般有两项：y 方向的剪力 F_Q 和 z 方向的弯矩 M。

现以图 5.17 所示的简支梁为例，说明求梁任一截面 $m—m$ 上内力的方法。

根据梁的平衡条件，先求出梁在荷载作用下的支座反力 F_{Ay} 和 F_B，然后用截面法计算其内力，弯矩及剪力的符号如前文规定选取。

沿 $m—m$ 截面将梁截开，取左段为研究对象，由图 5.17（b）可见，为使梁左段平衡，在横截面 $m—m$ 上必然存在一个平行于截面方向的剪力 F_Q。列平衡方程

$$\sum F_{ix}=0,\ F_Q-F_{Ay}=0$$

得

$$F_Q=F_{Ay}$$

因剪力 F_Q 与支座反力 F_{Ay} 组成一力偶，故在横截面 $m—m$ 上必然存在一个弯矩与之

平衡，如图 5.17（b）所示。设此弯矩为 M，列平衡方程

$$\sum M_O=0, M-xF_{Ay}=0$$

得

$$M=F_{Ay}x$$

这里的矩心 O 是横截面 m—m 的形心。

当然，截面上的内力也可以通过取右段梁为研究对象求得，其结果与取左段为研究对象求得的结果大小相等、方向相反。

计算梁指定截面上的剪力和弯矩最基本的方法是截面法，其步骤如下：

（1）计算支座反力。

（2）用截面法将梁从需求内力的截面处截为两段。

（3）任取一段为研究对象，画出受力图（一般将剪力和弯矩均假设为正）。

（4）建立平衡方程，求解出剪力和弯矩。

例 5.7 简支梁如图 5.18（a）所示。试求横截面 1—1、2—2、3—3 上的剪力和弯矩。

解 （1）求支座反力。

由梁的整体平衡条件，求得支座反力为

$$F_{Ay}=F_{By}=10\text{kN}$$

（2）求横截面 1—1 上的剪力和弯矩。

如图 5.18（c）所示，沿 1—1 截面将梁截为两段，取左段为研究对象，并设截面上的剪力 F_{Q1} 和弯矩 M_1 均为正。列平衡方程为

$$\sum F_{iy}=0, F_{Ay}-F_{Q1}=0$$

解得：$F_{Q1}=F_{Ay}=10\text{kN}$

$$\sum M_O=0,\ M_1-F_{Ay}\times 1=0$$

解得：$M_1=F_{Ay}\times 1=10\text{kN}\cdot\text{m}$

（3）求横截面 2—2 上的剪力和弯矩

如图 5.18（d）所示，沿横截面 2—2 将梁截为两段，取左段为研究对象，设截面上的剪力 F_{Q2} 和弯矩 M_2 为正。列平衡方程为

$$\sum F_{iy}=0, \sum M_O=0$$

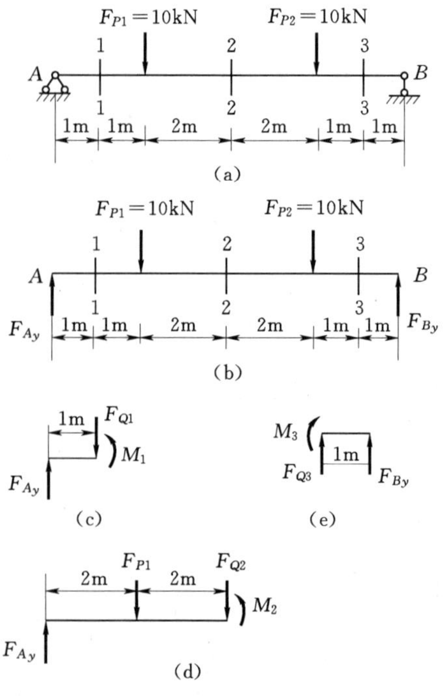

图 5.18

可得

$$F_{Q2}=0\text{kN}, M_2=20\text{kN}\cdot\text{m}$$

（4）求横截面 3—3 上的剪力和弯矩。

如图 5.18（e）所示，沿横截面 3—3 将梁截为两段，取右段为研究对象，设截面上的剪力 F_{Q3} 和弯矩 M_3 均为正。列平衡方程为

$$\sum F_{iy}=0, \sum M_O=0$$

可得

$$F_{Q3}=-10\text{kN},\ M_3=10\text{kN}\cdot\text{m}$$

一般情况下，梁上各截面的剪力和弯矩值是随位置不同而变化的。沿梁的轴线方向建立 x 轴，梁横截面的位置用 x 坐标来表示，则剪力和弯矩应该是 x 的函数，即

$$F_Q=F_Q(x) \tag{5.6}$$

$$M=M(x) \tag{5.7}$$

上面的函数表达式，称为平面梁的内力方程，其中第一个方程称为**剪力方程**，第二个方程称为**弯矩方程**。

剪力方程和弯矩方程分别表达了梁截面上的剪力和弯矩随截面位置变化的规律。

更直观表示剪力和弯矩随梁截面位置的不同而变化情况的图形，分别称为**剪力图**和**弯矩图**。剪力图与弯矩图的绘制方法与轴力图大体相似。剪力图中一般把正剪力画在 x 轴的上方。负剪力画在 x 轴的下方。需要特别注意的是，土木工程中习惯把弯矩画在梁受拉的一侧，即正弯矩画在 x 轴的下方，负弯矩画在 x 轴的上方。

下面通过例题来说明根据内力方程绘制梁的剪力图和弯矩图的方法。

例 5.8 图 5.19（a）所示的悬臂梁 AB，自由端受力 $\boldsymbol{F}$ 的作用。试作剪力图和弯矩图。

解 （1）列剪力方程和弯矩方程。

设梁左端为坐标原点，在距梁的原点 x 处取一截面，写出该截面的剪力值和弯矩值，即为剪力方程和弯矩方程

$$F_Q(x)=-F \quad 0\leqslant x\leqslant l$$

$$M(x)=-Fx \quad 0\leqslant x\leqslant l$$

（2）作剪力图和弯矩图。

$F_Q(x)$ 为一常数，所以函数图形为水平直线，如图 5.19（b）所示。

$M(x)$ 为一次函数，图形为直线，取两点：

当 $x=0$ 时，$M_A=0$

当 $x=l$ 时，$M_B=-Fl$

连接 AB 两点的弯矩值得 M 图，如图 5.19（c）所示。

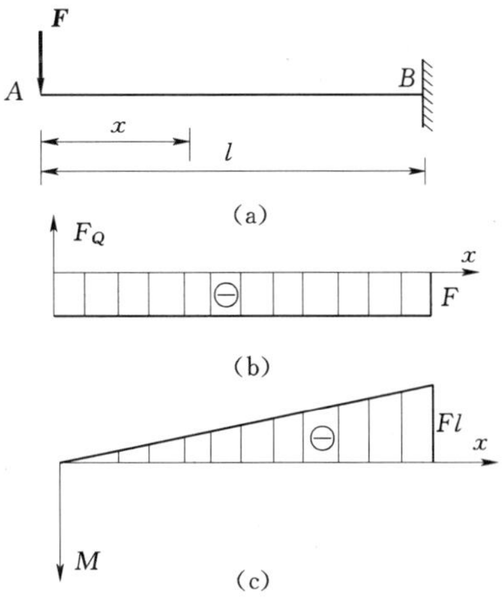

图 5.19

例 5.9 简支梁受均布荷载作用，如图 5.20（a）所示。试作梁的剪力图和弯矩图。

解 （1）求支座反力。

由梁的对称性可得

$$F_A=F_B=\frac{1}{2}ql$$

（2）列剪力方程和弯矩方程。

取梁左端 A 距离为 x 处的截面，写出该截面的剪力值和弯矩值。

$$F_Q(x)=\frac{1}{2}ql-qx \quad 0<x<l$$

$$M(x)=\frac{1}{2}ql(l-x)-\frac{1}{2}q(l-x)^2 \quad 0\leqslant x\leqslant l$$

（3）作剪力图和弯矩图。

剪力方程为一次函数，取两点作图可得剪力图，如图 5.20（b）所示。

当 $x=0$ 时，$F_{QA}=\frac{1}{2}ql$

当 $x=l$ 时，$F_{QB}=\frac{1}{2}ql$

弯矩方程为二次抛物线，至少选 3 点，即 A、B 和跨中 C 点。

当 $x=0$ 时，$M_A=0$

当 $x=l$ 时，$M_B=0$

当 $x=\frac{l}{2}$时，$M_B=\frac{ql^2}{8}$

将 3 点用一条光滑曲线连成一抛物线，即得梁的弯矩图，如图 5.20（b）所示。

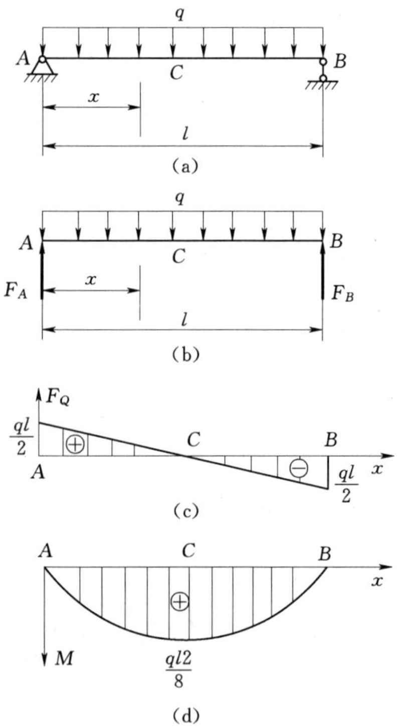

图 5.20

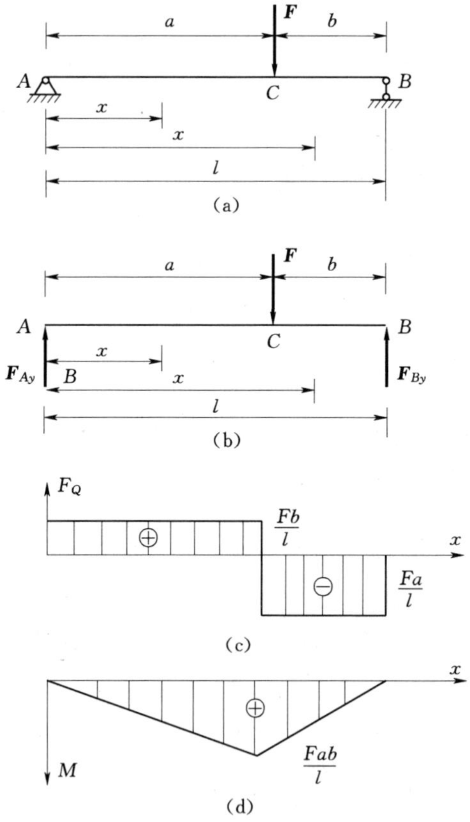

图 5.21

例 5.10　简支梁 AB 在 C 处受一集中力 $\boldsymbol{F}$ 作用，如图 5.21（a）所示。试作剪力图和弯矩图。

解　（1）求支座反力。

$$\sum M_B=0, -F_{Ay}\cdot l+F\cdot b=0$$

$$F_{Ay}=\frac{Fb}{l}$$

$$\sum M_A=0, -F \cdot a+F_{By} \cdot l=0$$

$$F_{By}=\frac{Fa}{l}$$

（2）列剪力方程和弯矩方程。

由于集中力 F 的作用，整个 AB 梁段的内力不能用一个方程表达，应分为 AC 段和 CB 段分段列内力方程。

AC 段：取距离原点 A 处为 x 的任意截面。

$$F_Q(x)=F_{Ay}=\frac{Fb}{l} \quad 0<x<a$$

$$M(x)=F_{Ay} \cdot x=\frac{Fb}{l} \cdot x \quad 0<x<a$$

AC 段剪力为一水平线，弯矩为一条斜直线。

当 $x=0$ 时，$M_A=0$

当 $x=a$ 时，$M_C=\frac{Fab}{l}$

CB 段：取距原点 A 处为 x 的任意截面。

$$F_Q(x)=-\frac{Fa}{l} \quad a<x<l$$

$$M(x2)=M(x)=\frac{Fa}{l}(l-x) \quad a\leqslant x\leqslant l$$

CB 段剪力仍为一水平直线，弯矩图为一斜直线。

当 $x=a$ 时，$M_C=\frac{Fa}{l}(l-a)=\frac{Fab}{l}$

当 $x=l$ 时，$M_C=\frac{Fa}{l}(l-l)=0$

最后所得梁的剪力图和弯矩图如图 5.21（b）、（c）所示。

2. 弯矩、剪力和分布荷载间的微分关系

弯矩、剪力和分布荷载集度之间存在微分关系。利用这些关系可以简捷地作出梁的剪力图和弯矩图。

图 5.22（a）所示梁上作用有任意分布载荷 $q(x)$，$q(x)$ 向下为正。任取一微段 dx 来研究，如图 5.22（b）所示。微段左侧的剪力为 $F_Q(x)$、弯矩为 $M(x)$；微段右侧剪力和弯矩较左侧均有一个微小的增量：剪力为 $F_Q(x)+dF_Q(x)$；弯矩为 $M(x)+dM(x)$。

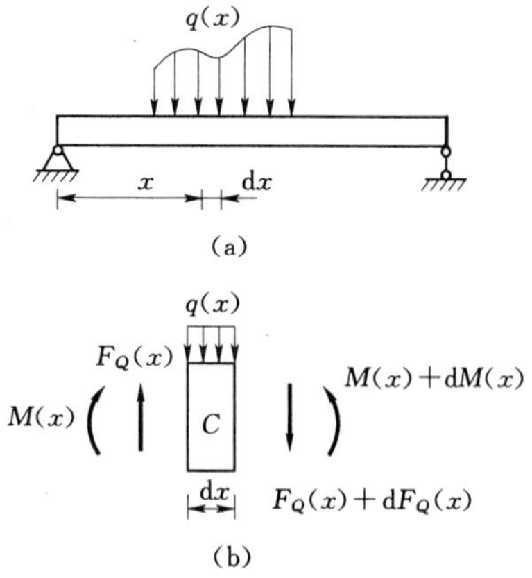

图 5.22

由于 dx 很小，微段上的 $q(x)$ 可认为是均布的。

由平衡条件

$$\sum F_y=0, F_Q(x)-q(x) \cdot dx-[F_Q(x)+dF_Q(x)]=0$$

得

$$\frac{dF_Q(x)}{dx}=-q(x) \tag{5.8}$$

$$\sum M_C=0$$

$$-M(x)+M(x)+dM(x)-F_Q(x)\cdot dx+q(x)\cdot dx\cdot\frac{dx}{2}=0$$

略去高阶微量$\frac{(dx)^2}{2}$项，得

$$\frac{dM(x)}{dx}=F_Q(x) \tag{5.9}$$

将式（5.9）代入式（5.8）中，得

$$\frac{d^2M(x)}{dx^2}=-q(x) \tag{5.10}$$

式（5.8）、式（5.9）、式（5.10）表达了弯矩、剪力和荷载集度之间的微分关系，具体如下：

（1）剪力对 x 的一阶导数等于荷载集度的负值；弯矩对 x 的一阶导数等于剪力；弯矩对 x 的二阶导数等于荷载集度的负值。

（2）根据这一微分关系，可得出梁的剪力图和弯矩图规律如下：在无载荷作用的一段梁上，该梁段内各横截面上的剪力 $F_Q(x)$ 为常数，则剪力图为一条水平直线；弯矩图为一斜直线，且斜直线的斜率等于该梁段上的剪力。

（3）在均布载荷作用的一段梁上，$q(x)$ 为常数，且 $q(x)\neq0$。剪力图必然是一斜直线；弯矩图是二次抛物线。若某截面上的剪力 $F_Q(x)=0$，则该截面上的弯矩为极值。

（4）在集中力作用处的左、右两侧截面上剪力图有突变，突变值等于集中力的值；两侧截面上的弯矩值相等，但由于两侧的剪力值不同，所以弯矩图在集中力作用处两侧的斜率不相同，弯矩图曲线发生转折，出现尖角，尖角的指向与集中力的指向相同。

（5）集中力偶作用的左、右两侧截面上，剪力相等；弯矩发生突变，突变值等于集中力偶的数值。

利用上述规律绘制梁的内力图的主要步骤如下：

1）正确求解支座反力。

2）根据荷载及约束力的作用位置确定控制截面。

3）应用截面法确定控制截面上的剪力和弯矩数值。

4）应用平衡微分方程确定各段控制截面之间的剪力图和弯矩图的形状，进而画出剪力图与弯矩图。

例 5.11 利用微分关系，作图 5.23（a）所示梁的剪力图和弯矩图。

解 （1）求梁的支座反力，得

$$F_{Ay}=3\text{kN},F_{By}=15\text{kN}$$

（2）作剪力图。该梁可分 AC、CB 和 BD 段。各段均无荷载，可求出各段代表截面的剪力，即

$$F_{QC}^{L}=F_{Ay}=3\text{kN}$$

$$F_{QC}^{R}=F_{Ay}-12\text{kN}=-9\text{kN}$$

$$F_{QB}^{R}=6\text{kN}$$

绘出各段的剪力图如图 5.23（c）所示。

从上面的计算得到的剪力图可以看出。在集中力作用处（B、C 两截面处）剪力要发生突变，突变值等于该集中力的值。

（3）绘制弯矩图。

AC 段为斜直线，$M_A=0$，$M_C^L=F_{Ay}\cdot 1\text{m}=3\text{kN}\cdot\text{m}$

CB 段为斜直线，$M_C^R=F_{Ay}\times 1\text{m}=3\text{kN}\cdot\text{m}$，$M_B^L=-6\text{kN}\cdot 1\text{m}=-6\text{kN}\cdot\text{m}$

BD 段为斜直线，$M_B^R=-6\text{kN}\cdot\text{m}$，$M_D=0$

绘出各段的弯矩图如图 5.23（d）所示。从上例计算可以看出，集中力作用处左、右两侧截面的弯矩相等，但弯矩图要发生转折。

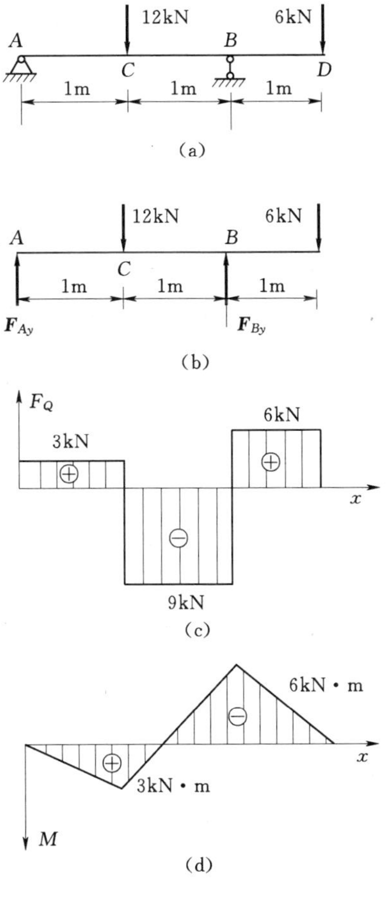

图 5.23

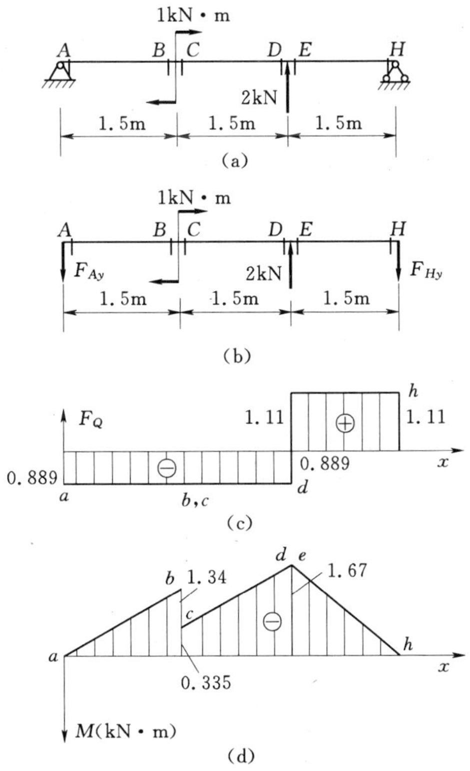

图 5.24

例 5.12 简支梁受力如图 5.24（a）所示。试画出其剪力图和弯矩图，并确定二者绝对值的最大值 $|Q_F|_{\max}$和$|M|_{\max}$。

解 （1）确定支座处的约束力，由整体平衡方程$\sum M_A(F_i)=0Z$ 及$\sum F_i=0$ 可求得

$$F_{Ay}=0.89\text{kN},F_{Hy}=1.11\text{kN}$$

（2）选择控制截面，并确定其上的剪力和弯矩值。

在集中力和集中力偶作用处的两侧截面，以及支座约束力内侧截面均为控制面，即图

5.24（b）所示 A、B、C、D、E、H 各截面均为控制截面。应用截面法和平衡方程，求得这些控制截面上的剪力和弯矩值分别为

A 截面：$F_Q=-0.89\text{kN}$，$M=0\text{kN}\cdot\text{m}$

B 截面：$F_Q=-0.89\text{kN}$，$M=-1.335\text{kN}\cdot\text{m}$

C 截面：$F_Q=-0.89\text{kN}$，$M=-0.335\text{kN}\cdot\text{m}$

D 截面：$F_Q=-0.89\text{kN}$，$M=-1.665\text{kN}\cdot\text{m}$

E 截面：$F_Q=1.11\text{kN}$，$M=-1.665\text{kN}\cdot\text{m}$

HF 截面：$F_Q=1.11\text{kN}$，$M=0\text{kN}\cdot\text{m}$

（3）作剪力图和弯矩图。

因为梁上没有分布载荷作用，所以 AB、CD、EF 各段 $F_Q(x)$ 图形均为水平直线；$M(x)$ 图形均为斜直线。由各控制截面的内力可得到梁的剪力图与弯矩图如图 5.24（b）、（d）所示。

从图中不难得到剪力与弯矩的绝对值的最大值分别为

$$|F_Q|_{\max}=1.11\text{kN}$$

$$|M|_{\max}=1.665\text{kN}\cdot\text{m}$$

从图中不难看出 AB 段与 CD 段的剪力相等，因而这两段内的弯矩图具有相同的斜率。

此外，在集中力作用点两侧截面上的剪力是不相等的，而在集中力偶作用处两侧截面上的弯矩也是不相等的（但剪力相等），其差值分别为集中力与集中力偶的数值。可以证明，这是维持 DE 小段和 BC 小段梁的平衡所必需的。

例 5.13 外伸梁受力如图 5.25（a）所示。试画出其剪力图与弯矩图，并确定 $|F_Q|$ 和 $|M|$ 值。

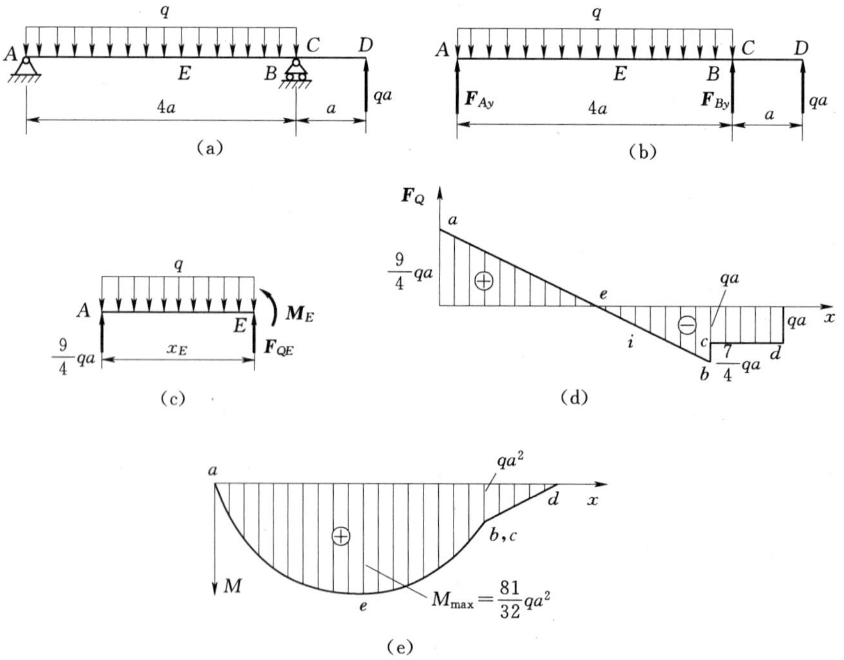

图 5.25

解 (1)根据梁的整体平衡,确定支座约束力为

$$F_{Ay}=\frac{9}{4}qa, F_{By}=\frac{3}{4}qa$$

(2)确定控制截面及控制截面上的 F_Q、M 值。

由于 AB 段上作用有连续分布载荷,故 A、B 两个截面为控制面,约束力 F_{By} 右侧的 C 截面以及集中力左侧的 D 截面也都是控制面。应用截面法和平衡方程求得 A、B、C、D 4 个控制面上的 F_Q、M 数值分别为

A 截面:$F_Q=\frac{9}{4}qa$,$M=0$

B 截面:$F_Q=-\frac{7}{4}qa$,$M=qa^2$

C 截面:$F_Q=-qa$,$M=qa^2$

D 截面:$F_Q=-qa$,$M=0$

分别得到相应的 a、b、c、d 各点,如图 5.25(c)、(d)所示。

(3)根据平衡微分方程连图线。

对于剪力图:在 AB 段,因有均布载荷作用,剪力图为一斜直线,于是连接 a、b 两点,即得这一段的剪力图;在 CD 段,因无分布载荷作用,故剪力图为平行于 x 轴的直线,由连接 c、d 两点而得,或者由其中任一点作平行于 x 轴的直线而得。

对于弯矩图:在 AB 段,因为有均布载荷作用,图形为二次抛物线。又因为 q 向下为负,故弯矩图为凸向 M 坐标正方向的曲线。这样,AB 段内弯矩图的形状便大致确定。为了确定曲线的位置,除 AB 段上两个控制面上弯矩数值外,还需确定在这一段内二次抛物线有无极值点以及极值点的位置和弯矩数值。从剪力图上可以看出,在 e 点剪力为零。根据$\frac{\mathrm{d}M(x)}{\mathrm{d}x}=F(x)$,弯矩图在 e 点有极值点。利用 $F_Q=0$ 这一条件,可以确定极值 e 点的位置。

为了确定 M_E 的数值,由图 5.25(b)所示隔离体的平衡方程$\sum M_C=0$,由此解得

$$M_E=\frac{81}{32}qa^2$$

得到 e 点值,根据 a、b、c 3 点以及图形为下凸曲线,并在 e 点取极值,即可画出 AB 段的弯矩图。在 CD 段因无分布载荷作用,故弯矩图为一斜直线,它由 c、d 两点直接连得。从图中可以看出,在右边支座处,由于约束力的作用,该处剪力图有突变(支座两侧截面剪力不等)。弯矩图在该处出现折角(曲线段在该处的切线斜率不等于斜直线的斜率)。

例 5.14 图 5.26(a)所示为等截面直梁,在 B、C 两处分别为固定铰支座和辊轴支座,梁在 AB 和 BC 段分别承受向上和向下的均匀分布载荷作用,其集度均为 q。试画出梁的剪力图和弯矩图。

解 (1)确定 B、C 两处的约束力。

根据整体平衡的要求,由$\sum M_B=0$,$\sum M_C=0$,求得

$$F_{Cy}=ql, F_{By}=ql$$

（2）确定控制截面及控制截面上的剪力值和弯矩值。

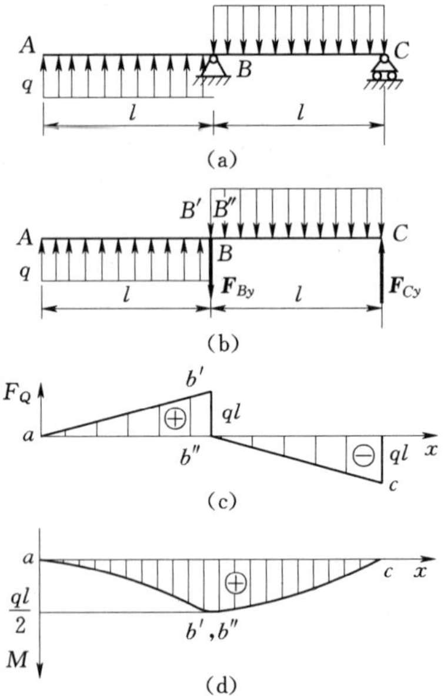

图 5.26

在 B、C 两处均有集中力作用，A 处为分布荷载作用的起点，所以在 A 右侧、B 处两侧、C 左侧的 4 个截面（图中虚线所示）均为控制面。

采用假想截面分别从图 5.26（a）中的 A、B'、B''、C 处将梁截为两部分，考察左边或右边部分平衡，即可求得各控制面上的剪力和弯矩为

A 截面：$F_Q=0$，　$M(A)=0$

B'截面：$F_Q=ql$，　$M=\dfrac{1}{2}ql^2$

B''截面：$F_Q=0$，　$M=\dfrac{1}{2}ql^2$

C 截面：$F_Q=-ql$，　$M=0$

上述数值，得到 a、b'、b''、c 4 点。然后，利用平衡微分方程，判断控制面之间剪力和弯矩变化图线的大致形状。

$A\sim B'$之间：因为 q 向上，可见 F_Q 按直线变化，但斜率为正；M_z 按二次抛物线变化，且为凹向 M_z 坐标正方向的二次抛物线；同时，根据 A 处剪力为零，由$\dfrac{\mathrm{d}M(x)}{\mathrm{d}x}=F(x)$，可以判断二次抛物线的极值点在点 a 处。据此，即可绘制出 AB'段上的剪力图和弯矩图。

$B''\sim C$ 之间：因为 q 向下，由此可见，F_Q 按直线变化，但斜率为负；M_z 按二次抛物线变化，且为凸向 M_z 坐标正方向的二次抛物线；又因为截面 B''上剪力为零，故点 b''（与 b'重合）为 $B''C$ 段弯矩抛物线的极值点。据此，即可给制 $B''C$ 段的剪力图和弯矩图。可以看出，绝对值最大的剪力发生在截面 B'和 C 上，其绝对值均为 ql；绝对值最大的弯矩发生在 B 截面处，其值为$\dfrac{1}{2}ql^2$。

3. 叠加法作弯矩图

结构或构件在小变形的情况下，由多个外力所引起的某一参数（支座反力、内力、应力、变形等）等于每个外力单独作用时所引起的该参数的叠加。这个结论称为**叠加原理**。应该注意，叠加原理只有在参数与外力呈线性关系时才成立。由前面的例子可以看出，梁在外力作用下（小变形情况）所产生的内力满足这一关系，所以梁在多个外力作用下所引起的内力可以利用叠加原理来求。对某些梁段，用叠加原理来绘制弯矩图是比较简捷的。下面举例说明。

例 5.15　用叠加法绘制图 5.27 所示梁的弯矩图。

解　先分别作出在 M_O 单独作用下梁的弯矩图［图 5.27（b）］和在均布荷载 q 作用下的弯矩图［图 5.27（c）］。再将图 5.27（b）、（c）中各点的弯矩值叠加，实际做法是只将控制点处的弯矩值叠加：A 处，在图 5.27（b）中为 M_O 在图 5.27（c）中为零，叠加的结果为 M_O；B 处，图 5.27（b）、（c）两图该处均为零，叠加的结果也为零；C 处，在图

5.27（b）中为$\frac{M_O}{2}$，在图5.27（c）中为$\frac{ql^2}{8}$，叠加的结果为$\frac{M_O}{2}+\frac{ql^2}{8}$；图5.27（b）是线性图形，图5.27（c）为二次曲线，叠加的结果也应为二次曲线，如图5.27（a）所示。实际做法可先作线性图形。以线性图形中的ef为基线，作图5.27（c）的弯矩图即可。

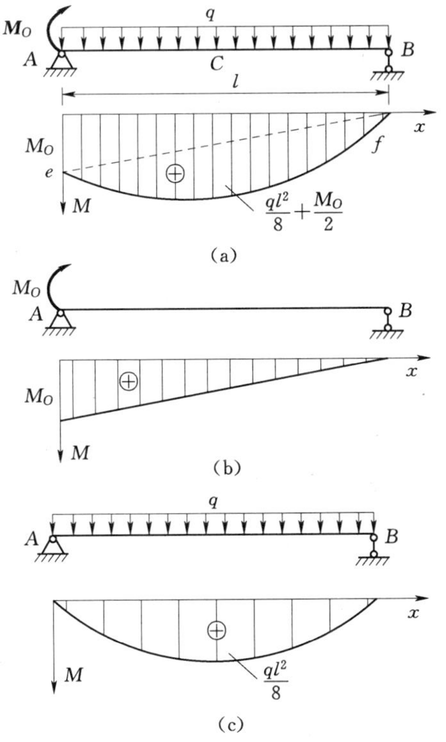

图5.27

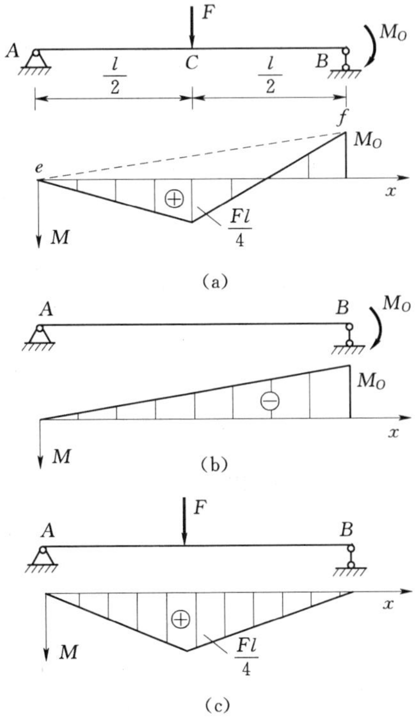

图5.28

例5.16 用叠加法作图5.28所示简支梁的弯矩图。

解 在M_O和F单独作用下梁的弯矩图如图5.28（b）、（c）所示。先作单独在M_O作用下的弯矩图。以该弯矩图中ef为基线，叠加上在F作用下的弯矩。其中图5.28（b）是负弯矩，在上方；图5.28（c）是正弯矩，在下方。叠加后，重叠的部分正负抵消。叠加后的弯矩图如图5.28（a）所示。

5.8 一般力系作用下杆件的内力计算

上节介绍了杆件在特殊力系作用下，发生基本变形情况下相应杆件横截面内力的求解。但在工程实际中也有很多构件常常是在一般力系作用下处于平衡状态，杆件内部产生的变形也是几种基本变形组合的结果，杆件横截面上的内力分量比较多，必须在空间坐标系中用截面法确定全部的内力分量，分别作内力（分量）图。

下面举例说明一般力系作用下杆件内力的计算方法

例5.17 图5.29（a）所示为平面构件，在其纵向对称面内有横向力$\boldsymbol{F}_1$和轴向拉力

F_2 共同作用。试分析此构件的内力。

解 (1) 取构件轴线为 x 轴，在该构件纵向对称面内取另一轴，去掉 A、B 点处的约束，求出约束反力 $F_{Ay}=\frac{F_1}{2}$，$F_{By}=\frac{F_1}{2}$，方向如图 5.29（b）所示。可见，作用于平面构件上的外力和约束力构成的力系是一平面任意力系。

(2) 如图 5.29（c）所示，用截面法求出横截面上内力方程，即

$$F_N(x)=F_2 \quad 0\leqslant x\leqslant 2a$$

$$F_Q(x)=0.5F_1 \quad 0\leqslant x<a$$

$$F_Q(x)=-0.5F_1 \quad a<x\leqslant 2a$$

$$M(x)=0.5xF_1 \quad 0\leqslant x<a$$

$$M(x)=F_1a-0.5xF_1 \quad a<x\leqslant 2a$$

(3) 利用内力方程画出内力图如图 5.29（d）、(e)、(f) 所示。

此构件横截面上的内力有 3 种，即轴力、弯矩及剪力，故此构件在图示力系作用下可以看成是轴向拉伸和受弯的组合受力构件。

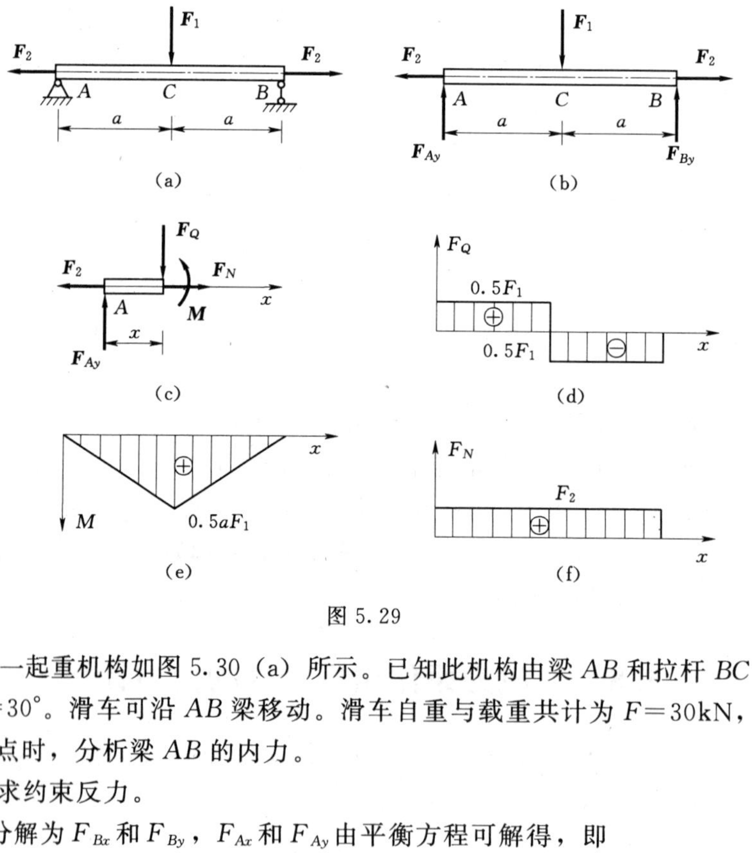

图 5.29

例 5.18 一起重机构如图 5.30（a）所示。已知此机构由梁 AB 和拉杆 BC 组成，$AB=3\text{m}$，$\angle ABC=30°$。滑车可沿 AB 梁移动。滑车自重与载重共计为 $F=30\text{kN}$，当滑车移动到梁 AB 的中点时，分析梁 AB 的内力。

解 (1) 求约束反力。

将力 F_B 分解为 F_{Bx} 和 F_{By}，F_{Ax} 和 F_{Ay} 由平衡方程可解得，即

$$F_{Ay}=F_{By}=\frac{F}{2}=15\text{kN}$$

$$F_{Ax}=F_{Bx}=F_{By}\cot\alpha=\frac{F}{2}\cot 30°=\frac{30}{2}\times\sqrt{3}=25.981\ (\text{kN})$$

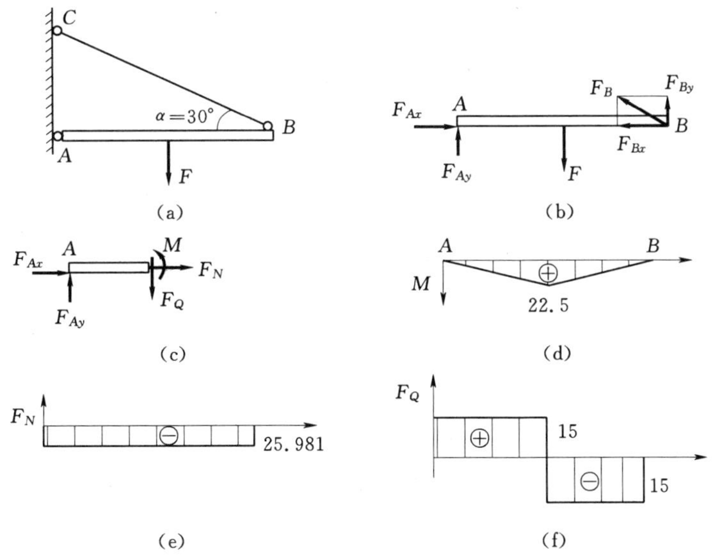

图 5.30

(2) 如图 5.30 (c) 所示，用截面法求出横截面上内力方程，即

$$F_N(x)=-25.981\text{kN}\quad 0\leqslant x\leqslant 3$$

$$F_Q(x)=15\text{kN}\quad 0\leqslant x<1.5$$

$$F_Q(x)=-15\text{kN}\quad 1.5<x\leqslant 3$$

$$M(x)=15x\quad 0\leqslant x<1.5$$

$$M(x)=30(x-1.5)-15x\quad 1.5<x\leqslant 3$$

(3) 利用内力方程画出内力图如图 5.29 (d)、(e)、(f) 所示。

此构件横截面上的内力有 3 种，即轴力、弯矩及剪力，故此构件在图示力系作用下可以看成是轴向压缩和受弯的组合受力构件。

例 5.19 图 5.31 (a) 所示为一等截面圆直杆 AB，A 端固定，B 端连接有与 AB 成直角的刚性直杆，并承受铅垂力 $\boldsymbol{F}$ 作用，试分析直杆 AB 的内力。

解 (1) 分析作用在 AB 杆上的外力。

将作用于 C 点的力 $\boldsymbol{F}$ 向 AB 杆右端形心 B 点简化，简化后的静力等效为一作用于 B 点的横向力 $\boldsymbol{F}$ 和作用于杆端截面内的力偶矩 ($M=-Fl_2$)。

(2) 取 AB 杆轴线为 x 轴，A 点为原点，力 $\boldsymbol{F}$ 作用线方向为 z 轴方向，建立图示坐标系。解除 A 端约束，求出约束反力，如图 5.31 (c) 所示，约束反力为 $F_{Az}=F$、$M_{Ax}=-M$、$M_{Ay}=-Fl_1$，方向如图 5.31 所示。可见，作用于杆 AB 的外力和约束力构成的力系是一空间力系。

(3) 如图 5.31 (d) 所示，用截面法求出横截面上内力方程，即

$$F_z(x)=F_{Az}\quad 0<x<l_1$$

$$M_x(x)=M_{Ax}\quad 0<x<l_1$$

$$M_y(x)=-M_{Ay}+xF_{Az}\quad 0<x<l_1$$

其余内力分量都为零。

(4) 利用内力方程画出内力图如图 5.31 (e)、(f)、(g) 所示，杆 AB 的横截面上的内力有扭矩、剪力、弯矩，该构件是弯扭组合受力构件。

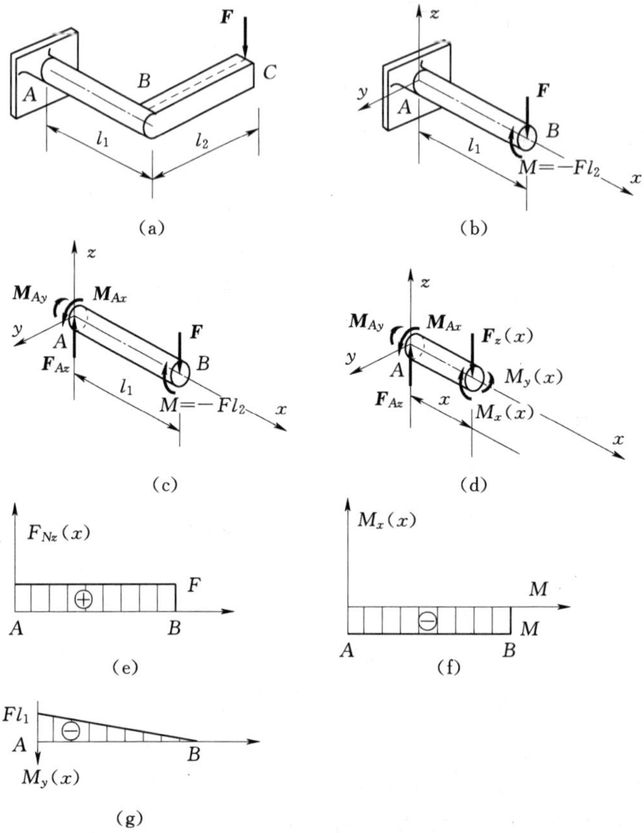

图 5.31

例 5.20 分析图 5.32 (a) 所示矩形截面悬臂梁的内力。

解：解法一：在距固定端为 x 的横截面上，截面法求出横截面上内力方程为

$$M_z=F_y(l-x)=F(l-x)\cos\varphi \quad 0\leqslant x\leqslant l$$

$$M_y=F_z(l-x)=F(l-x)\sin\varphi \quad 0\leqslant x\leqslant l$$

$$F_{Qy}=F_y=F\cos\varphi \quad 0\leqslant x\leqslant l$$

$$F_{Qz}=F_z=F\sin\varphi \quad 0\leqslant x\leqslant l$$

解法二：已知 $\boldsymbol{F}$ 力作用在梁自由端截面的形心，并与截面竖向对称轴夹 φ 角。将 $\boldsymbol{F}$ 力沿截面两对称轴分解，得

$$F_y=F\cos\varphi, F_z=F\sin\varphi$$

杆件分别在 F_y 和 F_z 单独作用下，将分别在 xy 平面和 xz 平面内产生平面弯曲。由此可见，杆件是两个相互正交的平面弯曲梁的组合，故称为斜弯曲梁。

在距固定端为 x 的横截面上，由 F_y 和 F_z 引起的弯矩和剪力为

$$M_z=F_y(l-x)=F(l-x)\cos\varphi \quad 0\leqslant x\leqslant l$$
$$M_y=F_z(l-x)=F(l-x)\sin\varphi \quad 0\leqslant x\leqslant l$$
$$F_{Qy}=F_y=F\cos\varphi \quad 0\leqslant x\leqslant l$$
$$F_{Qz}=F_z=F\sin\varphi \quad 0\leqslant x\leqslant l$$

可见，同解法一所得结果。利用以上内力方程画出内力图如图 5.32（c）～（f）所示。

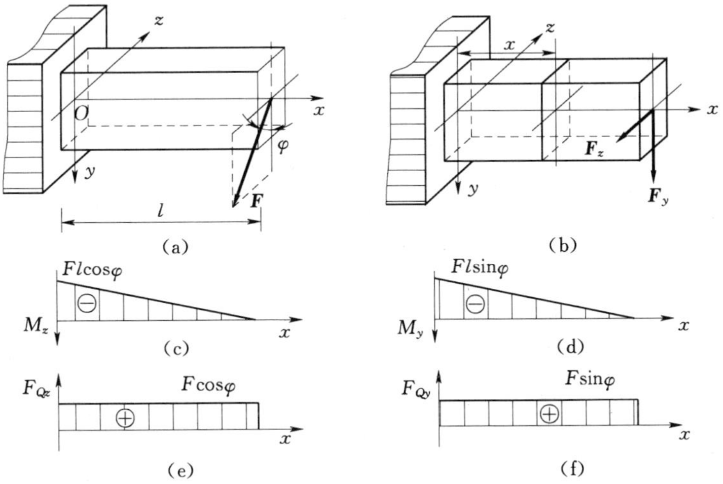

图 5.32

例 5.21 分析图 5.33（a）所示下端固定的矩形截面偏心受压柱的内力。

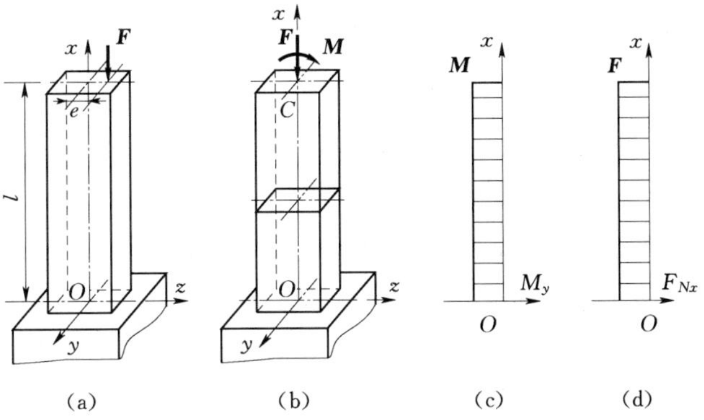

图 5.33

解 由于力 $\boldsymbol{F}$ 没有作用于杆件轴线上，将 $\boldsymbol{F}$ 力向 C 点简化，得到通过杆轴线的压力 $\boldsymbol{F}$ 和作用在 xz 平面的力偶矩 $\boldsymbol{M}=\boldsymbol{F}e$。

在距固定端为 x 的横截面上，由 $\boldsymbol{F}$ 和 $\boldsymbol{M}$ 引起的弯矩和轴力为

$$F_N=-F \quad 0\leqslant x\leqslant l$$

$$M_y=M=Fe \quad 0\leqslant x\leqslant l$$

利用以上内力方程画出内力图如图 5.33（c）、（d）所示。

5.9 结论与讨论

5.9.1 基本概念

可变形固体：在外力作用下会发生形状和尺寸改变的固体。

内力：可变形固体在外力作用后其内部相邻两部分之间相互作用力的改变量。

内力主矢：截面上分布内力的主矢。

内力主矩：截面上分布内力的主矩。

内力分量：截面上内力主矢及内力主矩在直角坐标系三轴上的分量。

应力：将可变形固体在外力作用后其内部相邻两点之间相互作用力的改变量称为附加应力，简称应力。

杆件内力方程：表示杆件横截面上内力大小沿杆轴长度方向变化的表达式，分别有轴力方程、扭矩方程、剪力方程及弯矩方程。

杆件内力图：表示杆件横截面上内力大小沿杆轴长度方向变化的曲线图，分别有轴力图、扭矩图、剪力图、弯矩图。

5.9.2 基本原理

可变形固体平衡原理——若可变形固体整体在外力系作用下保持平衡，那么任意从其中截取出来部分也必定保持平衡。

5.9.3 基本方法

截面法是求变形体（本章讨论杆件）内力的基本方法，截面法求内力的步骤简述为“截、代、平”三步。

5.9.4 杆件内力的性质

内力的一些性质：其一，内力是外力的响应，变形体上没有外力也就没有内力；其二，内力的产生与可变形固体内部发生的变形有关，变形体上没有变形也就没有内力；其三，内力是变形体内部相邻两部分之间存在着相互作用力，这相邻两部分指的是变形体内部相邻的。在外力作用下，杆件发生变形，对连续均匀材料而言，相邻截面上每点处都引起力学响应，这种力学响应的集成便是截面上的内力。

对轴心拉压杆而言，杆件横截面的轴力（横截面上分布的力系的最终简化）的作用线应具有和外力系作用线在同一直线上的性质，这样的力系平衡时只有一个平衡方程。

对于受扭圆直杆而言，杆件横截面的扭矩（横截面上分布的力系的最终简化）的作用方向应具有和外力偶系作用方向相同或相反的性质。

对于平面弯曲梁而言，杆件横截面的弯矩所对应的内力偶和剪力（横截面上分布的力系的最终简化）的作用面应具有和外力系作用面重合的性质。

书中定义了杆件横截面的内力，请你考虑若将横截面换成斜截面，斜截面上的内力如何定义？

习题 5

5.1　一直杆在如习题 5.1 图所示外力作用下处于平衡，求各直杆各段横截面上轴力，并绘轴力图。

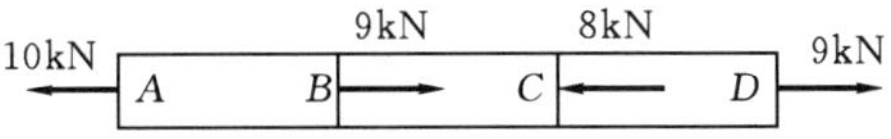

习题 5.1 图

5.2　试作出习题 5.2 图所示各杆的轴力图。

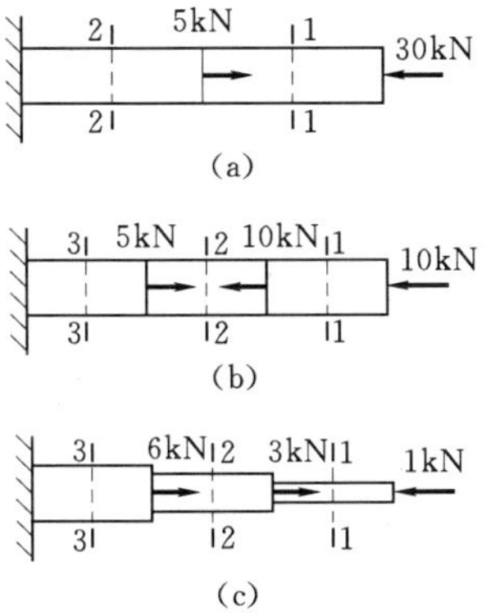

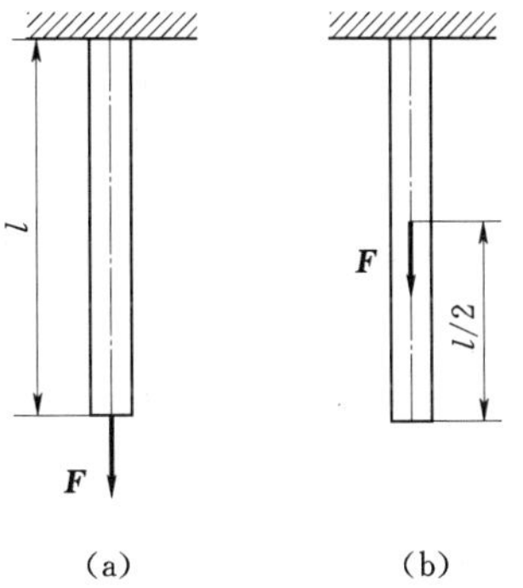

习题 5.2 图　　　　习题 5.3 图

5.3　画出习题 5.3 图所示各杆的轴力图。考虑杆的自重，横截面积为 A，密度为 ρ。

5.4　试作出习题 5.4 图所示各轴的扭矩图。

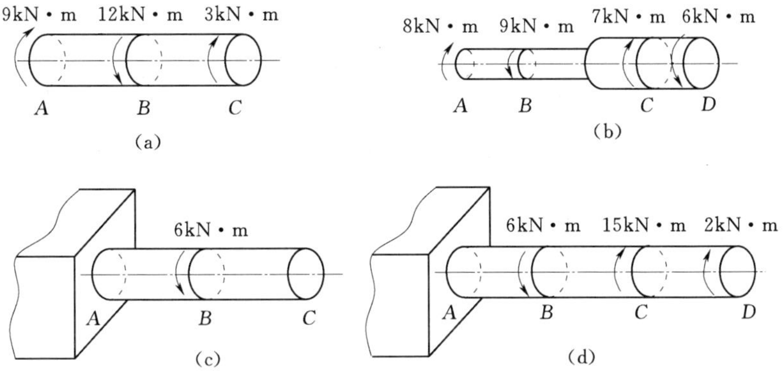

习题 5.4 图

5.5　求习题 5.5 图所示梁上指定截面的剪力和弯矩。

5.6　作习题 5.6 图所示各梁的剪力图和弯矩图。

5.7　绘制习题 5.7 图所示各梁的剪力图和弯矩图，并求各梁 $|F_Q|_{max}$ 和 $|M|_{max}$ 的值。

5.8　用微分关系绘制习题 5.8 图所示各梁的剪力图和弯矩图，并求各梁 $|F_Q|_{max}$ 和

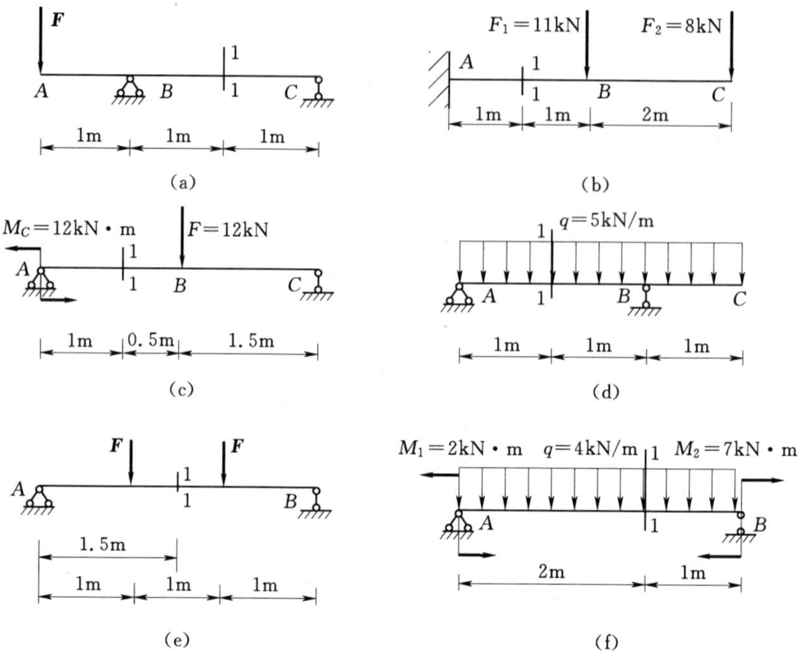

习题 5.5 图

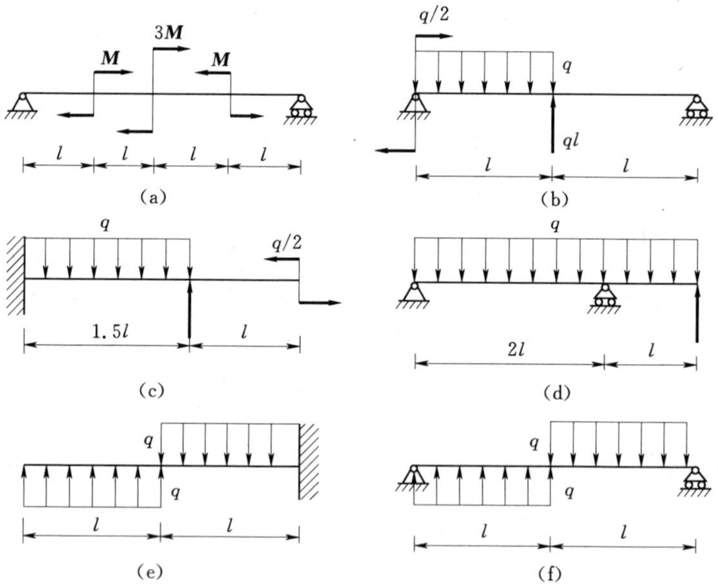

习题 5.6 图

$|M|_{max}$的值。

5.9　用叠加法作习题 5.9 图所示梁的弯矩图，并求 $|M|_{max}$及其所在截面。

5.10　空间折杆如习题 5.10 图所示，其中 $AB=a$，$BC=b$，$CD=c$，AB 和 $\boldsymbol{P}$ 的作用线均为铅垂方向，BC 水平，CD 水平且与 BC 垂直。求各段杆的内力图。

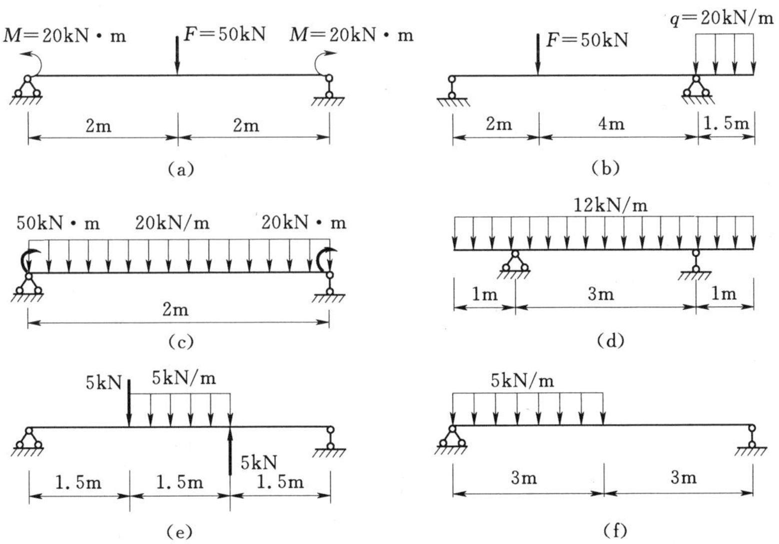
M=20kN·m
F=50kN
M=20kN·m
2m
2m
(a)
F=50kN
q=20kN/m
2m
4m
1.5m
(b)
50kN·m
20kN/m
20kN·m
2m
(c)
12kN/m
1m
3m
1m
(d)
5kN
5kN/m
5kN
1.5m
1.5m
1.5m
(e)
5kN/m
3m
3m
(f)

习题 5.7 图

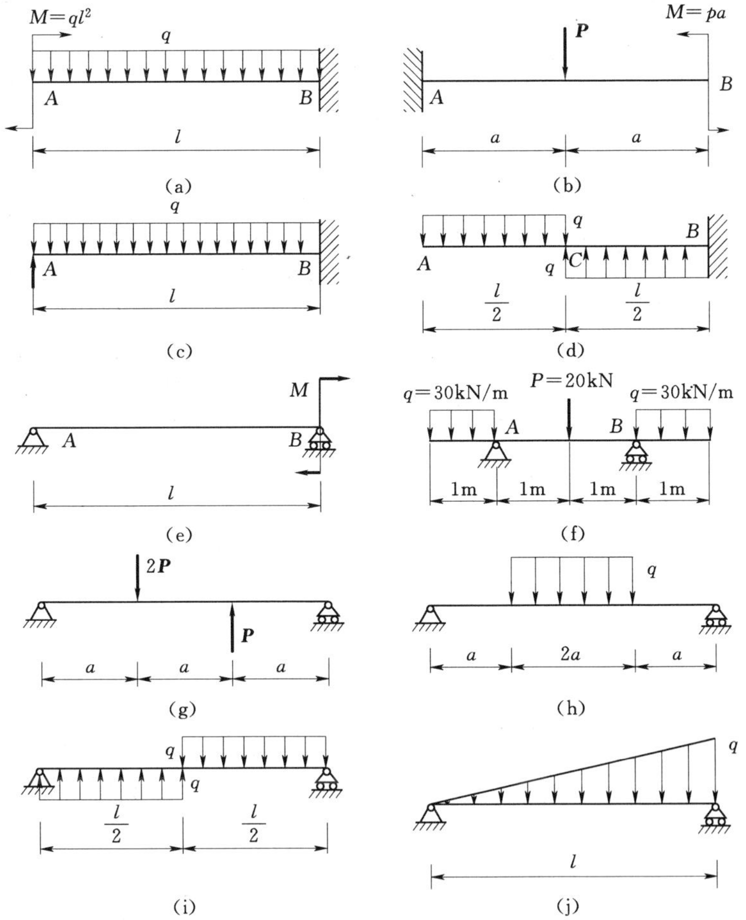
M=ql²
q
A
B
l
(a)
P
M=pa
A
B
a
a
(b)
q
A
B
l
(c)
q
B
A
q
C
l/2
l/2
(d)
M
A
B
l
(e)
q=30kN/m
P=20kN
q=30kN/m
A
B
1m
1m
1m
1m
(f)
2P
P
a
a
a
(g)
q
a
2a
a
(h)
q
q
l/2
l/2
(i)
q
l
(j)

习题 5.8 图

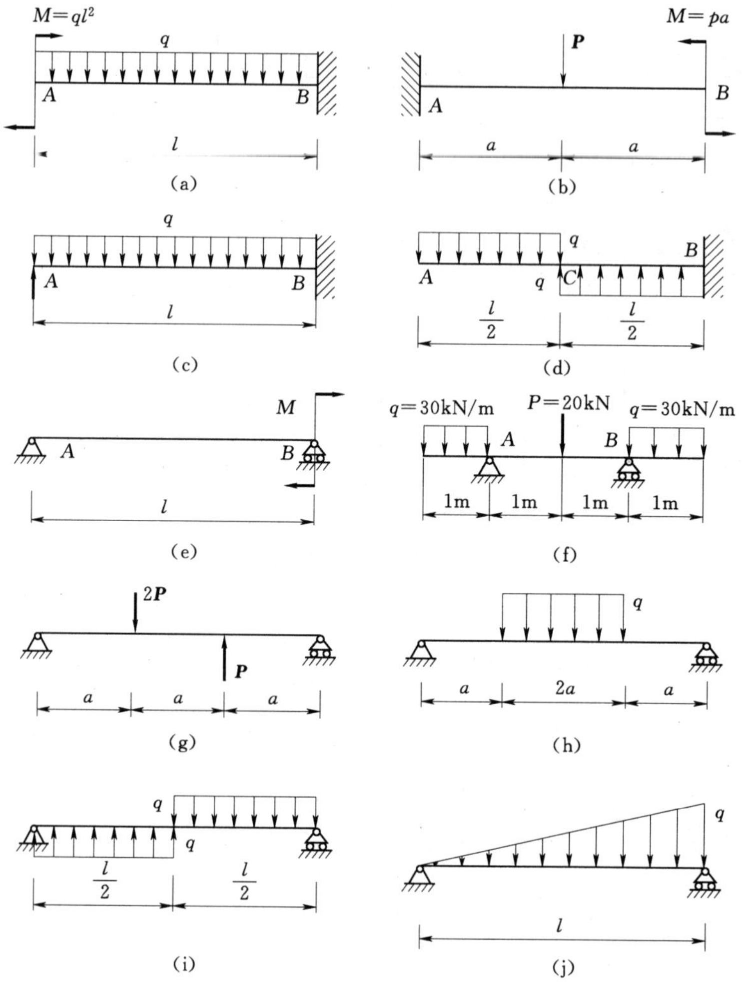

习题 5.9 图

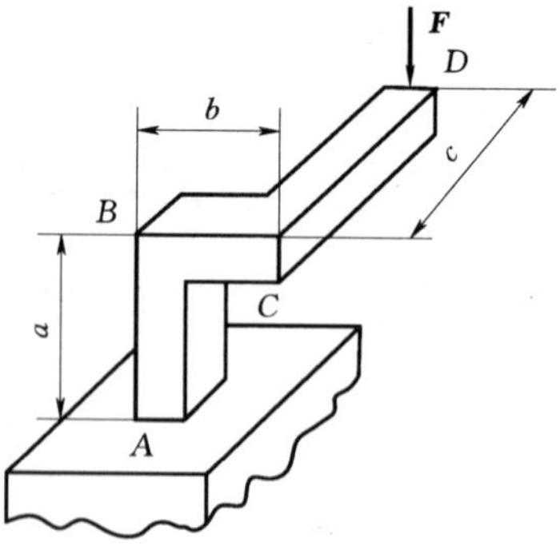

习题 5.10 图

5.11 试利用载荷集度、剪力和弯矩间的微分关系，检查和改正习题 5.11 图所示梁的内力图。

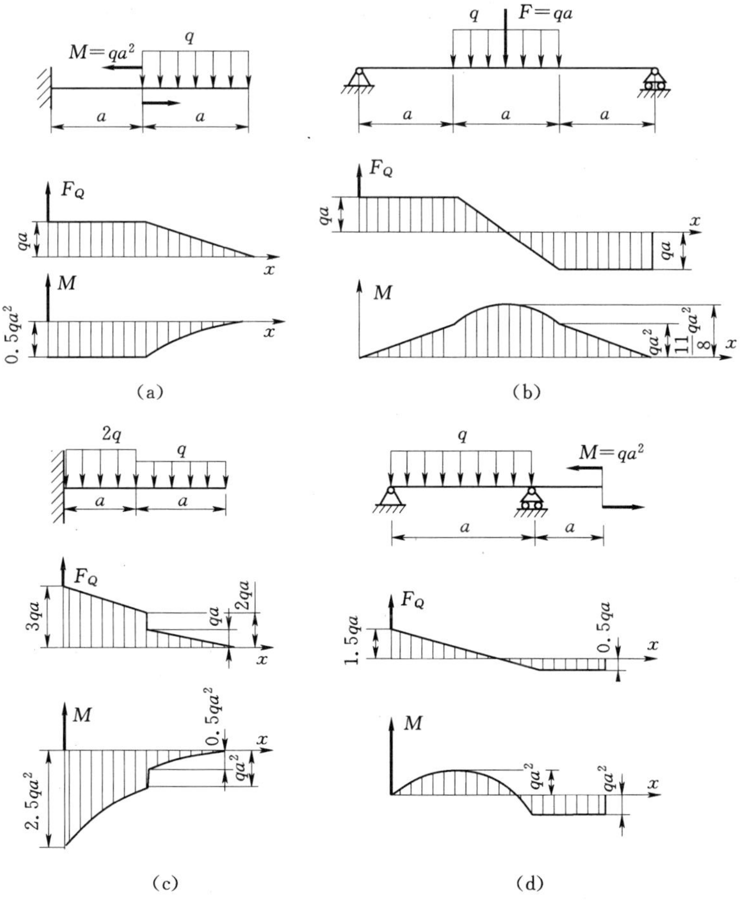
M=qa²
q
a
a
F_Q
qa
x
M
0.5qa²
(a)
q
F=qa
a
a
a
F_Q
qa
x
qa
M
qa²
11
8
x
(b)
2q
q
a
a
F_Q
3qa
qa
2qa
x
M
0.5qa²
x
qa²
2.5qa²
(c)
q
M=qa²
a
a
F_Q
1.5qa
0.5qa
x
M
qa²
qa²
x
(d)

习题 5.11 图

第 6 章　应力与应变基本概念

学习提示

本章主要介绍应力、应变的概念。本章是第 8 章杆件应力分析的基础。

学习要求

通过学习，深刻理解正应力与切应力、正应变与切应变的基本概念，掌握单元体的概念，掌握单元体上应力的特点以及单元体变形的特点；了解轴向拉压等截面直杆横截面上的平均正应力与轴向平均正应变的计算，了解受扭薄壁圆筒横截面上的平均切应力与平均切应变的计算，了解圣维南局部影响原理。

6.1　应力、正应力、切应力

6.1.1　应力、正应力及切应力的概念

通过第 5 章的分析，了解了内力、内力分量的概念，并且明白内力主矢、主矩是横截面的分布内力系（或其他内力系）向一点简化的结果，应用平衡原理可以确定静定问题中杆件横截面上的内力分量，也就确定了内力主矢、主矩。

确定了内力主矢、主矩并不能唯一地确定横截面上内力的分布规律和任意一点处内力的大小。这是因为，作用于同一横截面具有不同内力集度，分布内力在同一点简化的结果有可能相等。

一般情形下，分布内力在各点的大小不相等，构件的强度破坏往往是从内力集度最大的点开始的。为了正确计算构件的强度并进行强度设计，需要掌握内力在横截面的分布规律及计算内力在任一点的大小。故而引入应力的概念。

如图 6.1 (a)、(b) 所示，在受力后处于平衡的变形固体的截面 C 上 E 点处取一微面积 ΔA，假定是连续均匀、各向同性的弹性受力材料（微面积 ΔA 的尺度在宏观上应足够小，在微观上不可忽略，在这个尺度上，根据前面假设材料是均匀连续的，认为微面积 ΔA 上只作用着均匀分布的内力，没有力偶）。ΔA 上作用的分布内力的合力为 $\Delta \boldsymbol{F}_R$，称 $\dfrac{\Delta \boldsymbol{F}_R}{\Delta A}$为此微面积上的平均应力。

当所取的微面积 ΔA 趋于无穷小时（即一个点），$\dfrac{\Delta \boldsymbol{F}_R}{\Delta A}$趋于一极限值，即

$$\boldsymbol{p}_n=\lim_{\Delta A\to 0}\frac{\Delta F_R}{\Delta A} \tag{6.1}$$

式中，$\boldsymbol{p}_n$ 为截面 C 上 E 点处的**应力**，它是截面 C 上分布内力在点 E 的集度，反映截面 C 上 E 点处内力的大小、方向；$\boldsymbol{p}$ 右下角的 n 表示微面积 ΔA 的外法线方向，用以表示应力作用面的方位，如图 6.1（c）所示。可见，应力 $\boldsymbol{p}_n$ 不仅与 E 点的位置有关，而且与过 E 点的截面的取向有关。

$\boldsymbol{p}_n$ 为矢量，其方向一般既不与截面垂直，也不与截面相切，如图 6.1（d）所示，通常可以将其分解为垂直于截面的法向分量 σ 和与截面相切的切向分量 τ。法向分量 σ 称为截面 C 上 E 点处的**正应力**，切向分量 τ 称为截面 C 上 E 点处的**切应力**。

取 x 轴垂直于截面，建立坐标系如图 6.1（e）所示，将 $\boldsymbol{p}_n$ 投影到三坐标轴上，如图 6.1（e）所示，$\sigma_x(x,y,z)$ 表示截面 C 上 E 点［此点的坐标为（x，y，z）］处的正应力，$\tau_{xy}(x,y,z)$ 表示截面 C 上 E 点处指向 y 轴的切应力，同理 $\tau_{xz}(x,y,z)$ 表示截面 C 上 E 点处指向 z 轴的切应力。可以看出，$\tau_{xy}(x,y,z)$及 $\tau_{xz}(x,y,z)$ 是图 6.1（d）中 τ 在 y 轴及 z 轴上的投影。

正应力和切应力的单位与面力相同，在国际单位制中为 $\mathrm{N/m^2}$，也可用 Pa 表示，$1\mathrm{Pa}=1\mathrm{N/m^2}$。但该单位太小，工程中常用 kPa、MPa，$1\mathrm{kPa}=10^3\mathrm{Pa}$，$1\mathrm{MPa}=10^6\mathrm{Pa}$。

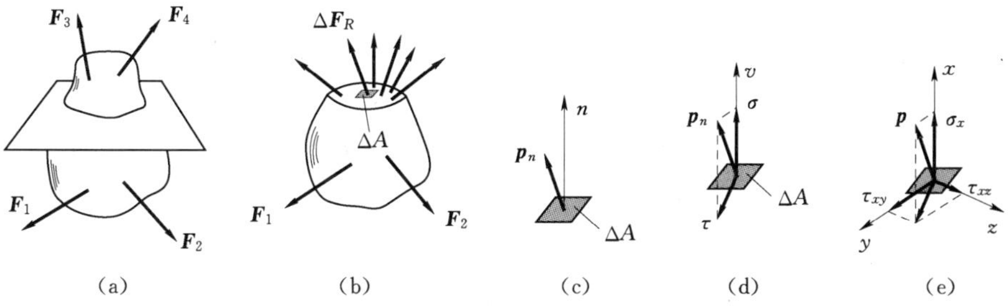

图 6.1

6.1.2 杆件横截面上的内力与应力之间的关系

对于杆件而言，截面上分布内力集度就是应力，如图 6.2 所示，均质各向同性材料制成的杆件 AB 在外力系作用下处于平衡状态；杆件横截面面积为 A，如图 6.2（b）所示，杆件横截面内力分量，如图 6.2（d）所示。直角坐标系下，在距与原点为 x 的横截面上某点（x，y，z）处，将正应力表示为 σ_x（x，y，z），两个切应力分别表示为 $\tau_{xy}(x,y,z)$及$\tau_{xz}(x,y,z)$，则杆件横截面应力与内力分量间的关系为

$$\int_A \sigma_x(x,y,z)\mathrm{d}A = F_N$$

$$\int_A \tau_{xy}(x,y,z)\mathrm{d}A = F_{Qy}$$

$$\int_A \tau_{xz}(x,y,z)\mathrm{d}A = F_{Qz}$$

$$\left.\begin{aligned}\int_A y\sigma_x(x,y,z)\mathrm{d}A &= M_z\\ \int_A z\sigma_x(x,y,z)\mathrm{d}A &= M_y\\ \int_A [y\tau_{xz}(x,y,z)+z\tau_{xy}(x,y,z)]\mathrm{d}\Lambda &= M_x\end{aligned}\right\}\tag{6.2}$$

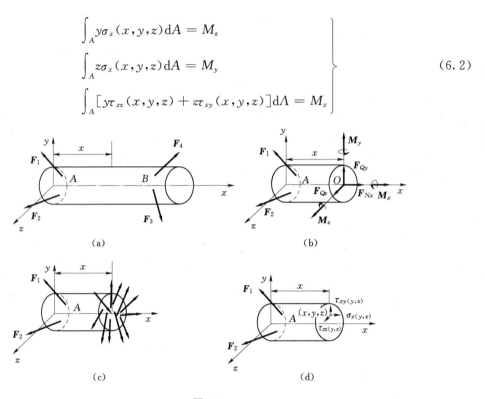

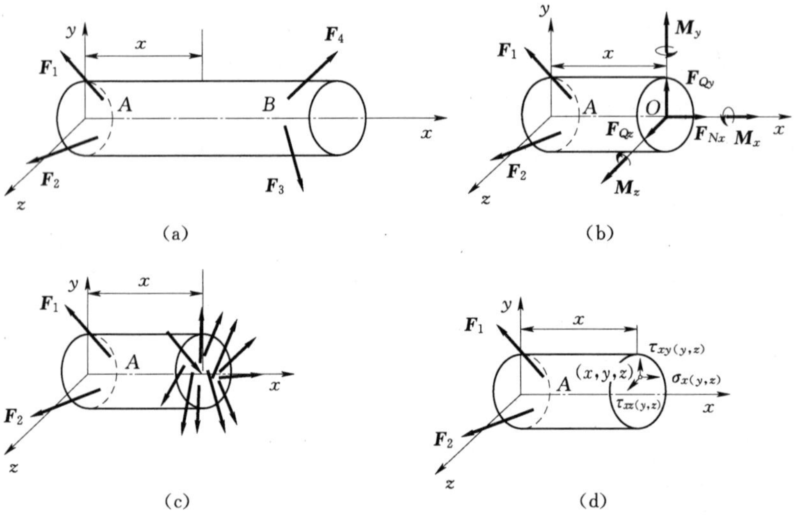

图 6.2

若求出横截面上每一点处的正应力及切应力，则求出了横截面上的所有应力。

一般情况下，随点（x，y，z）的变化，不同点的各应力值也在变化，下面为了书写方便，直接将以上 3 个量写为 σ_x、τ_{xy}、τ_{xz}。

6.1.3 微单元体上的应力

如图 6.3 所示，假想穿过物体作 3 组分别与 3 个坐标面平行的截面，取这 3 组平面足够密，在物体的内部，它们将物体分割成无数个微分平行六面体；在物体的表面处，被切割成微分四面体。

称如上述方法切出的微分平行六面体或微分四面体或其他形体为**微单元体**，简称**单元体**，如图 6.3（b）、（c）所示。

可以看出，微单元体的尺度在宏观上要足够小，但在微观上须不可忽略。微单元体各个面是微面，其上承受相邻为单元体的直接作用或外力的直接作用，各个面上只有**均匀分布的应力，没有力偶作用。**

从图 6.3 所示物体内部取出一微六面体，建立如图 6.4 所示的直角坐标系，则单元体上各个面上的正应力、切应力表示如图 6.4 所示。

根据前面讨论的变形固体平衡原理，即整体平衡和局部平衡间的关系，一个物体在外力作用下处于平衡状态，则将其分割成若干个任意的单元体以后，每个单元体仍然是平衡的；反之，分割后的每个单元体平衡，也保证了整个物体的平衡。这个原理讲明了微单元体平衡与整体平衡的关系。

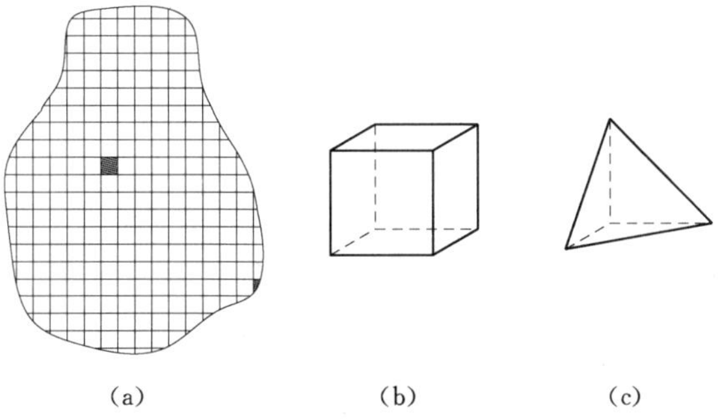

图 6.3

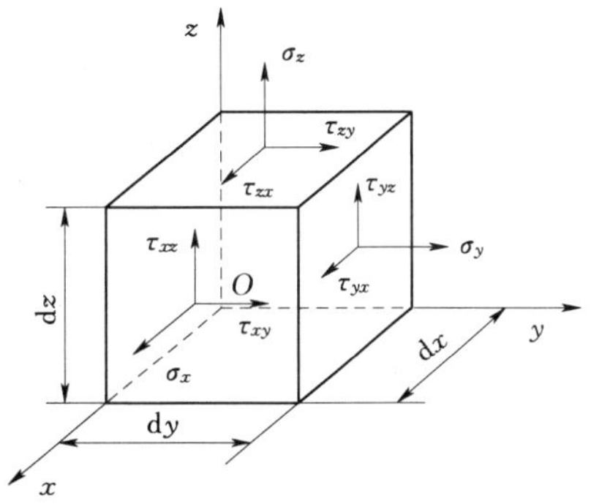

图 6.4

此外，一个处于平衡状态的单元体，将它进一步分为若干个单元体后，这若干个单元体也是处于平衡状态的。利用这个原理可以进一步分析一点的应力状态，这将在本书第 9 章介绍。

6.2　应变、正应变、切应变

内力是看不见的，但是变形却是可以看见的，变形体的内力是由变形引起的，其大小与变形的形式、程度有关系，为了确定内力在横截面上的分布规律，必须分析研究杆件的变形及材料变形与受力之间的关系。下面首先讨论杆件变形与应变。

6.2.1　正应变、切应变的概念

在第 1 章中已讨论了作用于物体的力将使物体发生运动效应或变形效应。**变形**就是物体的形状和尺寸发生了改变。

通常，一个物体的各点的变形程度往往是不同的；同一点不同方向的变形程度往往也是不同的。物体的宏观、整体的变形是物体内各点变形的累积，并且物体内部一点处某一方向的应力取决于该点的变形。为此，下面引入一点处应变的概念。

如图 6.5（a）所示，假设未受任何外力作用时物体内 A 与 B 两点的相连的直线段长度为 l。杆件受力之后占据新的位置，如图 6.5（b）所示，A 点移到 A' 点、B 点移到 B' 点，直线 AB 变成曲线 $A'B'$，曲线 $A'B'$ 长度为 l'。

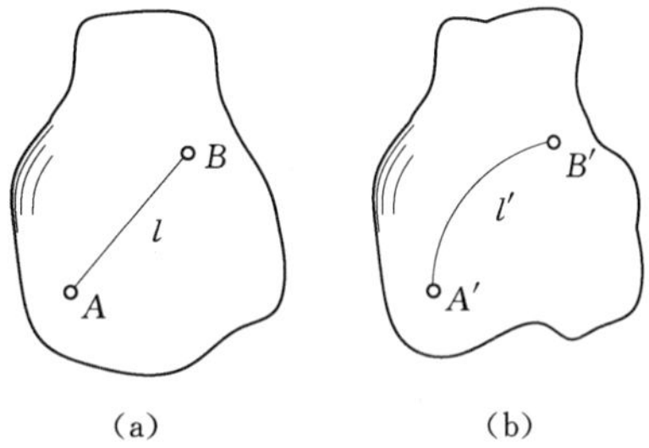

图 6.5

定义 $\varepsilon_a=\dfrac{l'-l}{l}$ 为 AB 段沿 AB 方向的平均线应变。

当 l 取足够小，即 $l\to 0$，则 AB 间沿 AB 方向的变形可以看成是均匀的，相对位移（$l'-l=u$）可认为与 l 成正比。定义

$$\varepsilon=\lim_{l\to 0}\frac{l'-l}{l}=\frac{\mathrm{d}u}{\mathrm{d}l} \tag{6.3}$$

为过 A 点沿 AB 方向的**线应变**或**正应变**。

可以看出，正应变描述的是过一点某方向在极小范围内的伸长率或缩短率，其单位为 m/m。

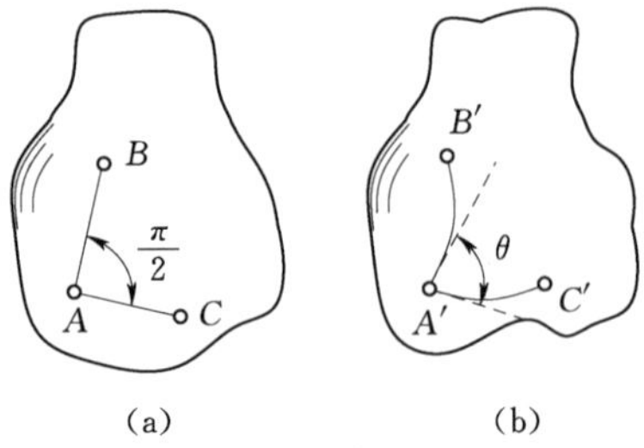

图 6.6

如图 6.6（a）所示，在物体的原始位置上，物体内过 A 点画两条成夹角 $\frac{\pi}{2}$ 的直线段 AB 和 AC。物体受力变形后，如图 6.6（b）所示，$A'B'$ 及 $A'C'$ 变成了曲线，曲线 $\widehat{A'B'}$ 及 $\widehat{A'C'}$ 在 A 点处的夹角变为 θ，若取线段 AB 和 AC 的长度非常小，即 $|AB|\rightarrow 0$、$|AC|\rightarrow 0$ 时。定义

$$\gamma=\frac{\pi}{2}-\lim_{\substack{|AB|\rightarrow 0\\|AC|\rightarrow 0}}\theta \tag{6.4}$$

为**切应变**。其单位为 rad，即弧度。**切应变**用来描写一点处剪切变形的程度，即通过一点处直角角度的改变量来度量。

6.2.2 微单元体的变形

如图 6.7（a）所示，在变形前的构件中任意点截取一正六面单元体，其棱边沿 3 个坐标轴方向，3 边长度分别为 dx、dy 和 dz。变形后，该单元体将发生变形，由于单元体非常小，故可以认为单元体变形前后各棱边均保持为直边、6 个面也保持为平面。因而，单元体的变形只表现为各棱边边长的改变和各棱边之间夹角的改变（直角变为其他的角）。

应用上面正应变、切应变的定义，变形后单元体形状尺寸如图 6.7（b）所示。也就是说，单元体 3 个方向的线应变分别为 ε_x、ε_y、ε_z；切应变分别为 γ_{xy}、γ_{yz}、γ_{xz}。

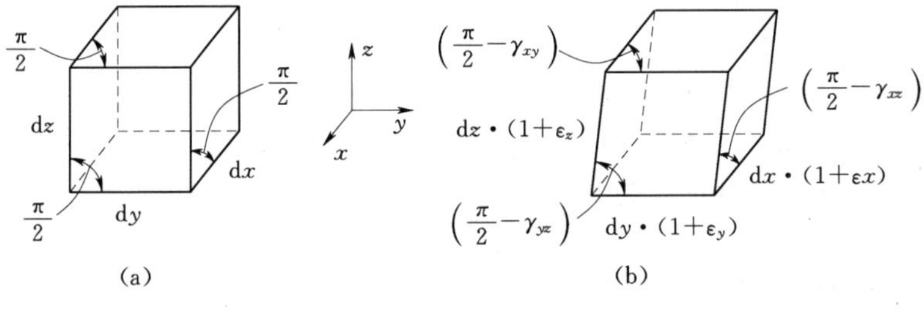

图 6.7

一旦确定了单元体上述 6 个应变量，过这一点任意方向上的线应变及过此点任意两直线夹角的角度改变量均可求出。

6.2.3 杆件整体变形的数学描述及杆件变形描述的特征量

在空间中，一个杆件受力前外形所占据的区域为 D，如图 6.8（a）所示，受力后其外形所占据的区域为 D'，如图 6.8（b）所示，可以看出受力前后，杆件的外形所占据的局域 D 与 D' 在空间中的位置不同了、形状不同了，表明杆件发生了刚体位移及变形，这是容易判断出的。

由材料连续性假设可知，在具体的坐标系中，区域 D' 内的任一点，都是由区域 D 内

的一点经过一个位移变化而来的，所有点对应的位移形成一个位移场，用这个位移场就可以量化的描述杆件的任何变形。

例如，对图 6.8 所示的杆件，区域 D 中任意点 A，经过一个位移对应 D' 中 A'点，此位移为矢量$\boldsymbol{AA'}$，该矢量在 3 个坐标轴上的投影为

$$
\begin{aligned}
u&=u(x,y,z)\\
v&=v(x,y,z)\\
w&=w(x,y,z)
\end{aligned}
\tag{6.5}
$$

分别表示 3 个坐标方向的位移。当变量 x、y、z 遍取区域内 D 的值时，用式（6.5）就可以间接描述杆件在空间中的位置及变形。

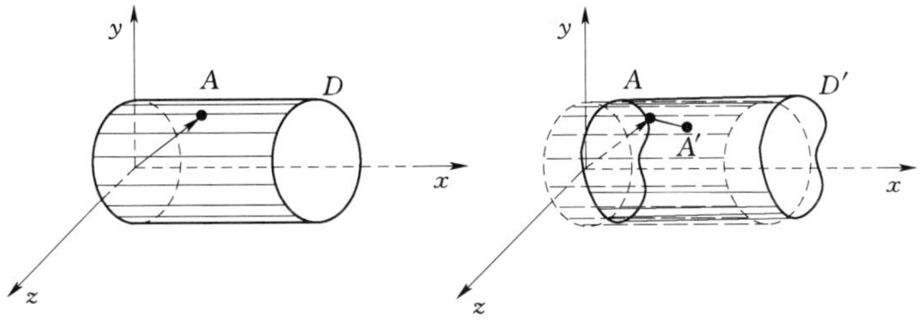

(a) 受力前　　(b) 受力后

图 6.8

对于在特殊力系作用下杆件的特殊变形，一般假定杆件变形前后其横截面保持为平截面，故而只是关注杆件横截面的变化。

对于轴心拉压杆，一般关注杆件两截面沿轴向的相对伸长量及缩短量，即任意两横截面间距离沿轴向的变化。变形特征量为 Δl，称为轴向伸长或缩短量。

对于纯受扭的圆轴，关注两横截面绕轴线转过的相对角度，变形特征量为 φ_{AB}，称为扭转角。

对于平面梁，关注横截面离开轴线的距离及横截面绕垂直于轴线的轴转过的角度。变形特征量为 w 及 $\Delta\theta$，称为挠度及转角。

前文 5.6 所讲 4 种基本变形杆件的变形的量化的描述。具体的计算在后面的章节讨论。

6.3　轴向拉压等截面直杆横截面上的平均正应力与轴向平均正应变

通过第 5 章的学习，已经知道受轴向拉压载荷作用的直杆横截面上的内力分量只有轴力 F_N，并可以用截面法确定其大小和正负。但横截面上的内力分布规律无法用平衡方程确定，是一个超静定问题，内力分布规律与变形情况和材料的力学性能有关。

假定研究的是各向同性、均质连续材料制成的无重轴向拉压等截面直杆，如图 6.9（a）所示，等截面圆杆，在其外表画上等间距线，两端轴心处受到与轴线重合集中力 $\boldsymbol{P}$ 的作用而处于平衡状态，杆件变形情况为沿轴向两端头变形较大，中间段变形相同，中间

变形相同段变形前的长度为 l，变形后的长度为 $l+\Delta l$。取中间变形相同段确定其横截面应力及轴向应变。

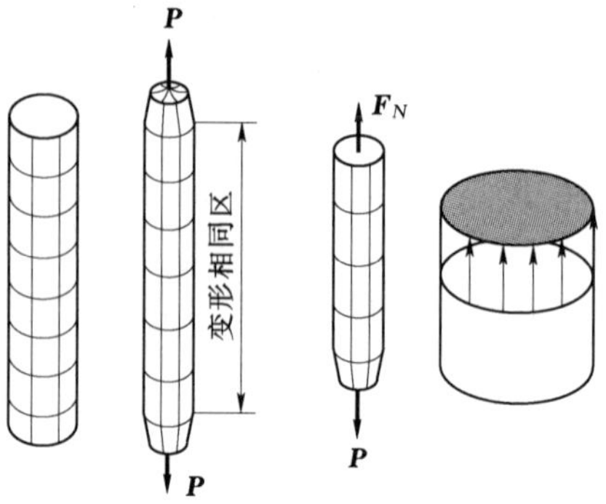

(a)　(b)　(c)　(d)

图 6.9

从变形相同段用一平面截出一平截面，可以认为沿轴向相同的变形是由横截面上相等的正应力 σ 作用产生的。如图 6.9（d）所示，横截面上任一微面积 ΔA 上作用的力 $\Delta F=\sigma\Delta A$，整个横截面上应力的合力 F_N 一定等于外力 P，即

$$P=F_N=\sum\Delta F=\sum\sigma\Delta A=\sigma A$$

将其改写为

$$\sigma=\frac{P}{A} \tag{6.6}$$

式中，σ 为轴向拉压杆横截面上任一点处的**平均正应力**；A 为横截面面积。

根据平均应变的定义，得此轴向受拉杆相同变形段的平均应变为

$$\varepsilon_a=\frac{l+\Delta l-l}{l}=\frac{\Delta l}{l} \tag{6.7}$$

对于轴向受力的由均质各向同性材料制成的等直杆，可以验证，在其变形相同段中横截面上的平均正应力就是横截面上的实际正应力。但对于变形不同段，如承受集中力作用的端头部分，则平均应力不会是实际应力；同理，在其变形相同段中横截面上的平均正应变就是横截面上的实际正应变，但对于变形不同段则不是。

另外，可以验证内力分量 F_N 的作用点一定经过横截面形心，由横截面上内力分量 $M_y=0$ 及 $M_z=0$，可得

$$M_y=\int_A z\mathrm{d}F=\int_A z\sigma\mathrm{d}A=\sigma\int_A z\mathrm{d}A=0$$

$$M_z=\int_A y\mathrm{d}F=\int_A y\sigma\mathrm{d}A=\sigma\int_A y\mathrm{d}A=0$$

由于 $\sigma\neq0$，从上两式可得，$\int_A z\mathrm{d}A=0$ 及 $\int_A y\mathrm{d}A=0$，可证明轴力 F_N 过横截面形心。

6.4　受扭薄壁圆筒横截面上的平均切应力与平均切应变

通过第 5 章的学习，已经知道受扭圆轴横截面上的内力分量只有扭矩 M_x，并可以用截面法确定其大小和正负。但横截面上的内力分布规律无法用平衡方程确定，是一个超静定问题，内力分布规律与变形情况和材料的力学性能有关。

如图 6.10（a）所示，由均质各向同性材料制成的受扭薄壁圆筒，两端加以塞头，在圆筒未发生扭转前，在圆筒表面画出圆周线和轴向平行线，在两管端施加等值反向集中力偶（力偶为 $\boldsymbol{M}_e$），变形结束后，可观察到如下现象：

其一，受扭薄壁圆筒中间有一段变形相同；其二，变形相同段圆周线的形状和大小不

变，相邻两圆周线之间的距离不变；其三，轴向平行线仍然平行，但向转动方向倾斜了一个相同的角度 γ，可见两相邻圆周线发生了相对转动。由相邻的轴向平行线和圆周线组成的小矩形在变形后成了平行四边形。

此变形相同段，其为壁厚为 t、平均半径为 R_0（$t\leqslant\frac{R_0}{10}$）的薄壁圆筒，应用截面法，可知变形相同段内任一横截面上的内力为作用在其横截面上的扭矩 M_x，扭矩等于外力偶矩，即 $M_x=M_e$。由内力与应力间关系可知，要使截面上的应力与微面积 $\mathrm{d}A$ 的乘积的合成等于截面上的扭矩，则横截面上的应力只能是切应力，如图 6.10（e）所示。

当变形不大时，如果沿圆筒横截面和直径截面将其中的一个微单元体分离出来，变形前后比较，可见该分离体的左、右两个侧面发生了相对错动，即剪切变形。错动的角度如同平行线倾斜的角度，可以用 γ 来度量，即**切应变**。

从上述现象可以看出，微单元体 3 个方向的长度并没有发生变化，即不存在线应变 e，只存在切应变 γ，并且从图 6.10（d）中可以看出切应变 γ 与扭转角 φ 的关系，即

$$\gamma=\frac{\varphi R}{l} \tag{6.8}$$

式中，R 为薄壁圆筒的外半径。

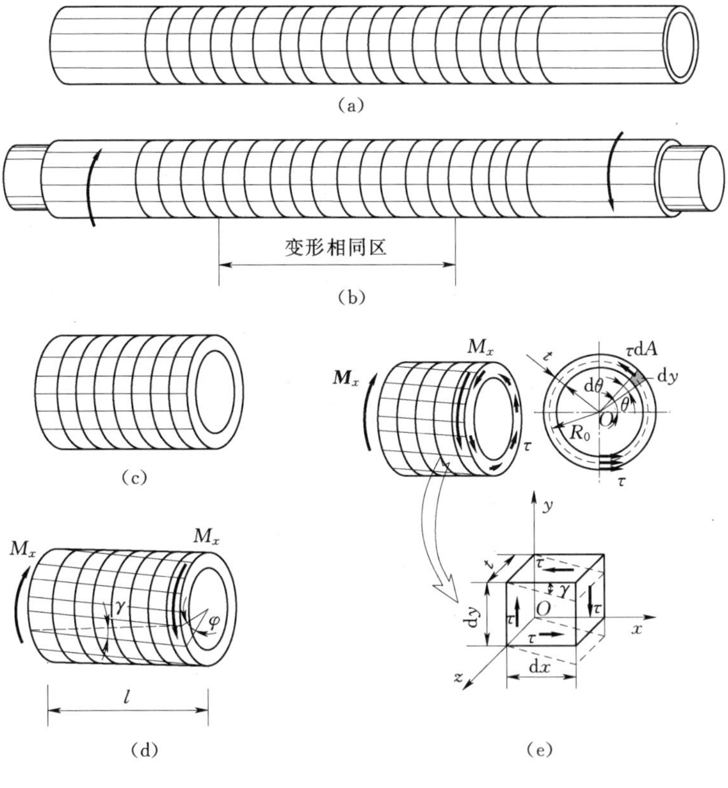

图 6.10

切应变和横截面上沿圆周切线方向的切应力是相对应的。由相邻两圆轴线间每个格子的直角改变量相等的现象，并根据材料是均匀连续性的假设可以推知，沿圆周横截面上各

点处切应力的方向与圆周相切，且其数值相等。至于切应力沿壁厚方向的变化规律，由于壁厚 t 远小于平均半径 R_0，故可以近似认为沿壁厚方向各点处切应力的大小相等。于是，由横截面上扭矩 M_x 与切应力 τ 间的静力关系，得

$$\int_A R \cdot \tau \mathrm{d}A = M_x$$

由于 τ 为常量，由于圆筒的壁很薄，R 可以用 R_0 代替，上式可化为

$$\int_A R \cdot \tau \mathrm{d}A = R_0 \tau \int_A \mathrm{d}A = M_x$$

积分 $\int_A \mathrm{d}A = A = 2\pi R_0 t$ ，上式进一步化为

$$\tau = \frac{M_x}{2\pi R_0^2 t} \tag{6.9}$$

式中，τ 为薄壁圆筒横截面上任一点处**平均切应力。**

可以验证，在其变形相同段中，横截面上的平均切应力就是横截面上的实际切应力。

6.5 圣维南局部影响原理

6.4 节介绍的在集中力和集中力偶的作用下杆件的变形实例中，只有距施力点一定距离的部分杆件的变形沿轴向是相同的，而在施力点附近杆件变形是不均匀的，这个现象可以用圣维南局部影响原理来解释。

1855 年，法国力学家圣维南在实验观察的基础上提出了著名的**圣维南局部影响原理：**

作用于弹性体某一小面积或体积上的外力系所引起的应力，在离外力系作用较远处，基本上只同外力系的主矢和主矩有关；外力系的具体分布只影响作用区附近的应力分布。

此原理的另一个等价的提法是：**作用于弹性体某一小区域内的平衡力系在离此区域较远处产生的应力几乎为零**。例如，用一个钳子夹住铁杆，钳子对铁杆的作用相当于一组平衡力系。实验证明，无论作用力多大，在距离力的作用区域比较远处几乎没有应力产生。

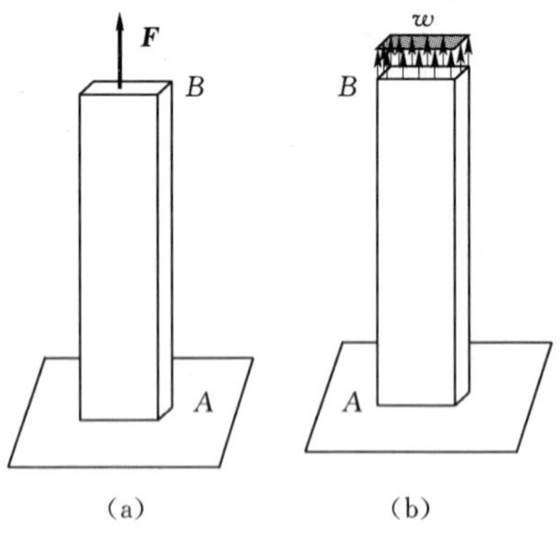

图 6.11

此原理只是观察总结出的原理，目前发现对大多数工程问题都是适用的。

应用此原理研究外力系作用区较远处的应力分布时，可以方便地用一个静力等效的较简单的外分布力系代替复杂的实际外力系。例如，图 6.11 (a)、(b) 所示，同一构件，其 B 端所受外力是等效力系，当作用力是集中力及分布力系时，图 6.11 (b) 所示杆件所有横截面上的应力都是相同的，图 6.11 (a) 所示则不然，在离集中力作用点较远处横截面上应力相同，集中力作用点附近的应力分布则不均匀，相应区域的变形也会是不均匀的。

但在一般的工程常规设计中，一般不考虑外力系分布形式对应力的影响，均可按理论

公式该处的应力进行计算应力（即名义应力）。

6.6 结论与讨论

基本概念

（1）理想弹性体。

（2）应力。

（3）正应力。

（4）切应力。

（5）正应变。

（6）切应变。

（7）变形。

（8）单元体。

习题 6

6.1 解释下列名词

应力、正应力、切应力、应变、正应变、切应变、变形、单元体、理想弹性变形体

6.2 简述单元体的特征及单元体各面上应力的特征。

6.3 简述杆件截面上内力与应力间的关系。

6.4 指出下列概念的区别

内力与应力；位移、变形和应变；弹性变形与塑性变形

第 7 章　工程材料的基本静力学性能

学习提示

本章主要介绍工程材料的基本静力学性能。本章是第 8 章杆件应力分析的基础。

学习要求

通过学习，掌握常温静载下材料的应力—应变曲线，即力与变形的规律，理解拉压胡克定律、剪切胡克定律，理解材料静力失效的两种形式——断裂和屈服。

7.1 概　　述

材料的**力学性能**，指的是在力作用下材料表现出的行为。表现为力和变形的关系、材料失效时的强度、弹性模量等内容。

建筑力学中为什么需要研究材料的力学性能？

我们都有经验常识，对于同样粗细同样长度的铁丝和橡胶条，在相同的拉力作用下它们的伸长量相差很大；并且知道，同样粗细铁丝和橡胶条，铁丝能承受的拉力比橡胶条大得多。这些都说明变形体的受力变形、承载能力等都与材料的力学性能有关。

在构件设计中选用合适的材料，在工程施工中确定恰当的加工工艺以及保证采购的材料质量合格等方面，都需要了解材料的力学性能。

在本书内容中更重要的是，构件的静力分析及静力设计是通过对力系平衡、变形协调及材料的本构关系的研究来解决问题的。而材料的本构关系的得来必须对材料力学性能进行研究。

如何进行材料的力学性能研究呢？

在材料的力学性能研究中主要依靠试验的方式。通过在试验室进行材料的各种力学试验获取有关材料力学性能的基本信息——应力与应变曲线图，对此图进行分析，得出表征材料力学性能的**特征量**。

试验条件（温度、湿度、环境）、试件几何（形状和尺寸）、试验装置（试验机、夹具、测量装置等）、加载方式（拉、压、扭转、弯曲；加载速率、加载持续时间、重复加载等）、试验结果的分析和描述等，都应按照规定的标准规范进行，以保证试验结果的正确性、通用性和可比性。

本章主要介绍低碳钢等几种材料在常温、静载荷下的力学性能。具体的试验方法可参阅材料力学试验书籍。

7.2 常温静载下工程材料的拉伸与压缩试验

常温也叫一般温度或者室温。

静载即静载荷，指从零开始缓慢平稳增加到某值后保持不变或变化很小的载荷。

常温静载拉压试验，指在常温静载下对按照国家标准［《金属材料室温拉伸试验方法》(GB/T 228—2002)、《金属材料室温压缩试验方法》(GB/T 7314—2005)、《金属杨氏模量、弦线模量和泊松比试验方法》(GB 8653—88)］制备的试样进行轴向拉伸或轴向压缩试验。

7.2.1 低碳钢常温静载单向拉伸试验

1. 试样及试验方法

低碳钢是含碳量低于 0.3%的金属材料，工程中有着广泛的应用。

按照国家标准的规定，低碳钢拉伸试样可以是机加工或不经机加工的试样，对于机加工试件可以制成圆形截面或矩形截面，如图 7.1 所示。

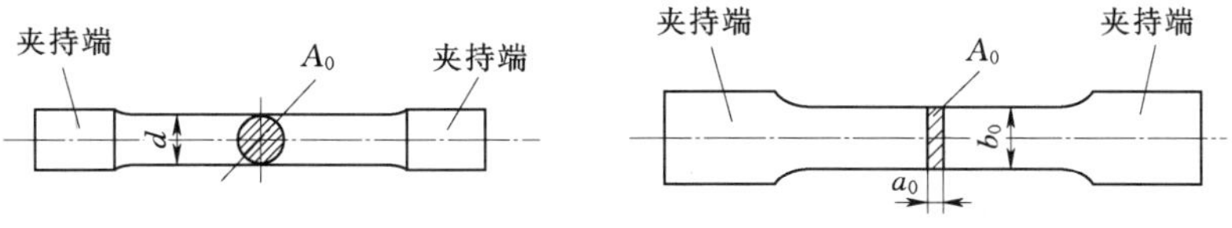

(a) 圆形试样　　(b) 板状试样

图 7.1

如图 7.2 所示，试样两端部或夹持部分(不带头试样）之间平行部分长度，称为**平行长度**，用符号 L_c 表示；试样中段用于测量伸长用的试样圆柱或棱柱部分的长度称为标距，试样未受力前的标距称为**原始标距**，用符号 L_o 表示。表征试样断裂后的标距称为断后标距，用 L_u 表示。用引伸计测量试样延伸时所使用试样平行长度部分的长度，称为引伸计标距，用符号 L_e 表示，一般情况下取 $L_e=L_0$。A_0 表示试样变形前标距内横截面面积，A_u 表示断裂后试样断裂处横截面面积。

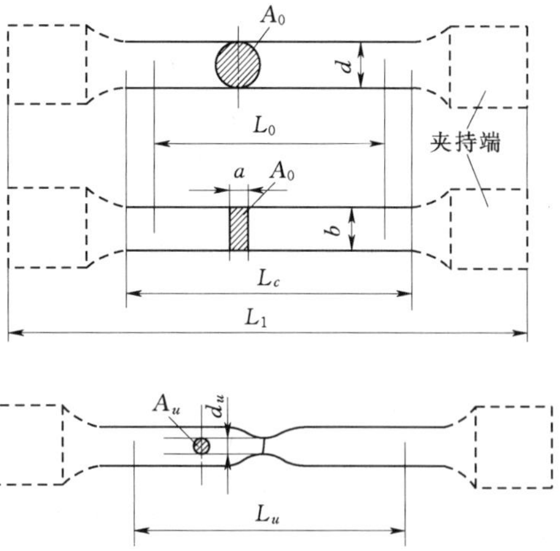

图 7.2

试验中，对于试样具体尺寸的选取及试验时的加载速度、试样表面的光洁度、试验温度及标距部分尺寸偏差参见《金属材料室温拉伸试验方法》(GB/T 228—2002）规定。

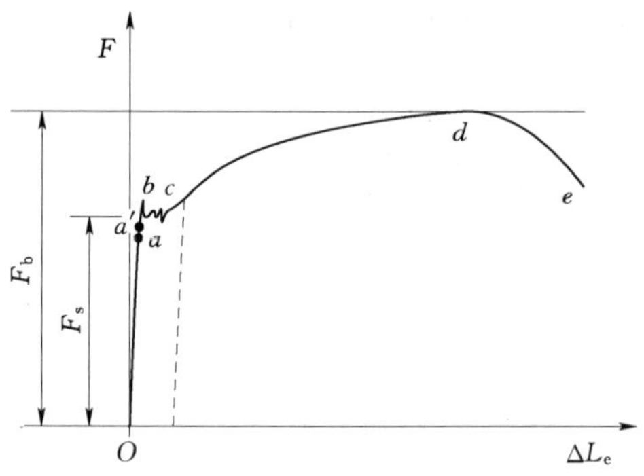

图 7.3

试验时，将试样装入试验机夹头内，对试样施加轴向拉力 F，F 由零缓慢平稳增加，同时从引伸计上读出延伸（试验期间任一给定时刻引伸计标距的增量）ΔL_e，将拉断前拉伸过程中的拉力 F 和对应的延伸记录下来。就可以画出如图 7.3 所示的 F—ΔL_e 曲线图，称为拉伸图。它描写了从开始加载到破坏为止，试样承受的荷载和变形发展的全过程。

将整个过程记录的 F 除以试样的受力前的横截面积 A_0，得

$$\sigma=\frac{F}{A_0} \tag{7.1}$$

称 σ 为名义应力，即横截面上的平均应力。同时将延伸 ΔL_e 除以引伸计标距 L_e，得

$$\varepsilon=\frac{\Delta L_e}{L_e} \tag{7.2}$$

称为引伸计测量段内的**工程应变**，实际是引伸计测量段内的平均线应变，也是延伸率。

以 ε 为横坐标，σ 为纵坐标，就可由拉伸图画出图 7.4 所示的 σ—ε 曲线，此曲线称为**应力—应变图**，又称**工程应力—应变曲线。**

2. 低碳钢拉伸时的力学性能

从图 7.4 上可以看出，低碳钢拉伸时的变形可以分为 4 个不同的阶段。

（1）弹性阶段，即图 7.4 上 Oa' 段。

这一阶段可以分为两部分：斜直线 Oa 段和微弯曲线 aa'。斜直线 Oa 段表示应力与应变，即变形与载荷成正比，这就是 1678 年英国物理学家胡克在大量试验的基础上归纳出来的拉压**胡克定律**，即

$$\sigma=E\varepsilon \tag{7.3}$$

式中，比例系数 E 称为（拉压）弹性模量或杨氏模量，代表材料对使其产生变形的载荷的抵抗能力——刚度；E 的单位与应力单位相同，一般采用 GPa（$1\text{GPa}=10^9\text{Pa}$），在应力—应变图上 E 就是斜直线 Oa 段的斜率。对应于 a 点的应力称为**比例极限**，用 σ_P 表示。认为应力和应变间服从线弹性关系。

当试样中的应力小于 a 点应力时，试样的变形是弹性变形，即若在这一段上将载荷全部卸去，变形将完全消失，应力为零时应变也为零。但在 aa' 间，应力和应变的关系不再服从正比例关系，是非线弹性的关系。对应于 a' 点的应力称为**弹性极限**，用 σ_e 表示。

由于大部分固体材料的 σ_P 和 σ_e 很接近，工程应用中并不加以严格区分，故可以近似认为在整个弹性变形阶段材料都服从胡克定律，表现出线弹性的性质，即当 $0\leqslant\sigma\leqslant\sigma_e$ 时，$\sigma=E\varepsilon$。

（2）屈服阶段，即图 7.4 上 bc 段。这一段应力在很小范围内波动而应变却迅速增加，形成一段接近水平的锯齿形曲线。将这种现象称为材料的**屈服或流动**。此阶段产生显著的塑性变形，工程上将试样发生屈服而力首次下降前的最高应力称为**上屈服强度**，用 R_{eH} 表

示。将屈服期间，不计初始瞬间效应时的最低应力，称为**下屈服强度**，用 R_{eL} 表示。上屈服强度的值受试验时的加载速度和试样形状的影响较大，故工程上均以数值比较稳定的下屈服强度作为材料屈服时的强度值，称为**屈服强度**。对于低碳钢这类有明显屈服阶段的材料，σ_P、σ_e 和 R_{eL} 非常接近，由于 σ_P 和 σ_e 无法用试验精确测定，而 R_{eL} 比较容易测定，故工程上常将三者统一用 R_{eL} 代替，表示弹性阶段的结束。目前从微观角度看，金属材料产生屈服是由于金属晶体滑移的结果。

(3) 强化阶段，即图 7.4 上 cd 段。该段曲线又开始上升，说明试样经过屈服阶段后，要使其继续伸长，需要克服试样中不断增长的抗力，从微观角度看，是试样所有的晶体都发生滑移之后，沿晶粒错动面产生了新的阻力，这种现象称为材料**强化**，也称为**应变强化**。由屈服终止的 c 点到 d 点称为材料强化阶段。曲线 cd 段向上方倾斜。d 点是应力—应变图上应力最大点，此点的应力称为**抗拉强度或极限强度**，用 R_m 表示。强化阶段的变形绝大部分是塑性变形。试样纵向尺寸明显增大，同时横向尺寸明显缩小，属于大变形的情形。

(4) 局部变形阶段，即图 7.4 上 de 段。d 点过后，试样局部的变形显著加大，使该段横截面的尺寸急剧缩小，出现“缩颈”现象，如图 7.2 所示，此阶段的变形集中发生在缩颈区，故称为局部变形阶段。在该阶段由于“缩颈”现象，试样截面显著变小，因而使试样继续变形所需的载荷反而减小，应力—应变曲线急剧下降，最后在缩颈区中部断裂。

上述每一个阶段都是由量变到质变的过程。4 个阶段的质变点就是比例极限 σ_P、下屈服强度 R_{eL} 和抗拉强度 R_m，当低碳钢制成的轴心受拉构件中应力 $0 \leqslant \sigma < R_{eL}$ 时，表明材料处于弹性状态；当 $\sigma \geqslant R_{eH}$ 时，表明材料进入塑性变形状态；当 $\sigma = R_m$ 时，表明材料处于最大抵抗能力状态。故 R_{eL}、R_m 是衡量材料强度的重要特征量。

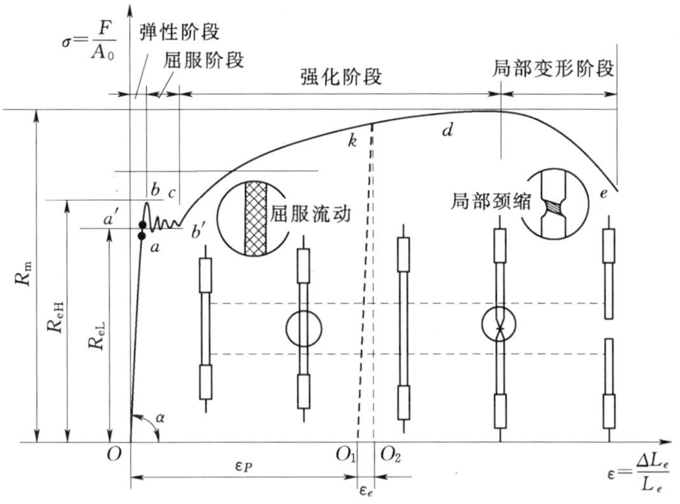

图 7.4

工程上用试件拉断后遗留下来的变形来表示材料的塑性变形性能。常用的特征量有两个。

（1）**断后伸长率** A。$A=\frac{L_u-L_0}{L_0}\times100\%$，$(L_u-L_0)$ 表示的是试样的塑性伸长（对于比例试样，若原始标距不为 $5.65\sqrt{A_0}$，符号 A 应附以下脚注说明的比例系数，如 $A_{11.3}$ 表示原始标距 $L_0=11.3\sqrt{A_0}$ 的断后伸长率。对于非比例试样，符号 A 应附以下脚注说明使用的原始标距，以 mm 表示，如 A_{80mm} 表示原始标距 $L_0=80mm$ 的式样的伸长率）。

（2）**断面收缩率** z。$z=\frac{A_0-A_u}{A_0}\times100\%$，用来描述材料的塑性变形的能力。$A$ 和 z 都表示材料直到拉断时其塑性变形所能达到的最大程度。A 和 z 越大，说明材料的塑性越好。工程上按断后伸长率的大小把材料分为两类，将 $A\geqslant5\%$ 的材料称为**塑性材料**，如低碳钢、低合金钢和青铜等都属于塑性材料；将 $A<5\%$ 的材料称为**脆性材料**，如铸铁、混凝土、石料等。低碳钢的 A 为 20%～30%，z 约等于 60%，是良好的塑性材料。

除了上述两指标描述材料塑性变形外，还有其他的一些指标用来描述材料受力过程中的变形能力，如**断裂总伸长率** A_t，用来表征断裂时刻原始标距的总伸长（弹性加塑性伸长）与原始标距之比的百分率。**最大力总伸长率** A_{gt} **和最大力非比例伸长率** A_g 等指标用来描述材料的变形能力，具体参见《金属材料室温拉伸试验方法》(GB/T 228—2002)。

3. 卸载与冷作硬化

若将试样拉伸到超过弹性范围后的任一点，如图 7.4 所示的 k 点，然后逐渐卸载（减小加在试样上的轴力），则卸载过程中试样的应力—应变曲线将是一条与线弹性段 Oa 几乎平行的直线，这标志着材料在卸载过程中应力与应变成线弹性关系，称其为**卸载定律**。如图 7.4 中的 kO_1。应力降到零时，应变并未完全降到零，出现了塑性变形 ε_P，恢复的部分为弹性变形 ε_e。可见，在超过弹性极限后，试样的变形由可以完全消失的弹性变形及不能消失的塑性变形两部分构成，$\varepsilon=\varepsilon_P+\varepsilon_e$。

将试样加载到进入强化阶段后卸载，然后在短期内再重新加载，则应力与应变会沿着前面卸载直线 O_1k 上升，到 k 点后仍沿曲线 kde 直到断裂。可以看出，当再加力到 $\sigma=R_{eL}$ 时并不发生屈服，而是到了 k 点应力后才出现塑性变形。所以，这种预拉过的材料的屈服强度提高到 k 点，材料的强度提高了。若把卸载后的试样看成研究对象，从二次加载时算起，在二次加载完成后，可以看到其塑性应变比原来少了 OO_1 一段。将这种在常温下经过塑性变形后材料强度提高、断裂时塑性降低的现象，称为**冷作硬化。**

工程有时利用其有利的方面，提高构件在弹性范围内的承载能力，如建筑工程屋面板用钢筋一般做预拉调直处理。

7.2.2 其他工程材料的常温静载拉伸试验

其他金属材料如合金钢、黄铜、铸铁、中碳钢等的拉伸试验和低碳钢拉伸试验方法相同（表 7.1）。这些材料所表现出的力学性能相差较大，如图 7.5 所示，与低碳钢在应力与应变上相似的

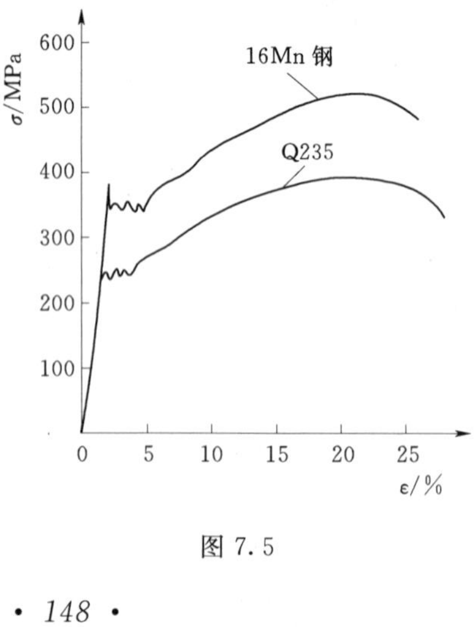

图 7.5

材料有 16 锰钢及一些低合金钢。它们与低碳钢相比，屈服强度和抗拉强度都显著提高了，而屈服阶段的应变变小了，且断后伸长率减小了。表征它们力学性能的特征量同低碳钢。

对于其他的金属材料，应力—应变曲线并不像低碳钢那样具有 4 个变形阶段，如图 7.6 所示，一些合金钢、硬铝、球墨铸铁没有屈服阶段。而其他 3 个阶段变形很明显；高碳钢、锰钢等材料没有屈服和局部变形阶段。这些材料共同的特点是断后伸长率 A 较大，它们都属于塑性材料。

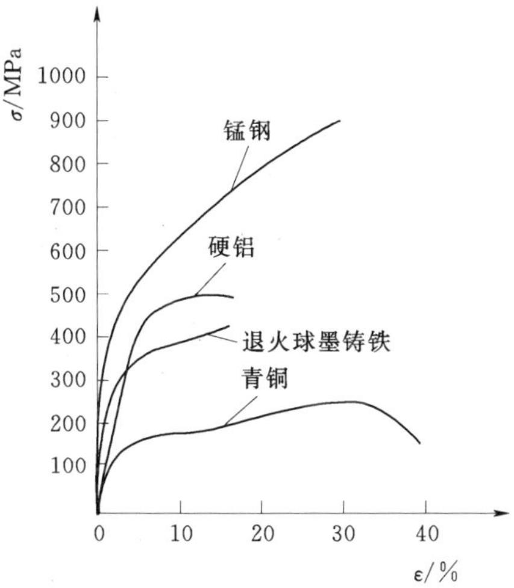

图 7.6

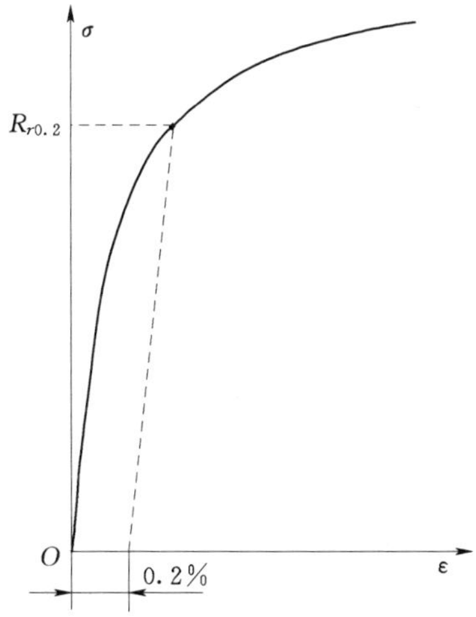

图 7.7

对于没有明显屈服阶段的材料，采用**规定残余延伸强度**（以前规范**称为名义屈服**）作为其强度指标，通常规定对应于试样卸载后产生 0.2%的塑性应变的应力值为材料的条件屈服强度，记做 $R_{r0.2}$，如图 7.7 所示。对于在强化阶段没有局部变形阶段的材料，把试样拉断时的应力作为抗拉强度。

另一类典型材料就是和塑性材料对应的脆性材料，如图 7.8 所示的灰口铸铁、玻璃钢等都属于脆性材料，从它们的应力—应变图上可以看出，对于灰口铸铁，它的特点是在很小的力作用下应力—应变曲线就不是直线了，但由于直到拉断时试样的变形都很小，且没有屈服阶段、强化阶段即局部变形阶段，因此，在工程计算中，通常规定某一总应变时应力—应变曲线的割线——图 7.8 中的虚线，来代替此曲线在开始部分的直线，从而确定其弹性模量，并称之为**割线弹性模量**。衡量脆性材料强度的唯一指标是材料的抗拉强度 R_m。

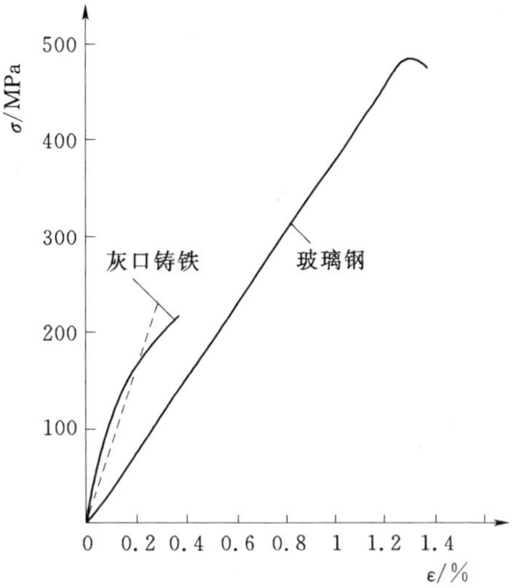

图 7.8

表 7.1　　　　若干常用金属材料的力学性能

材料名称	材料牌号	R_{eL}/MPa	R_m/MPa	$A_{5.65}$/%	备注
普通碳钢（低碳钢）	Q235	235	375～500	21～26	原 A_3 钢
	Q275	275	490～630	15～20	原 A_5 钢
优质碳钢	35	315	530	20	35 号钢
	45	355	600	16	45 号钢
低碳合金钢	16Mn	345	510～660	22	16 锰
	15MnV	390	530～680	18	15 锰钒
合金钢	40Cr	785	980	9	40 铬
	30CrMnSi	885	1080	10	30 铬锰硅
球墨铸铁	QT40-10	294	392	10	球铁 40
	QT60-2	412	588	2	球铁 60
铝合金	LY12	274	412	19	硬铝

7.2.3　工程材料常温静载压缩试验

由于材料在受压时的力学性能与受拉时的力学性能不完全相同，因此除拉伸试验外，还须作压缩试验。

1. 试样及试验方法

对于金属材料，如低碳钢、铸铁等，压缩试验的试样依据《金属材料室温压缩试验方法》（GB/T 7314—2005）选取，分为侧向无约束试样和侧向有约束试样，在保证试验过程中标距内为均匀单向压缩；引伸计所测变形应该与试样轴线上标距段的变形相等；端部不应在试验结束之前损坏的前提下，可据具体的情况采用圆柱体、正方形柱体或矩形板试样。

对于非金属材料，如混凝土、石料等，可以选用立方体为试样。

试验时，将试样放入试验机上、下压板或约束装置内，对试样施加轴向压力 $\boldsymbol{F}$，$\boldsymbol{F}$ 由零缓慢平稳增加，同时获得应力—应变曲线。

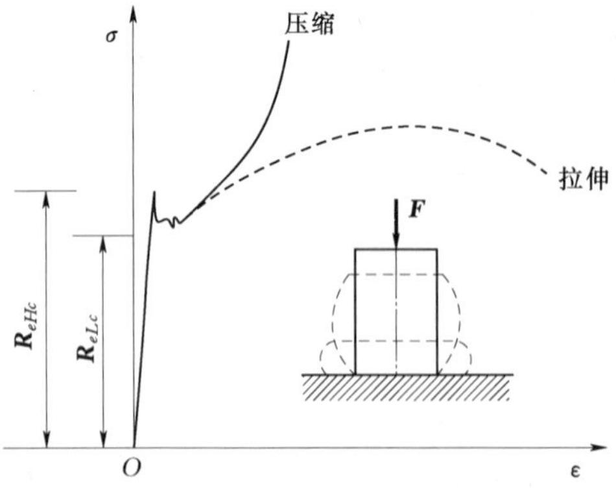

图 7.9

2. 低碳钢的压缩试验

低碳钢压缩试验时的应力—应变曲线如图 7.9 所示，图中虚线表示低碳钢拉伸时的应力—应变曲线。可以看到，低碳钢试样受到轴向压缩时，在屈服以前，其应力—应变曲线与拉伸应力—应变曲线重合，表明低碳钢的轴向压缩弹性模量 E 和屈服强度 R_{eLc} 与轴向拉伸时相同。屈服以后，短圆柱试样出现显著的塑性变形，高度缩短，截面增大，承载力提高，应力—应变曲线快速上升，最后试样压扁，但并不破坏，当然无法测出抗压极限强度。

3. 灰口铸铁的压缩试验

灰口铸铁压缩试验时的应力—应变曲线如图7.10所示，图中虚线表示灰口铸铁拉伸时的应力—应变曲线。可以看出，灰口铸铁压缩时的应力—应变曲线和拉伸试验相似，没有直线段，没有屈服阶段，其抗压强度极限远超过抗拉强度，为2～5倍。压缩时产生较大的塑性变形，短圆柱试样可被压成鼓形，然后沿斜截面突然破裂，断面与轴线大约成45°夹角，可以看出，灰口铸铁的抗压性能远优于其抗拉性能。

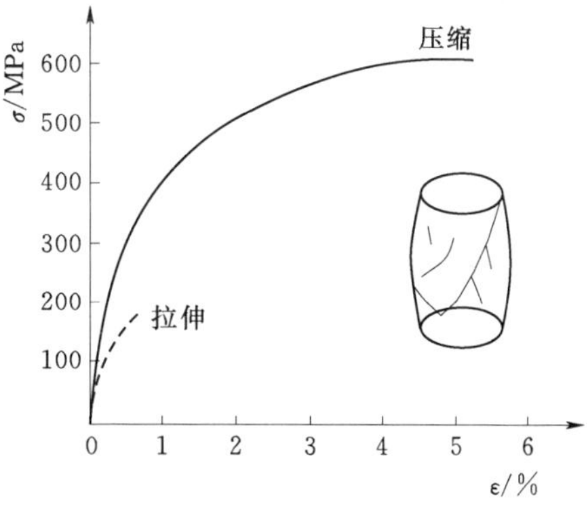

图7.10

4. 混凝土的压缩试验

混凝土构件一般用以承受压力，故混凝土常需做压缩试验以了解压缩时的力学性质。混凝土试样常用边长为150mm的立方块。试样成型后，在标准养护条件下养护28d后进行试验。混凝土的抗压强度与试验方法有密切关系。在压缩试验中，若试样上、下两端面不加减摩剂，由于两端面与试验机加力面之间的摩擦力，使得试样横向变形受到阻碍，提高了抗压强度。随着压力的增加，中部四周逐渐剥落，最后试样剩下两个相连的截顶角锥体而破坏，如图7.11（a）所示。若在两个端面加润滑剂，则减少了两端面间的摩擦力，使试样易于横向变形，因而降低了抗压强度。最后试样沿纵向开裂而破坏，如图7.11（b）所示。

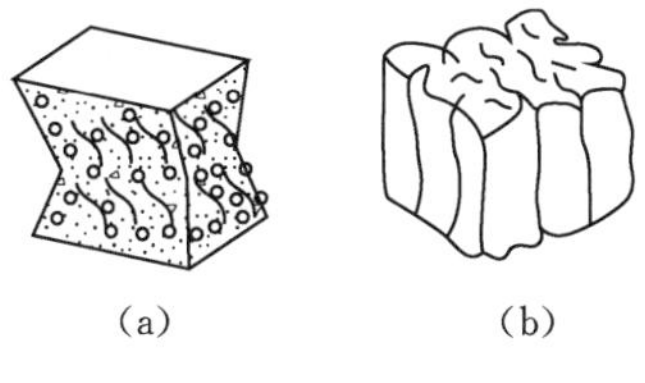

图7.11

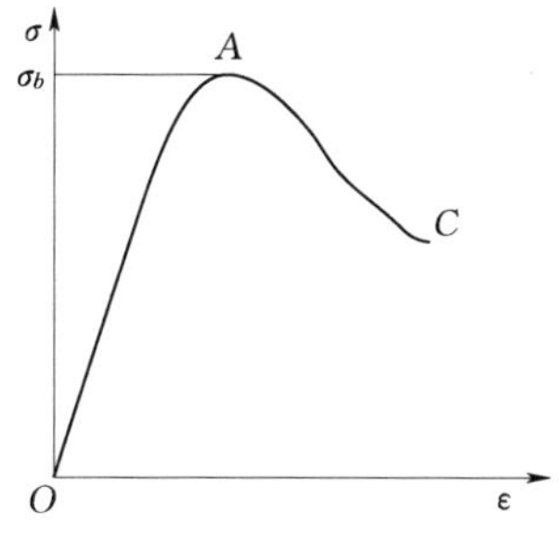

图7.12

标准的压缩试验是在试样的两端面之间不加减摩剂。试验得到混凝土的压缩应力—应变曲线如图7.12所示。但是一般在普通的试验机上做试验时，只能得到*OA*曲线。在这一范围内，当荷载较小时，应力—应变曲线接近直线；继续增加荷载后，应力—应变关系为曲线；直至加载到材料破坏，得到混凝土受压的强度极限。

根据近代的试验研究发现，若采用控制变形速率的加载装置、伺服试验机或刚度很大的试验机，可以得到应力—应变曲线上强度极限以后的下降段*AC*。在*AC*段范围内，试样变形不断增大，但承受压力的能力逐渐减小，这一现象称为材料的软化。整个曲线*OAC*称为应力—应变全曲线，它对混凝土结构的应力和变形分析有重要意义。用试验方法同样可得到混凝土的拉伸强度以及拉伸应力—应变全曲线，混凝土受拉时也存在材料的软化现象。

5. 木材的压缩试验

木材顺纹方向和横纹方向压缩时，得到不同的应力—应变曲线，如图 7.13 所示。木材沿顺纹方向压缩时的强度极限比横纹方向压缩时的强度极限大得多；在荷载和横截面尺寸相同的条件下，顺纹方向压缩时的变形比横纹方向压缩时的变形小得多。因此，木材为各向异性材料。

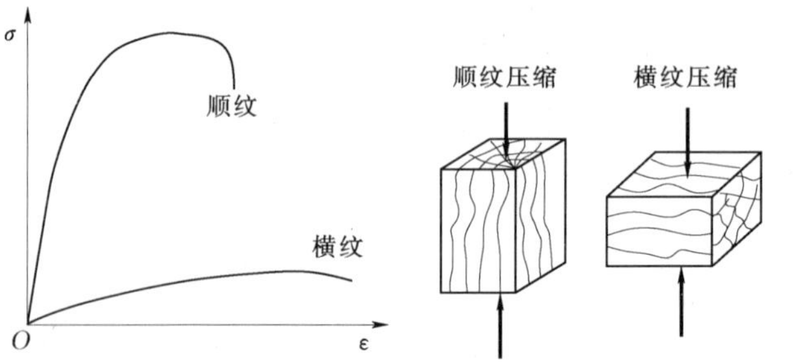

图 7.13

木材的拉伸强度极限也同样可由试验方法得到，其顺纹强度极限和横纹强度极限差异更为显著。

7.2.4 塑性材料和脆性材料的比较

从以上介绍的各种材料的试验结果看出，塑性材料和脆性材料在常温和静荷载下的力学性质有很大差别，现简单地加以比较。

(1) 塑性材料一般为拉压等强度材料，且其抗拉强度通常比脆性材料的抗拉强度高，故塑性材料一般用来制成受拉杆件；脆性材料的抗压强度比抗拉强度高，故一般用来制成受压构件，而且成本较低。

(2) 塑性材料能产生较大的塑性变形，而脆性材料的变形较小。要使塑性材料破坏需消耗较大的能量，因此这种材料承受冲击的能力较好；因为材料抵抗冲击能力的大小决定于它能吸收多大的动能。此外，在结构安装时，常常要校正构件的不正确尺寸，塑性材料可以产生较大的变形而不破坏；脆性材料则往往会由此引起断裂。

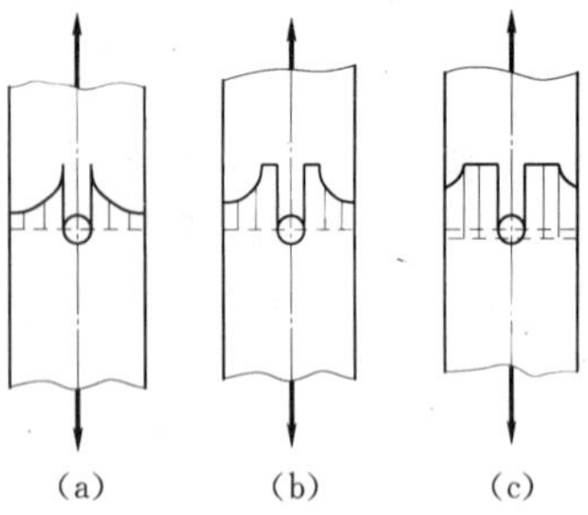

图 7.14

(3) 当构件中存在应力集中时，塑性材料对应力集中的敏感性较小。如，图 7.14 (a) 所示有圆孔的拉杆，由塑性材料制成。当孔边的最大应力达到材料的屈服极限时，若再增加拉力，则该处应力不增加，而该截面上其他各点处的应力将逐渐增加至材料的屈服极限，使截面上的应力趋向平均（未考虑材料的强化），如图 7.14 (b)、(c) 所示。这样，杆所能承受的最大荷载和无圆孔时相比，不会降低很多。但脆性材料由于没有屈服阶段，当孔边最大应力达到材料的强度极限时，局部就要开裂；若再增加拉力，裂纹就会扩展，并导致杆件断裂。

必须指出，材料的塑性或脆性，实际上与工作温度、变形速度、受力状态等因素有关。例如，低碳钢在常温下表现为塑性，但在低温下表现为脆性；石料通常认为是脆性材料，但在各向受压的情况下，却表现出很好的塑性。

7.2.5 轴向拉压构件横向变形及泊松比

如图 7.15 所示，圆形试样拉伸前长度为 l、直径为 d，拉伸后长度为 $l+\Delta l$、直径为 $d-\Delta d$。可见，材料在沿外作用力方向发生伸长的同时，在垂直于外作用力方向的尺寸会因变形而缩短。这种现象称为**泊松效应**。记沿作用力方向（纵向或 x 方向）的应变为 $\varepsilon=\dfrac{\Delta l}{l}$，垂直于载荷方向（横向或 y、z 方向）的应变则可写成为 $\varepsilon'=\dfrac{(d-\Delta d)-d}{d}=\dfrac{-\Delta d}{d}$，横向与纵向应变之比的负值，称为材料的**泊松比**，记做 μ，即

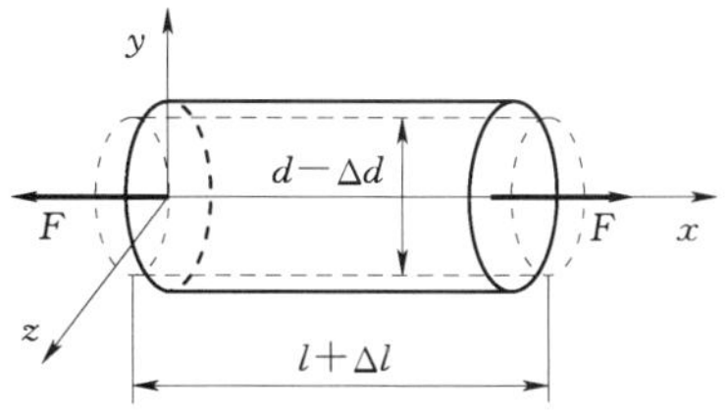

图 7.15

$$\mu=-\frac{\varepsilon'}{\varepsilon} \tag{7.4}$$

式（7.4）前面的负号，是为了使泊松比为正值。对于一般金属材料，在弹性阶段，泊松比 $\mu=0.25\sim0.35$。在塑性变形时，$\mu=0.5$。

7.2.6 变形体的体积变化

变形体受力后除了发生形状和尺寸的变化外，还会发生体积的变化，如图 7.15 所示，体积为 $V_0=\dfrac{\pi d^2 l}{4}$的构件，在沿 x 方向载荷作用下，纵向应变（x 方向）为 ε，横向应变（y、z 方向）则为 $-\mu\varepsilon$，变形后纵向尺寸为 $l+\Delta l=l(1+\varepsilon)$，横向尺寸为 $d-\Delta d=d(1+\varepsilon')=d(1-\mu\varepsilon)$。则变形后的体积为

$$V=\frac{\pi \mathrm{d}^2 l(1-\mu\varepsilon)^2}{4}$$

故体积的改变量为

$$\Delta V=V_0-V=\frac{\pi \mathrm{d}^2 l}{4}-\frac{\pi \mathrm{d}^2 l(1-\mu\varepsilon)^2}{4}=\frac{\pi \mathrm{d}^2 l(2\mu\varepsilon-\mu^2\varepsilon^2)}{4}$$

体积变化率为

$$\frac{\Delta V}{V_0}=2\mu\varepsilon-\mu^2\varepsilon^2$$

一般金属材料在弹性阶段及塑性阶段的应变都很小。可见，固体受力后的体积变形率很小。

7.3 常温静载下金属材料的扭转试验

金属材料扭转试验是获取金属材料产生扭转变形下力学性能的基本试验。试验用试样可以选择圆形实心试样或管形试样，尺寸应符合国家标准金属室温扭转试验方法《金属室温扭转试验方法》(GB/T 10128—1988) 的要求。将试样夹持于扭转试验机，在试样上施加垂直于轴线的外力偶矩 M_e，M_e 由零缓慢平稳增加，用扭转计测量试样标距范围内的扭角。进一步可以得出扭角和扭矩之间的关系曲线，即 $M_x-\varphi$ 曲线，利用式（6.8）及式

(6.9) 将试样的 M_x—φ 曲线的纵、横坐标转换为 τ 和 γ，得出切应力—切应变关系图，即 τ—γ 曲线，图 7.16 所示为两种不同材料的 τ—γ 曲线。

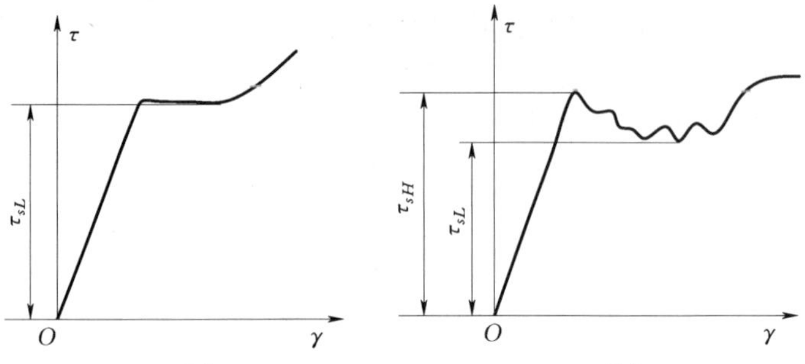

(a)　　　　(b)

图 7.16

工程材料的扭转试验表明，多数工程金属材料的 τ—γ 曲线与轴向拉伸试验的 σ—ε 曲线相似，也存在初始直线段、屈服和强化现象。但对应的抗剪扭屈服强度 τ_s 和抗扭强度 τ_b，比对应的拉伸屈服强度 R_{eL} 和抗拉强度 R_m 低很多，约为后者一半。对于初始直线段或近似直线段所对应的弹性变形阶段，有

$$\tau=G\gamma \tag{7.5}$$

式（7.5）称为**剪切胡克定律**，式中的常数 G 称为**切变模量**，是材料的另外一个弹性常数，代表材料抵抗剪切变形的能力，单位与应力单位相同，一般采用 GPa，可以由扭转试验确定。剪切胡克定律和拉压胡克定律是反映线弹性材料与变形的两个基本试验定律。

前面已经介绍了材料的两个弹性常数，即弹性模量 E 和泊松比 u，加上切变模量 G，材料弹性常数已知有 3 个，对于各向同性的材料，可以证明，3 个弹性常数之间存在下述关系，即

$$E=2G(1+u) \tag{7.6}$$

式（7.6）表明，各向同性材料只有两个独立的弹性常数，常用工程材料的弹性常数见表 7.2 所示。

表 7.2　　常见材料的弹性模量和泊松比

材料	E/GPa	G/GPa	μ
钢	190～210	76～85	0.24～0.30
灰口铸铁	80～160	33～62	0.23～0.27
球墨铸铁	160	62～64	0.25～0.29
铜及其合金	74～130	28～45	0.31～0.42
铝及硬铝合金	71	26.5	0.33
钛合金	106～114	40～42.5	0.34
铅	17		0.42
混凝土	14～36		0.18～0.21

7.4　材料的屈服及断裂失效判据

从常温静载下的轴向拉压试验和薄壁圆筒扭转试验可以看出，材料失效有两种基本形

式：屈服和断裂。构件断裂了显然失去了作用，屈服变形产生的过大的塑性变形也会使构件不能正常工作。因此，为了使构件能够起作用，屈服和断裂都不能发生，这就要求构件中的工作应力不能超过某一极限应力 σ_u，即：

$$\sigma=\sigma_u \tag{7.7}$$

式中，σ 为工作应力。

判断是否失效可以看工作应力是否超过了极限应力 σ_u，这也就是判断此问题的依据。有了这个判据，对于具体问题，可以分别考虑了。

对于脆性材料，单向拉压下的失效形式为断裂，可取强度极限为极限应力，则失效判据为

$$\sigma_u=R_{\mathrm{m}} \tag{7.8}$$

对于塑性材料，通常认为单向拉压下发生屈服即为失效，一般取屈服极限为极限应力，失效判据为

$$\sigma_u=R_{\mathrm{eL}} \tag{7.9}$$

应该说，上面所讨论都是根据室温静载下单向拉压试验的结果得出的结论。这说明，材料发生哪种形式的失效，不仅取决于材料本身的韧脆性能，还与材料所处的受力状态有关。例如，在三向压缩状态下，脆性材料也会出现屈服失效现象。此外，在高温或低温条件下，在冲击加载或循环加载等的作用下，材料还会发生其他形式的失效。这将在后面章节讨论。

7.5 结论与讨论

7.5.1 基本概念

材料的力学性能：指的是在力作用下材料表现出的行为。

应力—应变曲线：是描述材料力学性能的极其重要的图形，表征力作用下材料中一点处的应力随应变逐渐增长的过程的图形。有轴向拉压应力—应变（σ—ε）图形、切应力—切应变（τ—γ）图形等。

屈服强度：表征塑性材料力学性能特征量之一，指材料屈服时屈服下限所对应的应力值。

极限强度：表征材料力学性能特征量之一，指材料到颈缩前所能达到的最大应力值。

7.5.2 基本定律

拉压胡克定律：$\sigma=E\varepsilon$。

剪切胡克定律：$\tau=G\gamma$。

7.5.3 材料的其他力学性质

本章主要介绍了材料在室温、短期静载荷作用下体现出来的力学性质。当材料所处的环境有变化时，如在高温、低温条件下，材料的力学性质会有很大变化；当作用在材料上的载荷的性质不同时，如在循环加载、冲击荷载的作用下，材料也将表现出不同的性质，出现疲劳断裂现象及其他现象；当作用在材料上的载荷是长期载荷时，材料将出现蠕变和松弛现象。

习题 7

7.1 指出下列概念的区别：

比例极限和弹性极限；断后伸长率和线应变；断后截面收缩率和横向线应变；工作应力和极限应力

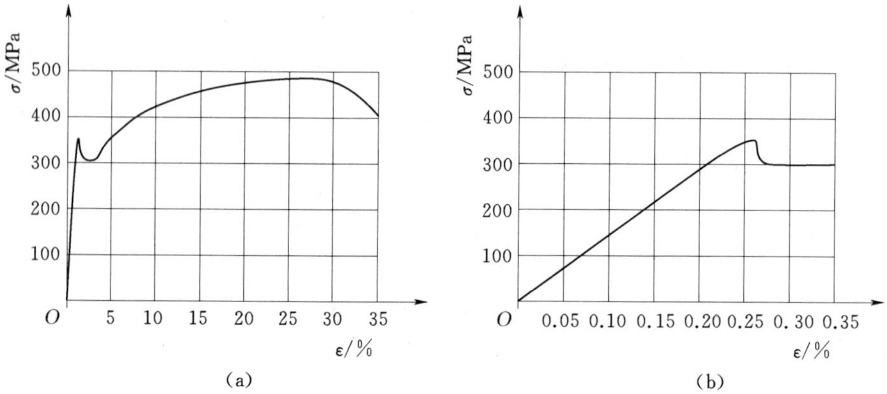

习题 7.2 图

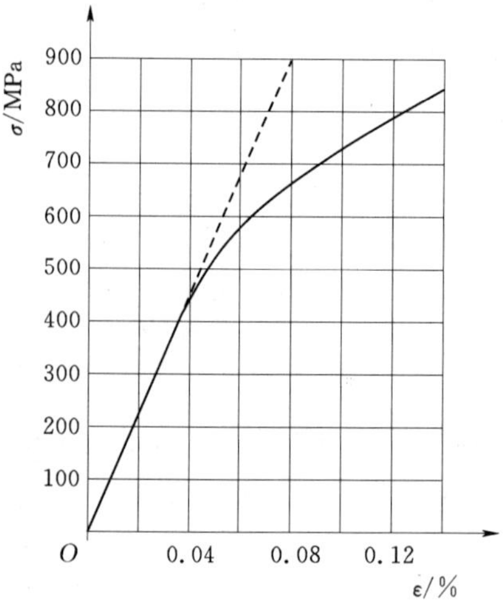

习题 7.3 图

7.2 某材料的应力—应变曲线图形如习题7.2图（a）所示（屈服应变区详图如习题7.2图（b）所示），试确定材料的弹性模量E、比例极限σ_P、屈服强度R_{eL}、抗拉强度R_m与伸长率，并判断该材料属于塑性还是脆性材料。

7.3 某材料的应力—应变曲线如习题7.3图所示。试根据该曲线确定：（1）材料的弹性模量E、比例极限σ_P、规定残余延伸$R_{r0.2}$；（2）当应力增加到$\sigma=600$MPa时，材料的正应变ε以及相应的弹性应变ε_e与塑性应变ε_P。

7.4 如习题7.4图所示，某金属试样，直径$d=5$mm，引伸计标距$L_e=70$mm。在轴向拉力$F=8$kN的作用下此试样处于弹性状态，测得引伸计延伸$\Delta L_e=0.2$mm，直径缩小$\Delta d=0.009$mm。试计算此金属的弹性模量E与泊松比u。

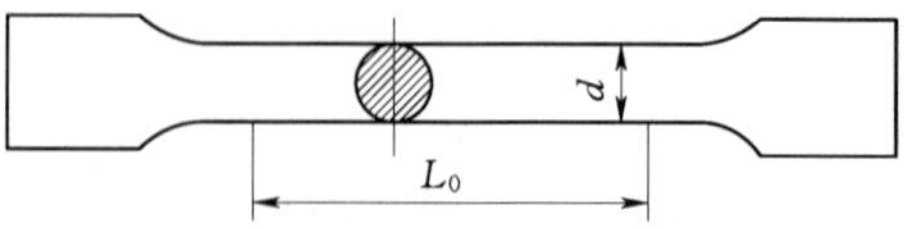

习题 7.4 图

第 8 章　弹性杆件横截面应力与应变分析

学习提示

在本章中，将重点介绍杆件在轴向拉伸、扭转、平面弯曲时杆件的应力与应变计算；同时也介绍了截面图形的几何性质。本章中介绍的综合考虑变形几何关系、物理关系及静力学关系来推导杆件在轴向拉伸或压缩、扭转、平面弯曲时的应力公式的分析方法，这是材料力学中一种非常基本的方法。本章内容是杆件静力设计的基础。

学习要求

通过本章学习，了解矩形截面受扭杆横截面上的切应力分布规律，熟练掌握轴向拉压杆正应力、扭转圆轴切应力、平面弯曲梁正应力和切应力的分布规律及其计算方法。

8.1 概　　述

弹性杆件指在载荷作用下，杆件材料上任意一点都处于弹性状态，不会进入塑性状态，这样一种受力状态的杆。

上一章介绍过，应用变形固体平衡原理可以确定静定问题中杆件横截面上的内力分量，内力分量是杆件横截面上连续分布内力的简化结果。

如图 8.1 (a)、(b) 所示，作用于同一面积的不同的分布力系对同一点 O 的简化结果相同，只有主矢 F，没有主矩。

不过一般情况下，当已知杆件截面上的应力（分布内力集度）在截面形心等效简化的结果内力分量，要求应力，是图 8.1 所示的反问题，可以看出可能出现无数种情况都满足要求，即不能唯一确定横截面的应力（分布内力集度）。

如何确定弹性杆件横截面上的应力呢？**应力是不可见的，但应变却是可以通过对杆件变形的观测得出来的，**在第 7 章得出过结论，在弹性范围内，应力与应变之间是服从胡克定律的。

这样，为了确定杆件横截面的应力，必须分析和研究杆件横截面的变形及杆件横截面上每点的应变，必须研究杆件材料应力与应变之间的关系，即必须涉及变形协调与物性关

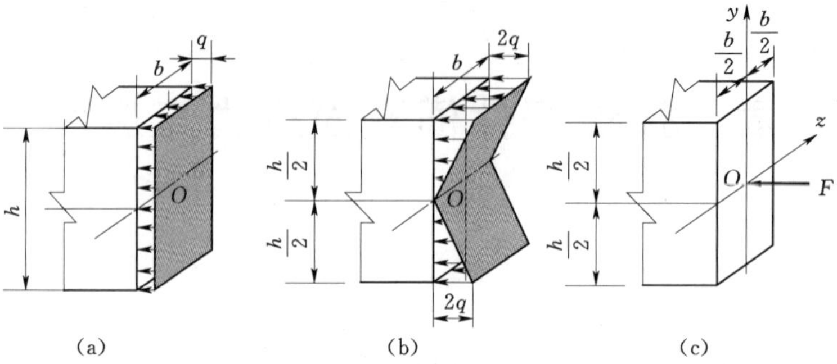

图 8.1

系两个重要方面。此二者与平衡原理一起组成分析弹性杆件横截面内力分布规律的基本方法。

下面主要介绍：轴心拉压直杆横截面正应力分析；受扭圆直杆横截面切应力、平面弯曲梁横截面应力分析；组合受力杆件横截面应力分析。

8.2　轴心拉压直杆横截面的应力与应变

8.2.1　轴心拉压直杆横截面正应力与应变

前已述及，轴心拉压直杆横截面上只有一个内力分量——轴力 F_{Nx}。轴力是横截面连续分布内力的合力。轴向拉压杆横截面上的内力是均匀分布的，其方向都沿杆轴方向。下面以一个简单演示试验予以说明。

用一根均质、等截面直杆，并在其表面均匀地画上一些与杆轴线平行的纵向线和与之垂直的横向线，如图 8.2（a）所示。当在杆上施加轴向拉力后，如图 8.2（b）所示，可以看到所有纵向线都伸长了，其伸长量相等，所有横线仍保持为与杆轴线垂直。

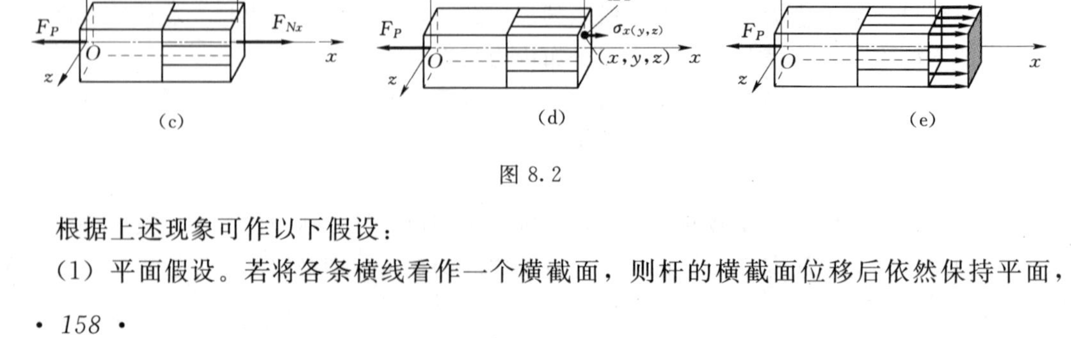

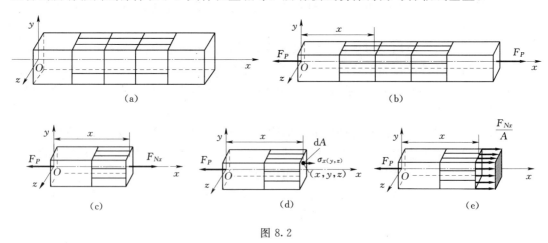

图 8.2

根据上述现象可作以下假设：

(1) 平面假设。若将各条横线看作一个横截面，则杆的横截面位移后依然保持平面，且依然垂直于杆的轴线。

(2) 设想杆件是由许多等截面的纵向纤维组成，纵向纤维横向间无挤压。

结合假设 (1) 可知，两横截面之间所有的纵向纤维都伸长了相同的长度，由此可得同一横截面上任意点 (x, y, z) 处轴向应变 $\varepsilon_x(y,z)$ 相同，由胡克定律 $\sigma_x(y,z)=E\varepsilon_x(y,z)$，进一步可得横截面上任意点 ($x$, y, z) 处正应力 $\sigma_x(y, z)$ 大小相等。这个结论对于压杆也是成立的。

因为拉 (压) 杆同一横截面上任意点 (x, y, z) 处正应力 $\sigma_x(y,z)$ 大小相等，所以轴向拉 (压) 杆横截面上轴力为 F_{Nx}，等于正应力 $\sigma_x(y,z)$ 与横截面面积 A 的乘积，即

$$F_{Nx}=\int_A\sigma_x(y,z)\mathrm{d}A=\sigma_x(y,z)A \tag{8.1}$$

改写为

$$\sigma_x(y,z)=\frac{F_{Nx}}{A} \tag{8.2}$$

式 (8.2) 即为拉压杆横截面上正应力的计算公式。正应力的符号规定同轴力 F_{Nx} 的符号规定，轴力 F_{Nx} 为拉力时，正应力 $\sigma_x(y, z)$ 取正号；F_{Nx} 为压力时，$\sigma_x(y, z)$ 取负号。式 (8.2) 适应条件是等直杆或截面变化缓慢的直杆受轴向外力作用。

对弹性轴心受力杆，由胡克定律知，任意点 (x, y, z) 处轴向应变满足公式 $\varepsilon_x(y, z)=\dfrac{\sigma_x(y,z)}{E}$，将式 (8.2) 代入，可得

$$\varepsilon_x(y,z)=\frac{F_{Nx}}{EA} \tag{8.3}$$

式 (8.3) 表达了杆件的轴向一点处应变与轴力、材料性能及杆件横截面面积间的关系。

例 8.1 计算图 8.3 所示轴向受力杆横截面上的应力，已知 AD 段为圆形杆，横截面直径 $d=30\text{mm}$，DE 段为方形杆，横截面边长 $a=30\text{mm}$。

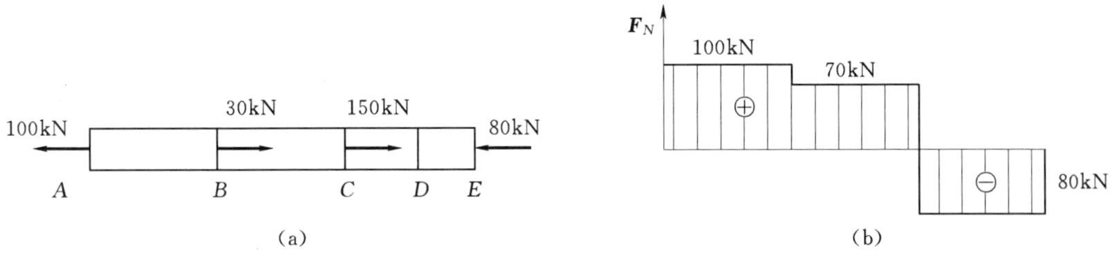

图 8.3

解 作出杆的轴力图如图 8.3 所示。由图知，AB、BC 段均受拉，CE 段受压。需要注意的是，CE 段轴力虽是常数，但其中 CD 段与 DE 段横截面形状和面积不同，故应将 CE 段分成 CD 与 DE 分别计算应力。

AB 段：轴力为常数 $F_{Nx}=100\text{kN}$，横截面积为

$$A_1=\frac{\pi}{4}d^2=\frac{\pi}{4}\times30^2=706.86(\text{mm}^2)$$

由式（8.2）知，各横截面上的正应力相等，即

$$\sigma_{AB\,x}=\frac{F_{N1x}}{A_1}-\frac{100\times10^3}{706.86}\text{N/mm}^2=141.47\text{MPa(拉)}$$

同理，BC 段轴力为 $F_{N2}=70\text{kN}$，横截面面积 A_1，故

$$\sigma_{BCx}=\frac{F_{N2x}}{A_1}=\frac{70\times10^3}{706.86}\text{N/mm}^2=99.03\text{MPa(拉)}$$

CD 段：轴力为 $F_{N3x}=-80\text{kN}$

$$\sigma_{CDx}=\frac{F_{N3x}}{A_1}=\frac{-80\times10^3}{706.86}\text{N/mm}^2=-113.18\text{MPa(压)}$$

DE 段：轴力为 $F_{N4x}=-80\text{kN}$，横截面面积 $A_2=a^2=900\text{mm}^2$，故

$$\sigma_{DEx}=\frac{F_{N4x}}{A_2}=\frac{-80\times10^3}{900}\text{N/mm}^2=-88.89\text{MPa(压)}$$

例 8.2 一正方形截面的砖柱，如图 8.4 所示，上段柱边长为 240mm，下段柱边长为 370mm。荷载 $F_1=50\text{kN}$，$F_2=90\text{kN}$，砖柱自重不计。试求各段柱横截面上的正应力。

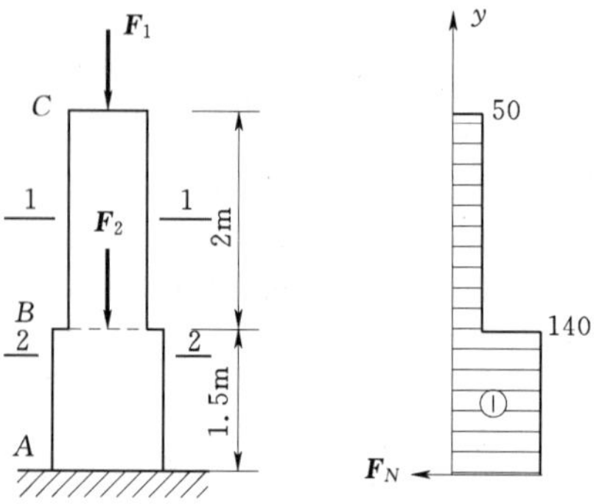

(a) (b)

图 8.4

解 荷载 $\boldsymbol{F}_1$ 和 $\boldsymbol{F}_2$ 的作用线与柱的轴线重合，故 AB 和 BC 两段柱都是轴向压缩。

（1）求轴力。用 1—1 和 2—2 截面分别将柱在 AB 及 BC 段内截开，取上部分为研究对象，写出平衡方程并求出轴力。

AB 段：$\sum F_{iy}=0$，$-F_1-F_{N1}=0$，$F_{N1}=50\text{kN}$（压）

BC 段：$\sum F_{iy}=0$，$-F_1-F_2-F_{N2}=0$，$F_{N2}=-140\text{kN}$（压）

轴力图如图 8.4（b）所示。

（2）求正应力。

AB 段：截面面积 $A_1=240\times240=5.76\times10^4$（$\text{mm}^2$）

$$\sigma_1=\frac{F_{N1}}{A_1}=\frac{-50\times10^3}{5.76\times10^4}=-0.868(\text{MPa})$$

BC 段：截面面积 $A_2=370\times370=1.37\times10^5$（$\text{mm}^2$）

$$\sigma_2=\frac{F_{N2}}{A_2}=\frac{-140\times10^3}{1.37\times10^5}=-1.023(\text{MPa})$$

8.2.2 应力集中的概念

前面所介绍的应力计算公式适用于等截面的直杆，对于横截面平缓变化的拉压杆按该公式计算应力在工程实际中一般是允许的；然而在实际工程中某些构件常有切口、圆孔、沟槽等几何形状发生突然改变的情况。试验和理论分析表明，此时横截面上的应力不再是均匀分布，而是在局部范围内急剧增大，这种现象称为**应力集中**。

图 8.5（a）所示的带圆孔的薄板，承受轴向拉力 $\boldsymbol{F}$ 的作用。由试验结果可知，在圆孔附近的局部区域内，应力急剧增大；而在离这一区域稍远处，应力迅速减小而趋于均

匀，如图 8.5（b）所示。在 1—1 截面上，孔边最大应力 $\sigma_{\max}$ 与同一截面上的平均应力 σ_n 之比，用 K 表示，即

$$K=\frac{\sigma_{\max}}{\sigma_n} \tag{8.4}$$

式中，K 为理论应力集中系数，它反映了应力集中的程度，是一个大于 1 的系数。

试验和理论分析结果表明，构件的截面尺寸改变越急剧，构件的孔越小，缺口的角越尖，应力集中的程度就越严重。因此，构件上应尽量避免带尖角、小孔或槽，在阶梯形杆的变截面处要用圆弧过渡，并尽量使圆弧半径大一些。

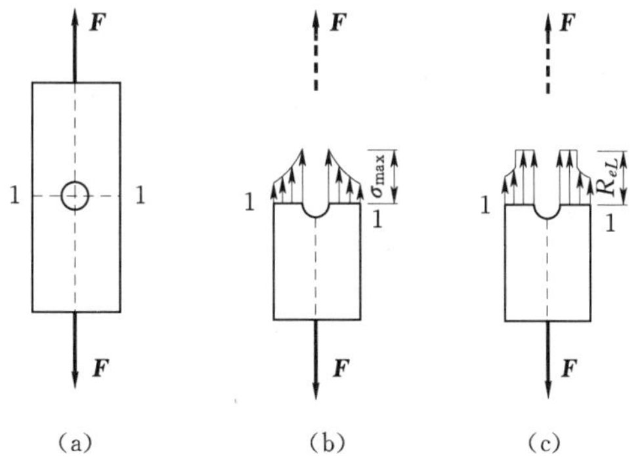

图 8.5

各种材料对应力集中的反应是不相同的。塑性材料（如低碳钢）具有屈服阶段，当孔边附近的最大应力 $\sigma_{\max}$ 到达屈服极限 R_{eL} 时，该处材料首先屈服，应力暂时不再增大，若外力继续增大，增大的内力就由截面上尚未屈服的材料所承担，使截面上其他点的应力相继增大到屈服极限，该截面上的应力逐渐趋于平均，如图 8.5（c）所示。因此，用塑性材料制作的构件，在静荷载作用下可以不考虑应力集中的影响。而对于脆性材料制成的构件，情况就不同了。因为材料不存在屈服，当孔边最大应力的值达到材料的强度极限时，该处首先产生裂纹。所以用脆性材料制作的构件，应力集中将大大降低构件的承载力。因此，即使在静载荷作用下也应考虑应力集中对材料承载力的削弱。不过有些脆性材料内部本来就很不均匀，存在不少孔隙或缺陷。例如，含有大量片状石墨的灰铸铁，其内部的不均匀性已经造成了严重的应力集中，测定这类材料的强度指标时已经包含了内部应力集中的影响，而由构件形状引起的应力集中则处于次要地位，因此对于此类材料做成的构件，由其形状改变引起的应力集中就可以不再考虑了。

以上是针对静载荷作用下的情况，当构件受到冲击荷载或者周期性变化的荷载作用时，不论是塑性材料还是脆性材料，应力集中对构件的强度都有严重的影响，可能造成极大危害。

8.3 受扭直杆横截面上的应力与应变

8.3.1 受扭圆轴横截面上的应力与应变

圆轴纯受扭时，横截面上的内力只是扭矩，该扭矩是横截面上分布内力的合力偶矩。如同受扭薄壁圆筒，横截面只有切应力，如何求出每一点处切应力，这要从杆件的几何变形、物理关系——应力与应变关系、静力平衡条件 3 个方面进行综合研究，以求建立圆轴扭转时横截面上的应力计算公式。

1. 几何变形方面

如图 8.6（a）所示，等直圆轴受扭前，在圆轴的表面上画上许多等距离的平行于杆轴线方向的纵向线和垂直于轴线方向的圆周线。施加荷载使圆轴发生扭转变形后，可以观察到圆轴表面的圆周线只是绕圆轴的轴线转动，其大小和形状都不改变，各纵向线均倾斜了同一微小角度 γ；且在小变形情况下，圆周线之间的纵向距离也不改变；变形前表面上的矩形网格变形后错动成平行四边形。根据这些变形特点，可以得到以下的假设和推断：

（1）由于各圆周线的形状、大小及间距保持不变，假设圆轴的横截面在轴扭转变形时，只是像刚性圆盘一样在原来的位置上绕圆轴轴线转动了一个角度。将此假设称为圆轴扭转时的平截面假设。

（2）由于圆周线间距离不变，且矩形网格发生相对错动，故在横截面上没有正应力。

（3）由于矩形网格变形后错动成平行四边形，即左、右截面发生了相对错动，故推断横截面上必有切应力 τ，且切应力的方向垂直于横截面半径。

（4）由于各纵向线均倾斜了同一微小角度 γ，故各矩形网格直角都改变了 γ，即切应变。

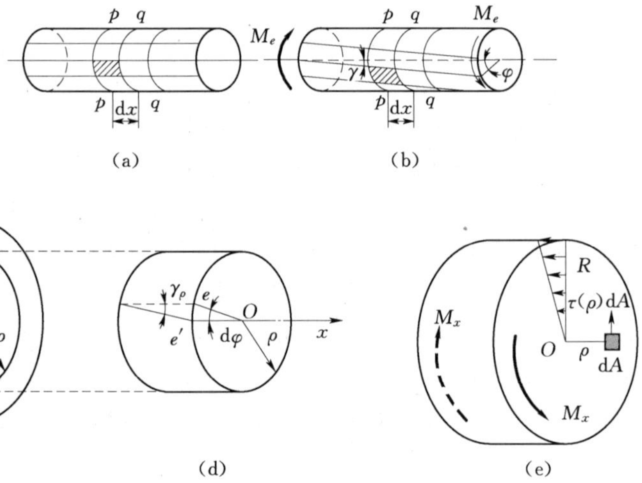

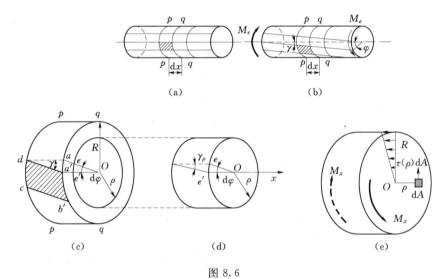

图 8.6

可以用两个截面 $p—p$、$q—q$ 从图 8.6（a）中取出长为 dx 的一段杆来研究，如图 8.6（c）所示。再从此微段杆中取出一半径为 ρ 的圆柱体，如图 8.6（d）所示。若 $p—p$ 截面相对于 $q—q$ 截面转动了一个角度 dφ，dφ 称为 dx 段的**扭转角**。半径 Oa 转到了 Oa'。于是，表面方格 $abcd$ 的 ab 边相对于 cd 边发生了微小的错动，错动的距离是

$$aa'=R\mathrm{d}\varphi$$

因而引起原为直角的$\angle abc$ 角度发生改变，改变量为

$$\gamma=\frac{\overline{aa'}}{\overline{ad}}=R\frac{\mathrm{d}\varphi}{\mathrm{d}x} \tag{8.5}$$

这就是圆截面边缘上 a 点的切应变。显然，γ 发生在垂直于半径 Oa 的平面内。对于在外力偶作用下处于平衡状态的受扭圆轴，$\frac{\mathrm{d}\varphi}{\mathrm{d}x}$是个定值，可以看出，$\frac{\mathrm{d}\varphi}{\mathrm{d}x}$的大小与制作圆

轴的材料、圆轴的半径大小及作用在截面上的扭矩 M_x 有关。

根据变形后横截面仍为平面，半径仍为直线的假设，用相同的方法，并参考图 8.6（d）可以求得距圆心为 ρ 处的切应变为

$$\gamma(\rho)=\frac{\overline{aa'}}{\overline{ad}}=\rho\frac{\mathrm{d}\varphi}{\mathrm{d}x} \tag{8.6}$$

这个结论符合前面所作的假设——截面刚性转动，它表明受扭圆轴横截面上任一点处的切应变与该点到圆心的距离成正比。

2. 物理关系

由剪切胡克定律知，在线弹性范围内，某一点处的切应力与其相应的切应变成正比，即有

$$\tau(\rho)=G\gamma(\rho) \tag{8.7}$$

式中，$\tau(\rho)$ 为圆轴截面上距圆心为 ρ 处的切应力；G 为切变模量。

由式（8.6）、式（8.7）可得

$$\tau(\rho)=G\rho\frac{\mathrm{d}\varphi}{\mathrm{d}x} \tag{8.8}$$

据式（8.8）可知，横截面上任意点处的切应力 $\tau(\rho)$ 与该点到圆心的距离 ρ 成正比。由于切应变 $\gamma(\rho)$ 发生在垂直于半径的平面内，因此 $\tau(\rho)$ 的方向也与半径垂直，如图 8.6（e）所示。

因为式（8.8）中的$\frac{\mathrm{d}\varphi}{\mathrm{d}x}$尚未求出，所以仍不能用它计算切应力，这就要用静力关系来解决。

3. 静力平衡关系

圆杆横截面上各微面积 $\mathrm{d}A$ 上的内力 $\tau(\rho)$ $\mathrm{d}A$ 对圆心 O 的力矩 $\rho\tau(\rho)$ $\mathrm{d}A$ 的总和应等于该截面的扭矩 M_x，如图 8.6（e）所示，即有

$$M_x=\int_A\rho\tau(\rho)\mathrm{d}A$$

结合式（8.8），得

$$M_x=\int_A G\rho^2\frac{\mathrm{d}\varphi}{\mathrm{d}x}\mathrm{d}A=G\frac{\mathrm{d}\varphi}{\mathrm{d}x}\int_A\rho^2\mathrm{d}A$$

取

$$I_P=\int_A\rho^2\mathrm{d}A$$

则有

$$M_x=G\frac{\mathrm{d}\varphi}{\mathrm{d}x}I_P$$

可得

$$\frac{\mathrm{d}\varphi}{\mathrm{d}x}=\frac{M_x}{GI_P} \tag{8.9}$$

将式（8.9）代入式（8.8），可以得到圆轴扭转时横截面上任一点的切应力计算公式为

$$\tau(\rho)=\frac{M_x\rho}{I_P} \tag{8.10}$$

$$\gamma(\rho)=\frac{M_x\rho}{GI_P}$$

从式（8.9）知，对于受扭圆轴，其横截面上切应力在圆轴边缘处达到最大，其值由式（8.11）确定，即

$$\tau_{\max}=\frac{M_x\rho_{\max}}{I_P}=\frac{M_x}{W_P} \tag{8.11}$$

其中

$$W_P=\frac{I_P}{\rho_{\max}}$$

式中，W_P 为圆截面抗扭截面系数。

对于直径为 d 的圆截面杆

$$I_P=\frac{\pi d^4}{32},W_P=\frac{\pi d^3}{16}$$

对于空心圆截面杆，其内径为 d，外径为 D，内外径比值 $\alpha=\frac{d}{D}$，有

$$I_P=\frac{\pi D^4}{32}(1-\alpha^4),W_P=\frac{\pi D^3}{16}(1-\alpha^4)$$

8.3.2 切应力成对互等定理

从受扭的等直圆杆表面处某点用垂直于轴向的两个面及平行于和该点连接的半径的两个面与平行于表面的一个面截出一个**单元体**。如图 8.7（a）所示，单元体的左、右两个面属于圆杆的横截面，其上作用着等值反向的切应力 τ。这两个面上的切向内力均为 $\tau\cdot \mathrm{d}y\mathrm{d}z$。要保持单元体的平衡，在上、下两个面上必有等值反向的切应力 τ'。这两个面上的切向内力均为 $\tau'\mathrm{d}x\mathrm{d}y$，它们组成一个力偶，其矩为（$\tau'\mathrm{d}x\mathrm{d}y$）$\mathrm{d}z$。据单元体的力矩平衡条件得

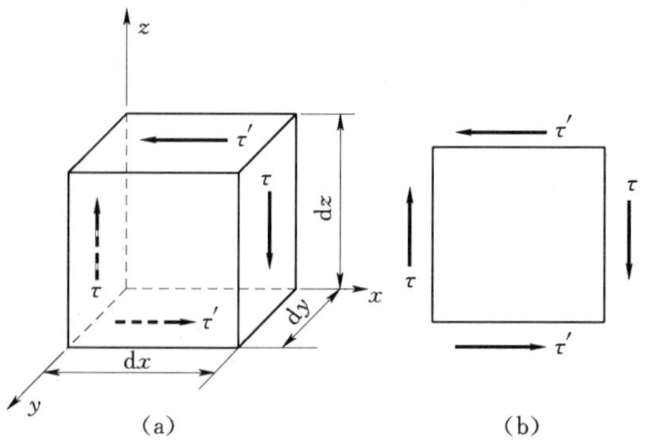

图 8.7

$$(\tau'\mathrm{d}x\mathrm{d}y)\mathrm{d}z=(\tau\mathrm{d}y\mathrm{d}z)\mathrm{d}x$$

故有

$$\tau'=\tau \tag{8.12}$$

这一关系称为**切应力**成对**互等定理**。表明在单元体互相垂直的截面上的切应力数值相等，它们均指向或背离两截面的交线。

式（8.12）表明，在单元体互相垂直的平面上，切应力必然成对存在且数值相等，两者都垂直于两平面的交线，其方向均共同指向或背离该交线。这个结论称为**切应力互等定理**。该定理在有正应力存在的情况下同样适用，具有普遍意义。

图 8.7（a）所示的单元体在其两对相互垂直的平面上只有切应力而无正应力，称单元体处于**纯剪切应力状态**。由于这种单元体的前、后两平面上无任何应力，故可将其改用

平面图加以表示，如图 8.7（b）所示。

例 8.3 实心圆轴的直径 $D=100mm$，长 $l=1m$，两端受外力偶矩 $M_e=14kN\cdot m$ 作用，如图 8.8 所示。设材料的剪切弹性模量 $G=80GPa$。试求：(1) 杆内阴影截面上 A、B、C 3 点处的切应力数值及方向（$\rho_C=25mm$）；(2) 杆内最大切应力 τ_{max}。

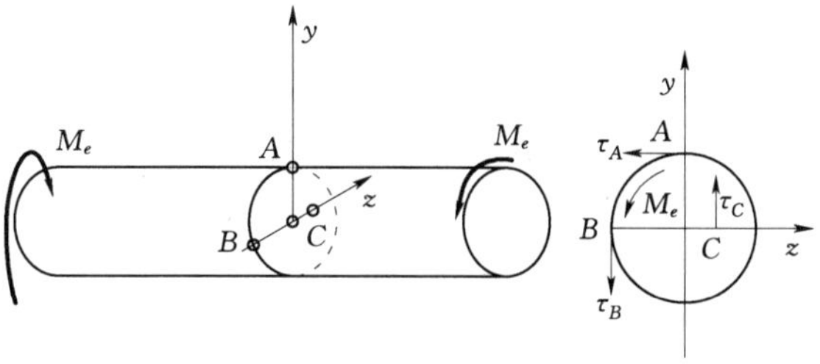

图 8.8

解 (1) 由截面法，易求得轴任意截面的扭矩均为 $M_x=M_e$

$$\tau_A=\frac{M_x}{I_p}\rho_A=\frac{14\times10^3}{\frac{\pi\times100^4}{32}\times10^{-12}}\times50\times10^{-3}=71.4\times10^6(\mathrm{Pa})=71.4\mathrm{MPa},\ I_B=\frac{M_x}{I_p}\rho_B=71.4\mathrm{MPa}$$

$$\tau_C=\frac{M_x}{I_p}\rho_C=\frac{14\times10^3}{\frac{\pi\times100^4}{32}\times10^{-12}}\times25\times10^{-3}=35.7(\mathrm{MPa})$$

截面扭矩为正号扭矩，由静力等效的关系知，切应力方向为 τ_A 水平向左，τ_B 铅垂向下，τ_C 竖直向上，如图 8.8 所示。

(2) 因为该圆轴是等直圆轴，且各截面 M_x 相等，因此，轴内最大切应力即为任意截面最外缘的切应力。

$$\tau_{max}=\tau_A\tau_B=71.4\mathrm{MPa}$$

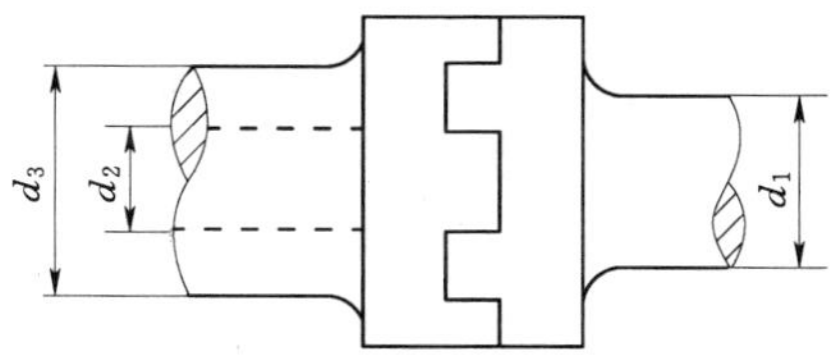

图 8.9

例 8.4 实心圆轴与空心圆轴通过牙嵌式离合器相连，并传递功率，如图 8.9 所示。已知轴的转速 $n=1000r/min$，传递的功率 $P=7.5kW$。若两传动轴横截面上的最大切应力均等于 40MPa，并且已知空心轴的内、外直径之比 $a=0.5$。试确定实心轴的直径与空心轴的外直径。

解 由于两传动轴的转速与传递的功率相等，故二者承受相同的外加扭转力偶矩，横截面上的扭矩也因而相等。

$$M_x=M_e=\left(9549\times\frac{7.5}{100}\right)\mathrm{N\cdot m}=716.2\mathrm{N\cdot m}$$

设实心轴的直径为 d_1，空心轴的内、外直径分别为 d_2 和 d_3。对于实心轴，根据式 (8.10) 和已知条件，有

$$\tau_{max}=\frac{M_x}{W_x}=\frac{16M_x}{\pi d_1^3}\leqslant40\mathrm{MPa}$$

由此求得

$$d_1=\sqrt[3]{\frac{16\times716.2\mathrm{N\cdot m}}{\pi\times40\times10^6\mathrm{N/m^2}}}=0.045\mathrm{m}=45\mathrm{mm}$$

对于空心轴，根据

$$\tau_{\max}=\frac{M_x}{W_x}=\frac{16M_x}{\pi d_3^3(1-a^4)}\leqslant 40\text{MPa}$$

算得

$$d_3\geqslant\sqrt[3]{\frac{16\times 716.2\text{N}\cdot\text{m}}{\pi\times(1-0.5^4)\times 40\times 10^6\text{N/m}^2}}=0.046\text{m}=46\text{mm}$$

$$d_2=0.5d_3=23\text{mm}$$

二轴的横截面面积之比为

$$\frac{A_1}{A_2}=\frac{d_1^2}{d_3^2(1-a^2)}=\left(\frac{45\times 10^{-3}\text{m}}{46\times 10^{-3}\text{m}}\right)^2\times\frac{1}{1-0.5^2}=1.28$$

可见，如果轴的长度相同，在最大切应力相同的情形下，实心轴所用材料要比空心轴多。

8.3.3 非圆轴自由扭转时横截面上的切应力

1. 截面翘曲——非圆截面杆扭转时的变形特征

由于非圆截面杆不具有轴对称性质，故当杆的横截面转过一角度时，位于固定位置的观察者所看到的截面形状是不同的。

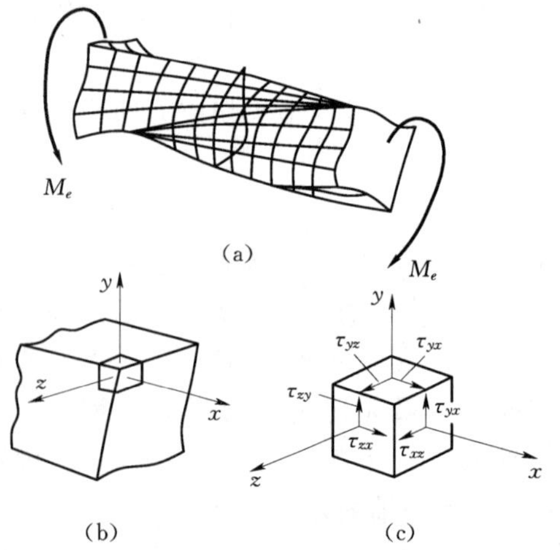

图 8.10

实验结果表明，非圆（正方形、矩形、三角形、椭圆形等）截面杆扭转时，横截面外周线将改变原来的形状，并且不再位于同一平面内。由此推定，杆横截面将不再保持平面，而发生翘曲。图 8.10（a）所示为一矩形截面杆受扭后发生翘曲的情形。

由于翘曲，非圆截面杆扭转时横截面上的切应力将与圆截面杆有很大差异。

2. 直接由平衡得到的结论

考察图 8.10（a）所示的受扭矩形截面杆上位于角点的微元［图 8.10（b）］。假定微元各面上的切应力如图 8.10（c）所示。由于垂直于 y、z 坐标轴的杆表面均为自由表面（无外力作用），故微元上与其对应面上的切应力均为零，即

$$\tau_{yz}=\tau_{yx}=\tau_{zy}=\tau_{zx}=0$$

根据切应力互等定理，角点微元垂直于 x 轴的面（对应于杆横截面）上，与上述切应力互等的切应力也必然为零，即

$$\tau_{xy}=\tau_{xz}=0$$

采用类似方法不难证明，杆件横截面上沿周边各点的切应力必与周边相切。于是，根据平衡分析，得到下列重要结论：

（1）非圆截面杆扭转时，横截面上周边各点的切应力沿着周边切线方向。

（2）对于有凸角的多边形截面杆，横截面上凸角点处的切应力等于零。

3. 薄膜比拟与切应力表达式

确定非圆截面杆扭转时横截面上的切应力，通常采用弹性力学方法和薄膜比拟法。薄膜比拟是指在与截面形状相同的框架上蒙上弹性薄膜，并在框架一侧施压，则截面上某一点处的切应力方向与对应点处薄膜的水平切线方向相同；切应力数值与该处薄膜的最大倾角存在一定的比例关系。

例如，图 8.11（a）所示为矩形截面杆扭转时的薄膜比拟。设 K 为矩形截面上的任意点，K'为薄膜上与点 K 相对应的点。点 K'处薄膜的水平切线方向即为点 K 处切应力作用线方向；点 K'处薄膜的最大倾角与点 K 的切应力数值存在着一定的比例关系。而作用在杆件横截面上的扭矩则与薄膜与框架所在平面之间的体积成比例。

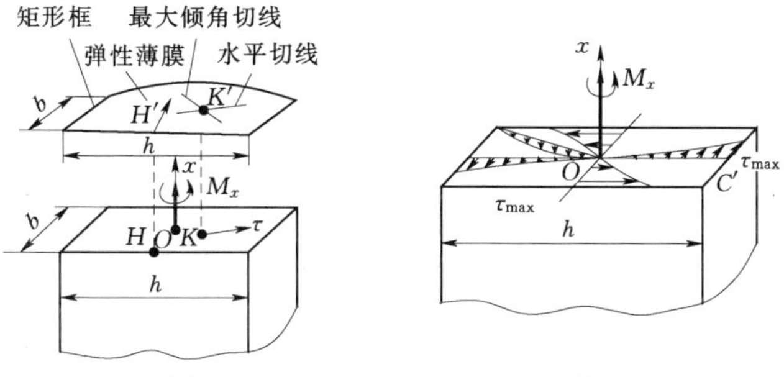

图 8.11

根据薄膜比拟的结果，可以得到矩形截面上切应力分布，如图 8.11（b）所示。从薄膜比拟的结果可知，薄膜上与截面长边中点 H 对应的点 H'处的倾角最大。这表明，最大切应力发生在矩形截面的长边中点处。其值为

$$\tau_{\max}=\frac{M_x}{C_1 hb^2} \tag{8.13}$$

在短边中点处，切应力为

$$\tau=C_1'\tau_{\max} \tag{8.14}$$

式中，C_1 和 C_1'为与长、短边尺寸之比 h/b 有关的因数。

表 8.1 所列为若干 h/b 值下的 C_1 和 C_1'数值。

当 $h/b>10$ 时，截面变得狭长，这时 $C_1=0.333\approx1/3$，于是，式（8.13）变为

$$\tau_{\max}=\frac{3M_x}{hb^2} \tag{8.15}$$

这时，沿宽度 b 方向的切应力可近似视为线性分布。

矩形截面杆横截面单位扭转角由式（8.16）计算，即

$$\theta=\frac{M_x}{Ghb^3\left[\frac{1}{3}-1.21\frac{b}{h}\left(1-\frac{b^4}{12h^4}\right)\right]} \tag{8.16}$$

表 8.1　　矩形截面杆扭转切应力公式中的因数

h/b	C_1	C_1'
1.0	0.208	1.000
1.5	0.231	0.895
2.0	0.246	0.795
3.0	0.267	0.766
4.0	0.282	0.750
6.0	0.299	0.745
8.0	0.307	0.743
10.0	0.312	0.743
∞	0.333	0.743

4. 开口薄壁截面杆的扭转

工程中广泛采用薄壁杆件。薄壁杆件横截面的壁厚平分线称为中线。若中线是一条不闭合的线，这种杆称为开口薄壁截面杆，如图 8.12（a）～（e）所示；若中线是一条闭合线，这种杆称为闭口薄壁截面杆，如图 8.12（f）所示。由于土建和水利工程中常用到开口薄壁截面杆，故下面仅介绍这类杆在自由扭转时的应力和变形。

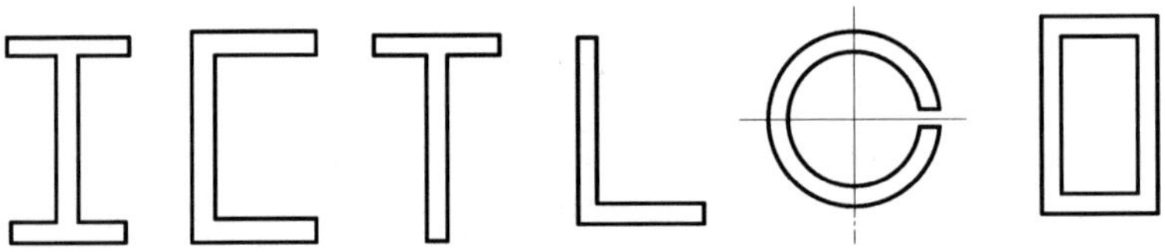

图 8.12

开口薄壁截面杆的横截面可看成是由若干狭长的矩形截面组成。当杆受扭转时，横截面上的总扭矩为 M_x，设 h_i 和 δ_i 分别为每个狭长矩形截面的长边和短边，由静力学的力矩合成原理并从几何、物理方面进行分析，可推导出横截面和各狭长矩形的单位长度扭转角为

$$\theta = \theta_i = \frac{M_x}{\dfrac{G}{3}\sum_{i=1}^{n} h_i\delta_i} \tag{8.17}$$

每个狭长矩形上的最大切应力为

$$\tau_{\max i} = \frac{M_x}{\dfrac{1}{3}\sum_{i=1}^{n} h_i\delta_i^3}\delta_i \tag{8.18}$$

横截面上的最大切应力发生在厚度 δ_i 最大的狭长矩形的长边中点处。其值为

$$\tau_{\max} = \frac{M_x}{\dfrac{1}{3}\sum_{i=1}^{n} h_i\delta_i^3}\delta_{\max} \tag{8.19}$$

可以证明，形状和尺寸相同的闭口薄壁截面与开口薄壁截面相比，在相同的外力偶矩作用下，前者所产生的最大切应力和最大扭转角比后者小得多，即闭口薄壁截面形式的受力和变形性能比开口薄壁截面好。

8.4 平面弯曲梁横截面的应力与应变

平面弯曲梁横截面上一般有剪力 F_Q 和弯矩 M 两个内力分量，它们是横截面上分布内力的合力。剪力 F_Q 与横截面相切，只切向分布的内力才能合成；弯矩 M 作用在与横截面垂直的纵向对称面内，它只能由法向分布的内力才能合成。因此，梁平面弯曲时横截面上一般既有正应力 σ 又有切应力 τ，如图 8.13 所示。

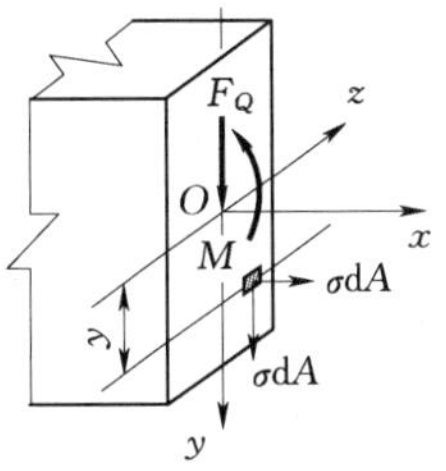

图 8.13

当梁横截面上剪力 F_Q 和弯矩 M 已知时，由于正应力和切应力在梁横截面上的分布规律未知，依据以上两式无法求出一点的正应力和切应力，下面建立正应力 σ 和切应力 τ 的计算公式。

8.4.1 直梁平面弯曲时横截面上的正应力与应变

图 8.14 所示是承受两个集中荷载 $\boldsymbol{F}$ 作用的简支梁，其荷载和梁的支座反力都作用在梁的纵向对称平面内，其剪力图和弯矩图如图 8.14 所示。CD 段各个截面上没有剪力作用，弯矩都为 Fa，这种横截面上只有弯矩而无剪力的梁段叫做**纯弯曲**梁段，AC 或 BD 段既有弯矩又有剪力作用，这种梁段称为**横力弯曲**梁段。

为了研究方便起见，取矩形截面梁为对象，如图 8.15 所示，先研究纯弯曲梁横截面上的正应力分布规律，然后再讨论梁弯曲的一般情况下横截面上的正应力分布规律。

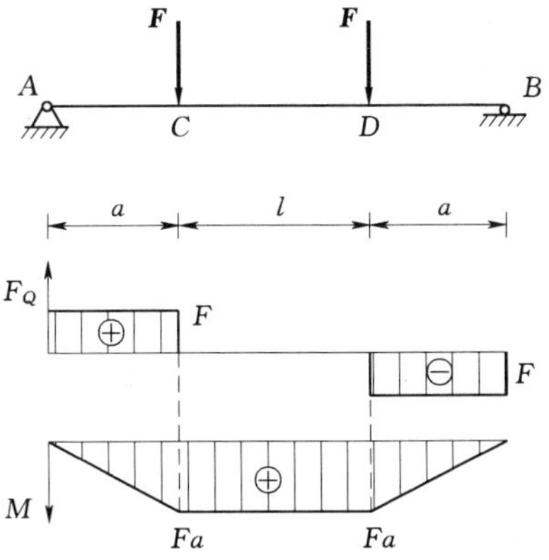

图 8.14

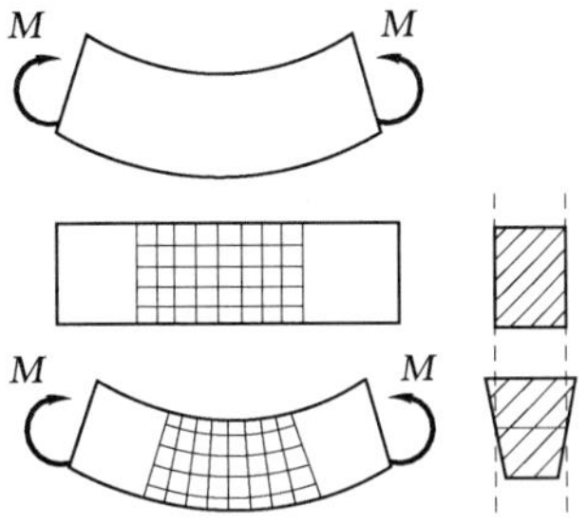

图 8.15

1. 几何方面

先通过试验观察纯弯曲梁的变形情况：取一等直的矩形截面梁如图 8.15 所示，在其侧面画有由平行梁轴和垂直于梁轴的直线组成的小方格，在梁的两端施加大小为 M 的力偶，使梁处于纯弯状态。观察矩形截面梁纯弯曲变形现象，从图 8.15 中可以看到：

其一，所有纵向线变成了曲线，靠近上部的缩短，靠近下部的伸长；其二，所有横向线仍保持为直线，只是互相倾斜了一个角度，且仍垂直于变形后的纵向线；其三，原矩形横截面上部变宽，下部变窄。

根据以上现象，可以作出以下推断与假设：

(1) 平截面假设。变形前为平面的梁横截面，变形后仍为平面，只是绕某轴转动了一个角度，且仍垂直于变形后的梁轴线。

(2) 各纵向纤维单向受拉（压）变形假设。各纵向纤维单向受拉（压）变形，且纵向纤维间无挤压变形。

(3) 各纵向纤维的变形与它沿梁截面宽度方向的位置无关。即梁横截面上处于同一高度处的纵向纤维变形都相同。

设想梁是由无数根纵向纤维组成的，梁在正弯矩作用下，靠近顶面的纵向纤维缩短，靠近底面的纵向纤维伸长，由连续性假设知，从梁顶部到底部的纵向纤维由缩短到伸长是连续变化的。所以，其间必有一层纵向纤维既不伸长也不缩短，该层称为**中性层**。中性层与横截面的交线称为**中性轴**，如图 8.16 所示。这样，中性轴将梁的横截面分成了两个区域，中性轴以上的为受压区，中性轴以下为受拉区。

为了进一步分析，建立图 8.17 所示坐标系，以平面梁纵向轴线为 x 轴，以横截面纵向对称轴为 y 轴，取 y 轴向下为正，以横截面中性轴为 z 轴。

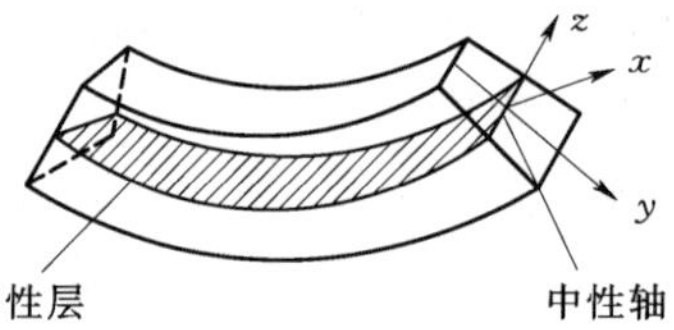

图 8.16

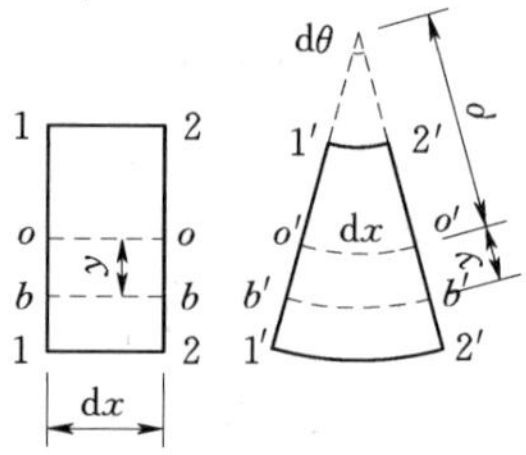

图 8.17

在图 8.17 中取相隔 $\mathrm{d}x$ 的梁段如图 8.18 所示，oo 在中性层上，bb 距中性层为 y。变形后中性层的曲率半径为 ρ，相距为 $\mathrm{d}x$ 的两横截面的夹角为 $\mathrm{d}\theta$，那么 bb 处纵向纤维的线应变为

$$\varepsilon_x=\frac{b'b'-\overline{bb}}{\overline{bb}}=\frac{(\rho+y)\mathrm{d}\theta-\mathrm{d}x}{\rho\mathrm{d}\theta}=\frac{(\rho+y)\mathrm{d}\theta-\rho\mathrm{d}\theta}{\rho\mathrm{d}\theta}=\frac{y}{\rho} \tag{8.20}$$

$$\begin{aligned}\varepsilon_x(y,z)&=\lim_{\Delta x\to 0}\frac{(\rho+y)\cdot\Delta\theta-\Delta x}{\Delta x}=\lim_{\Delta\theta\to 0}\frac{(\rho+y)\cdot\Delta\theta-\rho\cdot\Delta\theta}{\rho\cdot\Delta\theta}\\&=\frac{(\rho+y)\cdot\mathrm{d}\theta-\rho\cdot\mathrm{d}\theta}{\rho\cdot\mathrm{d}\theta}\\&=\frac{y}{\rho}\end{aligned}$$

上式表明，横截面上某点的纵向应变与该点到中性轴的距离成正比。可以看出，对于在外力作用下处于平衡状态的梁，ρ 是一个定值，ρ 的大小与构成梁的材料、梁的形状、尺寸大小及作用在横截面的弯矩 M_z 有关。

2. 物理关系

由于纵向纤维间无挤压，每一纵向纤维都只在纵向受拉伸或压缩。在线弹性范围内，

其应力—应变关系服从胡克定律，即

$$\sigma_x(y,z)=E\varepsilon_x(y,z)=E\,\frac{y}{\rho} \tag{8.21}$$

式（8.21）表示梁横截面上任一点处的正应力 $\sigma_x(y,\ z)$ 的大小与该点到中性轴的距离 y 成正比，即弯曲正应力 σ 沿梁截面高度按图 8.18 所示直线关系分布。式（8.21）中隐含了材料的拉伸和压缩弹性模量相等的假定。

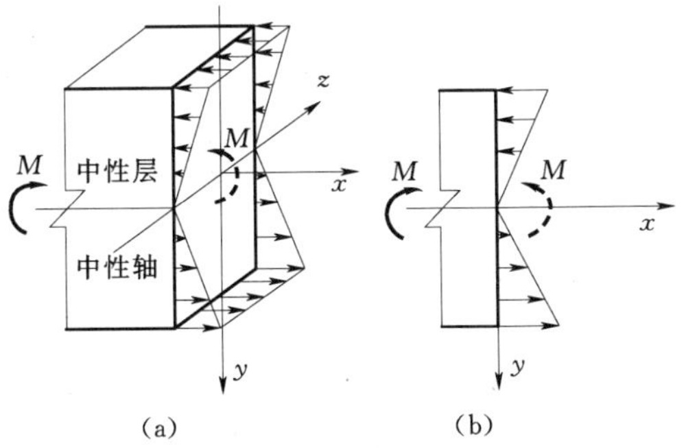

图 8.18

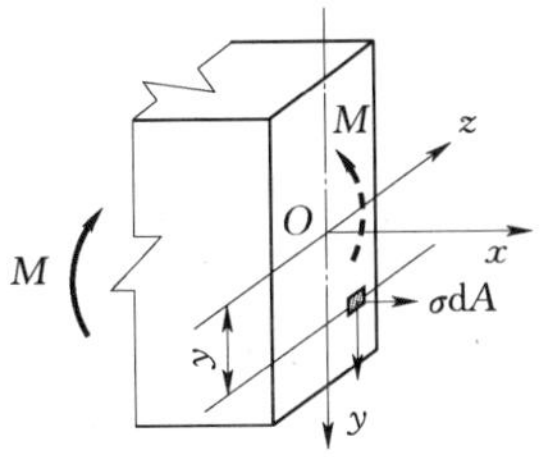

图 8.19

3. 静力关系

如图 8.19 所示，考虑长为 dx 梁段的平衡，有以下 3 个平衡方程：

$$\sum F_{ix}=0,F_N=0=\int_A \sigma \mathrm{d}A \tag{8.22}$$

$$\sum M_y=0,M_y=0=\int_A z\sigma \mathrm{d}A \tag{8.23}$$

$$\sum M_z=0,M_z=M=\int_A y\sigma \mathrm{d}A \tag{8.24}$$

将式（8.20）代入式（8.22）～式（8.24），并根据 8.6 节有关的截面几何参数的定义，可得

$$F_N=\int_A \sigma \mathrm{d}A=\int_A E\,\frac{y}{\rho}\mathrm{d}A=\frac{E}{\rho}\int_A y\mathrm{d}A=\frac{E}{\rho}S_z=0 \tag{8.25}$$

$$M_y=\int_A z\sigma \mathrm{d}A=\int_A zE\,\frac{y}{\rho}\mathrm{d}A=\frac{E}{\rho}\int_A yz\mathrm{d}A=\frac{E}{\rho}I_{yz}=0 \tag{8.26}$$

$$M_z=\int_A y\sigma \mathrm{d}A=\int_A E\,\frac{y^2}{\rho}\mathrm{d}A=\frac{E}{\rho}\int_A y^2\mathrm{d}A=\frac{E}{\rho}I_z=M \tag{8.27}$$

式（8.25）要成立，由于 $\dfrac{E}{\rho}\neq 0$，故必有 $S_z=0$。S_z 称为截面图形对 z 轴的静矩，从 8.6 节可知，若 $S_z=0$，则 z 轴必定通过横截面形心，这样就可以确定中性轴的位置，因为只有中性轴在合适的位置时，才能使横截面上的正应力 σ 所合成的拉力和压力在数值上相等。

式（8.26）是自动满足的，因为 y 轴是横截面的对称轴，从 8.6 节可知，$I_{yz}=0$。I_{yz} 称为截面图形对 y 轴和 z 轴的惯性积。惯性积为零的一对垂直轴称为主惯性轴。在平

面弯曲中，由于 y 轴是截面的对称轴，故这一条件自然满足。即可以看出在 y 轴左、右两侧对称位置处的正应力 σ_x（分布内力）对 y 轴的矩必定数值相等但转向相反。因此，整个横截面上正应力 σ 对 y 轴的矩 $M_y=0$。

由式（8.27）可得中性层曲率的表达式为

$$\frac{1}{\rho}=\frac{M}{EI_z} \tag{8.28}$$

由图 8.17 知，$\frac{1}{\rho}=\frac{\mathrm{d}\theta}{\mathrm{d}x}$，代入式（8.28）得

$$\frac{1}{\rho}=\frac{\mathrm{d}\theta}{\mathrm{d}x}=\frac{M}{EI_z} \tag{8.29}$$

将式（8.28）代入式（8.21）得

$$\sigma_x(y,z)=E\frac{y}{\rho}=Ey\cdot\frac{M}{EI_z}=\frac{M}{I_z}y$$

即得等截面直梁在纯弯曲时横截面上任一点处正应力计算式为

$$\sigma_x(y,z)=\frac{M}{I_z}y \tag{8.30}$$

式中，M 为横截面上的弯矩；I_z 为横截面对中性轴的惯性矩，$I_z=\int_A y^2\mathrm{d}A$，其值与横截面的形状和尺寸有关，常用单位为 mm^4 或 m^4；y 为所求应力的点到中性轴 z 的距离。

利用式（8.30）在具体计算中，将弯矩 M 和坐标 y 按规定的正负号代入，所得的正应力 σ 若为正值，即为拉应力，若为负值则为压应力。

由式（8.19）知梁截面上最大正应力发生在离中性轴最远处。设 $y_{\max}$ 为最远点到中性轴的距离，则最大正应力为

$$\sigma_{\max}=\frac{My_{\max}}{I_z} \tag{8.31}$$

引用记号

$$W_z=\frac{I_z}{y_{\max}} \tag{8.32}$$

则有

$$\sigma_{\max}=\frac{M}{W_z} \tag{8.33}$$

式中，W_z 为抗弯截面系数，它只与截面的几何形状有关，其值与横截面的形状和尺寸有关，常用单位为 mm^3 或 m^3。

对于矩形、圆形及圆环形等常见简单截面的惯性矩 I_z 和抗弯截面系数 W_z 列于表 8.2 中以备查用，型钢截面的惯性矩和抗弯截面系数可由型钢规格表查得，其他形式截面惯性矩和抗弯截面系数的计算参见 8.6 节。

表 8.2　　　　　　　　　　常见简单截面的惯性矩与抗弯截面系数

截面	惯性矩	抗弯截面系数
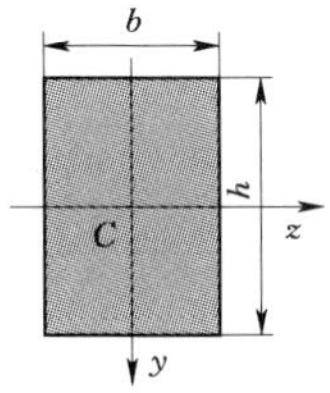	$I_z=\frac{bh^3}{12}$ $I_y=\frac{hb^3}{12}$	$W_z=\frac{bh^2}{6}$ $W_y=\frac{hb^2}{6}$
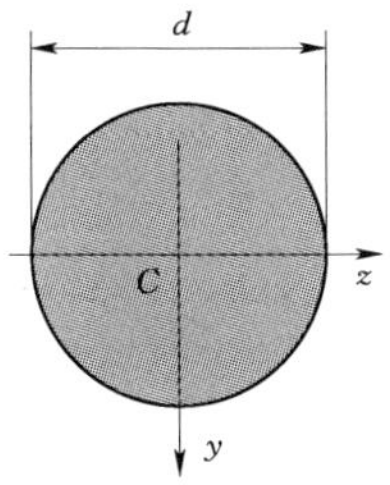	$I_y=I_z=\frac{\pi d^4}{64}$	$W_y=W_z=\frac{\pi d^3}{32}$
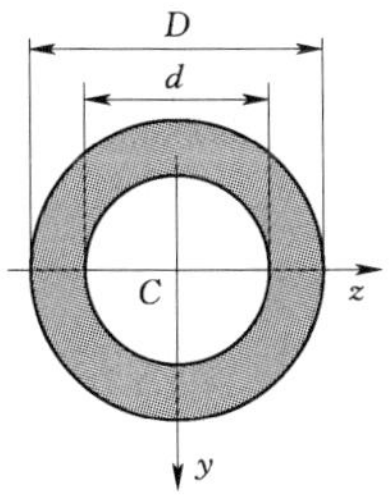	$I_y=I_z$ $=\frac{\pi D^4\ (1-\alpha^4)}{64}$ $\left(\alpha=\frac{d}{D}\right)$	$W_y=W_z$ $=\frac{\pi d^3\ (1-\alpha^4)}{32}$ $\left(\alpha=\frac{d}{D}\right)$

4. 正应力公式的使用条件

（1）由正应力计算式（8.30）的推导过程可知，它的适用条件是：①纯弯曲平面梁；②梁的最大正应力 σ 不超过梁所用材料的比例极限 σ_P，梁所用材料在拉伸和压缩时的弹性模量相等；③材料纵向纤维互不挤压。

（2）由矩形截面推导出的式（8.30），也适用于圆形、“工”字形、T 形、圆环形等其他截面形式的梁。

（3）横力弯曲是弯曲问题中最常见的情况，在这种情况下，梁横截面上不仅有正应力存在，而且还有切应力的存在。截面上存在的从上到下各点不均匀的切应力将引起横截面不均匀的错动，因此，横截面不可能再保持为平面。而且由于横向力的存在，将引起梁纵向纤维间的相互挤压，因此，对于横力弯曲，纯弯曲时关于变形的两个假设均不成立。即切应力的存在对正应力的分布规律有影响。弹性理论的精确分析说明，这种影响与梁的跨高比 l/h 有关，跨高比 l/h 越大，影响越小。即梁越是细长，影响越小。$l/h>5$ 时，横力弯曲时可近似地用纯弯曲时的正应力计算式（8.30）计算弯曲正应力。

例 8.5　悬臂梁荷载及几何尺寸如图 8.20 所示，且已知 $I_z=405\times10^{-6}\text{m}^4$，试求：（1）1—1 截面上 A、B、C、D 4 点的正应力；（2）求梁横截面上的最大正应力。

解　（1）画出梁的弯矩图如图 8.20（c）所示。

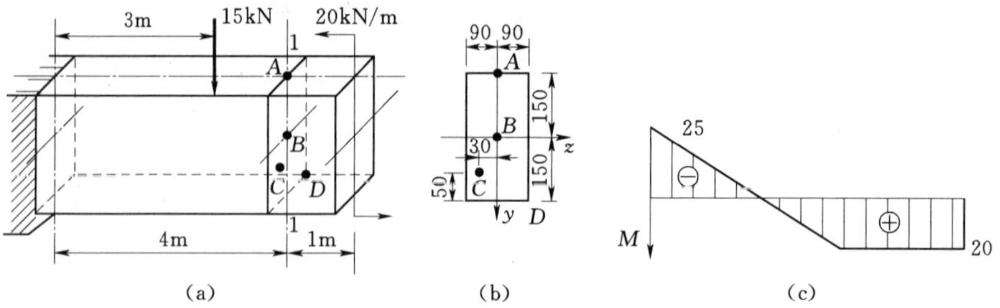

图 8.20

（2）计算 A、B、C、D 4 点的正应力。

$M_{1-1}=20\text{kN}\cdot\text{m}$

$$\sigma_A=\frac{M_{1-1}}{I_z}y_A=\frac{20\times10^3}{405\times10^{-6}}\times(-150\times10^{-3})=-7.41\times10^6=-7.41(\text{MPa})$$

$\sigma_B=0$　中性轴上

$$\sigma_C=\frac{M_{1-1}}{I_z}y_C=\frac{20\times10^3\times100\times10^{-3}}{405\times10^{-6}}=4.93\times10^6=4.93(\text{MPa})$$

$$\sigma_D=\frac{M_{1-1}}{I_z}y_D=7.41\text{MPa}$$

（3）求最大正应力。

对任一截面而言，最大正应力发生在最上缘或最下缘，对全梁而言，最大正应力发生在最大弯矩所在截面的最上缘或最下缘。

$$\sigma_{\max}=\frac{M_{\max}}{I_z}y_{\max}=\frac{25\times10^3}{405\times10^{-6}}150\times10^{-3}=9.26\times10^6(\text{Pa})=9.26\text{MPa}$$

最大拉应力发生在截面最上缘，最大压应力发生在截面最下缘。

例 8.6　求图 8.21 所示梁的最大拉应力和最大压应力，截面中性轴的位置如图 8.21（b）所示，$I_z=40.3\times10^{-6}\text{m}^4$。

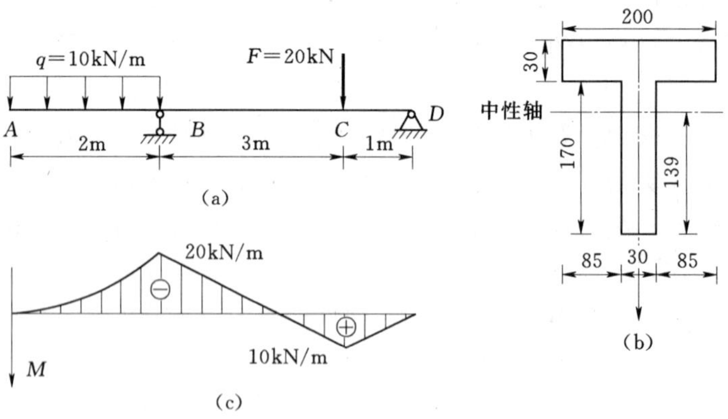

图 8.21

解　（1）画弯矩图，如图 8.21（c）所示。

(2) 求最大拉应力与最大压应力。

B 截面承受负弯矩，中性轴以上部分受拉、以下部分受压。

$$\sigma_{B1\max}=\frac{M_B}{I_z}\cdot y_1=\frac{-20\times10^3}{40.3\times10^{-6}}\times(-61\times10^{-3})=30.2(\text{MPa})(拉)$$

$$\sigma_{B2\max}=\frac{M_B}{I_z}\cdot y_2=\frac{-20\times10^3}{40.3\times10^{-6}}\times139\times10^{-3}=-69(\text{MPa})(压)$$

C 截面承受正弯矩，中性轴以上部分受压、以下部分受拉。

$$\sigma_{C1\max}=\frac{M_B}{I_z}\cdot y_1=\frac{10\times10^3}{40.3\times10^{-6}}\times(-61\times10^{-3})=-15.1(\text{MPa})(压)$$

$$\sigma_{C2\max}=\frac{M_B}{I_z}\cdot y_2=\frac{10\times10^3}{40.3\times10^{-6}}\times139\times10^{-3}=34.5(\text{MPa})(拉)$$

比较可知，最大拉应力在 C 截面下边缘处，大小为 $\sigma_{t\max}=\sigma_{C2\max}=34.5\text{MPa}$；最大压应力在 B 截面下边缘处，大小为 $\sigma_{C\max}=|\sigma_{B2\max}|=69\text{MPa}$。

由上所知，对于 T 形截面梁，最大拉应力与最大压应力有可能不在同一截面上，其原因是中性轴不是对称轴。中性轴为对称轴时，$\sigma_{t\max}$ 与 $\sigma_{C\max}$ 在同一截面上，即在 $|M|_{\max}$ 所在的面上。

8.4.2 梁横截面上的切应力

如图 8.22 所示，在横力弯曲梁段的横截面上既有正应力又有切应力。对于正应力的计算可以用式 (8.30)，对于切应力的计算就是本节研究的内容。

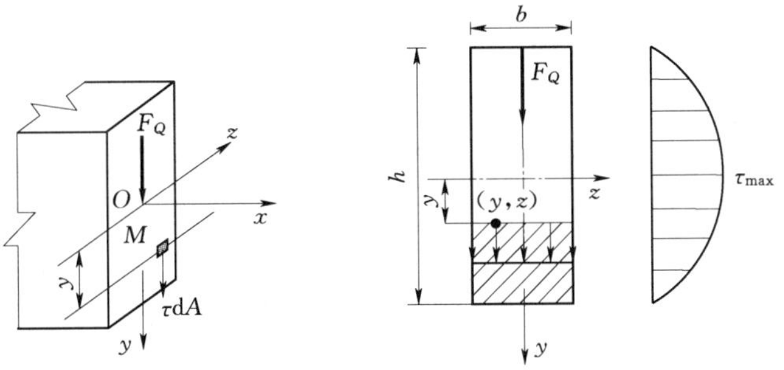

图 8.22

1. 矩形截面梁横截面上的切应力分布规律

图 8.22 所示为矩形截面，截面高为 h，宽为 b，截面上有沿 y 轴方向作用的剪力 F_Q。若此矩形截面梁的高度 h 大于宽度 b，则可作以下两个假设：

(1) 截面上任何点处的切应力 τ 方向与横截面的侧边平行，与剪力同向。

(2) 切应力沿横截面宽度均匀分布，即距中性轴等距离处的各点的切应力相等。

根据弹性力学进一步的研究可知，以上两条假设，对于高度为 h 大于宽度 b 的矩形截面是足够准确的。有了上述两条假设，利用切应力互等定律，仅通过静力平衡条件，便可导出切应力的计算公式，即

$$\tau_{xy}(y,z)=\frac{F_QS_z^*}{I_zb}\tag{8.34}$$

$$\gamma_{xy}(y,z)=\frac{F_Q S_z^*}{GI_z b}$$

这就是弯曲切应力的一般表达式。

式中，s_z^* 为横截面上所求切应力作用点的水平横线以下（或以上）部分截面积对中性轴的面积矩；F_Q 为所要求切应力横截面上的剪力；b 为所求切应力点处的截面厚度；I_z 为横截面对中性轴的惯性矩。

对矩形截面梁，有

$$S_z^*=A^* y_C^*=b\left(\frac{h}{2}-y\right)\left[y+\frac{\frac{h}{2}-y}{2}\right]=\frac{b}{2}\left(\frac{h^2}{4}-y^2\right)$$

$$I_z=\frac{bh^3}{12}$$

代入式（8.34）得

$$\tau=\frac{6F_Q}{bh^3}\left(\frac{h^2}{4}-y^2\right) \tag{8.35}$$

可见，矩形截面梁横截面上的切应力沿截面高度按抛物线规律分布，上、下边缘点处切应力为零，中性轴处切应力最大。

2. 工程中常用截面的最大弯曲切应力

（1）矩形截面梁的最大弯曲切应力。

将 $y=0$ 代入式（8.35）后化简得

$$\tau_{\max}=\frac{3}{2}\frac{F_Q}{bh}=\frac{3}{2}\frac{F_Q}{A}=1.5\,\bar{\tau} \tag{8.36}$$

如图 8.22 所示。

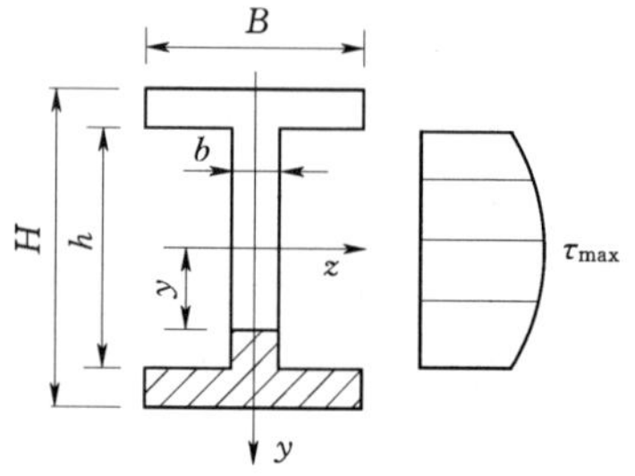

图 8.23

（2）“工”字形截面梁的最大弯曲切应力。

“工”字形截面梁由腹板和翼缘组成（图 8.23）。横截面上的剪力绝大多数由腹板承担，极少数由翼缘承担。对于腹板上的切应力仍可由公式计算，腹板上的最大切应力可由式（8.37）计算，即

$$\tau_{\max}=\frac{F_Q}{b(I_z/S_{z\max}^*)} \tag{8.37}$$

式中，b 为工字钢腹板厚度；F_Q 为横截面上的剪力；I_z 为整个截面对中性轴 z 的惯性矩；$S_{z\max}^*$为阴影面积对中性轴 z 的面积矩。

（3）圆形截面梁的最大弯曲切应力。

半径为 R 的圆截面梁，其最大切应力为

$$\tau_{\max}=\frac{4}{3}\frac{F_Q}{\pi R^2}=\frac{4}{3}\frac{F_Q}{A}=\frac{4}{3}\,\bar{\tau} \tag{8.38}$$

例 8.7 求图 8.24 所示 1—1 截面上的 D 与 E 点的切应力以及梁的最大切应力。

解 先画出其剪力图如图 8.24（c）所示。

求梁的切应力 D 点：

$$S_z=y_C\cdot A=60\times20\times40=48000(\text{mm}^3)$$

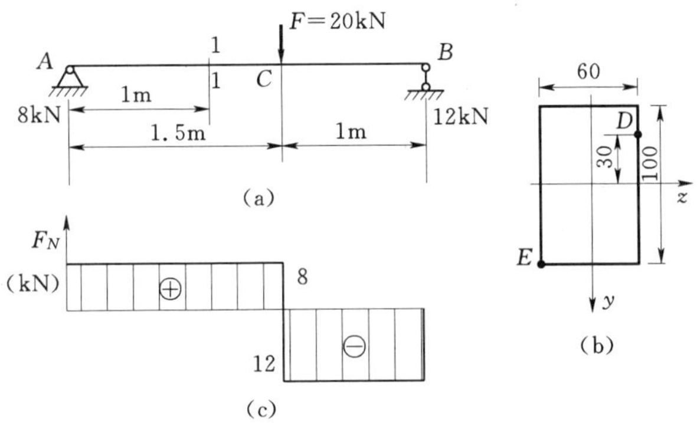

图 8.24

$$I_z=\frac{bh^3}{12}=\frac{60\times100^3}{12}=5\times10^6(\text{mm}^4)$$

$$\tau=\frac{F_Q S_z^*}{I_z b}=\frac{12\times10^3\times48000}{5\times10^6\times60}=1.92(\text{MPa})$$

E 点：$S_z=y_C\cdot A=0$，$\tau=0$

最大切应力为

$$\tau_{\max}=\frac{3}{2}\frac{F_{Q\max}}{bh}=\frac{3}{2}\times\frac{12\times10^3}{60\times100}\text{MPa}=3\text{MPa}$$

例 8.8 图 8.25 所示矩形截面简支梁。试求 1—1 截面上 a、b 两点的切应力。梁横截面尺寸单位为 mm。

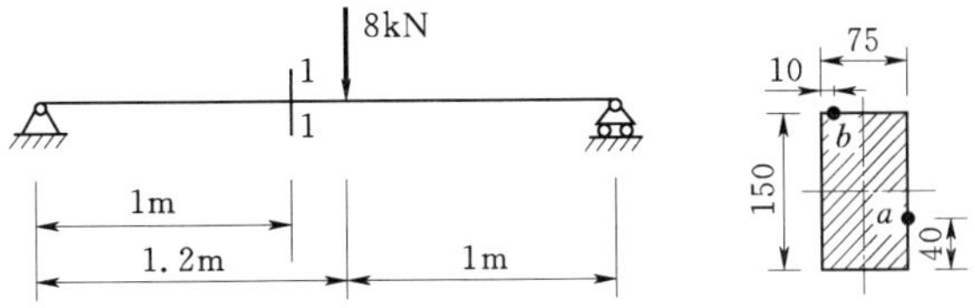

图 8.25

解 (1) 求 1—1 截面上的剪力。

$\sum M_B=0, F_{Ay}\times2.2-8\times1=0$，

$$F_{Ay}=\frac{40}{11}\text{kN}$$

所以 1—1 截面上的剪力为 $F_{Q1-1}=\dfrac{40}{11}\text{kN}$

(2) 求 1—1 截面上 a、b 两点的应力。

$$I_z=\frac{75\times150^3\times10^{-12}}{12}=21.09\times10^{-6}\text{m}^4$$

$$\tau_a=\frac{F_{Q1-1}S_z^*}{bI_z}=\frac{\frac{40}{11}\times10^3\times\left[75\times40\times\left(\frac{150}{2}-\frac{40}{2}\right)\times10^{-9}\right]}{75\times10^{-3}\times21.09\times10^{-6}}\text{Pa}=0.38\text{MPa}$$

$\tau_b=0$

8.5 组合受力构件横截面的应力

上面几节介绍了杆件在特殊力系作用下，发生基本变形情况下相应杆件横截面应力的求解。但在工程实际中也有很多构件常常是在一般力系作用下处于平衡状态，杆件内部产

生的变形是几种基本变形组合的结果，杆件横截面上的内力分量比较多，杆件横截面的应力该如何计算？

在第 5 章中介绍过叠加原理，即结构或构件在小变形的情况下，由多个外力所引起的某一参数（支座反力、内力、应力、变形等）等于每个外力单独作用时所引起的该参数的叠加。

对组合受力问题进行应力计算的步骤如下：

（1）将所有的荷载分解或简化为几个只引起一种基本变形的荷载分量。

（2）分别计算各个荷载分量所引起的应力。

（3）根据叠加原理，将所求得的应力相应叠加，即得到原来荷载共同作用下构件所产生的应力。

下面举例说明。

例 8.9 试求图 8.26（a）所示矩形截面悬臂梁内横截面 B 上 C 点的正应力及 D 点的切应力。

解 （1）求作用于横截面 B 上的内力。

$$M_z=F(l-x)\cos\varphi=24\times7\times\cos30°=84\sqrt{3}(\text{kN}\cdot\text{m})$$

$$M_y=F(l-x)\sin\varphi=24\times7\times\sin30°=84(\text{kN}\cdot\text{m})$$

$$F_{Qy}=F\cos\varphi=24\times\cos30°=12\sqrt{3}(\text{kN})$$

$$F_{Qz}=F\sin\varphi=24\times\sin30°=12(\text{kN})$$

（2）求 C 点正应力。

M_z 作用在 C 点产生正应力为

$$\sigma_{CM1}=\frac{M_zy}{I_z}=\frac{84\sqrt{3}\times10^3\times0.3}{\dfrac{0.3\times0.6^3}{12}}=0.808\times10^6(\text{Pa})=0.808\text{MPa}$$

$$\sigma_{CM2}=\frac{M_yz}{I_y}=\frac{84\times10^3\times0.15}{\dfrac{0.6\times0.3^3}{12}}=9.333(\text{MPa})$$

叠加二者应力即为 C 点正应力，即

$$\sigma_C=\sigma_{CM1}+\sigma_{CM2}=0.808+9.333=10.141(\text{MPa})$$

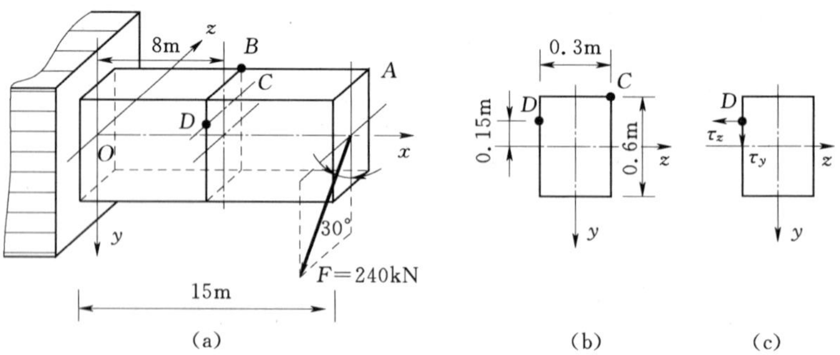

图 8.26

(3) 求 D 点切应力。

F_{Qy} 作用在 D 点产生正应力为

$$\tau_y=\frac{6F_{Qy}}{bh^3}\left(\frac{h^2}{4}-y^2\right)=\frac{6\times10^3\times12\sqrt{3}}{0.3\times0.6^3}\left(\frac{0.6^2}{4}-0.15^2\right)=21.65\times10^3(\text{Pa})$$

$$\tau_z=\frac{6F_{Qz}}{hb^3}\left(\frac{b^2}{4}-z^2\right)=\frac{6\times10^3\times12}{0.6\times0.3^3}\left(\frac{0.3^2}{4}-0.15^2\right)=0(\text{Pa})$$

方向如图 8.26 (c) 所示。

例 8.10 一起重机构如图 8.27 (a) 所示。已知此机构由梁 AB 和拉杆 BC 组成，$AB=3\text{m}$，$\angle ABC=30°$，梁 AB 采用 20 号工字钢。滑车可沿 AB 梁移动。滑车自重与载重共计为 $F=30\text{kN}$，当滑车移动到梁 AB 的中点 D 时。试求梁 AB 上 D 截面的应力分布。

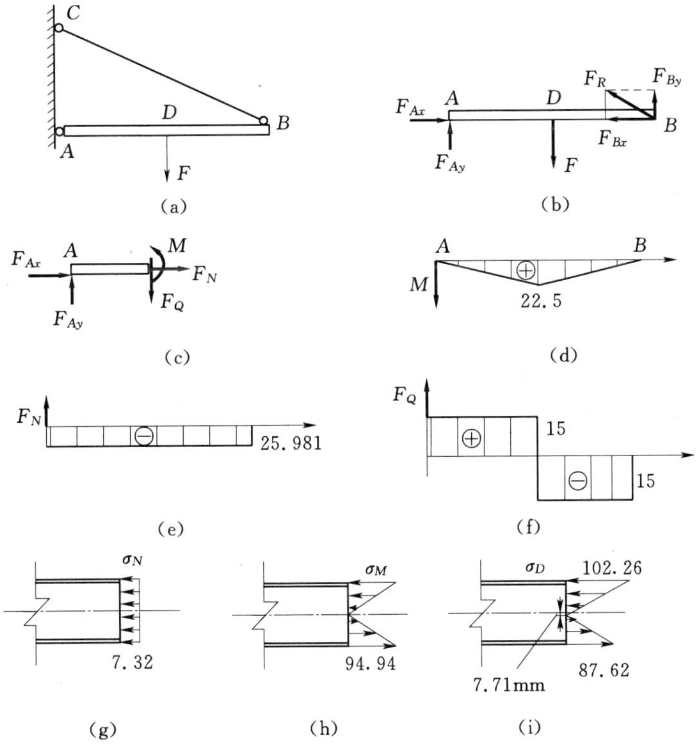

图 8.27

解 (1) 内力分析。由梁 AB 的受力，可以绘出其弯矩图 [图 8.27 (d)]、轴力图 [图 8.27 (e)]、剪力图 [图 8.27 (f)]，由前文知，只有轴力和弯矩会产生正应力，其内力值 $F_{ND}=-25.981\text{kN}$，$M_D=22.5\text{kN}\cdot\text{m}$。

(2) 应力分析。

由型钢规格表查出 20a 号工字钢的截面面积 $A=35.5\text{cm}^2$，$W_z=237\text{cm}^3$，可得选定所有截面上由轴力引起的正应力为

$$\sigma_N=\frac{F_N}{A}=\frac{-25.981\times10^3\text{N}}{35.5\times10^2\times10^{-6}\text{m}^2}=-7.32\times10^6\text{Pa}=-7.32\text{MPa}(\text{压})$$

D 截面上由弯矩引起的最大弯曲拉压应力为

$$\sigma_{\text{Mmax}}=\frac{M_D}{W_z}=\frac{22.5\times10^3\,\text{N}\cdot\text{m}}{237\times10^3\times10^{-9}\,\text{m}^3}=94.94\times10^6\,\text{Pa}=94.94\,\text{MPa}$$

D 截面上轴力引起的应力分布如图 8.27（g）所示，D 截面上弯矩引起的应力分布如图 8.27（h）所示，叠加后可得 D 截面的正应力分布如图 8.27（i）所示。

D 截面上边缘正应力为：$\sigma_{D1}=-\sigma_N-\sigma_M=-7.32-94.94=-102.26$（MPa）（压）

D 截面下边缘正应力为：$\sigma_{D2}=-\sigma_N+\sigma_M=-7.32+94.94=87.62$（MPa）（拉）

由图 8.27（i）可见，对于受弯与受压组合受力构件，与纯弯构件比较，其中性轴位置发生了变化，不再通过截面形心。

8.6 截面图形的几何性质

8.6.1 形心、静矩及其相互关系

任意形状的截面如图 8.28 所示，其截面面积为 A，y 轴和 z 轴为截面所在平面内的坐标轴。在截面中坐标为（y，z）处取一面积元素 $\mathrm{d}A$，则 $y\mathrm{d}A$ 和 $z\mathrm{d}A$ 分别称为该面积元素 $\mathrm{d}A$ 对于 z 轴和 y 轴的**静矩**，静矩也称为**面积矩**或**截面一次矩**。整个截面对 z 轴和 y 轴的静矩用以下两积分表示，即

$$S_z=\int_A y\,\mathrm{d}A,\ S_y=\int_A z\,\mathrm{d}A \tag{8.39}$$

此积分应遍及整个截面的面积 A。

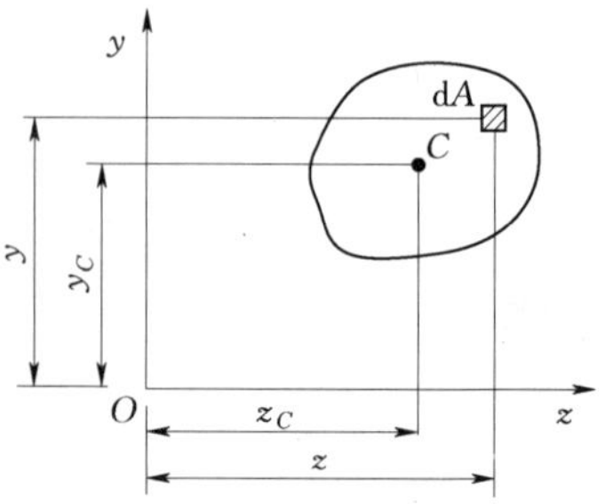

图 8.28

截面的静矩是对于一定的轴而言的，同一截面对于不同的坐标轴其静矩是不同的。静矩可能为正值或负值，也可能等于零，其常用的单位为 m^3 或 mm^3。

如果图 8.28 是一厚度很小的均质薄板，则此均质薄板的重心与该薄板平面图形的形心具有相同的坐标 y_C 和 z_C，可以将 $\mathrm{d}A$ 看作垂直于平面的力，则 $z\mathrm{d}A$ 和 $y\mathrm{d}A$ 分别为 $\mathrm{d}A$ 对于 y 轴和 z 轴的力矩；S_y 和 S_z 则分别为 $\mathrm{d}A$ 对 y 轴和 z 轴之矩，根据合力矩定理可知，则均质等厚薄板重心的坐标 z_C 和 y_C 分别为

$$\begin{cases} z_C=\dfrac{\int_A z\,\mathrm{d}A}{\int_A \mathrm{d}A}=\dfrac{\int_A z\,\mathrm{d}A}{A}=\dfrac{S_y}{A} \\[2ex] y_C=\dfrac{\int_A y\,\mathrm{d}A}{\int_A \mathrm{d}A}=\dfrac{\int_A y\,\mathrm{d}A}{A}=\dfrac{S_z}{A} \end{cases} \tag{8.40}$$

这就是图形形心坐标与静矩之间的关系。

由上述定义可以得出以下结论：

（1）静矩与坐标轴有关，同一平面图形对于不同的坐标轴有不同的静矩。对有些坐标

轴为正，对有些为负；对于通过形心的坐标轴，图形对其的静矩为零。

（2）如果已经计算出静矩，就可以确定形心的位置；反之，如果已知形心位置，就可以计算图形的静矩。

实际计算中，对于简单、规则的图形，其形心位置可以直接判断，如矩形、正方形、圆形、正三角形等图形形心位置是显而易见的。对于组合图形，则先将其分解为若干简单图形（可以直接确定形心位置的图形）；然后由式 $S_z = y_C \cdot A$ 及 $S_y = z_C \cdot A$ 分别计算它们对于给定坐标的静矩，并求代数和，即

$$\begin{cases} S_z = \int_A y\mathrm{d}A = \sum_{i=1}^{n}\int_{A_i} y\mathrm{d}A = \sum_{i=1}^{n} A_i y_{Ci} \\ S_y = \int_A z\mathrm{d}A = \sum_{i=1}^{n}\int_{A_i} z\mathrm{d}A = \sum_{i=1}^{n} A_i z_{Ci} \end{cases} \tag{8.41}$$

再利用式（8.40），可得组合图形的形心坐标为

$$\left.\begin{aligned} y_C = \frac{S_z}{A} = \frac{\sum_{i=1}^{n} A_i y_{Ci}}{\sum_{i=1}^{n} A_i} \\ z_C = \frac{S_y}{A} = \frac{\sum_{i=1}^{n} A_i z_{Ci}}{\sum_{i=1}^{n} A_i} \end{aligned}\right\} \tag{8.42}$$

例 8.11 试计算图 8.29 所示三角形截面对于与其底边重合的 z 轴的静矩。

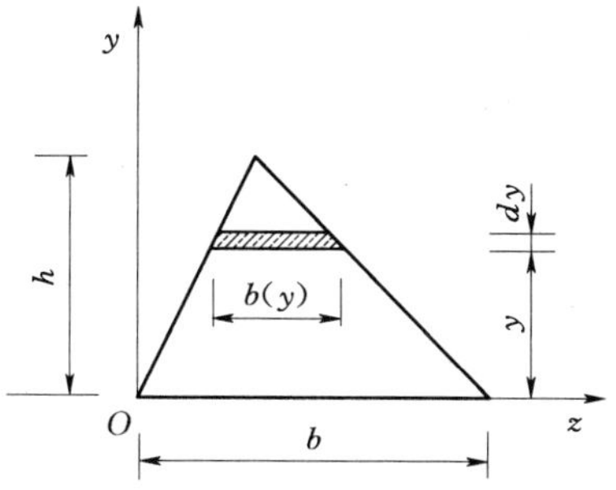

图 8.29

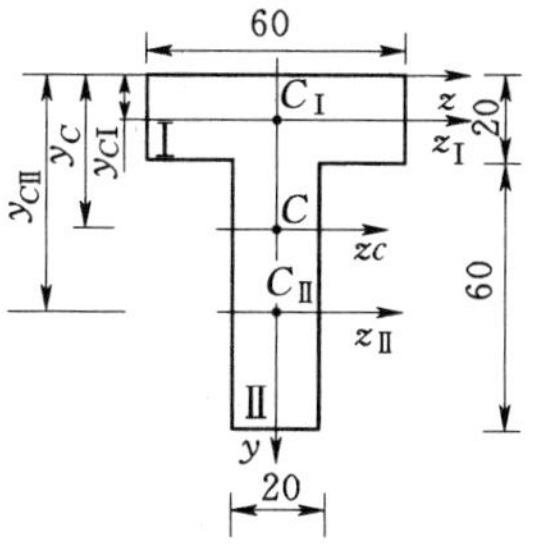

图 8.30

解 取平行于 z 轴的狭长条（图 8.29）作为面积元素，因其上各点到 z 轴的距离 y 相同，故 $\mathrm{d}A = b(y)\mathrm{d}y$。由相似三角形关系，可知

$$b(y) = \frac{b}{h}(h - y)$$

故有

$$\mathrm{d}A = \frac{b}{h}(h - y)\mathrm{d}y$$

将其代入式（8.39），即得

$$S_z=\int_A y\mathrm{d}A=\int_0^h \frac{b}{h}(h-y)y\mathrm{d}y=b\int_0^h y\mathrm{d}y-\frac{b}{h}\int_0^h y^2\mathrm{d}y=\frac{bh^2}{6}$$

例 8.12 试计算图 8.30 所示 T 形截面的形心位置。

解 由于 T 形截面关于 y 轴对称，形心必在 y 轴上，因此 $z_C=0$，只需计算 y_C。T 形截面可看作由矩形Ⅰ和矩形Ⅱ组成，C_{I}、C_{II} 分别为两矩形的形心。两矩形的截面面积和形心纵坐标分别为

$$A_{\mathrm{I}}=A_{\mathrm{II}}=20\mathrm{mm}\times 60\mathrm{mm}=1200\mathrm{mm}^2$$

$$y_{C\mathrm{I}}=10\mathrm{mm},\ y_{C\mathrm{II}}=50\mathrm{mm}$$

由式（8.40）得

$$y_C=\frac{S_z}{A}=\frac{\sum_{i=1}^{n}A_i y_{Ci}}{\sum_{i=1}^{n}A_i}=\frac{A_{\mathrm{I}}y_{C\mathrm{I}}+A_{\mathrm{II}}y_{C\mathrm{II}}}{A_{\mathrm{I}}+A_{\mathrm{II}}}$$

$$=\frac{1200\mathrm{mm}^2\times 10\mathrm{mm}+1200\mathrm{mm}^2\times 50\mathrm{mm}}{1200\mathrm{mm}+1200\mathrm{mm}}$$

$$=30\mathrm{mm}$$

8.6.2 惯性矩、极惯性矩、惯性积、惯性半径

某一平面几何图形如图 8.28 所示，在其上取面积微元 $\mathrm{d}A$，该微元在 Oyz 坐标系中的坐标为（z，y）。定义下列积分，即

$$I_y=\int_A z^2\mathrm{d}A \tag{8.43}$$

$$I_z=\int_A y^2\mathrm{d}A \tag{8.44}$$

以上两式分别为图形对 y 轴和 z 轴的截面**惯性矩**或**截面二次轴矩**。

定义积分

$$I_P=\int_A r^2\mathrm{d}A \tag{8.45}$$

为图形对于点 O 的**极惯性矩**或**截面二次极轴矩**。

定义积分

$$I_{yz}=\int_A yz\mathrm{d}A \tag{8.46}$$

为图形对于通过点 O 的一对坐标轴 y、z 的**惯性积**。

定义

$$\begin{cases} i_y=\sqrt{\dfrac{I_y}{A}} \\ i_z=\sqrt{\dfrac{I_z}{A}} \end{cases} \tag{8.47}$$

分别为图形对于坐标轴 y、z 的**惯性半径**。

由上述定义可知：

（1）惯性矩和极惯性矩恒为正；而惯性积则由于坐标轴位置的不同，可能为正，也可

能为负。三者的单位均为 m^4 或 mm^4。

(2) 因为 $r^2=z^2+y^2$，所以由上述定义有

$$I_P=I_y+I_z \tag{8.48}$$

(3) 根据极惯性矩的定义，可以计算出圆截面对于其形心的极惯性矩为

$$I_P=\frac{\pi d^4}{32} \text{或} I_P=\frac{\pi R^4}{2} \tag{8.49}$$

式中，d 为圆的直径；R 为圆的半径。

类似地，还可以得到圆环截面对于圆环中心的极惯性矩为

$$I_P=\frac{\pi D^4}{32}(1-\alpha^4),\alpha=\frac{d}{D} \tag{8.50}$$

式中，d 为圆环内径；D 为圆环外径，如图 8.31 所示。

(4) 根据惯性矩的定义，可以计算出圆截面对于通过其形心的任意轴惯性矩为

$$I_z=I_y=\frac{\pi d^4}{64} \tag{8.51}$$

对于内径为 d，外径为 D 的圆环截面的惯性矩为

$$I_z=I_y=\frac{\pi D^4}{64}(1-\alpha^4),\alpha=\frac{d}{D} \tag{8.52}$$

对于坐标轴过形心点且分别平行于两边的矩形截面，如图 8.32 所示，其惯性矩为

$$I_y=\frac{hb^3}{12},I_z=\frac{bh^3}{12} \tag{8.53}$$

可以看出，应用定义进行积分，可以计算各种简单图形对于给定坐标轴的惯性矩。

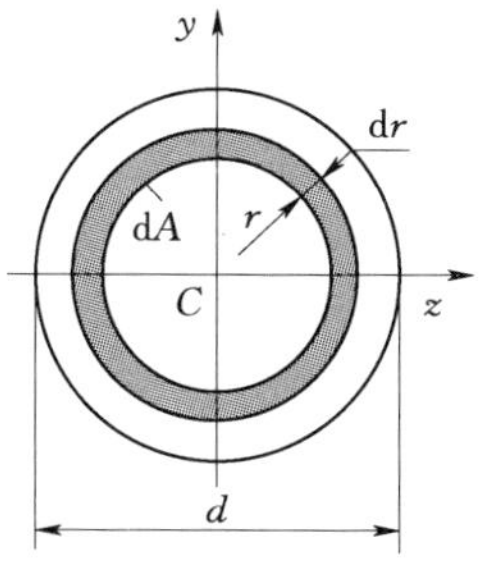

图 8.31

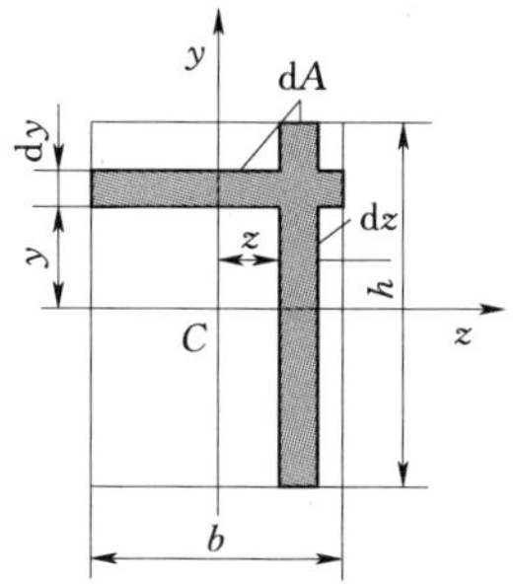

图 8.32

另外，对于由简单几何图形组合而成的图形，为避免复杂的数学运算，一般不采用积分的方式计算惯性矩；而是利用简单图形的惯性矩计算结果以及图形对于平行轴惯性矩之间的关系，用求和的方式求出。

例 8.13 试计算图 8.32 所示矩形截面对于其对称轴（即形心轴）z 和 y 的惯性矩 I_z 和 I_y 及其惯性积 I_{zy}。

解 取平行于 z 轴的狭长条作为面积元素 dA，则 $dA=bdy$，根据式（8.30）可得

$$I_z=\int_A y^2 dA=\int_{-\frac{h}{2}}^{\frac{h}{2}} by^2 dy=\frac{bh^3}{12}$$

同理，在计算对 y 的惯性矩 I_y 时，取平行于 y 轴的狭长条作为面积元素 dA，则

$dA = h dz$，根据式（8.43）可得

$$I_y = \int_A z^2 dA = \int_{-\frac{h}{2}}^{\frac{h}{2}} h z^2 dz = \frac{b^3 h}{12}$$

因为 z 轴（或 y 轴）为对称轴，故惯性积为

$$I_{yz} = 0$$

8.6.3 惯性矩与惯性积的移轴定理

图 8.33 所示为任意截面图形，在坐标系 Oyz 中，对于 z、y 轴的惯性矩和惯性积为

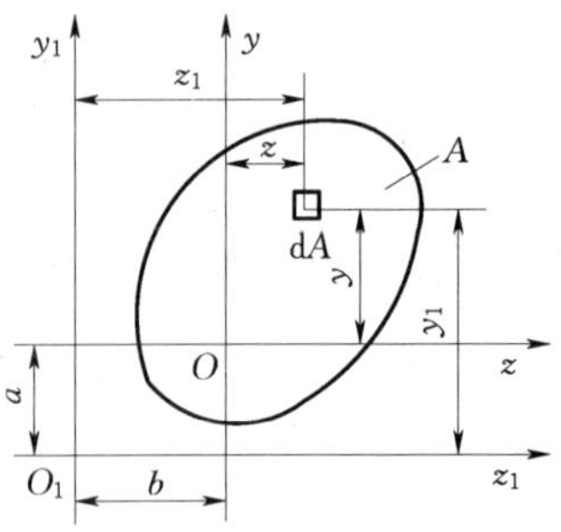

图 8.33

$$I_y = \int_A z^2 dA$$

$$I_z = \int_A y^2 dA$$

$$I_{yz} = \int_A yz dA$$

另有一坐标系 $O_1 y_1 z_1$，其中 y_1 和 z_1 分别平行于 y 轴和 z 轴，且二者之间的距离为 a 和 b。

移轴定理是指图形对于相互平行轴的惯性矩、惯性积之间的关系，即通过已知图形对于一对坐标轴的惯性矩、惯性积，求图形对另一对与上述坐标轴平行的坐标轴的惯性矩与惯性积。下面推导二者的关系。

根据平行轴的坐标变换，即

$$y_1 = y + a$$

$$z_1 = z + b$$

将它代入下列积分，即

$$I_{y_1} = \int_A {z_1}^2 dA$$

$$I_{z_1} = \int_A {y_1}^2 dA$$

$$I_{y_1 z_1} = \int_A y_1 z_1 dA$$

得

$$I_{y_1} = \int_A (z + b)^2 dA$$

$$I_{z_1} = \int_A (y + a)^2 dA \qquad (8.54a)$$

$$I_{y_1 z_1} = \int_A (y + a)(z + b) dA$$

展开后，并利用静矩、惯性矩和惯性积的定义，得

$$I_{y_1} = I_y + 2bS_y + b^2 A$$

$$I_{z_1} = I_z + 2aS_z + a^2 A$$

$$I_{y_1 z_1} = I_{yz} + aS_y + bS_z + abA \qquad (8.54b)$$

若 y 轴和 z 轴通过图形形心，则上述各式中的 $S_z=S_y=0$。于是，由式（5.54b），得

$$I_{y_1}=I_y+b^2A$$
$$I_{z_1}=I_z+a^2A$$
$$I_{y_1z_1}=I_{yz}+abA \tag{8.55}$$

这就是关于图形对于平行轴惯性矩与惯性积之间关系的**移轴定理**。上式表明：

（1）图形对于任意轴的惯性矩，等于图形对于与该轴平行的形心轴的惯性矩加上图形面积与两平行轴间距离平方的乘积。

（2）图形对于任意轴的惯性积，等于图形对平行于该轴坐标的一对通过形心的直角坐标轴的惯性积加上图形面积与两平行轴间距离的乘积。

（3）因为面积及包含 a^2、b^2 的项恒为正，故自形心轴移至与之平行的任意轴，惯性矩总是增加的。

（4）a、b 为原坐标系原点在新坐标系中的坐标，要注意二者的正负号；二者同号时 abA 为正，异号时为负。所以，移轴后惯性积有可能增加，也可能减少。

例 8.14 试计算例 8.12 中图 8.30 所示截面对于其形心轴 z_C 的惯性矩 I_{z_C}。

解 由例 8.12 的结果可知，截面的形心坐标 y_C 和 z_C 分别为

$$y_C=0$$
$$z_C=30\text{mm}$$

然后用平行移轴公式，分别求出矩形Ⅰ和Ⅱ对 z_C 轴的惯性矩 $I_{z_C}^{\text{I}}$ 和 $I_{z_C}^{\text{II}}$，最后相加，即得整个截面的惯性矩 I_{z_C}。

$$I_{z_C}^{\text{I}}=\left[\frac{1}{12}\times60\times20^3+(30-10)^2\times60\times20\right]\text{mm}^4=52\times10^4\text{mm}^4$$

$$I_{z_C}^{\text{II}}=\left[\frac{1}{12}\times20\times60^3+(50-30)^2\times20\times60\right]\text{mm}^4=84\times10^4\text{mm}^4$$

整个截面的惯性矩 I_{z_C} 为

$$I_{z_C}=I_{zC}^{\text{I}}+I_{z_C}^{\text{II}}=(52+84)\times10^4\text{mm}=136\times10^4\text{mm}^4$$

8.6.4 惯性矩与惯性积的转轴定理

转轴定理是研究坐标轴绕原点转动时，图形对这些坐标轴的惯性矩和惯性积的变化规律。图 8.34 所示图形对于 y、z 轴的惯性矩和惯性积分别为 I_y、I_z 和 I_{yz}。现将 Oyz 坐标系绕坐标原点逆时针旋转 α 角，得到一新的坐标系，记做 Oy_1z_1。要考察的是图形对新坐标系的 I_{y_1}、I_{z_1}，$I_{y_1z_1}$ 与图形对原坐标系 I_y、I_z、I_{yz} 之间的关系。

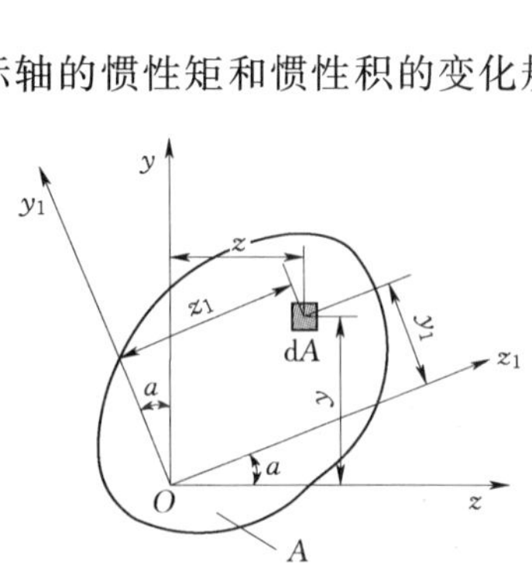

图 8.34

转轴时的坐标变换为

$$z_1=z\cos\alpha+y\sin\alpha$$
$$y_1=y\cos\alpha-z\sin\alpha \tag{8.56}$$

故有

$$\begin{cases} I_{y_1} = \int_A z_1{}^2 \mathrm{d}A \\ I_{z_1} = \int_A y_1{}^2 \mathrm{d}A \\ I_{y_1 z_1} = \int_A y_1 z_1 \mathrm{d}A \end{cases} \tag{8.57}$$

将式（8.56）代入式（8.57）中，经化简后得

$$\begin{cases} I_{y_1} = \dfrac{I_y + I_z}{2} - \dfrac{I_y - I_z}{2}\cos 2\alpha - I_{yz}\sin 2\alpha \\ I_{z_1} = \dfrac{I_y + I_z}{2} + \dfrac{I_y - I_z}{2}\cos 2\alpha + I_{yz}\sin 2\alpha \end{cases} \tag{8.58}$$

$$I_{y_1 z_1} = -\frac{I_y - I_z}{2}\sin 2\alpha + I_{yz}\cos 2\alpha \tag{8.59}$$

式（8.59）即为转轴时惯性矩与惯性积之间的关系。

若将上述 I_{y_1}、I_{z_1} 相加，不难得到

$$I_{y_1} + I_{z_1} = I_y + I_z = \int_A (y^2 + z^2)\mathrm{d}A = \int_A r^2 \mathrm{d}A = I_P \tag{8.60}$$

这表明，图形对一对垂直轴的惯性矩之和与转轴时的角度无关，即在轴转动时，其和保持不变。

上述由转轴定理得到的式（8.58）、式（8.59），与移轴定理所得到的式（8.55）不同，它不要求 y、z 通过形心。当然，对于绕形心转动的坐标系也是适用的，而且也是实际应用中最感兴趣的。

8.6.5 主惯性轴与形心主惯性轴、主惯性矩与形心主惯性矩

从式（8.60）可以看出，当坐标轴绕着某一点旋转时，随着角度 α 的改变，惯性积发生变化，其值可能为正，可能为负，也可能为零。当其为零时，即有

$$I_{y_1 z_1} = -\frac{I_y - I_z}{2}\sin 2\alpha + I_{yz}\cos 2\alpha = 0$$

取对应的 α 为 α_0，$I_{y_1 z_1}$ 为 $I_{y_0 z_0}$，上式变为

$$I_{y_0 z_0} = -\frac{I_y - I_z}{2}\sin 2\alpha_0 + I_{yz}\cos 2\alpha_0 = 0$$

由此可得

$$\tan 2\alpha_0 = \frac{2I_{yz}}{I_y - I_z} \tag{8.61}$$

或

$$\alpha_0 = \frac{1}{2}\arctan\frac{2I_{yz}}{I_y - I_z} \tag{8.62}$$

定义：过一点存在这样一对坐标轴，图形对于其惯性积等于零，这一坐标轴便称为过这一点的**主轴**。图形对于主轴的惯性矩称为**主惯性矩**，简称**主矩**。对于通过形心的主轴称为**形心主轴**，图形对形心主轴的惯性矩称为**形心主矩**。工程计算中有意义的是形心主轴与形心主矩。

根据式（8.58）和式（8.62）即可得到主惯性矩的计算公式为

$$\left.\begin{aligned}I_{y_0}=I_{\max}\\I_{z_0}=I_{\min}\end{aligned}\right\}=\frac{I_y+I_z}{2}\pm\frac{1}{2}\sqrt{(I_y-I_z)^2+4I_{yz}^2} \tag{8.63}$$

另外，由惯性矩的表达式也可导出上述主惯性矩的计算公式。由式（8.58）可见，惯性矩 I_{y_1} 和 I_{z_1} 都是 α 角的正弦和余弦函数，而 α 角可在 0°～360°的范围内变化，故 I_{y_1} 和 I_{z_1} 必然有极值。由于截面对通过同一点的任意一对相互垂直的坐标轴的两惯性矩之和为一常数，因此，此两惯性矩中的一个将为极大值，另一个则为极小值。故将式（8.58）求导，且使其等于零，即

$$\frac{\mathrm{d}I_{z_1}}{\mathrm{d}\alpha}=0\ 和\ \frac{\mathrm{d}I_{y_1}}{\mathrm{d}\alpha}=0$$

由此解得的使惯性矩取得极值的坐标轴位置的表达式与式（8.21）完全一致。从而可知，截面对于通过任一点的主惯性轴的主惯性矩之值，也就是通过该点所有轴的惯性矩中的极大值 $I_{\max}$ 和极小值 $I_{\min}$。从式（8.63）可见，I_{z_0} 就是 $I_{\max}$，而 I_{y_0} 则为 $I_{\min}$。

式（8.61）和式（8.63）也可用于确定形心主惯性轴的位置和用于形心主惯性矩的计算，但此时式中的 I_z、I_y 和 I_{yz} 应为截面对于通过其形心的某一对轴的惯性矩和惯性积。

若通过截面形心的一对坐标轴中有一个为对称轴（如 T 形、槽形截面），则该对称轴就是形心主惯性轴。对于这种具有对称轴的组合截面，则包括此轴在内的一对互相垂直的形心轴就是形心主惯性轴。此时，只需利用移轴公式（8.55）即可求得截面的形心主惯性矩。

对于无对称轴的组合截面，必须首先确定其形心的位置，然后通过该形心选择一对便于计算惯性矩和惯性积的坐标轴，算出组合截面对于这一对坐标轴的惯性矩和惯性积。将结果代入式（8.61）和式（8.63），即可确定表示形心主惯性轴位置的角度 α_0 和形心主惯性矩的数值。

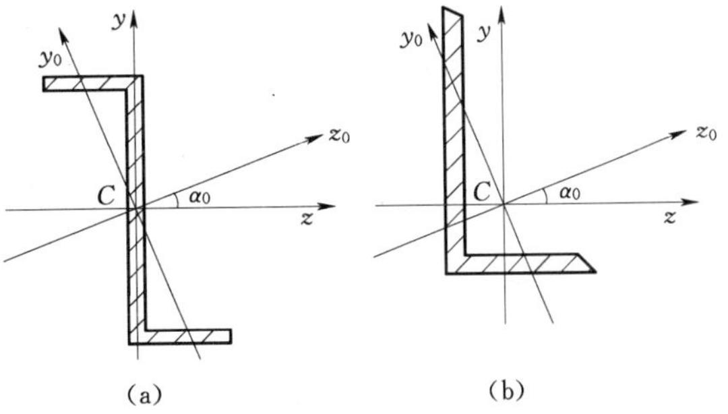

图 8.35

例如，Z 形和 L 形截面，其形心主惯性轴的方位角 α_0 可由式（8.61）求出，其形心主惯性矩的数值可由式（8.63）求出。Z 形和 L 形截面的形心主惯性轴大致位置见图 8.35。

例 8.15　T 形截面尺寸如图 8.36 所示。试求其形心主惯性矩。

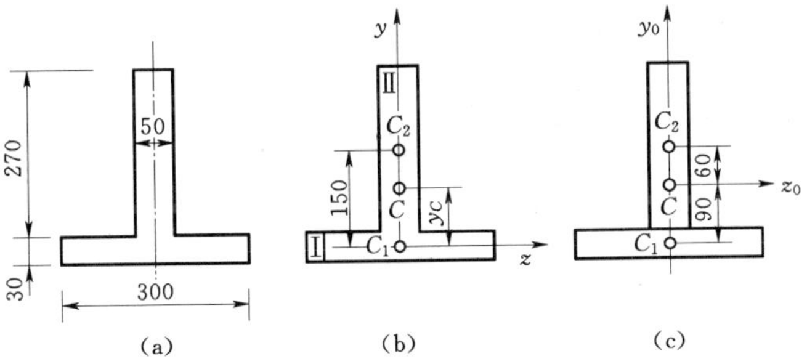

图 8.36

解 (1) 将所给图形分解为简单图形的组合。将 T 形分解为图 8.36 (b) 所示的两个矩形Ⅰ和Ⅱ。

(2) 确定形心位置。

以矩形Ⅰ的形心 C_1，为坐标原点建立图 8.36 (b) 所示的 Cyz 坐标系。因为 y 轴为 T 形的对称轴，故图形的形心必位于该轴上。因此，只需要确定形心在 y 轴上的位置，即确定 y_C。

根据式 (8.40) 的第二式，形心 C 的坐标为

$$y_C=\frac{\sum_{i=1}^{2}A_i y_{Ci}}{\sum_{i=1}^{2}A_i}=\frac{0+(270\times10^{-3}\mathrm{m}\times50\times10^{-3}\mathrm{m})\times150\times10^{-3}\mathrm{m}}{300\times10^{-3}\mathrm{m}\times30\times10^{-3}\mathrm{m}+270\times10^{-3}\mathrm{m}\times50\times10^{-3}\mathrm{m}}$$

$$=90\times10^{-3}\mathrm{m}$$

$$=90\mathrm{mm}$$

(3) 确定形心主轴。

因为对称轴及与其垂直的轴即为通过二者交点的主轴，故以形心 C 为坐标原点，建立如图 8.36 (c) 所示的 Cy_0z_0 坐标系，其中 y_0 通过原点且与对称轴重合，则 y_0、z_0 即为形心主轴。

(4) 采用叠加法及移轴定理计算形心主惯性矩 I_{y_0} 和 I_{z_0}。

根据惯性矩的积分定义，有

$$I_{y_0}=I_{y_0}(\text{Ⅰ})+I_{y_0}(\text{Ⅱ})$$

$$=\frac{30\times10^{-3}\mathrm{m}\times300^3\times10^{-9}\mathrm{m}^3}{12}+\frac{270\times10^{-3}\mathrm{m}\times50^3\times10^{-9}\mathrm{m}^3}{12}$$

$$=7.03\times10^{-5}\mathrm{m}^4$$

$$=7.03\times10^{7}\mathrm{mm}^4$$

$$I_{z_0}=I_{z_0}(\text{Ⅰ})+I_{z_0}(\text{Ⅱ})$$

$$=\frac{300\times10^{-3}\mathrm{m}\times30^3\times10^{-9}\mathrm{m}^3}{12}+90^2\times10^{-6}\mathrm{m}^2\times(300\times10^{-3}\mathrm{m}\times30\times10^{-3}\mathrm{m})$$

$$+\frac{50\times10^{-3}\mathrm{m}\times270^3\times10^{-9}\mathrm{m}^3}{12}+60^2\times10^{-6}\mathrm{m}^2\times(270\times10^{-3}\mathrm{m}\times50\times10^{-3}\mathrm{m})$$

$$=20.4\times10^{-4}\mathrm{m}^4$$

$$=2.04\times10^{8}\mathrm{mm}^4$$

8.7 结论与讨论

8.7.1 基本公式

1. 拉压杆横截面正应力

$$\sigma_x=\frac{F_{Nx}}{A}$$

2. 受扭杆横截面切应力

$$\tau(\rho)=\frac{M_x\rho}{I_P}$$

3. 平面弯曲梁横截面应力

(1) 纯弯曲梁横截面上的正应力为

$$\sigma=\frac{M}{I_z}y$$

(2) 梁横截面上的切应力为

$$\tau=\frac{F_Q S_z^*}{I_z b}$$

8.7.2 组合受力杆件横截面应力

杆件横截面应力无非正应力与切应力，小变形组合受力杆件横截面应力计算采用叠加法。

习题 8

8.1 关于扭转切应力公式 $\tau(\rho)=\frac{M_x\rho}{I_P}$ 的应用范围，有以下几种答案，判断（　　）是正确的。

A. 等截面圆轴，弹性范围内加载

B. 等截面圆轴

C. 等截面圆轴与椭圆轴

D. 等截面圆轴与椭圆轴，弹性范围内加载

8.2 两根长度相等、直径不等的圆轴受扭后，轴表面上母线转过相同的角度。设直径大的轴和直径小的轴的横截面上的最大切应力分别为 $\tau_{1\max}$ 和 $\tau_{2\max}$，材料的切变模量分别为 G_1 和 G_2。关于 $\tau_{1\max}$ 和 $\tau_{2\max}$ 的大小，有下列 4 种结论，（　　）是正确的。

A. $\tau_{1\max}>\tau_{2\max}$

B. $\tau_{1\max}<\tau_{2\max}$

C. 若 $G_1>G_2$，则有 $\tau_{1\max}>\tau_{2\max}$

D. 若 $G_1>G_2$，则有 $\tau_{1\max}<\tau_{2\max}$

8.3 承受相同扭矩、长度相等的直径为 d_1 的实心圆轴与内、外直径分别为 d_2。$D_2(a=d_2/D_2)$ 的空心圆轴，二者横截面上的最大切应力相等。关于二者重量之比（W_1/W_2）有以下结论，（　　）是正确的。

A. $(1-a^4)^{\frac{3}{2}}$

B. $(1-a^4)^{\frac{3}{2}}$ $(1-a^2)$

C. $(1-a^4)$ $(1-a^2)$

D. $(1-a^4)^{\frac{2}{3}}$ $(1-a^2)$

8.4 习题 8.4 图所示实心圆轴承受外加扭转力偶，其力偶矩 $M_e=3\text{kN}\cdot\text{m}$。试求：

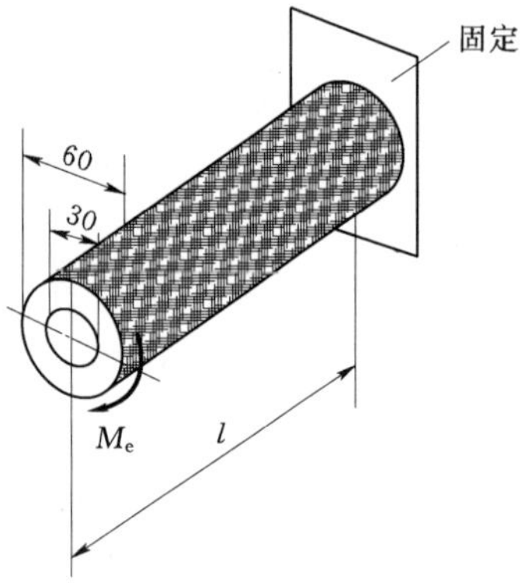

习题 8.4 图

(1) 轴横截面上的最大切应力。

(2) 轴横截面上半径 $r=15\text{mm}$ 以内部分承受的扭矩所占全部横截面上扭矩的百分比。

(3) 去掉 $r=15\text{mm}$ 以内部分，横截面上的最大切应力增加的百分比。

8.5 关于弯曲切应力公式 $\tau=\dfrac{F_Q S_z^*}{I_z b}$ 应用于实心截面的条件，有下列结论，分析(　　)种是正确的。

A. 细长梁、横截面保持平面

B. 弯曲正应力公式成立，切应力沿截面宽度均匀分布

C. 切应力沿截面宽度均匀分布，横截面保持平面

D. 弹性范围加载，横截面保持平面

8.6 关于梁横截面上的切应力作用线必须沿截面边界切线方向的依据，有以下 4 种答案，判断（　　）是正确的。

A. 横截面保持平面

B. 不发生扭转

C. 切应力公式应用条件

D. 切应力互等定理

8.7 中段开槽的直杆如习题 8.7 图所示，受轴向力 **F** 作用；已知：$F=20\text{kN}$，$h=25\text{mm}$，$h_0=10\text{mm}$，$b=20\text{mm}$，试求杆内的最大正应力。

8.8 如习题 8.8 图所示为变截面拉杆，上段 AB 的横截面积为 40mm^2，下段 BC 的横截面积为 30mm^2，杆材料的容重 $\gamma=78\text{kN/mm}^3$。求各杆内的最大正应力。

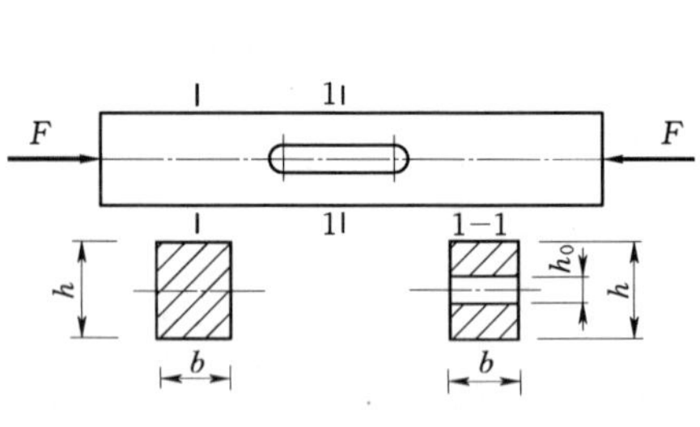

习题 8.7 图

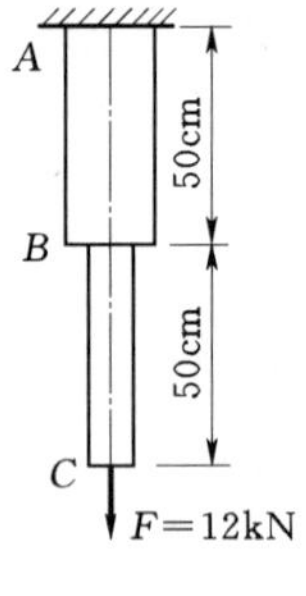

习题 8.8 图

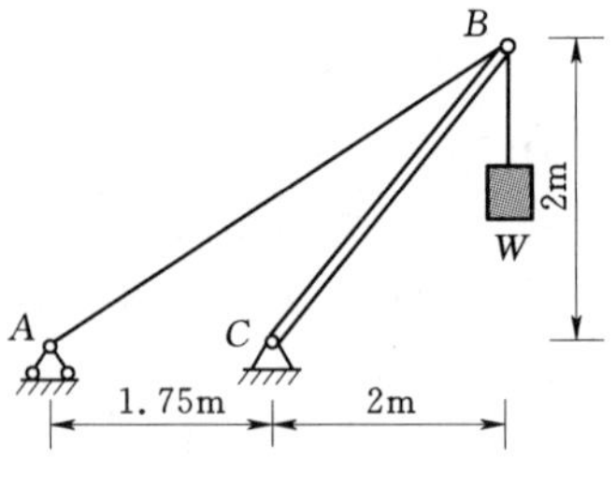

习题 8.9 图

8.9 一起重架由 100mm×100mm 的木杆 BC 和直径为 30mm 的钢拉杆 AB 组成，如习题 8.9 图所示。现起吊一重物 $W=40\text{kN}$。求杆 AB 和 BC 中的正应力。

8.10 传动轴 AC 如习题 8.10 图所示，主动轮 A 传递的外力偶矩 $M_{e1}=1\text{kN}\cdot\text{m}$，从动轮 B、C 传递的外力偶矩分别为 $M_{e2}=0.4\text{kN}\cdot\text{m}$、$M_{e3}=0.6\text{kN}\cdot\text{m}$，已知轴的直径 $d=4\text{cm}$，各轮的间距 $l=50\text{cm}$，切变模量 $G=80\text{GPa}$。

(1) 试合理布置各轮的位置。

（2）试求各轮在合理位置时轴内的最大切应力。

8.11　受扭圆轴某截面上的扭矩 $M_x=20\text{kN}\cdot\text{m}$，$d=100\text{mm}$。试求该截面 a、b、c 3 点的切应力，并在习题 8.11 图中标出方向。

8.12　如习题 8.12 图所示，已知 $M_1=5\text{kN}\cdot\text{m}$，$M_2=3.2\text{kN}\cdot\text{m}$，$M_3=1.8\text{kN}\cdot\text{m}$，$AB$ 段直径 $d_{AB}=80\text{mm}$，BC 段直径 $d_{BC}=50\text{mm}$。求此轴的最大切应力。

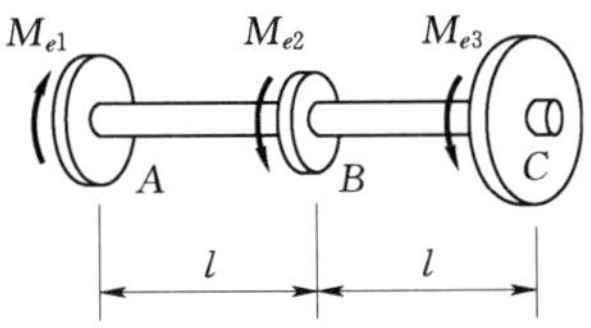

习题 8.10 图

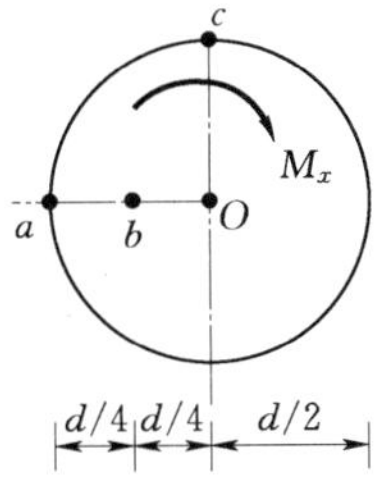

习题 8.11 图

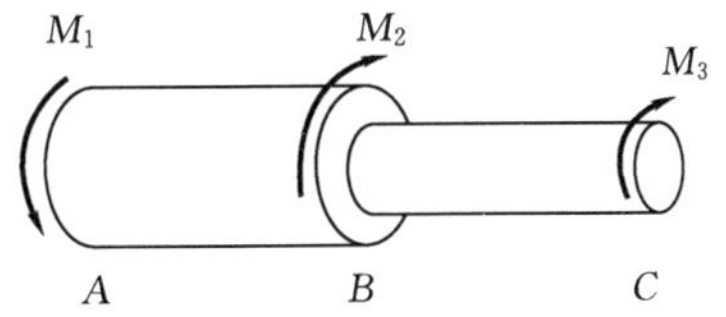

习题 8.12 图

8.13　习题 8.13 图所示为受扭的空心钢轴，其外直径 $D=80\text{mm}$，内直径 $d=62.5\text{mm}$，$M_3=2\text{kN}\cdot\text{m}$，$G=80\text{GPa}$。

（1）试作出横截面上的切应力分布图。

（2）求最大切应力。

8.14　承受均布荷载的简支梁如习题 8.14 图所示。已知：梁的截面为矩形，矩形的宽度 $b=20\text{mm}$，高度 $h=30\text{mm}$；均布荷载集度 $q=10\text{kN/m}$；梁的长度 $l=450\text{mm}$。求梁最大弯矩截面上 1、2 两点处的正应力。

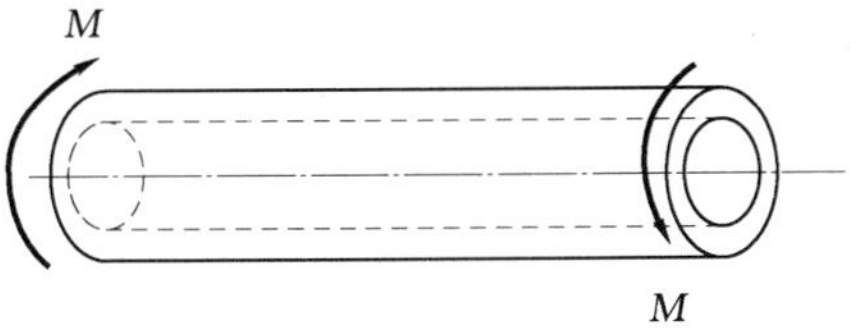

习题 8.13 图

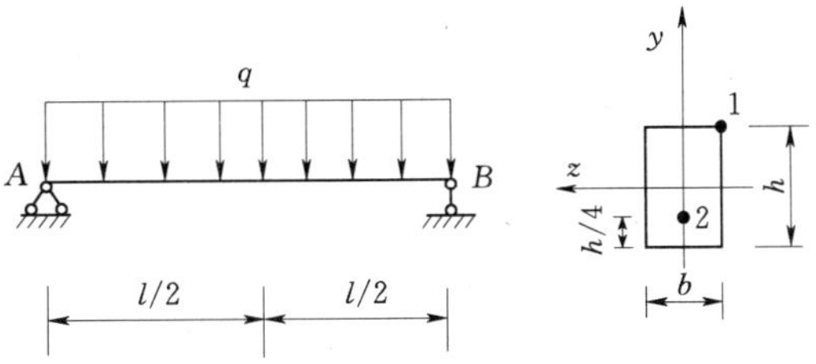

习题 8.14 图

8.15　如习题 8.15 图所示为矩形截面简支梁，F、a、b、h 已知。试计算 D 左截面上 K 点的正应力及切应力。

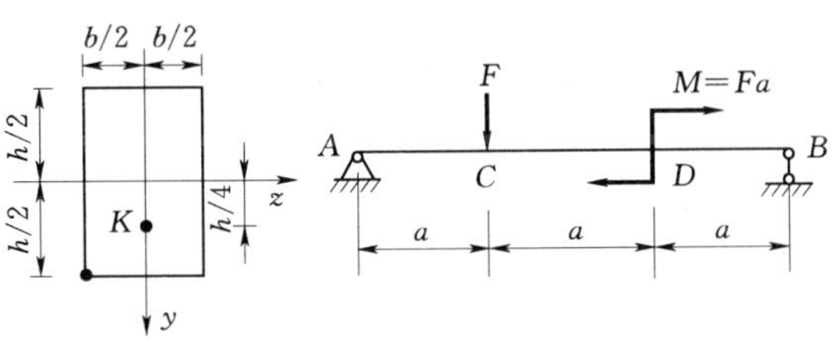

习题 8.15 图

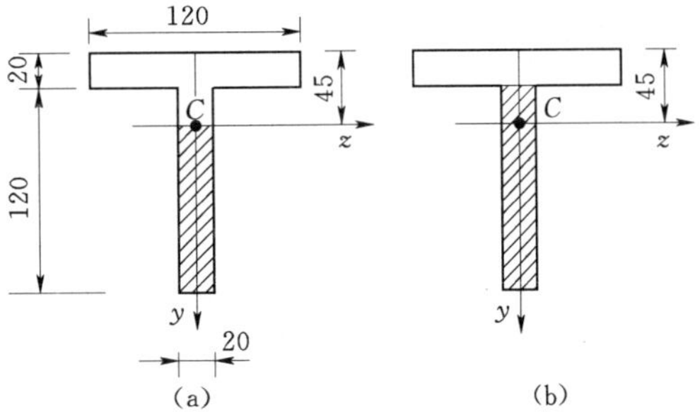

习题 8.16 图

8.16　梁截面如习题 8.16 图所示，横截面上剪力 $F_Q=15\text{kN}$。试计算该截面的最大弯曲切应力以及腹板与翼缘交接处的弯曲切应力。截面的惯性矩 $I_z=8.84\times10^{-6}\text{m}^4$。

8.17　习题 8.17 图所示悬臂梁在两个不同截面上分别受有水平力 F_1 和竖直力 F_2 的作用。若 $F_1=800\text{N}$，$F_2=1600\text{N}$，$l=1\text{m}$。试求以下两种情况下，梁内最大正应力并指出其作用位置。

（1）宽 $b=90\text{mm}$，高 $h=180\text{mm}$，截面为矩形，如习题 8.17 图（a）所示。

（2）直径 $d=130\text{mm}$ 的圆截面，如习题 8.17 图（b）所示。

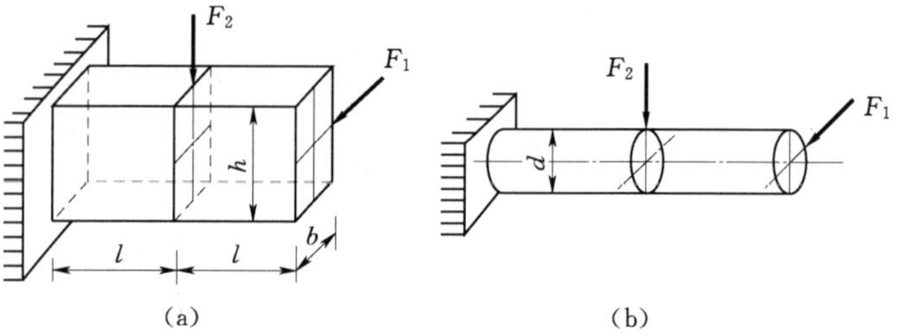

习题 8.17 图

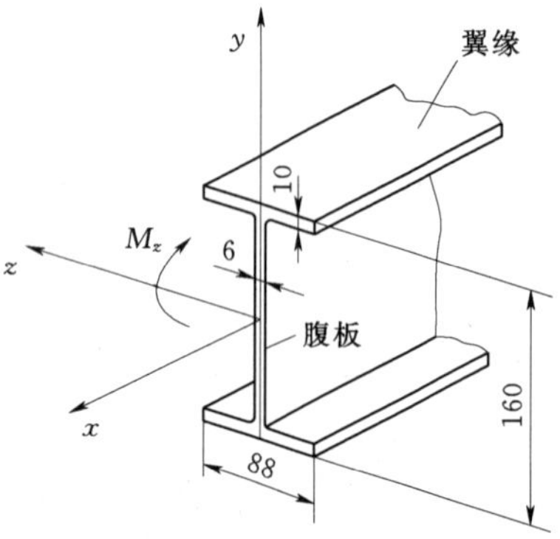

习题 8.18 图

8.18　“工”字形截面钢梁，已知梁横截面上只承受 $M_z=20\text{kN}\cdot\text{m}$ 一个内力分量，$I_z=11.3\times10^6\text{mm}^4$，其他尺寸如习题 8.18 图所示，尺寸单位为 mm。试求横截面中性轴以上部分分布力系沿 x 方向的合力。

8.19　习题 8.19 图所示为承受纵向载荷的人骨受力简图，假定实心骨骼为圆截面，图中尺寸单位为 mm。试求：

（1）确定截面 $B—B$ 上的应力分布。

（2）假定骨骼中心部分（其直径为骨骼外径的一半）由海绵状骨质所组成，且忽略海绵状承受应力的能力，确定截面 $B—B$ 上的应力分布。

（3）确定（1）、（2）两种情况下，骨骼在截面 $B—B$ 上最大压应力之比。

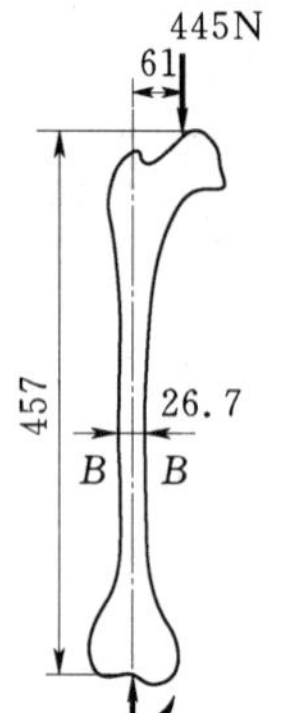

习题 8.19 图

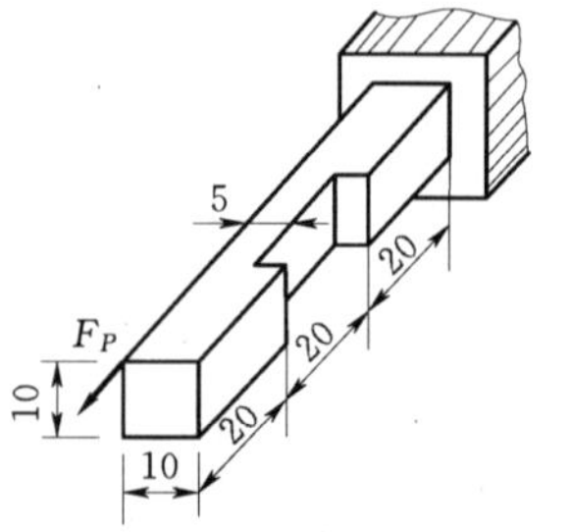

习题 8.20 图

8.20　正方形截面杆一端固定，另一端自由，中间部分开有切槽。杆自由端受有平行于杆轴线的纵向力 F_P。若已知 $F_P=1\text{kN}$，杆各部分尺寸示于习题 8.20 图中。试求杆内横截面上的最大正应力，并指出其作用位置。

8.21　矩形截面悬臂梁受力如习题 8.21 图所示，其中力 $\boldsymbol{F}_P$ 的作用线通过截面形心。试求：

（1）已知 F_P、b、h、l 和 β，求图中虚线所示截面上点 a 的正应力。

（2）求使点 a 处正应力为零时的角度 β 值。

8.22　梁的受力及横截面尺寸如习题 8.22 图所示，图中尺寸单位为 mm。试求：

（1）绘出梁的剪力图和弯矩图。

（2）确定梁内横截面上的最大拉应力和最大压应力。

（3）确定梁内横截面上的最大切应力。

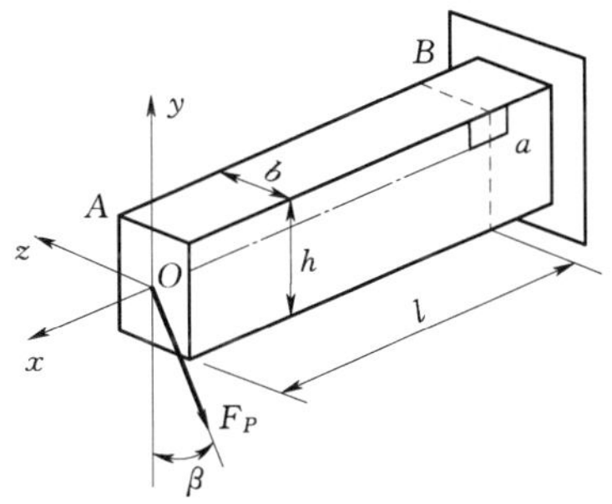

习题 8.21 图

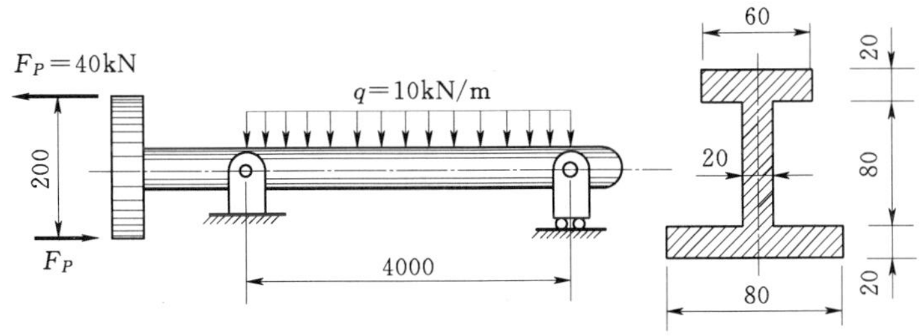

习题 8.22 图

8.23　试求习题 8.23 图所示各图形的阴影线面积对 z 轴的静矩，图中尺寸单位为 mm。

8.24　试确定习题 8.24 图所示各截面的形心位置，图中尺寸单位为 mm。

8.25　试求习题 8.25 图所示各截面对其对称轴 z 的惯性矩，图中尺寸单位为 mm。

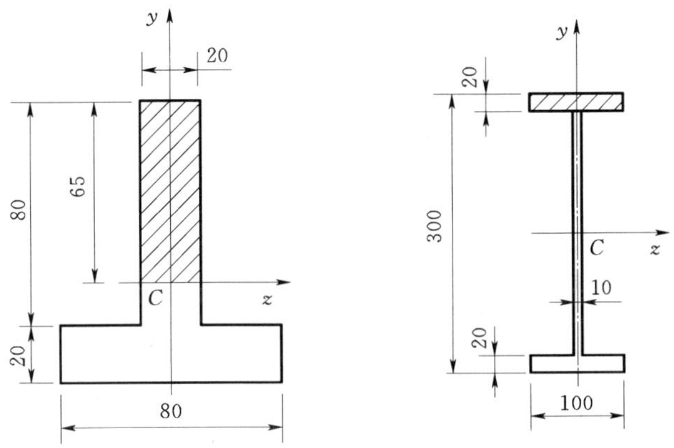

习题 8.23 图

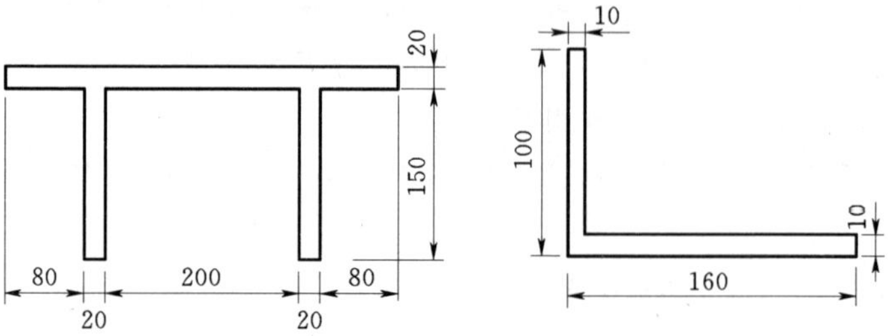

(a)　　　　　　　　　　(b)

习题 8.24 图

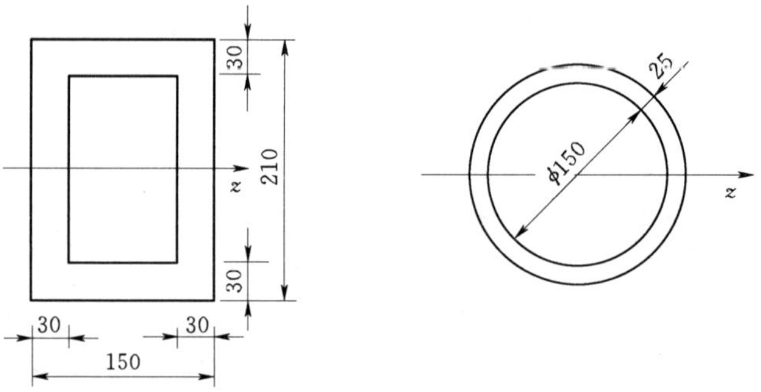

(a)　　　　　　　　　　(b)

习题 8.25 图

第9章 应力状态分析

学习提示

本章主要介绍一点处的应力状态、平面应力状态分析、应力圆及其应用、三向应力状态分析简介以及广义胡克定律、应变能和应变能密度。

学习要求

掌握单元体和应力状态的概念、平面应力状态分析的解析法和图解法；应变能密度的概念；会计算特殊三向应力状态下的主应力和最大切应力；了解广义胡克定律。

9.1 一点处的应力状态

9.1.1 应力状态的概念

在第5章介绍了应力的概念——将变形固体在外力作用前后其内部相邻两点之间相互作用力的**改变量**称为**附加应力**，简称**应力**。对于连续均匀的变形固体，在其内部一点处有无数个点和其相邻，这就是说，对于变形固体内部的一点，在这一点不同的方位上有不同的应力。在第8章，学习了几种杆件横截面上一点的应力的求解，其实只是求出了杆件内部一点处沿轴向的应力，而对于这一点处其他方位的应力则没有求出。换个说法，在一般受力形式下，构件内各点（即使是同一截面上的各点）的应力是不同的。因此，说明应力时必须首先指明是哪一点的应力，这就是**应力的“点的概念”**。其次，过一点可以作很多不同方位的平面（简称“方向面”），即使是同一点，不同方向面上的应力也是不同的。因此，说明一点应力时，还需要指明是过这一点哪个方向面上的应力。这就是**应力的“面的概念”**。

受力杆件中的任意一点，可以看作是横截面上的点，也可看作是斜截面或纵截面上的点。一般来说，受力杆件中任一点处各个不同方位截面（方向面）上的应力情况是不相同的。在第8章学习了几种杆件横截面上一点处沿轴向的应力，而要了解一点处全面的应力作用情况，则需要进一步研究一点处各个方位的应力情况。

为此，将**通过一点的所有不同方位面上的应力的集合或全部，称为该点处的应力状态。**

研究应力状态，对全面了解受力杆件任意一点处应力全貌，以及分析杆件的强度和破坏机理等，都是必需的。

9.1.2 应力状态的描述

为了研究一点处的应力状态，通常是围绕该点取一平行六面体作为单元体。当平行六面体在 3 个方向的尺度趋于无穷小时，六面体便趋于所考察的点。

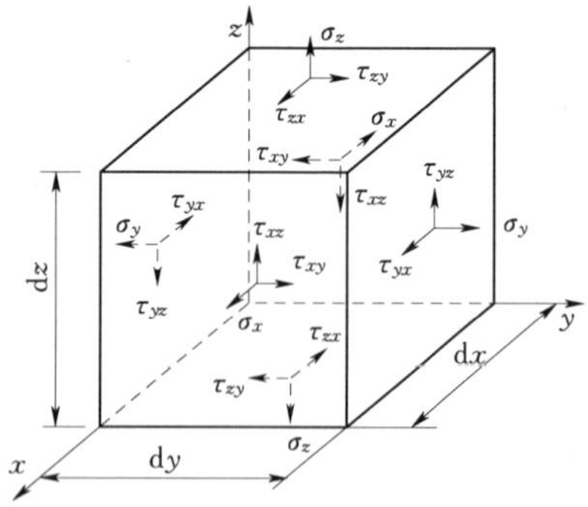

图 9.1

如图 9.1 所示，由于单元体在 3 个方向的边长均取无穷小量，单元体各个面上的应力都属均匀分布，每一对互相平行平面上的同类应力大小相等、性质相同。一旦确定了单元体 3 个互相垂直平面上的应力，则单元体内其他任意截面上的应力都可以通过截面法列平衡方程求得，则该点处的应力状态就可以确定了。

因此可知，**一点处的应力状态可用围绕该点的单元体上各个面上的应力描述。**

从一点处取出的各面上应力都已知的单元体，称为该点的**原始单元体**。对于一般情况，建立如图 9.2 所示的坐标系，原始单元体 6 个面上作用着 9 个应力分量，必须说明，一般情况下，相距无限小距离的一对面上的应力是有微小差异的（这将在弹性力学中学到），这种表示方法中每对平行表面上的应力分量相同，是**忽略这种微小差异，对静力平衡问题而言实际上是忽略了单元体内作用的体积力的作用（实际工程中单元体内作用的体积力是存在的）**。但可以证明，这样做并不影响对同一点不同截面上的应力分析。由切应力成对互等定理可知，9 个应力分量中的 $\tau_{xy}=\tau_{yx}$，$\tau_{xz}=\tau_{zx}$，$\tau_{yz}=\tau_{zy}$，独立应力分量只有 6 个，可以排列成应力矩阵，此应力矩阵为对称矩阵，如图 9.2 所示。

$$\begin{pmatrix} \sigma_x & \tau_{xy} & \tau_{xz} \\ \tau_{yx} & \sigma_y & \tau_{yz} \\ \tau_{zx} & \tau_{zy} & \sigma_z \end{pmatrix}$$

图 9.2

9.1.3 原始单元体的截取及其上应力计算

为了分析一点处的应力状态，过该点截取单元体并求出作用在其上的 6 个应力便成了进行后续工作的基础。下面介绍轴心拉压杆、受扭圆轴、平面弯曲梁等构件中如何获取一点处的原始单元体。

例 9.1 如图 9.3（a）所示的拉杆，在力 $\boldsymbol{F}$ 作用下处于平衡状态，请在其上 $A(x, y, z)$ 点处截取出原始单元体。

解 用一对横截面和两对互相垂直的纵截面截取原始单元体，如图 9.3（a）、（b）所示，根据轴心拉压杆横截面正应力计算公式 $\sigma_x=F_{Nx}/A=F/A$，计算出 σ_x，同时知 $\tau_{xy}=\tau_{xz}=\tau_{yx}=\tau_{yz}=\tau_{zx}=\tau_{zy}=0$，根据轴心拉压杆横截面应力计算的假设，可知 $\sigma_y=\sigma_z=0$，至此，求出了 A 点的原始单元体，如图 9.3（b）所示。对于至少有一对平行平面上无应力的单元体，为了简便，可用平面图形表示，如图 9.3（c）所示，此图的 4 条边线表示 4 个平面。

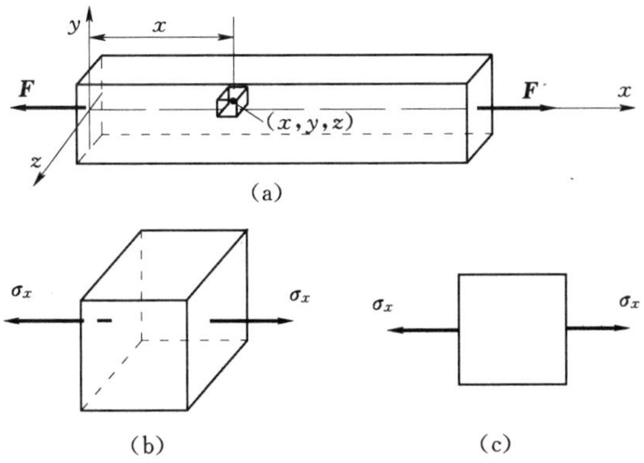

图 9.3

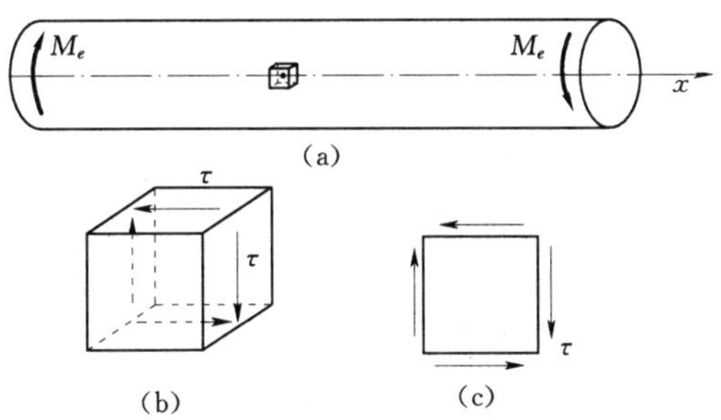

图 9.4

例 9.2 如图 9.4（a）所示的受扭圆轴，在一对外力偶 $\boldsymbol{M}_e$ 作用下处于平衡状态，请在构件内部 A 点处截取出原始单元体。

解 假定过 A 点横截面与轴线交点为 o，则用这样 3 对平行的平面（一对横截面、与 oA 垂直的一对平面以及与 oA 平行的一对平面）截取原始单元体，如图 9.4（a）、（b）所示，可知在横截面对应原始单元体的面上没有正应力，只有切应力 $\tau=M_x\rho/GI_P$，据切应力互等定理知与其垂直的面上有相应的切应力；单元体前后表面上没有应力。

例 9.3 图 9.5（a）所示为发生平面弯曲的矩形截面悬臂梁，在力 $\boldsymbol{F}$ 作用下处于平衡状态，请在构件同一横截面上 A、B、C、D、E 点处截取出原始单元体。

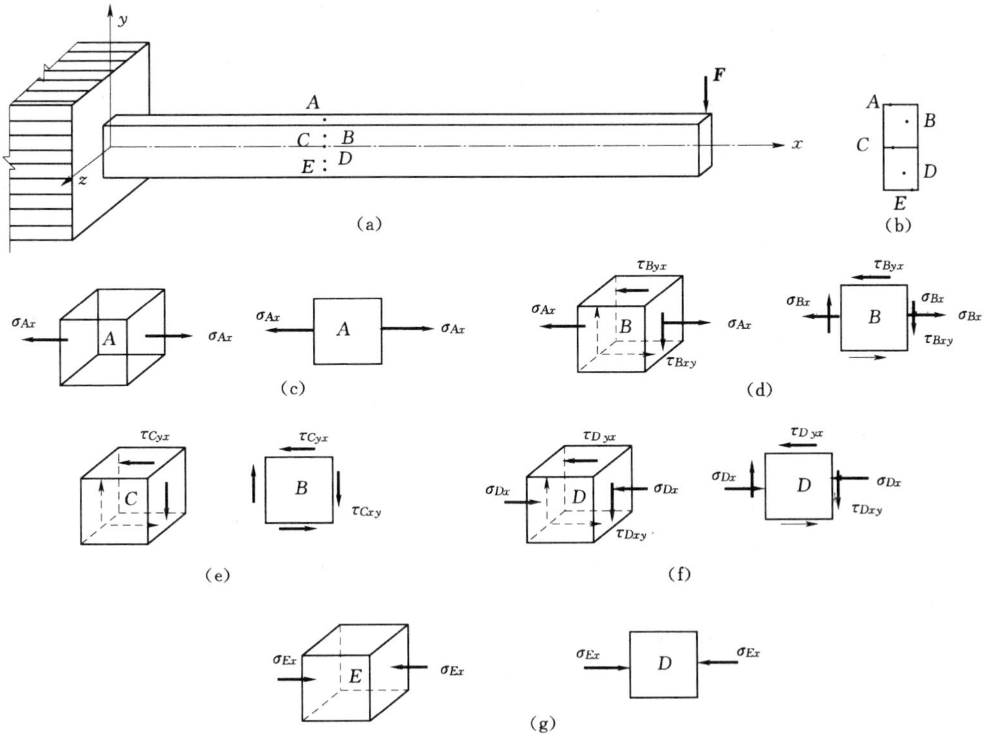

图 9.5

解　用一对横截面和两对互相垂直的纵截面截取原始单元体，如图 9.5（c）～（g）所示。单元体各个面上的应力可根据 $\sigma_x=\dfrac{M_z y}{I_z}$、$\tau_{xy}=\dfrac{F_{Qz}S_z^*}{I_z b}$ 计算及切应力互等定理确定。

9.1.4　应力状态分类

上面介绍了在一点处截取原始单元体的方法，采用其他的方式也可以截出单元体来，只不过其上的应力将有可能不同于上述方法截取的单元体上的应力。其实过一点可以截取出无数个单元体来，当围绕一点截取单元体的方位不同时，单元体上各个面的应力也不同，可以证明，**通过一点处的所有方向面中，一定存在 3 个互相垂直的平面，这些平面上只有正应力而没有切应力，称单元体上这些切应力为零的面为主平面，主平面上的正应力称为主应力，各个面上均无切应力的单元体称为主单元体**。一点处的 3 个主应力分别用 σ_1、σ_2 和 σ_3 来表示，并按应力代数值的大小顺序排列，即 $\sigma_1\geqslant\sigma_2\geqslant\sigma_3$。

为了便于进行应力状态的分析，对应力状态进行分类。

如果单元体上只有两对面上作用有应力且所有应力的作用线处于同一平面内时，称这种应力状态为为**平面应力状态**，如图 9.3～图 9.5 中所介绍点的应力状态。

如果平面应力状态的单元体上，正应力都等于零，仅有切应力作用，则称为**纯剪应力状态**，如图 9.4 及图 9.5（e）所示的应力状态。

如果单元体上的 3 对面上都作用有应力，则**称为空间应力状态**。

应力状态也可以按主应力的情况分类，若单元体的 3 个主应力中只有一个不等于零，这种应力状态称为**单向应力状态**。若 3 个主应力中有两个不等于零时，称为**二向应力状态**。若 3 个主应力都不为零时，则称为**三向应力状态**。

单向和二向应力状态属于平面应力状态，三向应力状态属于空间应力状态。有时把单向应力状态称为**简单应力状态**，把二向及三向应力状态又统称为**复杂应力状态**。

在工程实际中，平面应力状态最为普遍，空间应力状态问题虽也大量存在，但全面分析较为复杂。所以本书主要研究平面应力状态的应力分析，以及复杂应力状态下应力和应变的关系——广义胡克定律。

9.2　平面应力状态分析

平面应力状态的应力分析，就是以处于平面应力状态的一点处的原始单元体为前提，利用平衡原理确定通过该点其他截面上的应力、主应力及其主平面的过程。

9.2.1　任意方向面上的应力

图 9.6（a）所示的原始单元体处于平衡状态。选取图示的直角坐标系，以 x 轴为法线的两个平面称为 x 面，其上作用的已知应力为 σ_x、τ_{xy}；以 y 轴为法线的两个平面称为 y 面，其上作用的已知应力为 σ_y、τ_{yx}。

用截面法截取单元体的一部分作为研究对象，其受力如图 9.6（c）所示。设斜截面的外法线（n 轴）与 x 轴的夹角为 α，该斜截面简称为 α 面。在平面应力状态下，为了确定任意方向上正应力和切应力，需要对角以及各应力分量的正负号作以下约定：

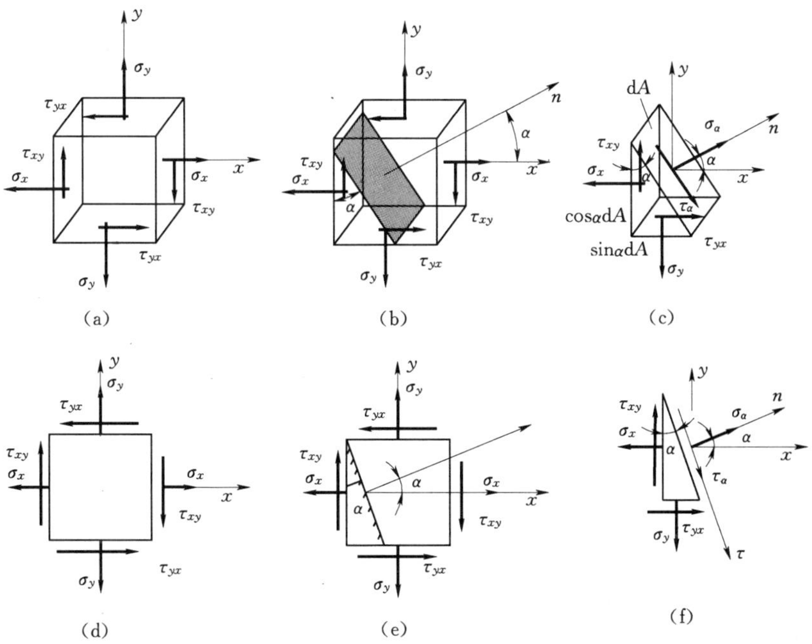

图 9.6

（1） α 角——以从 x 轴正方向逆时针转至 n 轴正方向者为正；反之为负。

（2） 正应力——拉为正；压为负。

（3） 切应力——使单元体或者局部产生顺时针方向转动趋势者为正；反之为负。

设图 9.6（c）中 α 面的面积为 $\mathrm{d}A$，其上应力为 σ_α、τ_α，据变形体平衡原理知，当单元体平衡时，从中取出图 9.6（c）所示局部也处于平衡，分别列出斜截面法向和切向的力（注意不是应力）的投影方程，根据平衡方程 $\sum F_{in}=0$ 及 $\sum F_{it}=0$ 可以写出：

$$\sigma_\alpha \mathrm{d}A+(\tau_{xy}\mathrm{d}A\cos\alpha)\sin\alpha-(\sigma_x\mathrm{d}A\cos\alpha)\cos\alpha+(\tau_{yx}\mathrm{d}A\sin\alpha)\cos\alpha-(\sigma_y\mathrm{d}A\sin\alpha)\sin\alpha=0$$

$$\tau_\alpha \mathrm{d}A-(\tau_{xy}\mathrm{d}A\cos\alpha)\cos\alpha-(\sigma_x\mathrm{d}A\cos\alpha)\sin\alpha+(\tau_{yx}\mathrm{d}A\sin\alpha)\sin\alpha-(\sigma_y\mathrm{d}A\sin\alpha)\cos\alpha=0$$

利用 $\sin2\alpha=2\cos\alpha\sin\alpha$，$\cos2\alpha=\cos^2\alpha-\sin^2\alpha$，$\cos^2\alpha=(1+\cos2\alpha)/2$ 及切应力互等定理 $\tau_{xy}=\tau_{yx}$，将以上两式整理简化后得

$$\sigma_\alpha=\frac{\sigma_x+\sigma_y}{2}+\frac{\sigma_x-\sigma_y}{2}\cos2\alpha-\tau_{xy}\sin2\alpha \tag{9.1}$$

$$\tau_\alpha=\frac{\sigma_x-\sigma_y}{2}\sin2\alpha+\tau_{xy}\cos2\alpha \tag{9.2}$$

式（9.1）、式（9.2）是计算平面应力状态下任意斜截面上应力的基本公式。应用时要注意应力和方位角的正负号规定。

可以看出，$\sigma_{\alpha+\pi}=\sigma_\alpha$，$\tau_{\alpha+\pi}=\tau_\alpha$，两角度相差 π 弧度的斜面上的正、切应力大小相等，故而在研究任意方向面上应力时，可以取 $\alpha\in[0，\pi/2]$。

由 $\sigma_\alpha+\sigma_{\alpha+\pi/2}=\sigma_x+\sigma_y$、$\tau_{\alpha+\pi/2}=-\tau_\alpha$ 可知，单元体上任意两个互相垂直方向面上的正应力之和为常数，切应力服从切应力成对互等定理。

9.2.2 主应力和主平面

如前所述，在主平面上切应力为零。设主平面的方位角为 α_0，将 α_0 代入式（9.2），便可由 $\tau_{\alpha_0}=0$ 求得主平面的方位角 α_0，即

$$\tan 2\alpha_0=\frac{-2\tau_{xy}}{\sigma_x-\sigma_y} \tag{9.3}$$

由于 $0\leqslant 2\alpha\leqslant 2\pi$，由式（9.3）可解出两个值，分别为 α_0 与 $\alpha_0+\frac{\pi}{2}$，也就是说，存在两个互相垂直的主平面，它们均与外法线方向为 z 轴的第三个主平面垂直。将得到 α_0 代入式（9.1）便可得到主应力计算公式，即

$$\sigma'=\frac{\sigma_x+\sigma_y}{2}+\frac{1}{2}\sqrt{(\sigma_x-\sigma_y)^2+4\tau_{xy}^2} \tag{9.4}$$

$$\sigma''=\frac{\sigma_x+\sigma_y}{2}-\frac{1}{2}\sqrt{(\sigma_x-\sigma_y)^2+4\tau_{xy}^2} \tag{9.5}$$

将由式（9.4）和式（9.5）求得的两个主应力 σ'、σ''，与单元体零应力面上的零值主应力比较，便可确定 3 个主应力 σ_1、σ_2 和 σ_3。

应该指出的是，由式（9.3）得出的 α_0 与 $\alpha_0+\frac{\pi}{2}$都是主平面的方位角，也就是说，与 x 轴成 α_0 与 $\alpha_0+\frac{\pi}{2}$的两个相互垂直的平面都是主平面。但哪一个是 σ'作用面，哪一个是 σ''作用面，可通过以下规则判断：

当 $\sigma_x>\sigma_y$ 时，α_0 是 σ_x 与 σ'之间的夹角。

当 $\sigma_x<\sigma_y$ 时，α_0 是 σ_x 与 σ''之间的夹角。

这个规则可以通过莫尔应力圆说明。

9.2.3 平面应力状态的最大切应力

因为任意截面的 τ_α 也是 α 变量的函数，为了求出最大切应力，根据式（9.2）将其对 α 求一阶导数，即

$$\frac{\mathrm{d}\tau_\alpha}{\mathrm{d}\alpha}=(\sigma_x-\sigma_y)\cos 2\alpha-2\tau_{xy}\sin 2\alpha$$

当 $\alpha=\alpha_1$ 时，使$\frac{\mathrm{d}\tau_\alpha}{\mathrm{d}\alpha}=0$，则 α 所在截面即为切应力的极值，将 α_1 代入上式，得

$$(\sigma_x-\sigma_y)\cos 2\alpha-2\tau_{xy}\sin 2\alpha=0$$

$$\tan 2\alpha_1=\frac{\sigma_x-\sigma_y}{2\tau_{xy}} \tag{9.6}$$

利用 $\tau_{xy}=-\tau_{yx}$，式（9.6）可以求解出两个角度，这两个角度相差$\frac{\pi}{2}$。将式（9.6）中解出 $\sin 2\alpha_1$ 和 $\cos 2\alpha_1$，代入式（9.2），求得该平面内切应力的最大值和最小值为

$$\tau'=\sqrt{\left(\frac{\sigma_x-\sigma_y}{2}\right)^2+\tau_{xy}^2} \tag{9.7}$$

$$\tau''=-\sqrt{\left(\frac{\sigma_x-\sigma_y}{2}\right)^2+\tau_{xy}^2} \tag{9.8}$$

又因为 $\tan 2\alpha_0=-\dfrac{1}{\tan 2\alpha_1}$，所以 $2\alpha_1=2\alpha_0+\dfrac{\pi}{2}$，即 $\alpha_1=\alpha_0+\dfrac{\pi}{4}$，说明由 σ' 的作用面逆时针旋转 $\dfrac{\pi}{4}$ 得到的平面就是最大切应力 τ' 的作用面。

例 9.4 试将图 9.7（a）所示单元体转过 α 角度后截面上的 σ_α 及 τ_α 用图形表示出来，并求出该单元体的主应力及其所在截面（主平面）的方位角。

解 $\sigma_x=60\text{MPa}$，$\sigma_y=0$，$\tau_{xy}=40\text{MPa}$。

（1）将已知量代入式（9.1）及式（9.2）得

$$\sigma_\alpha=30+30\cos 2\alpha-40\sin 2\alpha$$

$$\tau_\alpha=30\sin 2\alpha+40\cos 2\alpha$$

建立坐标系如图 9.8 所示。

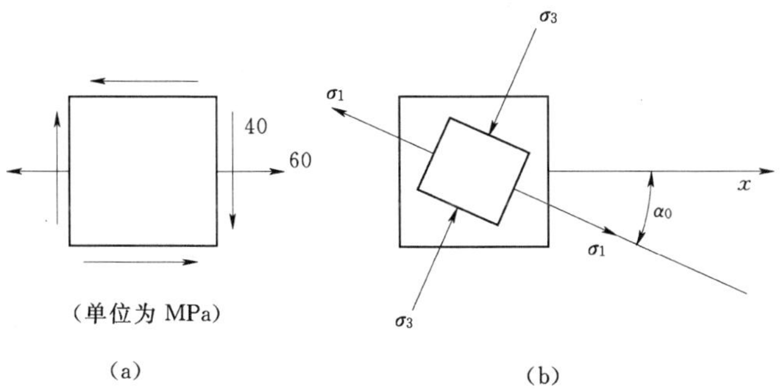

图 9.7

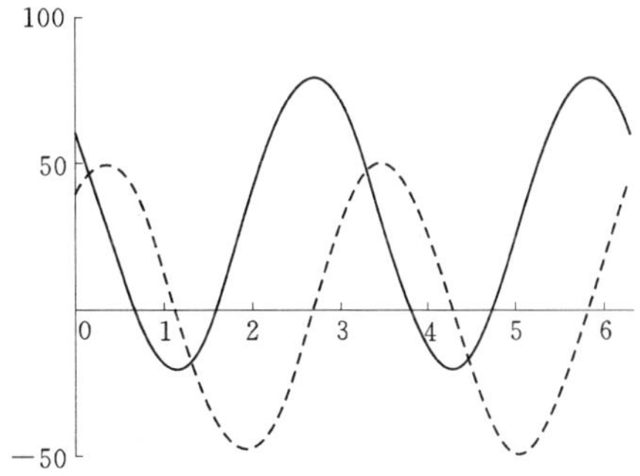

图 9.8

图 9.8 中连续线所示为 σ_α 线，虚线所示为 τ_α 线。

（2）确定主应力的大小。

$$\sigma'=\frac{\sigma_x+\sigma_y}{2}+\sqrt{\left(\frac{\sigma_x-\sigma_y}{2}\right)^2+\tau_{xy}^2}=\frac{60+0}{2}+\sqrt{\left(\frac{60-0}{2}\right)^2+40^2}=80(\text{MPa})$$

$$\sigma''=\frac{\sigma_x+\sigma_y}{2}+\sqrt{\left(\frac{\sigma_x-\sigma_y}{2}\right)^2+\tau_{xy}^2}=\frac{60+0}{2}-\sqrt{\left(\frac{60-0}{2}\right)^2+40^2}=-20(\text{MPa})$$

与另一主应力零比较后得：$\sigma_1=80\text{MPa}$，$\sigma_2=0$，$\sigma_3=-20\text{MPa}$。

（3）确定主平面的方位角。

$$\tan 2\alpha_0=-\frac{2\tau_{xy}}{\sigma_x-\sigma_y}=-\frac{2\times 40}{60-0}=-\frac{4}{3}$$

于是得：$2\alpha_0=-53°$，$\alpha_0=-26.5°$。由于 $\sigma_x=60>\sigma_y=0$，α_0 是 σ' 与 x 轴间夹角。

画出主单元体如图 9.7（b）所示。

9.3 应力圆及其应用

任意斜截面上的应力 σ_α 和 τ_α 除可用上述的解析法计算外，还可以用一种图解法，即应力圆法求解。图解法是由解析法演变而来的，具有形象、直观的特点。

9.3.1 应力圆方程

式（9.1）和式（9.2）是两个以 2α 为参变量的方程，若从中消去参变量 2α，便可得到 σ_α 与 τ_α 的关系式。把式（9.1）改写为

$$\sigma_\alpha-\frac{\sigma_x+\sigma_y}{2}=\frac{\sigma_x-\sigma_y}{2}\cos 2\alpha-\tau_{xy}\sin 2\alpha$$

考虑式（9.2），有

$$\tau_\alpha=\frac{\sigma_x-\sigma_y}{2}\sin 2\alpha+\tau_{xy}\cos 2\alpha$$

将以上两式的等号两边平方后相加，经整理后得

$$\left(\sigma_\alpha-\frac{\sigma_x+\sigma_y}{2}\right)^2+\tau_\alpha^2=\left(\frac{1}{2}\sqrt{(\sigma_x-\sigma_y)^2+4\tau_{xy}^2}\right)^2 \tag{9.9}$$

式（9.9）在以 σ 为横坐标、τ 为纵坐标的直角坐标系中表示一个以 σ_α 和 τ_α 为变量的圆方程，其圆心坐标为 $\left(\frac{\sigma_x+\sigma_y}{2},\ 0\right)$，半径为 $\frac{1}{2}\sqrt{(\sigma_x-\sigma_y)^2+4\tau_{xy}^2}$，此圆称为**应力圆**，是德国工程师莫尔（Mohr）于 1895 年提出的，故又称**莫尔圆**。

9.3.2 应力圆的画法

以图 9.9（a）所示的单元体为例，说明应力圆的作图方法：取 $\sigma-\tau$ 直角坐标系；选择适当的比例尺量取横坐标 $OB_1=\sigma_x$，纵坐标 $B_1D_x=\tau_{xy}$，得点 D_x；同理，量取横坐标 $OB_2=\sigma_y$，纵坐标 $B_2D_y=\tau_{yx}$，得点 D_y，如图 9.9（b）所示；连 D_xD_y，与 σ 轴交于 C 点，以 C 点为圆心，CD_x（或 CD_y）为半径作圆，即得图 9.9（a）所示单元体的应力圆如图 9.9（b）所示。

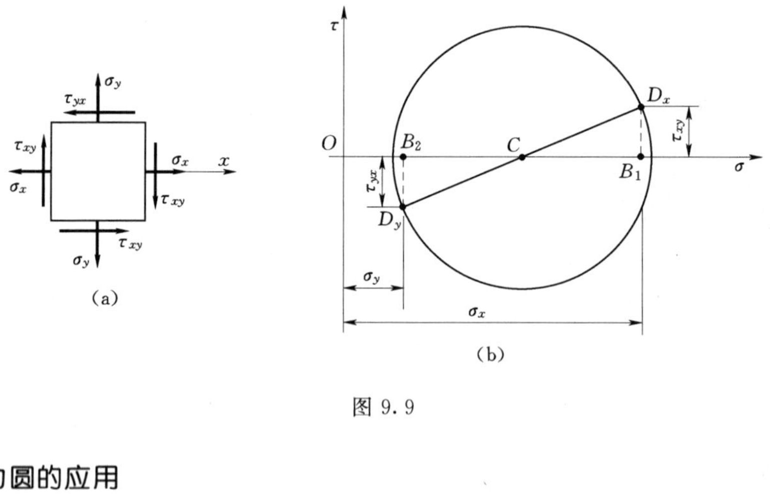

图 9.9

9.3.3 应力圆的应用

1. 确定单元体任意斜截面上的应力

若欲求图 9.10（a）所示单元体 α 面上的应力，可自应力圆上的 D_x 点按照单元体上 α 角的转向沿圆周转 2α 角至 E 点，E 点的横、纵坐标值就代表了 α 面上的正应力 σ_α 和切应力 τ_α，证明如下：

E 点的横坐标为

$$OF = OC + CF = OC + CE\cos(2\alpha_0 + 2\alpha)$$
$$= OC + CD_x\cos 2\alpha_0\cos 2\alpha - CD_x\sin 2\alpha_0\sin 2\alpha$$
$$= \frac{\sigma_x + \sigma_y}{2} + CB_1\cos 2\alpha - D_xB_1\sin 2\alpha$$
$$= \frac{\sigma_x + \sigma_y}{2} + \frac{\sigma_x - \sigma_y}{2}\cos 2\alpha - \tau_x\sin 2\alpha = \sigma_\alpha$$

E 点的纵坐标为

$$EF = CE\sin(2\alpha_0 + 2\alpha) = CD_x\sin 2\alpha_0\cos 2\alpha + CD_x\cos 2\alpha_0\sin 2\alpha$$
$$= D_xB_1\cos 2\alpha + CB_1\sin 2\alpha = \tau_{xy}\cos 2\alpha + \frac{\sigma_x - \sigma_y}{2}\sin 2\alpha = \tau_\alpha$$

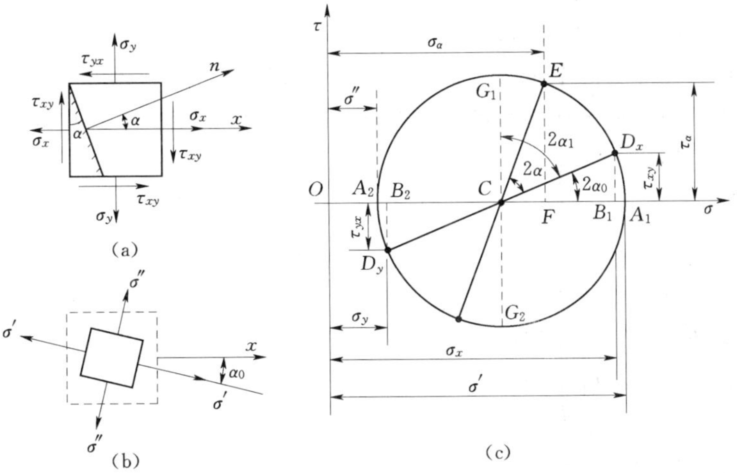

图 9.10

由上述证明可知，应力圆与单元体存在着以下对应关系：

(1) **点面对应**。应力圆圆周上任一点的横、纵坐标值分别对应着单元体对应截面上的正应力和切应力。例如，图 9.10 (b) 中的 D_x 点（或 D_y 点）的横、纵坐标值分别对应着单元体，如图 9.10 (a) 所示，x 面（或 y 面）上的正应力 σ_x（或 σ_y）和切应力 τ_{xy}（或 τ_{yx}）；E 点的横、纵坐标值分别对应着 α 面上的正应力 σ_α 和切应力 τ_α。显然，圆上任一直径两端点的坐标对应着单元体上互相垂直的两个平面上的应力。

(2) **倍角对应**。应力圆圆周上任意两点所引半径的夹角为单元体上对应两个截面外法线之间的夹角的两倍，如图 9.10 所示，即$\angle D_xCE = 2\angle xOn = 2\alpha$。

(3) **转向相同**。应力圆圆周上任意两点所引半径的夹角的转向和单元体上截面外法线与 x 轴的夹角的转向一致。

利用应力圆解题的关键是：点面对应、先找基准。若应力圆上以 D_x 点为基准，则单元体上应以 x 面为基准。

2. 确定主应力的大小和主平面的位置

应力圆与 σ 轴的两个交点 A_1 和 A_2 的横坐标值分别为最大和最小应力值，纵坐标值为零，这两个点分别对应着单元体上的两个主平面，因此这两个点的横坐标分别代表着两个主平面上的主应力大小。证明如下：

A_1 点的横坐标为

$$OA_1=OC+CA_1=OC+CD_x=\frac{\sigma_x+\sigma_y}{2}+\sqrt{\left(\frac{\sigma_x-\sigma_y}{2}\right)^2+\tau_{xy}^2}=\sigma'$$

A_2 点的横坐标为

$$OA_2=OC-CA_2=OC-CD_x=\frac{\sigma_x+\sigma_y}{2}-\sqrt{\left(\frac{\sigma_x-\sigma_y}{2}\right)^2+\tau_{xy}^2}=\sigma''$$

以上两式即为式（9.4）、式（9.5）。

主平面的位置也可以由应力圆来确定，在应力圆上以 D_x 点为基准，由 D_x 点沿圆周转至 A_1 点（或 A_2 点）所对的圆心角为 $2\alpha_0$（注意 $2\alpha_0\leqslant\pm\pi/2$），则在单元体上应以 x 面为基准，由其外法线 x 以相同的转向转角度 α_0（$\alpha_0\leqslant45°$），这样就确定了 σ'（或 σ''）所在主平面的外法线。在应力圆上由 A_1 点到 A_2 点所对圆心角为 π，则在单元体上，两个主应力 σ' 和 σ'' 所在主平面的外法线之间的夹角为 $\pi/2$，说明两个主平面互相垂直。

由几何关系可知

$$\tan2\alpha_0=-\frac{D_xB_1}{CB_1}=-\frac{\tau_{xy}}{\frac{\sigma_x-\sigma_y}{2}}=-\frac{2\tau_{xy}}{\sigma_x-\sigma_y}$$

上式即为确定主平面位置的解析式（9.3），由此式解出的两个角度 α_0 和 $\alpha_0+\pi/2$，分别代表着 σ' 和 σ'' 的方向。若仅用解析式计算时，哪个角代表 σ' 的方向，哪个角代表 σ'' 的方向，还需加以判断。经分析可知，较大的主应力 σ' 总是偏向于 σ_x 和 σ_y 之中的较大者；较小的主应力 σ'' 总是偏向于 σ_x 和 σ_y 之中的较小者。当 $\sigma_x=\sigma_y$ 时，$\alpha_0=\pm\pi/4$，主应力方向可直接由单元体上的切应力指向判断。

3. 平面内最大切应力和切应力面

从图 9.10（c）中可以证明，平面内最大切应力在应力圆上 G_1 点处，$\tau_{max}=\sqrt{\left(\frac{\sigma_x-\sigma_y}{2}\right)^2+\tau_{xy}^2}$，$\alpha_1=\pi/4-\alpha_0$，该点的主应力为 $\sigma_{\alpha_1}=\frac{\sigma_x-\sigma_y}{2}$。平面内最小切应力在应力圆上 G_2 点处，$\tau_{min}=-\sqrt{\left(\frac{\sigma_x-\sigma_y}{2}\right)^2+\tau_{xy}^2}$，$\alpha_1=\pi/4-\alpha_0$，该点的主应力为 $\sigma_{\alpha_1}=\frac{\sigma_x-\sigma_y}{2}$。请读者自行证明。

例 9.5 一平面应力状态如图 9.11（a）所示，已知 $\sigma_x=50$MPa，$\tau_{xy}=20$MPa，试求：

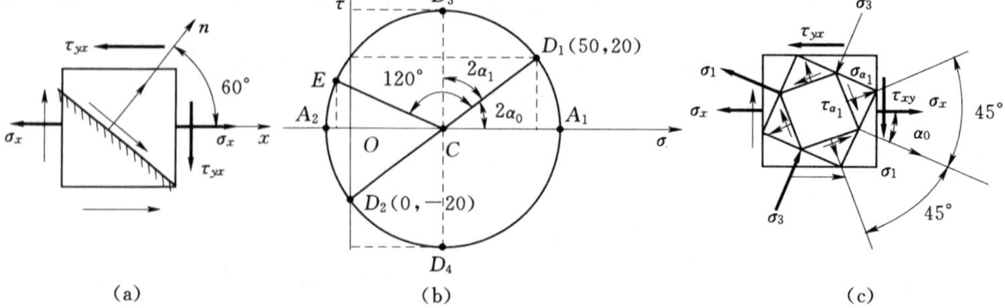

图 9.11

(1) 在 $\alpha=60°$截面上的应力。

(2) 主应力，并在单元体上绘出主平面位置及主应力方向。

(3) 最大切应力，并在单元体上绘出最大切应力作用平面。

解 首先在图 9.11 (b) σ—τ 坐标系内按比例确定 $D_1(50, 20)$ 和 $D_2(0, -20)$ 两点，连接 D_1 和 D_2，交 σ 轴于 C 点，以 C 为圆心，$\overline{CD_1}$为半径作圆，此为所求应力圆。

(1) 求 $\alpha=60°$面的应力。

在应力圆上，由$\overline{CD_1}$的半径逆时针转 120°交圆周于 E 点，量取 E 的坐标值，$\sigma_\alpha=-4.8\text{MPa}$，$\tau_\alpha=11.7\text{MPa}$ 为 α 面上的应力。

(2) 求主应力。

在应力圆上，圆周与 σ 轴的交点是 A_1 和 A_2，该两点的横坐标就是单元体的两个主应力，量取其大小，得

$$\sigma_1=57\text{MPa}, \sigma_2=0, \sigma_3=-7\text{MPa}$$

因为从 D_1 到 A_1 的圆弧对应的圆心角为

$$\tan 2\alpha_0=-\frac{2\tau_{xy}}{\sigma_x-\sigma_y}=-\frac{2\times 20}{50}=-\frac{4}{5}$$

$$2\alpha=-38.6°, \alpha_0=-19.3°$$

在单元体上顺时针转 α_0 即可得主平面方向。也可以作图得出。

(3) 求最大切应力。

最大切应力所对应的位置在应力圆上的 D_3 和 D_4 点，量取其大小，$\tau_{\max}=32\text{MPa}$，$\sigma_D=25\text{MPa}$，因为 D_3 与 A_1 夹 90°角，即 $\tau_{\max}$与 σ_1 夹 45°角，可知 D_3 与 D_1 的夹角为

$$90°-|2\alpha_0|=90°-38.6°=51.4°$$

可在单元体中由 x 面逆时针转 $\alpha_1=\dfrac{51.4°}{2}=25.7°$得到 $\tau_{\max}$的平面，负号主切应力 $\tau_{\max}=-32\text{MPa}$与面 $\tau_{\max}$垂直，如图 9.11 (c) 所示。

9.4 基本变形杆件的应力状态分析

9.4.1 轴心拉压杆件应力状态分析

从图 9.12 (a) 所示的拉伸杆件内任一点处按图示方法取一单元体，其中左右一对面为杆件横截面的一部分。由于该单元体只在左右一对面上有拉应力 σ_x，可见处于单向应力状态。

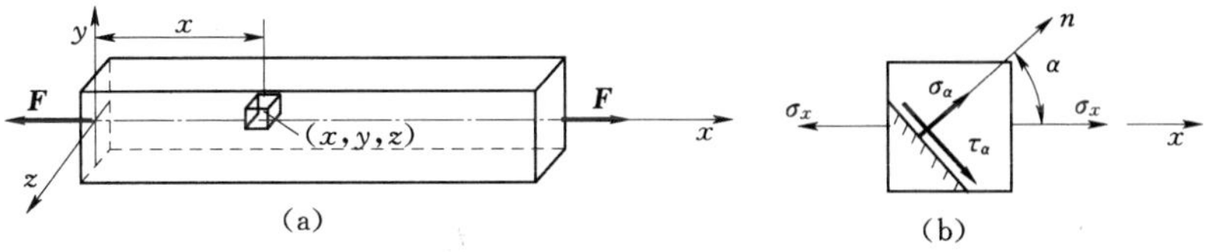

图 9.12

对单向应力状态单元体，如图 9.12（b）所示，任意 α 方向面上的正应力 σ_α 和切应力 τ_α 可由式（9.1）和式（9.2）得到，令 $\sigma_y=0$，$\tau_{xy}=0$，则得

$$\sigma_\alpha=\sigma(\cos\alpha)^2 \tag{9.10}$$

$$\tau_\alpha=\frac{\sigma}{2}\sin2\alpha \tag{9.11}$$

这就是拉压杆件任意方向面上应力的计算公式。

该单元体的主应力由式（9.3）知，为

$$\sigma_1=\sigma，\sigma_2=0，\sigma_3=0$$

主应力方向由式（9.2）确定，为 $\alpha_0=0$，可见 σ_1 的作用面就是杆件的横截面。

由式（9.7）可知：

（1）当 $\alpha=0$ 时，$\sigma_0=\sigma=\sigma_{max}$，$\tau_0=0$，表明拉压杆件的最大正应力发生在横截面上，该截面上不存在切应力。

（2）当 $\alpha=\frac{\pi}{4}$时，$\sigma_{\frac{\pi}{4}}=\frac{\sigma}{2}$，$\tau_{\frac{\pi}{4}}=\frac{\sigma}{2}=\tau_{max}$，表明拉压杆件的最大切应力发生在$\frac{\pi}{4}$斜截面上，该斜截面上同时存在正应力。

（3）当 $\alpha=\frac{\pi}{2}$时，$\sigma_{\frac{\pi}{2}}=0$，$\tau_{\frac{\pi}{2}}=0$，表明拉压杆件纵截面上不存在任何应力。

上述过程也可以从应力圆图形得出，请读者自行画图找出。

9.4.2 受扭转圆轴的应力状态分析

从图 9.13（a）所示扭转圆杆内任一点处取一单元体，左右一对面为杆件横截面的一部分。由于该单元体只在左右、上下两对面上有数值相等的切应力 τ，可见处于纯切应力状态。

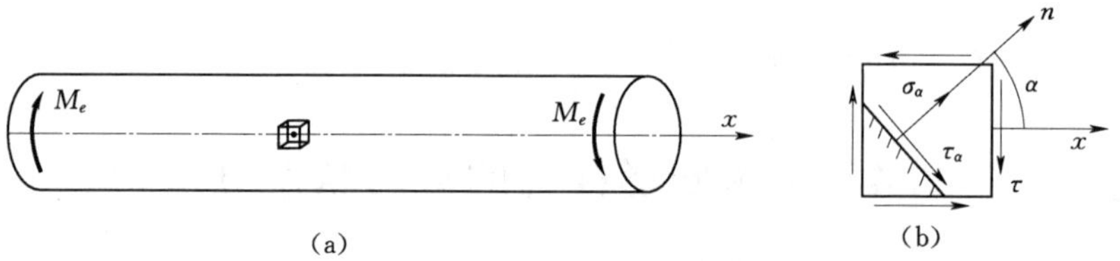

图 9.13

如图 9.13（b）所示，对纯切应力状态单元体，令 $\sigma_y=0$，$\sigma_x=0$，任意 α 方向面上的正应力 σ_α 和切应力 τ_α 可由式（9.1）和式（9.2）得到，即

$$\sigma_\alpha=-\tau\sin2\alpha \tag{9.12}$$

$$\tau_\alpha=\tau\cos2\alpha \tag{9.13}$$

该单元体的主应力由式（9.11）知，为

$$\sigma_1=\tau，\sigma_2=0，\sigma_3=-\tau$$

该单元体的主应力 σ_1 所在主平面的外法线和 x 轴成$-\frac{\pi}{4}$，σ_3 所在主平面的外法线和 x 轴成$\frac{\pi}{4}$，可见该单元体处于二向应力状态。

由式 (9.9) 可知，当 $\alpha=0$ 时，$\sigma_0=0$，$\tau_0=\tau=\tau_{max}$，表明扭转圆杆的最大切应力发生在横截面上，该截面上不存在正应力。

上述过程也可以从应力圆图形得出，请读者自行画图找出。

9.4.3 平面弯曲梁的应力状态分析

图 9.14 (a) 所示为一悬臂梁，在梁的任一横截面 $m—m$ 上，从梁顶到梁底各点处的应力状态并不相同。

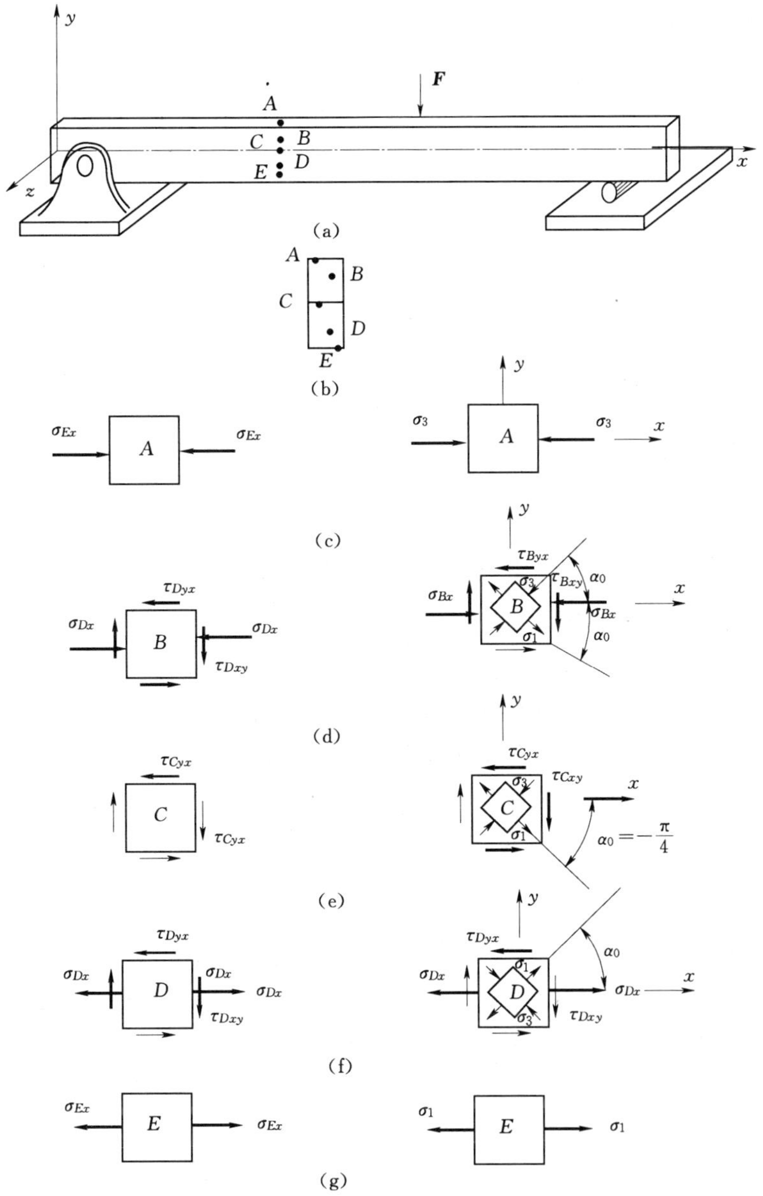

图 9.14

现沿 $m—m$ 的 A、B、C、D、E 点处，如图 9.14（c）～（g）分别取单元体进行分析。

梁顶 A 点处的单元体，只有一对压应力；梁底 E 点处的单元体，只有一对拉应力；均处于单向应力状态，分析方法如同轴心拉压杆上一点处应力状态。

中性层 C 点处的单元体，只有两对切应力，处于纯切应力状态，分析方法如同受扭圆轴上一点处应力状态。

B、D 点处的单元体均为一般二向应力状态，对 B 点处单元体，令 $\sigma_y=0$，$\sigma_x=\sigma_{Bx}$，$\tau_{xy}=\tau_{Bxy}$，任意 α 方向面上的正应力 σ_α 和切应力 τ_α 可由式（9.1）和式（9.2）得到，即

$$\sigma_\alpha=\frac{\sigma_{Bx}}{2}+\frac{\sigma_{Bx}}{2}\cos2\alpha-\tau_{Bxy}\sin2\alpha \tag{9.14}$$

$$\tau_\alpha=\frac{\sigma_{Bx}}{2}\sin2\alpha+\tau_{xy}\cos2\alpha \tag{9.15}$$

主应力及主应力方向可按式（9.3）、式（9.4）和式（9.5）求得，即

$$\sigma'=\frac{\sigma_{Bx}}{2}+\frac{1}{2}\sqrt{\sigma_{Bx}^2+4\tau_{xy}^2} \tag{9.16}$$

$$\sigma''=\frac{\sigma_{Bx}}{2}-\frac{1}{2}\sqrt{\sigma_{Bx}^2+4\tau_{xy}^2} \tag{9.17}$$

$$\tan2\alpha_0=\frac{-2\tau_{xy}}{\sigma_{Bx}} \tag{9.18}$$

对 D 点处单元体，与 B 点分析方法进行分析。

5 个点处的主应力方向在相应图中示出。

上述过程也可以从应力圆图形得出，请读者自行画图找出。

9.4.4 主应力轨迹线的概念

对于平面结构，可用上述方法求出结构内所有点处的两个主应力大小及其方向。在工程结构的设计中，往往还需要知道结构内各点主应力方向的变化规律。主应力轨迹线是两组正交的曲线；其中一组曲线是主拉应力轨迹线，在这些曲线上，每点的切线方向表示该点的主拉应力方向；另一组曲线是主压应力轨迹线，在这些曲线上，每点的切线方向表示该点的主压应力方向。下面以梁为例说明如何绘制主应力轨迹线。

用梁的应力状态分析的方法，可求出图 9.15 所示梁内各点处的主应力方向。

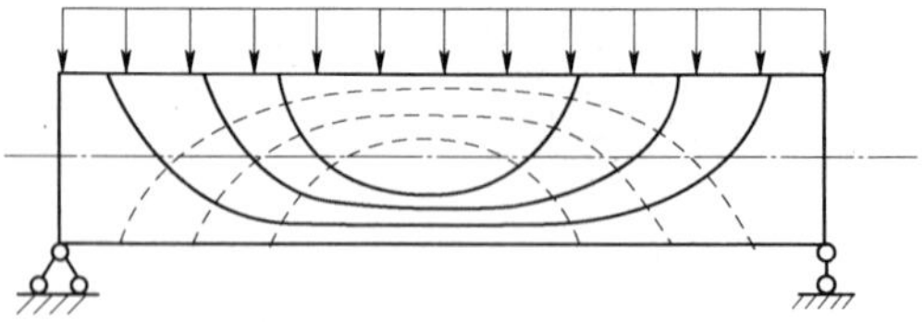

图 9.15

已知梁内各点处的主应力方向后，即可绘制出梁的主应力轨迹线如图 9.15 所示。图中实线为主拉应力轨迹线，虚线为主压应力轨迹线。梁的主应力轨迹线有以下特点：主拉应力轨迹线和主压应力轨迹线互相正交；所有的主应力轨迹线在中性层处与梁的轴线夹 $\pi/4$；在弯矩最大而剪力等于零的截面上，主应力轨迹线的切线是水平的；在梁的上、下边缘处，主应力轨迹线的切线与梁的上、下边界线平行或正交。绘制主应力轨迹线时，可先将梁划分成若干细小的

网格，计算出各节点处的主应力方向，再根据各点主应力的方向，即可描绘出主应力轨迹线。

9.5　三向应力状态的特例分析

应用主应力的概念，3 个主应力均不为零的应力状态，即为三向应力状态。前面已经提到，平面应力状态也有 3 个主应力，只是其中有一个或两个主应力等于零。所以，平面应力状态是三向应力状态的特例。此外，三向应力状态的特例是指有一个主平面及其上的主应力为已知的三向应力状态的特殊情形。

不失一般性，考察 3 个主平面均为已知及 3 个主应力（$\sigma_1>\sigma_2>\sigma_3$）均不为零的情形，如图 9.16（a）所示。与这种应力状态对应的应力圆是怎样的？从应力圆上又可以得到什么结论？这是本节所要回答的问题。

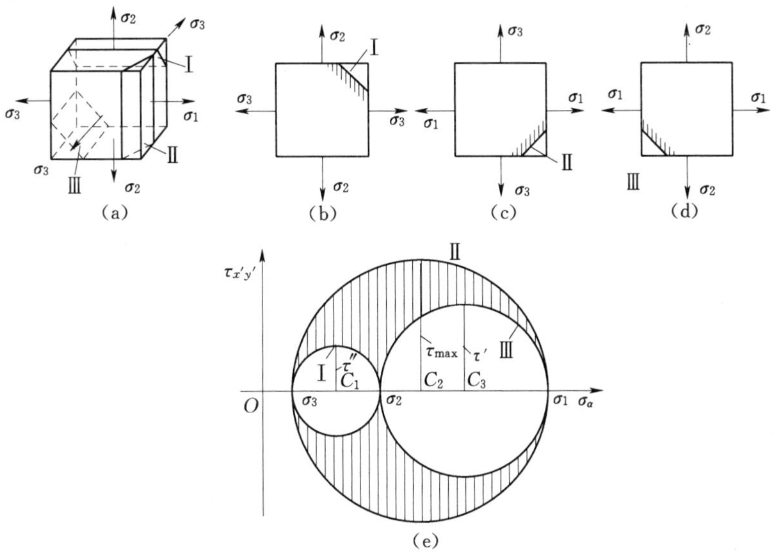

图 9.16

9.5.1　三组特殊的方向面

因为 3 个主平面和主应力均为已知，故可以先将这种应力状态分解为 3 种平面应力状态，分析平行于 3 个主应力方向的三组特殊方向面上的应力。

1. 平行于主应力 σ_1 方向的方向面

若用平行于 σ_1 的任意方向面从单元体中截出一局部，不难看出，与 σ_1 相关的力自相平衡，因而 σ_1 对这一组方向面上的应力无影响。这时，可将其视为只有 σ_2 和 σ_3 作用的平面应力状态，如图 9.16（b）所示。

2. 平行于主应力 σ_2 方向的方向面

这一组方向面上的应力与 σ_2 无关，这时，可将其视为只有 σ_1 和 σ_3 作用的平面应力状态，如图 9.16（c）所示。

3. 平行于主应力 σ_3 方向的方向面

研究这一组方向面上的应力，可将其视为只有 σ_1 和 σ_2 作用的平面应力状态，如图 9.16（d）所示。

9.5.2 三向应力状态的应力圆

根据图 9.16（b）～（d）所示的平面应力状态，可作出 3 个与其对应的应力圆Ⅰ、Ⅱ、Ⅲ，如图 9.16（e）所示。3 个应力圆上的点分别对应三向应力状态中三组特殊方向面上的应力。这 3 个圆统称为**三向应力状态应力圆。**

应用弹性力学的理论还可以证明，如图 9.16（e）中阴影线部分，三向应力状态中任意方向面上的应力对应着上述 3 个应力圆之间所围区域内某一点的坐标值。这已超出本课程所涉及范围，故不赘述。

9.5.3 一点处的最大切应力

对于一般情形下的三向应力状态，都可以找到它的 3 个主应力，因而也都可以作出类似的三向应力状态应力圆。

结果表明，单元体内的最大切应力发生在平行于 σ_2 的那一组方向面内，与这一方向面对应的是最大应力圆（由 σ_1 和 σ_3 作出）的最高点和最低点。于是，一点处应力状态中的最大切应力为

$$\tau_{max}=\frac{\sigma_1-\sigma_3}{2} \tag{9.19}$$

在由 σ_1、σ_2 及 σ_3 所画出的应力圆上，其最高点与最低点纵坐标所对应的切应力只是分别平行于 σ_3 和 σ_1 的那两组方向面中最大值，此即前面所提到的平面应力状态中的面内最大切应力。

一般平面应力状态作为三向应力状态的特例，即两个不等于零的主应力和一个等于零的主应力。因此，对于平面应力状态也应该可以作出 3 个应力圆。同样，由 σ_1 和 σ_3 作出的应力圆最高点与最低点的纵坐标值，即为平面应力状态的最大切应力，其表达式与式（9.13）相同。

其余两个面内最大切应力分别用 τ'和 τ''表示，其值为

$$\tau'=\frac{\sigma_1-\sigma_2}{2} \tag{9.20}$$

$$\tau''=\frac{\sigma_2-\sigma_3}{2} \tag{9.21}$$

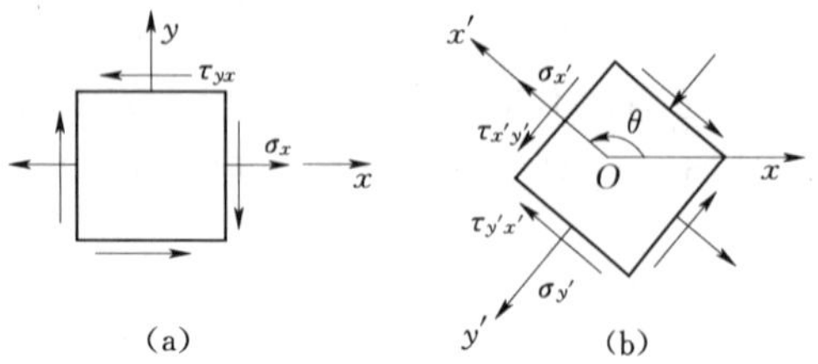

图 9.17

例 9.6 已知应力状态如图 9.17（a）所示。

试求：（1）写出主应力 σ_1、σ_2、σ_3 的表达式；（2）若已知 $\sigma_x=63.7$MPa，$\tau_{xy}=76.4$MPa，当坐标轴 x、y 逆时针方向旋转 $\theta=120°$后至 x'、y'，试求 $\sigma x'$、$\sigma y'$、$\tau x'y'$。

解 （1）确定正应力。因为 $\sigma_y=0$，所

以由式（9.1）和式（9.2），求得两个非零主应力分别为

$$\sigma''=\frac{\sigma_x}{2}-\frac{1}{2}\sqrt{\sigma_x^2+4\tau_{xy}^2}<0 \qquad \sigma'=\frac{\sigma_x}{2}+\frac{1}{2}\sqrt{\sigma_x^2+4\tau_{xy}^2}>0$$

因为是平面应力状态，故有 $\sigma'''=0$ 于是，根据 $\sigma_1>\sigma_2>\sigma_3$ 的排列顺序，得

$$\left.\begin{aligned}\sigma_1&=\sigma'=\frac{\sigma_x}{2}+\frac{1}{2}\sqrt{\sigma_x{}^2+4\tau_{xy}{}^2}\\ \sigma_2&=\sigma'''=0\\ \sigma_3&=\sigma''=\frac{\sigma_x}{2}-\frac{1}{2}\sqrt{\sigma_x{}^2+4\tau_{xy}{}^2}\end{aligned}\right\}$$

（2）计算方向面法线旋转后的应力分量。

将已知数据 $\sigma_x=63.7\text{MPa}$、$\sigma_y=0$，$\tau_{xy}=-\tau_{x'y'}=76\text{MPa}$，$\theta=120°$等代入任意方向面上应力分量的表达式，求得

$$\sigma_{x'}=\sigma_{120°}=\frac{\sigma_x+\sigma_y}{2}+\frac{\sigma_x-\sigma_y}{2}\cos2\alpha-\tau_{xy}\sin2\alpha=82.1\times10^6\text{Pa}=82.1\text{MPa}$$

$$\sigma_{y'}=\sigma_{210°}=\frac{\sigma_x+\sigma_y}{2}+\frac{\sigma_x-\sigma_y}{2}\cos2\alpha-\tau_{xy}\sin2\alpha=-18.4\times10^6\text{Pa}=-18.4\text{MPa}$$

$$\tau_{x'y'}=\tau_{120°}=\frac{\sigma_x-\sigma_y}{2}\sin2\alpha+\tau_{xy}=-65.8\times10^6\text{Pa}=-65.8\text{MPa}$$

$$\tau_{y'x'}=-\tau_{x'y'}=65.8\text{MPa}$$

旋转后的应力状态如图 9.17（b）所示。

例 9.7 三向应力状态如图 9.18（a）所示。试求主应力及单元体内的最大切应力。

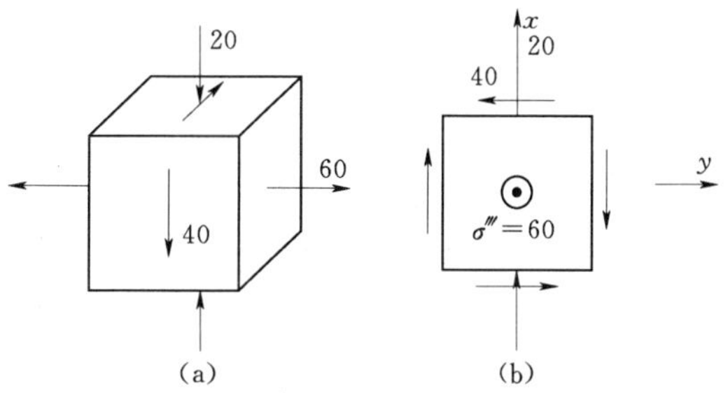

（应力单位为 MPa）

图 9.18

解 所给的应力状态中有一个主应力是已知的，即 $\sigma'''=60\text{MPa}$，故单元体上平行于 σ'''的方向面上的应力值与 σ'''无关。因此，当确定这一组方向面上的应力，以及这一组方向面中的主应力 σ'和 σ''时，可以将所给的应力状态视为图 9.18（b）所示的平面应力状态。直接应用式（9.4）及式（9.5），得

$$\sigma'=\frac{\sigma_x}{2}+\frac{1}{2}\sqrt{\sigma_x{}^2+4\tau_{xy}{}^2}=\left[\frac{-20\times10^6}{2}+\frac{1}{2}\sqrt{(-20\times10^6)^2+4(-40\times10^6)^2}\right]$$
$$=31.2\times10^6\text{Pa}=31\text{MPa}>0$$

$$\sigma''=\frac{\sigma_x}{2}+\frac{1}{2}\sqrt{\sigma_x{}^2+4\tau_{xy}{}^2}=\left[\frac{-20\times10^6}{2}-\frac{1}{2}\sqrt{(-20\times10^6)^2+4(-40\times10^6)^2}\right]$$
$$=-51.2\times10^6\text{Pa}=-51.2\text{MPa}<0$$

根据 $\sigma_1>\sigma_2>\sigma_3$ 的排列顺序，得

$$\sigma_1=60\text{MPa}$$
$$\sigma_2=31.2\text{MPa}$$
$$\sigma_3=-51.2\text{MPa}$$

单元体内的最大切应力为

$$\tau_{\max}=\frac{\sigma_1-\sigma_3}{2}=\frac{60\times10^6+51.2\times10^6}{2}\text{Pa}=55.6\text{MPa}$$

9.6 一般应力状态下各向同性材料的应力与应变关系

对于各向同性材料，沿各方向的弹性常数 E、G、μ 均分别相同，并且由于各向同性材料沿任一方向对于其弹性常数都具有对称性（即绕该方向旋转 180°后，材料的弹性常数保持不变），因此，在弹性范围、小变形条件下，沿平面的法向方向，正应力只引起线应变，而切应力只引起同一平面内的切应变。

在 σ_x、σ_y 和 σ_z 单独存在时，x 方向的线应变 ε_x 依次为

$$\varepsilon_x'=\frac{\sigma_x}{E},\varepsilon''_x=-\mu\frac{\sigma_y}{E},\varepsilon'''_x=-\mu\frac{\sigma_z}{E}$$

线应变 ε_x、ε_y、ε_z 与正应力 σ_x、σ_y、σ_z 之间的关系，可以应用叠加原理求得。于是，在 σ_x、σ_y 和 σ_z 同时存在时，x 方向的线应变为

$$\varepsilon_x=\frac{1}{E}[\sigma_x-\mu(\sigma_y+\sigma_z)]$$

同理可得

$$\varepsilon_y=\frac{1}{E}[\sigma_y-\mu(\sigma_z+\sigma_x)]$$

$$\varepsilon_z=\frac{1}{E}[\sigma_z-\mu(\sigma_x+\sigma_y)]$$

对于切应变 γ_{xy}、γ_{yz}、γ_{zx} 与切应力 τ_{xy}、τ_{yz}、τ_{zx} 之间的关系为

$$\left.\begin{aligned}\gamma_{xy}&=\frac{\tau_{xy}}{G}\\ \gamma_{xz}&=\frac{\tau_{xz}}{G}\\ \gamma_{yz}&=\frac{\tau_{yz}}{G}\end{aligned}\right\}$$

上述关系可总写为

$$\left\{\begin{aligned}\varepsilon_x&=\frac{1}{E}[\sigma_x-\nu(\sigma_y+\sigma_z)]\\ \varepsilon_y&=\frac{1}{E}[\sigma_y-\nu(\sigma_z+\sigma_x)]\\ \varepsilon_z&=\frac{1}{E}[\sigma_z-\nu(\sigma_x+\sigma_y)]\\ \gamma_{xy}&=\frac{\tau_{xy}}{G}\\ \gamma_{xz}&=\frac{\tau_{xz}}{G}\\ \gamma_{yz}&=\frac{\tau_{yz}}{G}\end{aligned}\right. \tag{9.22}$$

式（9.22）称为一般应力状态下的**广义胡克定律**。

也可写成

$$
\begin{cases}
\sigma_x=\lambda\theta+2G\varepsilon_x\\
\sigma_y=\lambda\theta+2G\varepsilon_y\\
\sigma_z=\lambda\theta+2G\varepsilon_z\\
\tau_{xy}=G\gamma_{xy}\\
\tau_{xz}=G\gamma_{xz}\\
\tau_{yz}=\gamma_{yz}
\end{cases}
\tag{9.23}
$$

式中 $\theta=\varepsilon_x+\varepsilon_y+\varepsilon_z$ 称为体应变，$\lambda=2\mu G/(1-2\mu)$称为拉梅常数。

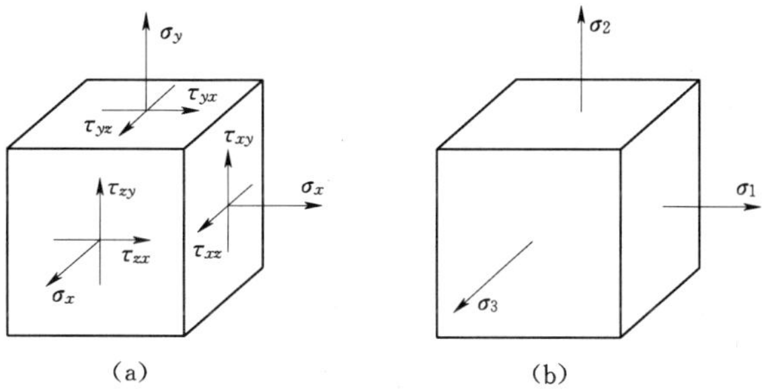

图 9.19

若单元体的 3 个主应力已知时，其应力状态如图 9.19（b）所示，这时广义胡克定律变为

$$
\begin{cases}
\varepsilon_1=\dfrac{1}{E}[\sigma_1-\mu(\sigma_2+\sigma_3)]\\
\varepsilon_2=\dfrac{1}{E}[\sigma_2-\mu(\sigma_3+\sigma_1)]\\
\varepsilon_3=\dfrac{1}{E}[\sigma_3-\mu(\sigma_1+\sigma_2)]
\end{cases}
\tag{9.24}
$$

式中，ε_1、ε_2、ε_3 分别为沿主应力 σ_1、σ_2、σ_3 方向的应变，称为主应变。

对于平面应力状态（$\sigma_z=0$），广义胡克定律式（9.22）可简化为

$$
\begin{cases}
\varepsilon_x=\dfrac{1}{E}(\sigma_x-\mu\sigma_y)\\
\varepsilon_y=\dfrac{1}{E}(\sigma_y-\mu\sigma_x)\\
\varepsilon_z=\dfrac{1}{E}(\sigma_z-\mu\sigma_x)\\
\gamma_{xy}=\dfrac{\tau_{xy}}{G}
\end{cases}
\tag{9.25}
$$

9.7 应变能和应变能密度

弹性体在外力作用下产生变形，外力作用点也同时产生位移，因此外力要做功。按照

功能原理，如不计热能、电磁能的变化，则外力所做的功在数值上等于积蓄在弹性体内的应变能。当外力除去后，应变能又从弹性体内释放出来，并使弹性变形消失，即弹性体在外力作用下因变形而储存的能量称为**弹性应变能**或**变形能**。如用 V_ε 表示应变能，W 表示外力功，则

$$V_\varepsilon=W \tag{9.26}$$

9.7.1 轴向拉压杆件的应变能和应变能密度

图 9.20（a）所示为一受轴向拉伸的直杆，拉力由零逐渐增加到最后的数值 F_1，现计算静外力做的功。

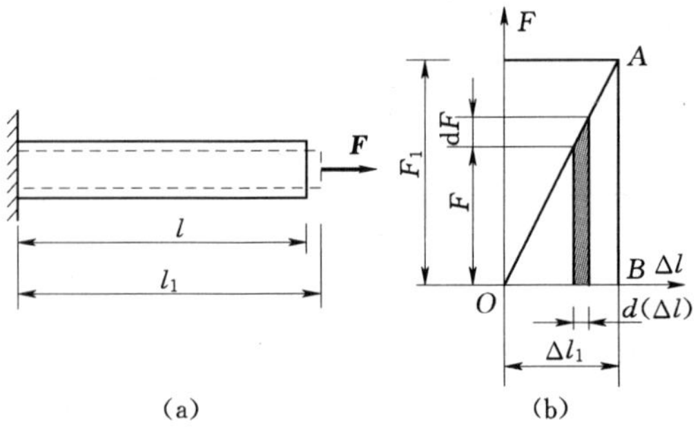

图 9.20

当拉力逐渐增加时，杆也随之伸长，杆的伸长就等于加力点沿加力方向的位移。由于拉力是变力，必须先计算加力过程中某一时刻的拉力在伸长增量上所做的微功，然后累加起来，即得到总功。设某一时刻的拉力为 F，杆的伸长增量是 $\mathrm{d}(\Delta l)$，则微功为 $F\cdot \mathrm{d}(\Delta l)$。当材料处于弹性范围时，拉力和伸长呈线性关系，$F$—$\Delta l$ 图为直线，如图 9.20（b）所示。微功由图上阴影面积表示。当拉力增加到最后数值 F_1 时，杆的伸长为 Δl_1，外力所做的总功为图 9.20（b）中三角形面积 OAB，即

$$W=\int_0^{\Delta l_1} F\mathrm{d}(\Delta l) \tag{9.27}$$

由于 $F_N=F$，$\Delta l=F_N l/EA=Fl/EA$，可知 $\mathrm{d}(\Delta l)=\mathrm{d}(F)l/EA$，代入式（9.27）积分可得

$$W=\frac{F_1^2 l}{2EA}=\frac{1}{2}F_1\cdot\Delta l_1 \tag{9.28}$$

一般地，外力功可写为

$$W=\frac{1}{2}F\cdot\Delta l$$

由式（9.26），杆的应变能也为

$$V_\varepsilon=\frac{1}{2}F\cdot\Delta l$$

在国际单位制中，应变能的单位是 J，1J=1N·m。

9.7.2 三向应力状态的应变能密度

将上述求解应变能的方法用于各向同性材料构成的线弹性体中的一个单元体。如图 9.21 所示，首先考虑单向应力状态的情形，作用于外法线方向为 x 轴正向的面上的力为 $\sigma_x\mathrm{d}y\mathrm{d}z$ 由零逐渐增大到最终值时，由于单元体在 x 轴方向伸长为 $\varepsilon_x\mathrm{d}x$ 而做功，另一面上的力因无位移而不做功，该功转化为储存在单元体内的应变能，即

$$\mathrm{d}V_\varepsilon=\frac{1}{2}(\sigma_x\mathrm{d}y\mathrm{d}z)(\varepsilon_x\mathrm{d}x)=\frac{1}{2}\sigma_x\varepsilon_x\mathrm{d}V$$

单元体的应变能与体积之比称为**应变能密度**，用 υ_ε 表示，即

$$\upsilon_\varepsilon=\frac{dV_\varepsilon}{dV}=\frac{1}{2}\sigma_x\varepsilon_x \tag{9.29}$$

在国际单位制中，应变能密度的单位是焦耳/米^3（J/m^3）。

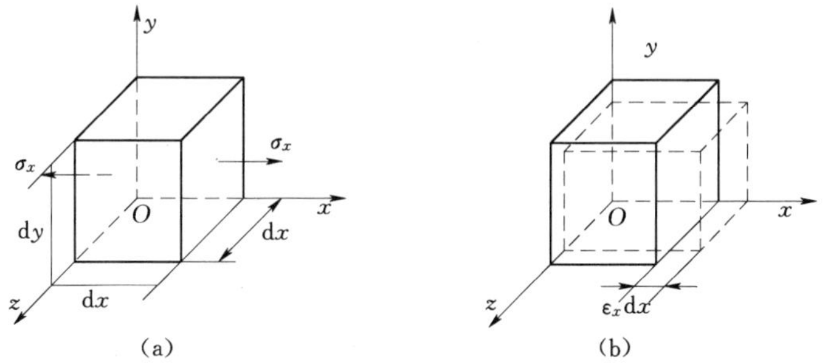

图 9.21

下面考虑所有 6 个应力分量和 6 个应变分量都出现的一般情形。取 3 个主方向为坐标轴方向，则单元体各面上只有主应力。假定加载仍然是缓慢的，各分量均从零逐渐增大到最终值。因为应变能是势能，只与应力和应变的最终值有关，与其变化过程无关，可进一步假定各分量均按比例加载。由广义胡克定律，各应力分量也按比例增长。由小变形假设，各应力的合力均只在对应的位移上做功，而与其他两个方向的位移垂直，则单元体内的应变能密度为

$$\upsilon_\varepsilon=\frac{1}{2}\sigma_1\varepsilon_1+\frac{1}{2}\sigma_2\varepsilon_2+\frac{1}{2}\sigma_3\varepsilon_3 \tag{9.30}$$

将广义胡克定律代入式（9.30），经化简后得到总应变能密度为

$$\upsilon_\varepsilon=\frac{1}{2E}[\sigma_1^2+\sigma_2^2+\sigma_3^2-2\mu(\sigma_1\sigma_2+\sigma_2\sigma_3+\sigma_3\sigma_1)] \tag{9.31}$$

在一般情况下，三向应力状态下的单元体将同时产生体积改变和形状改变，因此总应变能密度也可分为与之相应的体积改变能密度 υ_v 和形状改变能密度 υ_d。

$$\upsilon_\varepsilon=\upsilon_v+\upsilon_d \tag{9.32}$$

为了求得这两部分应变能密度，可将图 9.22（a）所示的应力状态分解成图 9.22（b）、（c）所示的两种应力状态。在图 9.22（b）所示的单元体上，各面上作用有相等的主应力 $\sigma_m=(\sigma_1+\sigma_2+\sigma_3)/3$，显然，该单元体只发生体积改变而无形状改变。其体积应变和图 9.22（a）所示单元体的体积应变相同。因此，图 9.22（a）所示单元体的体积改变能密度可求得为

$$\upsilon_v=3\cdot\frac{1}{2}\cdot\sigma_m\varepsilon_m$$

$$\varepsilon_m=\frac{1}{E}[\sigma_m-\mu(\sigma_m+\sigma_m)]+\frac{1-2\mu}{E}\sigma_m$$

得体积改变能密度为

$$\upsilon_v=3\times\frac{1}{2}\times\sigma_m\times\frac{1-2\mu}{E}\sigma_m$$

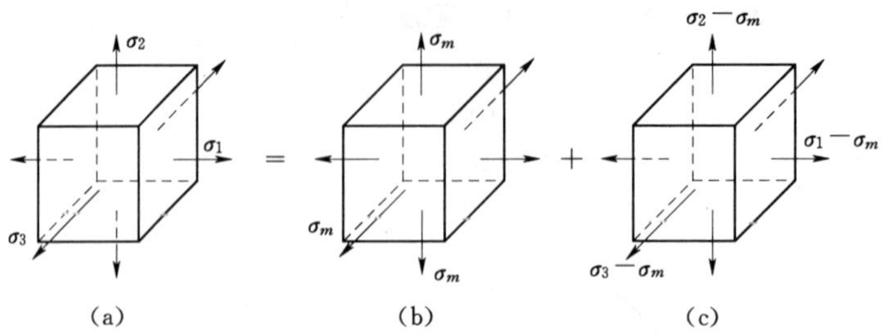

图 9.22

$$=\frac{1-2\mu}{6E}(\sigma_1+\sigma_2+\sigma_3)^2 \tag{9.33}$$

在图 9.22（c）所示的单元体上，3 个主应力之和为零，由式（9.32）可知，其体积应变 $\varepsilon_v=0$，即该单元体只有形状改变。这一单元体的应变能密度即为形状改变能密度 υ_d。它等于单元体的总应变能密度减去体积改变能密度。

由式（9.32）和（9.33），可得

$$\upsilon_d=\upsilon_\varepsilon-\upsilon_v=\frac{1+\mu}{6E}[(\sigma_1-\sigma_2)^2+(\sigma_2-\sigma_3)^2+(\sigma_3-\sigma_1)^2] \tag{9.34}$$

应变能密度分解为体积改变能密度和形状改变能密度是建立一般应力状态下材料的屈服判据的重要基础。

9.8 结论与讨论

9.8.1 基本概念

（1）一点处的应力状态。

（2）平面应力状态、空间应力状态。

（3）原始单元体。

（4）主应力、主平面、主方向。

（5）应力圆。

（6）广义胡克定理。

（7）弹性应变能、弹性应变能密度、体积改变能密度。

9.8.2 基本公式

（1）平面应力状态下任意截面上的应力，即

$$\sigma_\alpha=\frac{\sigma_x+\sigma_y}{2}+\frac{\sigma_x-\sigma_y}{2}\cos 2\alpha-\tau_{xy}\sin 2\alpha$$

$$\tau_\alpha=\frac{\sigma_x-\sigma_y}{2}\sin 2\alpha+\tau_{xy}\cos 2\alpha$$

（2）平面应力状态下主应力计算公式，即

$$\sigma' = \frac{\sigma_x + \sigma_y}{2} + \sqrt{\left(\frac{\sigma_x - \sigma_y}{2}\right)^2 + \tau_{xy}{}^2}$$

$$\sigma'' = \frac{\sigma_x + \sigma_y}{2} - \sqrt{\left(\frac{\sigma_x - \sigma_y}{2}\right)^2 + \tau_{xy}{}^2}$$

（3）平面应力状态下主应力方向，即

$$\tan 2\alpha_0 = \frac{-2\tau_{xy}}{\sigma_x - \sigma_y}$$

（4）平面应力状态下最大切应力，即

$$\tau'' = \sqrt{\left(\frac{\sigma_x - \sigma_y}{2}\right)^2 + \tau_{xy}^2}$$

$$\tau' = -\sqrt{\left(\frac{\sigma_x - \sigma_y}{2}\right)^2 + \tau_{xy}^2}$$

（5）空间应力状态下最大切应力，即

$$\tau_{\max} = \frac{\sigma_1 - \sigma_3}{2}$$

（6）广义胡克定理，即

$$\begin{cases} \varepsilon_x = \dfrac{1}{E}[\sigma_x - u(\sigma_y + \sigma_z)] \\ \varepsilon_y = \dfrac{1}{E}[\sigma_y - u(\sigma_z + \sigma_x)] \\ \varepsilon_z = \dfrac{1}{E}[\sigma_z - u(\sigma_x + \sigma_y)] \\ \gamma_{xy} = \dfrac{\tau_{xy}}{G} \\ \gamma_{xz} = \dfrac{\tau_{xz}}{G} \\ \gamma_{yz} = \dfrac{\tau_{yz}}{G} \end{cases}$$

9.8.3 基本分析方法

（1）本章研究对象：原始单元体。

（2）本章研究方法：原始单元体的局部平衡。

习题 9

9.1 木制构件中的单元体受力如习题 9.1 图所示，其中所示的角度为木纹方向与铅垂线的夹角。试求：

（1）平行于木纹方向的切应力。

（2）垂直于木纹方向的正应力。

9.2 如习题 9.2 图所示，结构中某点处的应力状态为两种应力状态的叠加结果。试求叠加后所得应力状态的主应力、面内最大切应力和该点处的最大切应力。

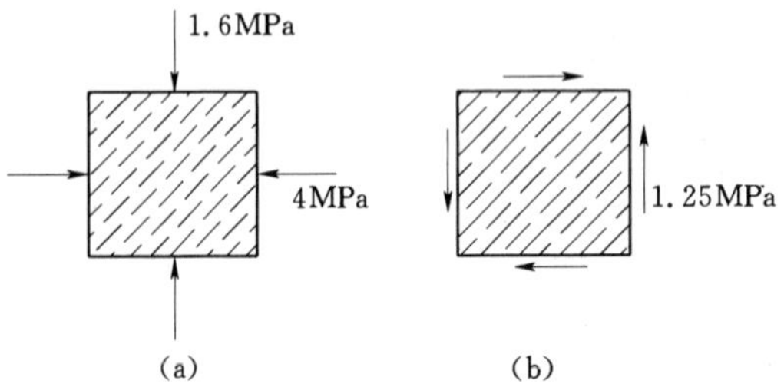

习题 9.1 图

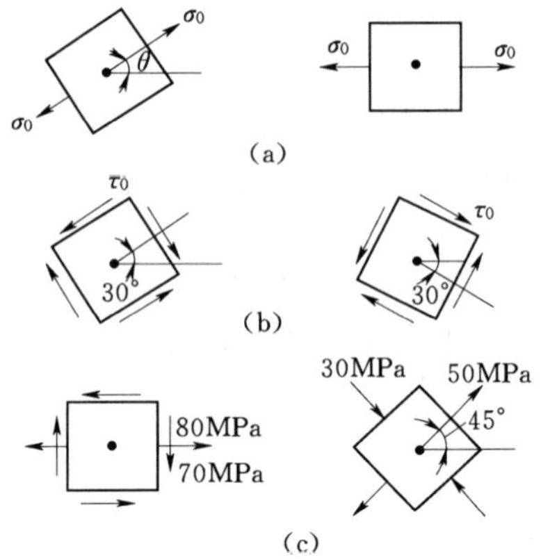

习题 9.2 图

9.3 从构件中取出的单元体受力如习题 9.3 图所示，其中 AC 为无外力作用的自由表面。试求 σ_x 和 τ_{xy}。

9.4 试确定习题 9.4 图所示应力状态中的最大正应力和最大切应力。

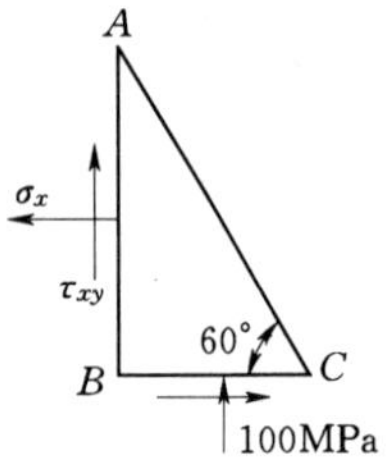

习题 9.3 图

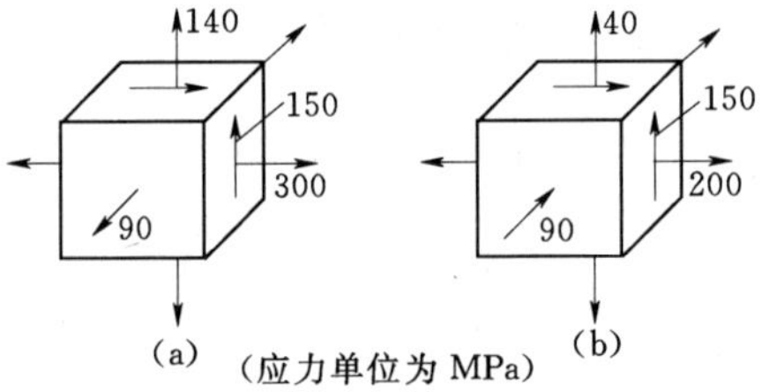

习题 9.4 图

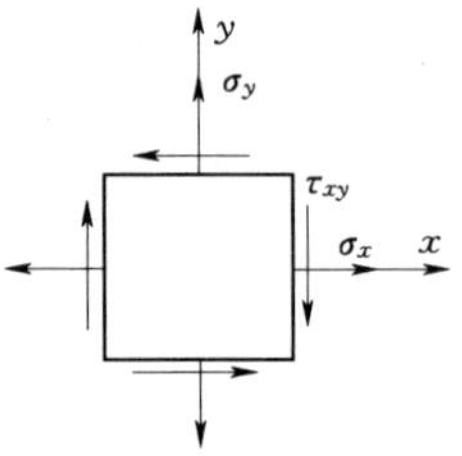

习题 9.5 图

9.5 结构中某一点处的应力状态如习题 9.5 图所示。试求：

(1) 当 $\tau_{xy}=0$，$\sigma_x=200\text{MPa}$，$\sigma_y=100\text{MPa}$ 时，测得由 σ_x、σ_y 引起的 x、y 方向的正应变分别为 $\varepsilon_x=2.42\times10^{-3}$，$\varepsilon_y=0.49\times10^{-3}$。求结构材料的弹性模量 E 和泊松比 υ 的数值。

(2) 在上述所求的 E 和 υ 值条件下，当切应力 $\tau_{xy}=80\text{MPa}$，$\sigma_x=200\text{MPa}$，$\sigma_y=100\text{MPa}$ 时，求 γ_{xy}。

9.6 各单元体上的应力如习题 9.6 图所示。试用解析公式法求指定方向面上的应力。

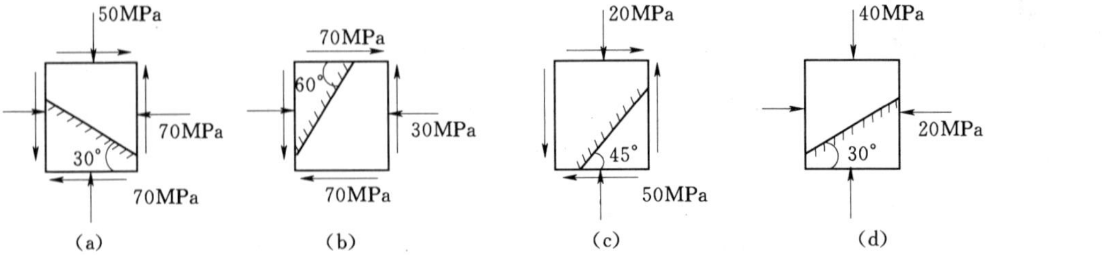

习题 9.6 图

9.7 各单元体上的应力如习题 9.7 图所示。试用应力圆法求各单元体的主应力大小和方向，再用解析公式法校核，并绘出主应力单元体。

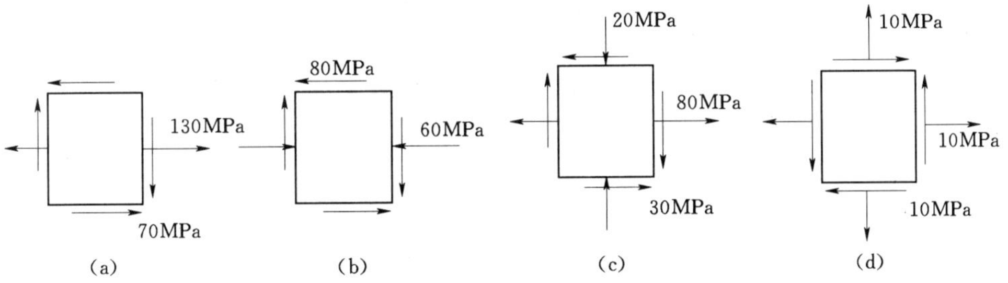

习题 9.7 图

9.8 试用单元体表示习题 9.8 图中各构件 A 点的应力状态，并算出单元体各面上的应力数值。

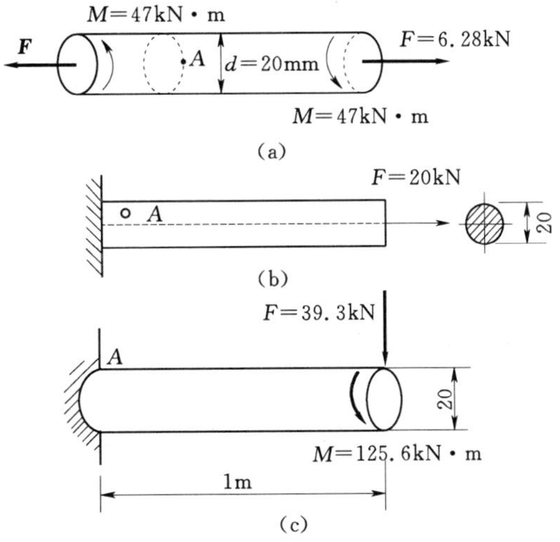

习题 9.8 图

9.9 关于用单元体表示一点处的应力状态，有以下论述，则（　　）是正确的。

A. 单元体形状可以是任意的

B. 单元体形状不是任意的，只能是六面体单元体

C. 不一定是六面体单元体，五面体单元体也可以，其他形状则不行

D. 单元体形状可以是任意的，但其上已知的应力分量足以确定任意方向面上的应力

9.10 单元体受力如习题 9.10 图所示。试根据不为零主应力的数目判断它是(　　)。

A. 二向应力状态

B. 单向应力状态

C. 三向应力状态

D. 纯切应力状态

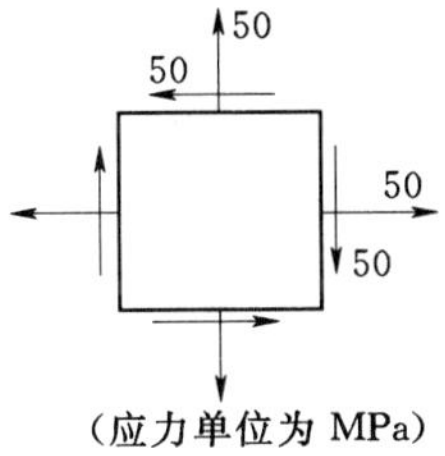

（应力单位为 MPa）

习题 9.10 图

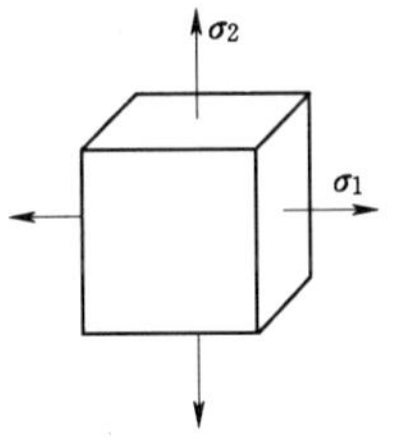

习题 9.11 图

9.11 对于习题 9.11 图所示的应力状态（$\sigma_1>\sigma_2>0$），关于最大切应力作用面有以

下 4 种答案，正确的是(　　)。

A. 平行于 σ_2 的面，其法线与 σ_1 夹角 45°

B. 平行于 σ_1 的面，其法线与 σ_2 夹角 45°

C. 垂直于 σ_1 和 σ_2 作用线组成平面的面，其法线与 σ_1 夹角 45°

D. 垂直于 σ_1 和 σ_2 作用线组成平面的面，其法线与 σ_2 夹角 30°

9.12　关于弹性体受力后某一方向的应力与应变关系，有如下论述，正确的是(　　)。

A. 有应力一定有应变，有应变不一定有应力

B. 有应力不一定有应变，有应变不一定有应力

C. 有应力不一定有应变，有应变一定有应力

D. 有应力一定有应变，有应变一定有应力

9.13　对于习题 9.13 图所示的应力状态，若测出 x、y 方向的正应变 ε_x、ε_y，则可以确定的材料弹性常数有（　　）。

A. E 和 υ

B. E 和 G

C. υ 和 G

D. E、G 和 υ

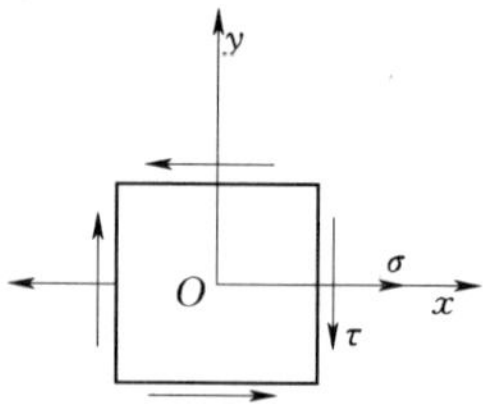

习题 9.13 图

9.14　试确定习题 9.14 图所示梁中 A、B 两点处的主应力大小和方向角，并绘出主应力单元体。

9.15　习题 9.15 图所示 A 点处的最大切应力是 0.9MPa。试确定 F 力的大小。

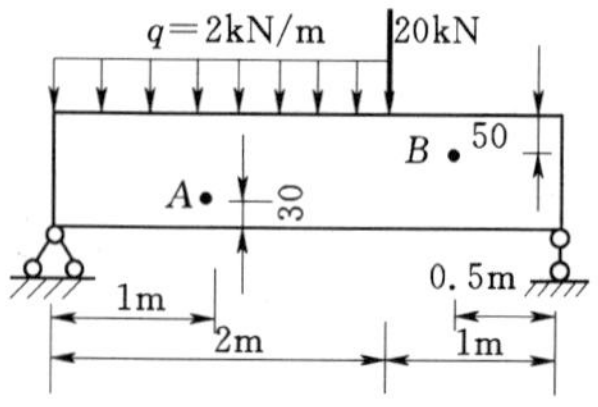

习题 9.14 图

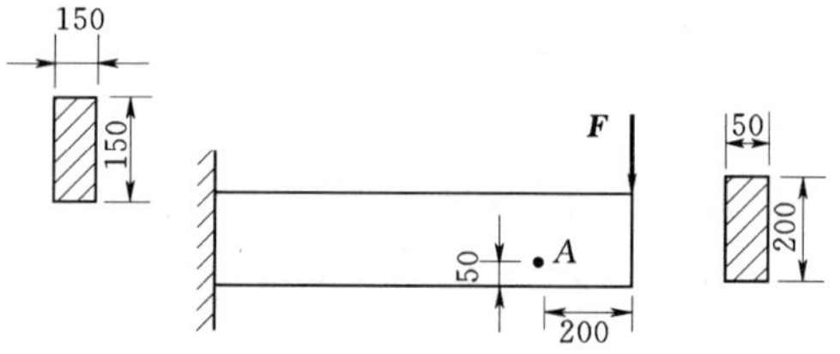

习题 9.15 图

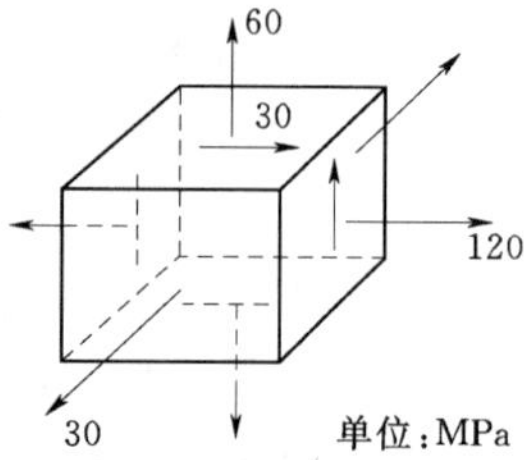

习题 9.16 图

9.16　受力物体内一点处的应力状态如习题 9.16 图所示。试求单元体的体积改变能密度和形状改变能密度。设 $E=2\times10^5$MPa，泊松比 $\nu=0.3$。

9.17　过受力构件的某点处，铅垂面上作用着正应力 $\sigma_x=130$MPa 和切应力 τ_{xy}，已知该点处的主应力 $\sigma_1=150$MPa，最大切应力 $\tau_{max}=100$MPa，试确定水平截面和铅垂截面的未知应力分量为 σ_y、τ_{xy}、τ_{yx}。

9.18　从钢构件内某点取出一单元体如习题 9.18 图所示。已知 $\sigma=30$MPa，$\tau=15$MPa，材料弹性模量$E=200$GPa，泊松比 $\mu=0.3$。试求对角线 AC 的长度改变 Δl_{AC}。

9.19　如习题 9.19 图所示，直径 $d=20$mm 的钢制圆轴，两端承受外力偶矩 M_0。现用应变仪测得圆轴表面上与轴线成 45°方向的线应变 $\varepsilon=5.2\times10^{-4}$，若钢材的弹性模量 $E=200$GPa，$\mu=0.3$。试求圆轴承受的外力偶矩 M_0 的值。

9.20 已知危险点的应力状态如习题 9.20 图所示，测得该点处的应变 $\varepsilon_{0^\circ}=\varepsilon_x=25\times10^{-6}$，$\varepsilon_{-45^\circ}=410\times10^{-6}$，材料的弹性模量 $E=210\text{GPa}$，$\mu=0.28$，$[\sigma]=70\text{MPa}$。试用第三强度理论校核强度。

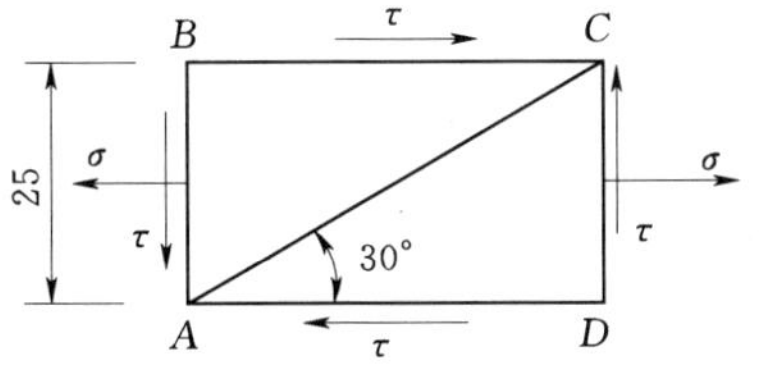

习题 9.18 图

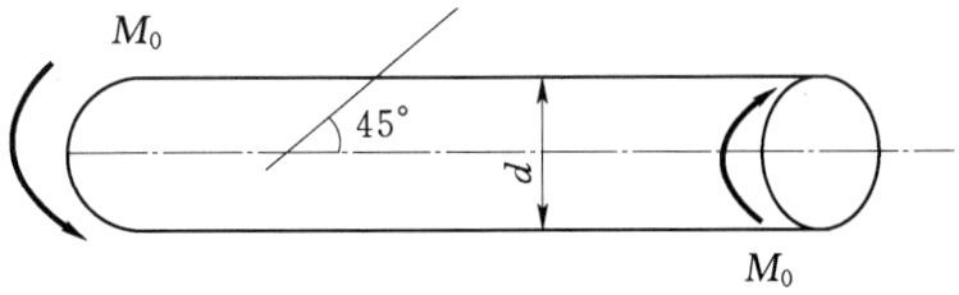

习题 9.19 图

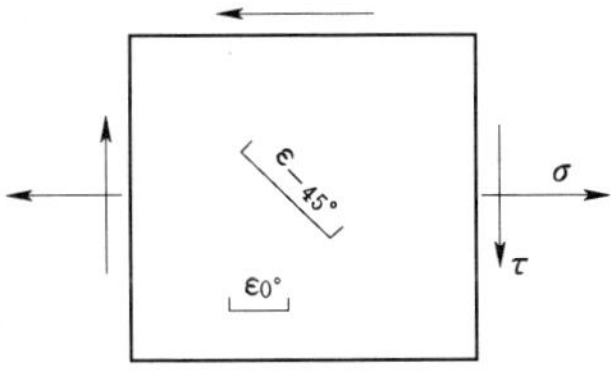

习题 9.20 图

第 10 章　弹性杆件的变形和杆件横截面的位移分析

学习提示

本章主要介绍杆件受拉（压）、扭转和弯曲时的横截面位移计算。通过积分求拉（压）杆的变形；通过积分求扭转变形；通过求解给定边界条件下的微分方程，来计算杆件的弯曲变形；并介绍一些复杂荷载作用下的位移的叠加计算。

学习要求

通过本章的学习，要求学生了解拉（压）杆的轴向变形、扭转时的相对扭转角和弯曲时的挠度、横截面转角及挠曲线等基本概念，掌握求拉（压）变形、扭转角及用积分法、叠加法计算梁的变形的方法。

位移是指弹性体受力变形后一点处位置的改变。对于弹性杆件则指横截面在杆件受力变形后的位置改变。杆件的位移是杆件各部分变形累加的结果。位移与变形有着密切联系，但又有严格区别。有变形不一定处处有位移；有位移也不一定有变形。这是因为，杆件横截面的位移不仅与变形有关，而且还与杆件所受的约束有关。

在工程实际中，关注杆类构件横截面位移，包括相对位移和绝对位移。对于在空间没有受到约束的杆件，考虑杆件截面相对位移；对于在空间受到约束的杆件，考虑杆件横截面对于某一固定点的位移。

只要在弹性范围内加载，不管产生什么位移，杆件均保持为连续体，并在约束处满足变形协调要求。在数学上，确定杆件横截面位移的过程主要是积分运算，积分常数则与约束条件和连续条件有关。

对于工程实际中常见的轴心受力、受扭及受弯构件的横截面位移的计算，下面分别进行讨论。

10.1　轴心拉压杆件的轴向伸长或缩短

在外力作用下处于平衡状态后，杆件会发生轴向的伸长或缩短，下面以图 10.1 所示杆为例介绍轴心拉压构件轴向的伸长量或缩短量计算。

图 10.1 所示由理想弹性材料制成的等截面直杆，未受力前杆件长为 l，横截面面积为

A，杆件材料的弹性模量为 E，作用于构件的静力为 $\boldsymbol{F}$。建立图示坐标系，在 x 截面处截取长为 dx 的微段作为研究对象进行考察，可以看出，在变形完成后，原长为 dx 微段的长度将变成 $dx+d(\Delta l)$，根据轴向线性变形的定义，可知 $\varepsilon_x=\frac{d(\Delta l)}{dx}$，又由第 8 章知 $\varepsilon_x=\frac{\sigma_x}{E}=\frac{F_{Nx}}{EA}$，结合此两式，得到弹性范围内微段变形的另一种形式表达式，即

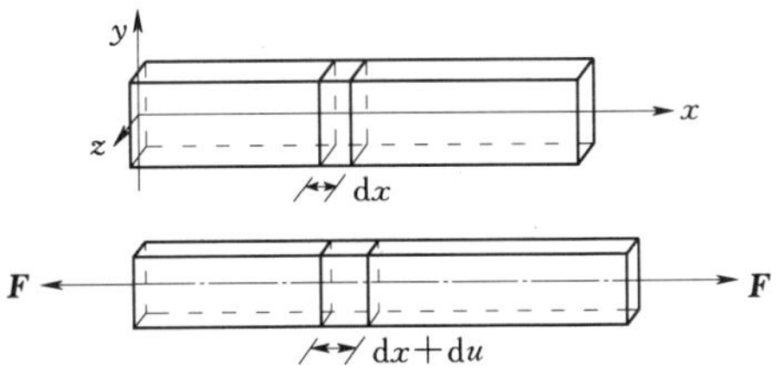

图 10.1

$$d(\Delta l)=\frac{F_{Nx}}{EA}dx \tag{10.1}$$

式（10.1）表示弹性范围内微段杆的伸长量，杆件未受力前相距为 l_i 任意两截面间的伸长量是两截面间所有微段伸长量的累加，故而可以将式（10.1）左右两端取积分，可以求出杆件任意两截面间的伸长量为

$$\Delta l_i=\int_0^{l_i}\frac{F_{Nx}(x)dx}{EA} \tag{10.2}$$

同理，可以求出图 10.1 所示杆的总伸长量为

$$\Delta l=\int_0^{l}\frac{F_{Nx}(x)dx}{EA}=\frac{Fl}{EA} \tag{10.3}$$

式（10.2）和式（10.3）也适用于轴心受压杆。

对于图 10.2 所示长为 l 的由同一材料制造的杆，在外力作用下处于弹性平衡状态，则杆件的伸长可以将式（10.1）左右两端积分，并将左端用 Δl_{AD} 表示，即得杆件的伸长量。

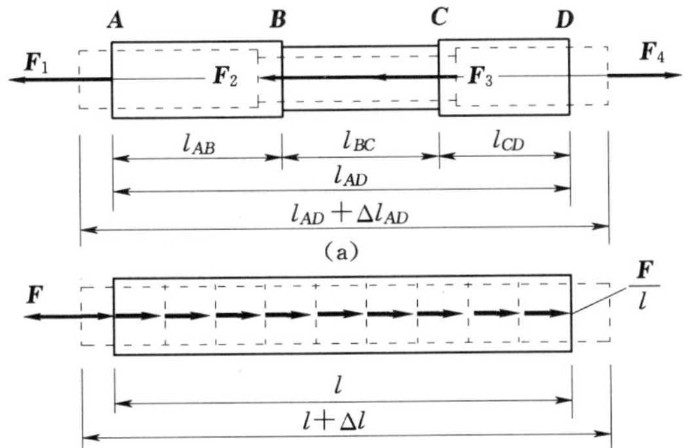

图 10.2

根据具体情况，式（10.3）可以进一步简化，对于图 10.2（a）所示的情形，作用杆上的外集中力将杆件分成 n 段，每一段上 $F_{Nx}(x)$、A 是常数，则对于此种情形，式（10.1）简化为

$$\Delta l_{AD}=\frac{F_{NAB}l_{AB}}{EA_{AB}}+\frac{F_{NBC}l_{BC}}{EA_{BC}}+\frac{F_{NCD}l_{CD}}{EA_{CD}}=\sum_{i=1}^{n}\frac{F_{Nxi}l_i}{EA_i} \tag{10.4}$$

对于图 10.2（b）所示的情形，作用在杆上的外力有分布力系，$F_{Nx}(x)$ 随截面位置在变化，但 A 是常数，式（10.1）化为

$$\Delta l=\frac{\int_0^{l}F_{Nx}(x)dx}{EA} \tag{10.5}$$

对于更一般的情形，$F_{Nx}dx(x)$ 及 A 都随截面位置变化的情形，需要将式（10.1）A 换成 $A(x)$ 来求解，即

$$\Delta l=\int_0^l \frac{F_{Nx}(x)}{EA(x)}\mathrm{d}x \tag{10.6}$$

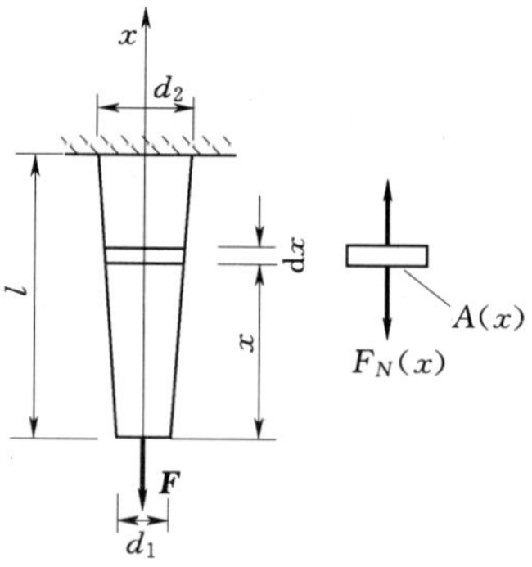

图 10.3

例 10.1 如图 10.3 中自由悬挂的变截面杆是圆锥体。其上、下两端的直径分别为 d_2 和 d_1。试求由载荷 $\boldsymbol{F}$ 引起的轴向变形（不计自重的影响）。设杆长 l 及弹性模量 E 均已知。

解 设坐标为 x 时，横截面的直径为 d，则

$$d=d_1\left(1+\frac{d_2-d_1}{d_1}\frac{x}{l}\right)$$

$$A(x)=\frac{\pi}{4}d^2=\frac{\pi}{4}{d_1}^2\left(1+\frac{d_2-d_1}{d_1}\frac{x}{l}\right)^2$$

轴力是常量，即 $F_N(x)=F$，由式（10.6）求得整个杆件的伸长量为

$$\Delta l=\int_0^l \frac{F_{Nx}(x)\mathrm{d}x}{EA}=\int_0^l \frac{4F\mathrm{d}x}{E\pi {d_1}^2\left(1+\dfrac{d_2-d_1}{d_1}\dfrac{x}{l}\right)^2}$$

$$=\frac{4Fl}{E\pi d_1 d_2}$$

10.2 圆轴的扭转变形与相对扭转角

如图 10.4 所示，对于承受外力偶作用的圆轴的位移，关注两横截面绕轴线转过的相对角度，变形特征量为 φ_{AB}，称为扭转角。

由式（8.9）可知，在弹性范围内，受扭圆轴上长为 dx 的微段左右截面变形前后的相对扭转角为

$$\mathrm{d}\varphi=\frac{M_x\mathrm{d}x}{GI_P} \tag{10.7}$$

对于图 10.4（a）所示由理想弹性材料制成长度为 l 的圆轴，在外力偶的作用下处于弹性平衡状态，截面 A、B 间相对扭转角用 φ_{AB} 表示，φ_{AB} 的大小可以将式（10.7）左右两端取积分，得

$$\varphi_{AB}=\int_0^l \frac{M_x(x)}{GI_P}\mathrm{d}x \tag{10.8}$$

对于具体受力形式，式（10.8）可以进一步简化，对于图 10.4（a）所示的情形，$M_x(x)$、I_P 为常数，式（10.8）可以简化为

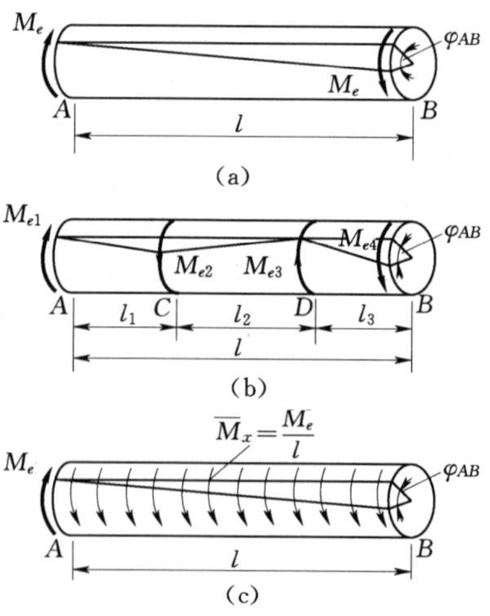

图 10.4

$$\varphi_{AB}=\frac{M_x l}{GI_P} \tag{10.9}$$

对于图 10.4（b）所示的情形，作用杆上的外集中力偶将杆件分成 n 段，每一段上

$M_x(x)$、I_P 是常数，则对于此种情形，式（10.8）简化为

$$\varphi_{AB}=\varphi_{AC}+\varphi_{CD}+\varphi_{DB}=\sum_{i=1}^{n}\frac{M_{xi}l_i}{GI_P} \tag{10.10}$$

对于图 10.4（c）所示的情形，作用杆上的外力偶有分布力偶系，$M_x(x)$ 随截面位置在变化，但 I_P 是常数，式（10.8）化为

$$\varphi_{AB}=\frac{\int_0^l M_x(x)\mathrm{d}x}{GI_P} \tag{10.11}$$

对于更一般的情形，$M_x(x)$ 及 I_P 都随截面位置变化的情形，需要将式（10.11）中的 I_P 换成 $I_P(x)$ 来求解，即

$$\varphi_{AB}=\int_l \frac{M_x(x)}{GI_P(x)}\mathrm{d}x \tag{10.12}$$

例 10.2 一个实心、一个空心的两根圆轴，材料、质量、长度和所受外力偶矩均相同，实心轴直径 d_1，空心轴外径 D_2、内径 d_2，内外径之比 $\alpha=d_2/D_2=0.8$。若两轴重量相同，试求两轴最大相对扭转角之比。

解 两轴材料、质量和长度相同，则截面积也相同，$A_{实}=A_{空}$，即

$$\frac{\pi}{4}d_1^2=\frac{\pi}{4}(D_2^2-d_2^2)$$

$$d_1^2=D_2^2(1-\alpha^2)$$

因承受的外力偶矩相同，两轴截面上扭矩也应相等，即

$$M_{x1}=M_{x2}$$

由式（10.9）知，实心轴和空心轴最大相对扭转角分别为

$$\varphi_1=\frac{M_{x1}l}{GI_{P_1}},\varphi_2=\frac{M_{x2}l}{GI_{P_2}}$$

式中，l 为轴的长度。

故两轴最大相对扭转角之比为

$$\frac{\varphi_1}{\varphi_2}=\frac{I_{P_2}}{I_{P_1}}=\frac{\frac{\pi}{32}D_2^4(1-\alpha^4)}{\frac{\pi}{32}d_1^4}=\frac{D_2^4(1-\alpha^4)}{d_1^4}$$

将 $d_1^2=D_2^2(1-\alpha^2)$ 代入上式，则

$$\frac{\varphi_1}{\varphi_2}=\frac{D_2^4(1-\alpha^4)}{[D_2^2(1-\alpha^2)]^2}=\frac{(1-\alpha^4)}{(1-\alpha^2)^2}=\frac{(1+\alpha^2)}{(1-\alpha^2)}$$

再将 $\alpha=d_2/D_2=0.8$ 代入上式，得

$$\frac{\varphi_1}{\varphi_2}=\frac{(1+\alpha^2)}{(1-\alpha^2)}=4.56$$

可见，在两轴质量相同的情况下，空心轴扭转角远小于实心轴的。

10.3 平面弯曲梁的弹性曲线与平面弯曲梁的挠度与转角

10.3.1 平面弯曲梁变形与内力间的关系

平面弯曲梁受到横向力或与轴线共面的外力偶作用后将产生弯曲变形，梁的轴线在形心主惯性平面内弯成一条平面曲线，如图 10.5 所示（图中 xAy 平面为形心主惯性平面）。此曲线称为梁的**挠曲线**。当材料在弹性范围时，挠曲线也称为**弹性曲线**。一般情况下，挠曲线是一条光滑连续的曲线，此曲线的边界条件是已知的，则问题为求出曲线的具体表达式。

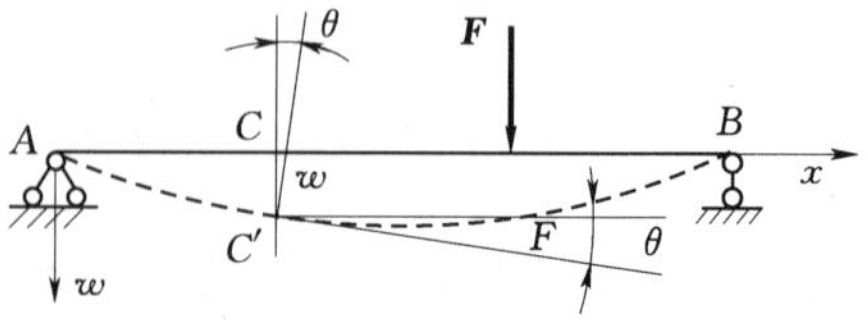

图 10.5

梁的变形可用两个位移度量，现分述如下：

转角：根据平面假设，梁变形后，其任一横截面将绕中性轴转过一个角度，这一角度称为该截面的转角，用 θ 表示，一般单位采用 rad，如图 10.5 所示。根据平截面假设，变形前与轴线（x 轴）垂直的横截面在变形后仍与轴线（挠曲线）垂直，可知此角度等于挠曲线上点的切线与 x 轴的夹角，规定转角以顺时针转动为正，逆时针转动为负。

挠度：通常以变形前的轴线为 x 轴，梁变形前某一横截面形心 C 在梁变形后发生垂直于 x 轴方向的位移 CC'，称为该点的挠度，用 w 表示，如图 10.5 所示。实际上，轴线上任一点除有垂直于 x 轴的位移外，还有 x 轴方向的位移。但在小变形情况下，后者是二阶微量，可略去不计。

通常梁的挠度是沿 x 轴变化的，可以记为

$$w=w(x) \tag{10.13}$$

这其实就是挠曲线方程或挠度方程。在图 10.5 所示坐标系中，有

$$\frac{\mathrm{d}w}{\mathrm{d}x}=w'(x)=\tan\theta \tag{10.14}$$

小变形条件下，挠曲线较为平坦，即 θ 很小，因而式（10.14）中 $\tan\theta\approx\theta$，式（10.14）可改写为

$$\theta=\frac{\mathrm{d}w}{\mathrm{d}x}=w'(x) \tag{10.15}$$

综上所述，挠度和转角是度量梁弯曲变形的两个基本特征量，它们较准确地反映了梁的变形情况。如果能得到梁的挠曲线方程，则梁轴线上任意点处的挠度及转角都可以完全确定。下面讨论平面弯曲梁挠曲线方程的求解。

由挠曲线的曲率公式，得

$$\frac{1}{\rho}=\frac{|w''|}{\left[1+\left(\frac{\mathrm{d}w}{\mathrm{d}x}\right)^2\right]^{\frac{3}{2}}}$$

由式（8.28）$\frac{1}{\rho}=\frac{M}{EI}$结合上式，得

$$\frac{\dfrac{d^2 w}{dx^2}}{\left[1+\left(\dfrac{dw}{dx}\right)^2\right]^{\frac{3}{2}}}=\pm\frac{M(x)}{EI} \tag{10.16}$$

在小变形的情况下，$\theta=dw/dx<<1$，式（10.16）将变为

$$w''=\frac{d^2 w}{dx^2}=\pm\frac{M(x)}{EI} \tag{10.17}$$

式中左边的正负号取决于坐标系的选择和弯矩的正负号规定。在本章所取的坐标系中，上凸的曲线 w''为正值，下凸的为负值，如图 10.6 所示；按弯矩正负号的规定，正弯矩对应着负的 w''，负弯矩对应着正的 w''，故式（10.17）左边应取负号，即

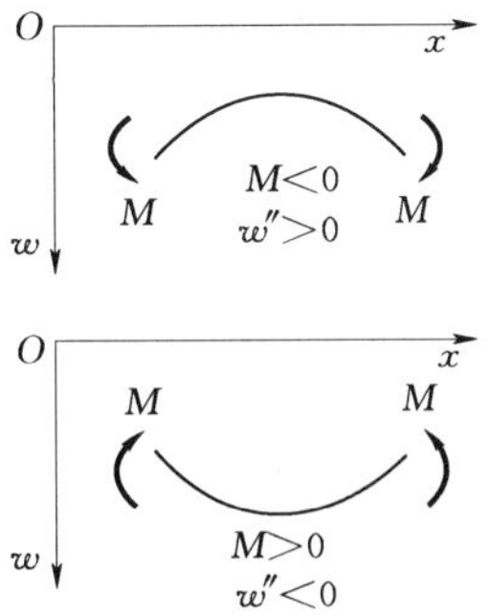

图 10.6

$$w''=\frac{d^2 w}{dx^2}=-\frac{M(x)}{EI} \tag{10.18}$$

对于等直梁，EI 为常数，式（10.18）可写为

$$EIw''=-M(x) \tag{10.19}$$

式（10.19）是梁的挠曲线的近似微分方程，适用于小挠度梁。

10.3.2 直接积分法计算平面弯曲梁的转角与挠度

对于等直梁，可以通过对式（10.19）的直接积分，计算梁的挠度和转角。

将式（10.19）积分一次，得到

$$EIw' = EI\theta =-\int M(x)dx + C \tag{10.20}$$

再积分一次，得到

$$EIw'' =-\int\left[\int M(x)dx\right]dx + Cx + D \tag{10.21}$$

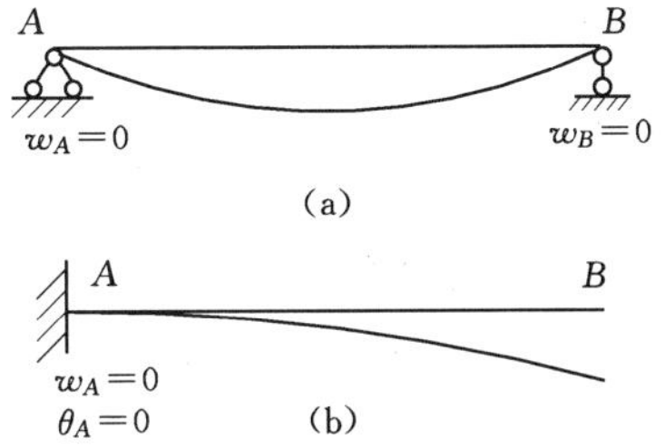

图 10.7

式（10.20）和式（10.21）中的积分常数 C 和 D，由梁支座处的已知位移条件即边界条件确定。图 10.7（a）所示的简支梁，边界条件是左、右两支座处的挠度均应为零；图 10.7（b）所示的悬臂梁，边界条件是固定端处的挠度和转角均应为零。

积分常数 C、D 确定后，就可由式（10.20）和式（10.21）得到梁的转角方程和挠度方程，并可计算任一横截面的转角和梁轴线上任一点的挠度。

应该指出，①上面推导出的计算梁挠曲线的公式是在小变形及纯弯曲的基础上得出的，对于横力弯曲梁而言，梁截面上除了弯矩外还有剪力存在，但工程上常用的梁，其跨长 l 往往大于横截面高度 h 的 10 倍，剪力对梁的影响很小，可以忽略不计，所以以上各式仍可利用；②在一段梁上，当$\dfrac{M}{EI}$可以用一个函数表示

的话，计算将相当简单，直接积分便好了，当 M 需要用分段函数或抗弯刚度 EI 有所变化时，积分过程将比较复杂。

例 10.3 一悬臂梁在自由端受集中力 $\boldsymbol{F}$ 作用，如图 10.8 所示。试求梁的转角方程和挠度方程，并求最大转角和最大挠度。设梁的弯曲刚度为 EI。

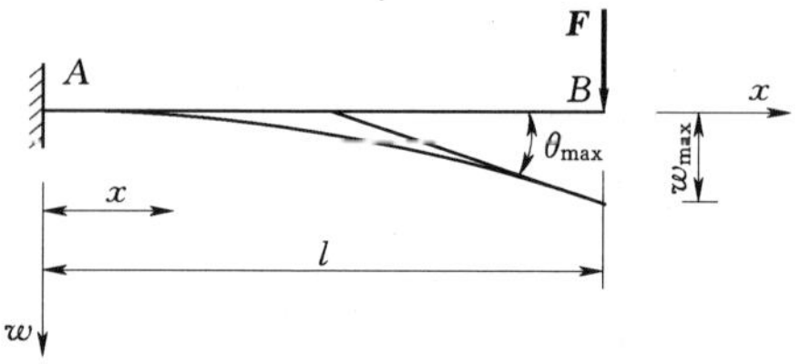

图 10.8

解 取坐标系如图 10.8 所示。弯矩方程为

$$M(x)=-F(l-x)$$

梁的挠曲线近似微分方程为

$$EIw''=-M(x)=Fl-Fx$$

进行两次积分，得到

$$EIw'=EI\theta=Flx-\frac{Fx^2}{2}+C \tag{a}$$

$$EIw=\frac{Flx^2}{2}-\frac{Fx^3}{6}+Cx+D \tag{b}$$

边界条件为：在 $x=0$ 处，$w=0$；在 $x=0$ 处 $w'=\theta=0$。将边界条件代入（a）、（b）两式，得到 $C=0$ 和 $D=0$。

将 C、D 值入式（a）、式（b），得到该梁的转角方程和挠度方程分别为

$$w'=\theta=\frac{Flx}{EI}-\frac{Fx^2}{2EI} \tag{c}$$

$$w=\frac{Flx^2}{2EI}-\frac{Fx^3}{6EI} \tag{d}$$

梁的挠曲线形状如图 10.8 所示。挠度及转角的最大值均在自由端 B 处，以 $x=l$ 代入式（c）、式（d），得

$$\theta_{max}=\frac{Fl^2}{2EI}$$

$$w_{max}=\frac{Fl^3}{3EI}$$

式中，θ_{max} 为正值，表明梁变形后，B 截面顺时针转动；w_{max} 为正值，表明 B 点发生向下位移。

例 10.4 一简支梁受均布荷载 q 作用，如图 10.9 所示。试求梁的转角方程和挠度方程，并确定最大挠度和 A、B 截面的转角。设梁的弯曲刚度为 EI。

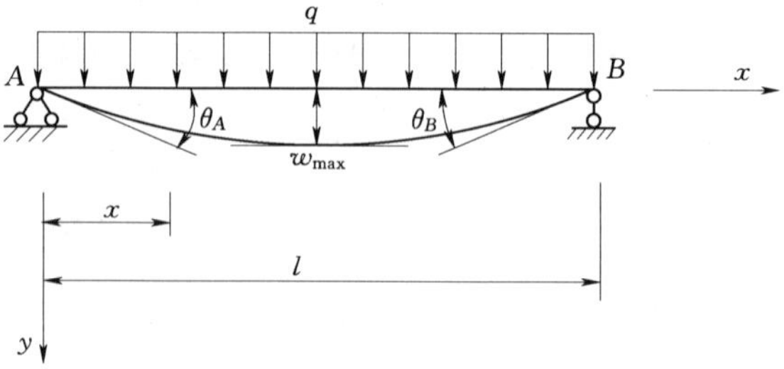

图 10.9

解 取坐标系如图 10.9 所示。由对称关系求得支座反力为

$$F_{Ay}=F_{By}=ql/2$$

弯矩方程为

$$M(x)=\frac{ql}{2}x-\frac{qx^2}{2}$$

代入式（10.18）并积分两次，得

$$EIw' = EI\theta = -\frac{ql}{2}\times\frac{x^2}{2}+\frac{qx^3}{2\times3}+C \tag{e}$$

$$EIw = -\frac{ql}{2}\times\frac{x^3}{2\times3}+\frac{qx^4}{2\times3\times4}+Cx+D \tag{f}$$

边界条件为：在 $x=0$ 处，$w=0$；在 $x=l$ 处，$w=0$。将前一边界条件代入式（f），得 $D=0$。将 $D=0$ 连同后一边界条件代入式（f），得

$$EIw|_{x=l} = -\frac{ql^4}{12}+\frac{ql^4}{24}+Cl=0$$

由此得到

$$C=\frac{ql^3}{24}$$

将 C、D 值代入式（e）、式（f），得到梁的转角方程和挠度方程分别为

$$w'=\theta=\frac{ql^3}{24EI}-\frac{ql}{4EI}x^2+\frac{q}{6EI}x^3 \tag{g}$$

$$w=\frac{ql^3}{24EI}x-\frac{ql}{12EI}x^3+\frac{q}{24EI}x^4 \tag{h}$$

挠曲线形状如图 10.9 所示。由对称性可知，跨度中点的挠度最大。以 $x=l/2$ 代入式（d）得到

$$w_{\max}=\frac{5ql^4}{384EI}$$

以在 $x=0$ 和 $w=0$ 分别代入式（c）后，得到 A 截面和 B 截面的转角为

$$\theta_A=\frac{ql^3}{24EI},\theta_B=-\frac{ql^3}{24EI}$$

以上是由对称性观察出跨度中点的挠度最大。根据极值原理，最大挠度发生在 $y'=0$ 的位置，故由式（g）也可求得最大挠度发生在 $x=\frac{l}{2}$的位置。

例 10.5 一简支梁 AB 在 D 点受集中力 F 作用，如图 10.10 所示，试求梁的转角方程和挠度方程，并求最大的挠度。已知梁的抗弯刚度为 EI。

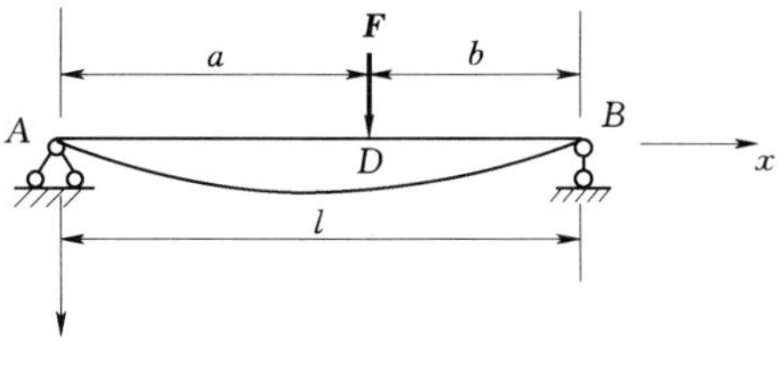

图 10.10

解 （1）建立图 10.10 所示坐标系。分段列出弯矩方程为

AD 段（$0\leqslant x\leqslant a$）：$$M_1(x)=\frac{Fb}{l}x$$

DB 段（$a\leqslant x\leqslant l$）：$$M_2(x)=\frac{Fb}{l}x-F(x-a)$$

（2）根据梁的挠曲线近似微分方程及变形条件求转角及挠度方程

AD 段：$$EIw''_1=-M_1(x)=-\frac{Fb}{l}x$$

$$EIw_1'=EI\theta_1=-\frac{Fbx^2}{2l}+C_1 \tag{i}$$

$$EIw_1=-\frac{Fbx^3}{6l}+C_1x+D_1 \tag{j}$$

DB 段：
$$EIw''_2=-M_2(x)=-\frac{Fb}{l}x+F(x-a)$$

$$EIw_2'=EI\theta_2=-\frac{Fbx^2}{2l}+\frac{F(x-a)^2}{2}+C_2 \tag{k}$$

$$EIw_2=-\frac{Fbx^3}{6l}+\frac{F(x-a)^3}{6}+C_2x+D_2 \tag{l}$$

对于该段梁的挠曲线近似微分方程进行积分时，对含有（$x-a$）的项是以（$x-a$）作为自变量的，这样可使下面确定积分常数的工作得到简化。

本题式（i）～式（l）中有 4 个积分常数，可由该梁 4 个变形条件确定。由于梁的挠曲线是光滑连续的，故由式（i）、式（j）求出的 D 截面的转角和挠度，应与由式（k）、式（l）求出的 D 截面的转角和挠度相等，即

$$\theta_1\big|_{x=a}=\theta_2\big|_{x=a}$$
$$w_1\big|_{x=a}=w_2\big|_{x=a}$$

这两个条件称为连续条件。4 个积分常数可由该梁的边界条件和连续条件确定。

该简支梁的边界条件为$w_1\big|_{x=0}=0$，$w_2\big|_{x=l}=0$。

将连续条件和边界条件代入式（i）～式（l）可得到

$$D_1=D_2=0,C_1=C_2=\frac{Fb}{6l}(l^2-b^2)$$

将积分常数再回代入本题式（i）～式（l）得到该梁的转角方程和挠度方程为

AD 段：

$$w_1'=\theta_1=\frac{Fb(l^2-b^2)}{6EIl}-\frac{Fbx^2}{2EIl} \tag{i$'$}$$

$$w_1=\frac{Fb(l^2-b^2)x}{6EIl}-\frac{Fbx^3}{6EIl} \tag{j$'$}$$

DB 段：

$$w_2'=\theta_2=\frac{Fb(l^2-b^2)}{6EIl}-\frac{Fbx^2}{2EIl}+\frac{F(x-a)^2}{2EIl} \tag{k$'$}$$

$$w_2=\frac{Fb(l^2-b^2)x}{6EIl}-\frac{Fbx^3}{6EIl}+\frac{F(x-a)^3}{6EIl} \tag{l$'$}$$

梁的挠曲线形状如图 10.10 所示。当 $a>b$ 时，最大挠度发生在较长的 AD 段内，其位置由 $w_1'=0$ 的条件确定。由式（i$'$），令 $w_1'=0$，得到

$$x_0=\sqrt{\frac{l^2-b^2}{3}} \tag{m}$$

将本题式（m）代入式（j$'$），得到最大的挠度为

$$w_{\max}=\frac{Fb}{9\sqrt{3}EIl}\sqrt{(l^2-b^2)^3} \tag{n}$$

由式（i$'$）可见，当 $b=l/2$ 时，即集中力 F 作用于梁的中点时，$x=l/2$ 即最大挠度

发生在梁的中点，此时显然有 $w_{max}=w_C$，当集中力 F 向右移动时，最大挠度发生的位置将偏离梁的中点。在极端情况下，集中力 F 靠近右端支座，即 $b\to0$ 时，由式（k′）有 $x_0=\sqrt{\frac{l^2}{3}}=0.577l$，即最大挠度的位置距梁的中点仅 $0.077l$。由本题式（l′）有

$$w_{max}=\frac{Fb}{9\sqrt{3}EIl}\sqrt{(l^2-b^2)^3}\approx\frac{Fbl^2}{9\sqrt{3}EI}=0.0642\,\frac{Fbl^2}{EI}$$

将 $x=l/2$ 代入式（l′），当 $b\to0$ 时，可得中点 C 的挠度为

$$w_C=\frac{Fb}{48EIl}(3l^2-4b^2)\approx\frac{Fbl^2}{16EI}=0.0625\,\frac{Fbl^2}{EI}$$

w_{max} 与 w_C 仅相差 3%，因此，受任意荷载作用的简支梁，只要挠曲线上无拐点，其最大挠度值都可采用梁跨中点的挠度值来代替，其计算精度可以满足工程计算要求。

10.3.3 弯矩—面积法计算平面弯曲梁的转角与挠度

弯矩—面积法计算梁的转角与挠度最初由 Charles E. Greene 在 1873 年提出的，有两个定律，统称为弯矩面积定律，与梁的弹性曲线及梁的 $\frac{M}{EI}$ 图（此图为梁的弯矩图除以梁的抗弯刚度 EI 得出）有关。这个方法用图形的方式说明式（10.18）的积分，因此，相比直接积分法，它更适合用于不连续荷载作用的梁及抗弯刚度 EI 变化的梁。

为了推导弯矩—面积定律，考虑图 10.11 所示在任意荷载作用下的简支梁，梁的弹性曲线及 $\frac{M}{EI}$ 图也在图中示出，取梁上微段 dx 研究，变形后两截面间的夹角由零度变为 $d\theta$，由式（8.29）知

$$d\theta=\frac{M}{EI}dx \qquad (10.22)$$

注意到式（10.22）右边项 $\frac{M}{EI}dx$ 表示 $\frac{M}{EI}$ 图中微小的面积，如图 10.11（c）所示，要确定任意两个截面 A、B 间变形后的相对转角，只需将式（10.22）两边积分，便得

$$\int_A^B d\theta=\int_A^B\frac{M}{EI}dx$$

即

$$\theta_{BA}=\theta_B-\theta_A=\int_A^B\frac{M}{EI}dx \qquad (10.23)$$

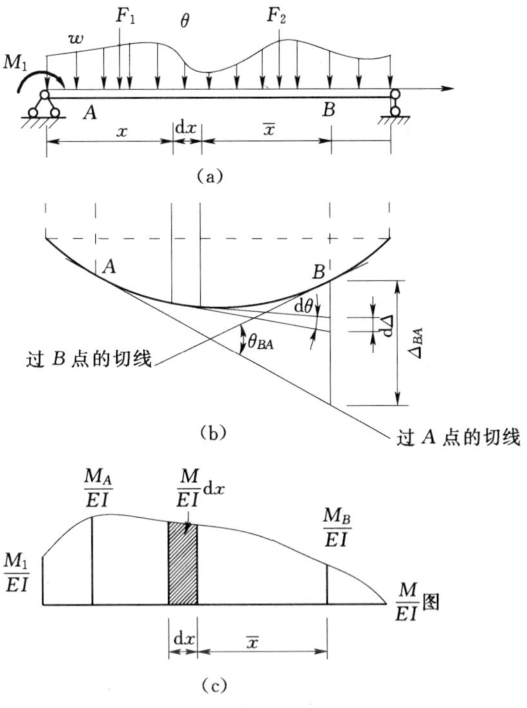

图 10.11

式（10.23）中 θ_A、θ_B 分别是截面 A、B 从变形前的位置转到变形后位置的转角（以

顺时针为正，θ_A 也等于弹性曲线 A 点的切线与变形前梁轴线的夹角，θ_B 也等于弹性曲线 B 点的切线与变形前梁轴线的夹角），θ_{BA} 表示截面 A、B 间变形后的**相对转角**（变形前两截面相互平行，θ_{BA} 也等于弹性曲线 A、B 点切线间的夹角，过 B 点的切线顺时针转到过 A 点的切线的夹角），$\int_A^B \frac{M}{EI}\mathrm{d}x$ 表示$\frac{M}{EI}$图中 A、B 点的面积。

式（10.23）是**弯矩—面积法第一定律**的数学公式显示，可以表述为：

假定在荷载作用下梁的弹性曲线是连续的，则此荷载作用下梁上任意两截面 A、B 间的相对转角等于两截面间$\frac{M}{EI}$面积之和。

如前所述，此理论仅用于没有内铰**不会产生不连续**情形的弹性曲线，在应用弯矩—面积第一定律时，如果两点间的$\frac{M}{EI}$面积图都是正的，则过左边点的切线逆时针转到过右边点的切线形成的夹角定义为正值；反之亦然。

重新考虑图 10.11 所示梁，可以观察到，过微段 $\mathrm{d}x$ 两端点在弹性曲线上的切线的垂直方向且过未变形梁上 B 点的相对偏差 $\mathrm{d}\Delta$ 为

$$\mathrm{d}\Delta=\overline{x}\cdot\mathrm{d}\theta \tag{10.24}$$

式（10.24）中，$\overline{x}$指的是从 B 点到微段 $\mathrm{d}x$ 的距离。将式（10.24）代入式（10.22）中，得

$$\mathrm{d}\Delta=\frac{M}{EI}\cdot\overline{x}\mathrm{d}x \tag{10.25}$$

可以看出，式（10.25）中右边的项表示微段 $\mathrm{d}x$ 对应的$\frac{M}{EI}$面积关于 B 轴线的静矩。考虑梁上任意两点 A、B，将式（10.25）左右积分，得

$$\int_A^B \mathrm{d}\Delta=\int_A^B \frac{M}{EI}\cdot\overline{x}\mathrm{d}x$$

即

$$\Delta_{BA}=\int_A^B \frac{M}{EI}\cdot\overline{x}\mathrm{d}x \tag{10.26}$$

式（10.26）中 Δ_{BA} 表示过弹性曲线上 A 点的切线到过 B 点切线的相对偏差，它是过变形梁 B 点、方向垂直于未变形梁轴线的相对偏差，如图 10.11 所示，式（10.26）右面的项表示点 A、B 间$\frac{M}{EI}$图的面积关于 B 轴的静矩。

式（10.26）是弯矩—面积法第二定律的数学公式显示，可以表述为：

若某梁上任意两点 A、B 间的弹性曲线是连续的，则梁变形后弹性曲线上点 B 处切线相对于点 A 处切线的垂直方向的相对偏差 Δ_{BA} 等于这两点间$\frac{M}{EI}$图的面积对于 B 点的静矩。

此定理中 Δ_{BA} 也可以理解为过 B 点的垂直线与过 A 点的切线之间的交点到 B 点的距离。

需要注意的是，Δ_{BA} 指的是两点 A、B 间$\frac{M}{EI}$图形的面积对于 B 点的静矩；若是 Δ_{AB}，

则指的是两点 A、B 间 $\dfrac{M}{EI}$ 图形的面积对于 A 点的静矩。如图 10.11 所示，一般情形下，Δ_{AB} 不等于 Δ_{BA}。

用弯矩面积法计算弹性曲线上一点处的线位移和转角位移时，应首先画出构件变形后的较为精确的形状图，弹性曲线的弯曲和弯矩图的弯曲是一致的（横截面上正弯矩作用时，弹性曲线向下凸，负弯矩作用时，弹性曲线向上凸，弯矩为零的截面，弹性曲线上拐点），并且须满足构件端部约束。

确定 $\dfrac{M}{EI}$ 图，当梁上只作用有集中荷载时，则 $\dfrac{M}{EI}$ 图将由若干个直线段组成，此时用两个弯矩—面积理论，则计算图形的面积和静矩时会比较简单，当梁上作用的荷载是分布荷载时，计算图形的面积和静矩时会比较复杂。

弯矩—面积理论只是用来确定弹性曲线上任意两点切线间的夹角和偏差。因此，为了利用两切线间的夹角和偏差求解问题，应首先选择恰当的点作切线。固定端支座处的线位移、转角为零，固定铰支座处线位移为零。通常情况下需要求解梁上某截面绝对角位移或线位移（变形后截面相对变形前的位移），若利用弯矩—面积理论，一定要注意这个理论通常情况下不能直接求出某截面的绝对位移。因此，若要计算梁上某一截面的绝对位移，须先确定一已知位移截面。例如，对于悬臂梁，固定端处截面转角为零、弹性曲线上固定端处切线的斜率为零，故可以确定过固定端处作切线。

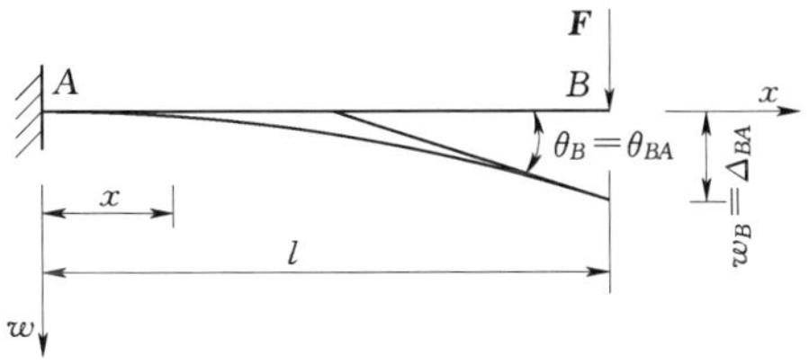

图 10.12

例 10.6 利用弯矩—面积法确定图 10.12 所示悬臂梁上 B 处横截面的转角及挠度，设梁的弯曲刚度为 EI。

解 （1）求 θ_B，依题意，可得

$$
\begin{aligned}
\theta_B = \theta_{BA} &= \int_A^B \frac{M}{EI}\mathrm{d}x \\
&= \int_0^l \frac{F(l-x)}{EI}\mathrm{d}x \\
&= \frac{Fl^2}{2EI}
\end{aligned}
$$

（2）求 w_B，依题意，可得

$$
\begin{aligned}
w_B = w_{BA} &= \int_A^B \frac{M}{EI}\,\overline{x}\mathrm{d}x \\
&= \int_0^l \frac{F(l-x)^2}{EI}\mathrm{d}x \\
&= \frac{Fl^3}{3EI}
\end{aligned}
$$

例 10.7 一简支梁 AB 在 D 点受集中力 F 作用，已知梁的抗弯刚度为 EI，如图 10.13 所示，试求梁的最大的挠度。

解 假设梁的最大的挠度点在距 A 点 $x_{\max}$ 处，由题意可知

$$\theta_A = \theta_{DA}$$

由弯矩—面积第一定律可得 $\qquad \theta_{DA} = \int_0^{x_{\max}} \frac{Fbx}{EI} \mathrm{d}x = \frac{Fbx_{\max}^2}{2EI}$

由于弹性梁的变形很小 $\qquad \theta_A = \frac{\Delta_{BA}}{l}$

由弯矩—面积第二定律可得

$$\begin{aligned}\Delta_{BA} &= \int_0^a \frac{Fbx}{EIl}(l-x)\mathrm{d}x + \int_a^l \frac{Fa}{EIl}(l-x)^2\mathrm{d}x \\ &= \frac{Fb}{EIl}\left(\frac{la^2}{2} - \frac{a^3}{3}\right) + \frac{Fa}{EIl}\left(\frac{l^3}{3} + la^2 - l^2a - \frac{a^3}{3}\right) \\ &= \frac{Fb}{EI}\left(\frac{a^3}{6} - \frac{la^2}{2} + \frac{l^2a}{3}\right)\end{aligned}$$

由以上 4 式可得

$$x_{\max} = \sqrt{\frac{2}{l}\left(\frac{a^3}{6} - \frac{la^2}{2} + \frac{l^2a}{3}\right)}$$

由弯矩—面积第二定律可得

$$\begin{aligned}w_{\max} = \Delta_{CA} &= \int_0^{x_{\max}} \frac{Fbx}{EIl}\bar{x}\mathrm{d}x = \int_0^{x_{\max}} \frac{Fbx}{EIl}(l-x)\mathrm{d}x \\ &= \frac{Fb}{9\sqrt{3}EIl}\sqrt{(l^2-b^2)^3}\end{aligned}$$

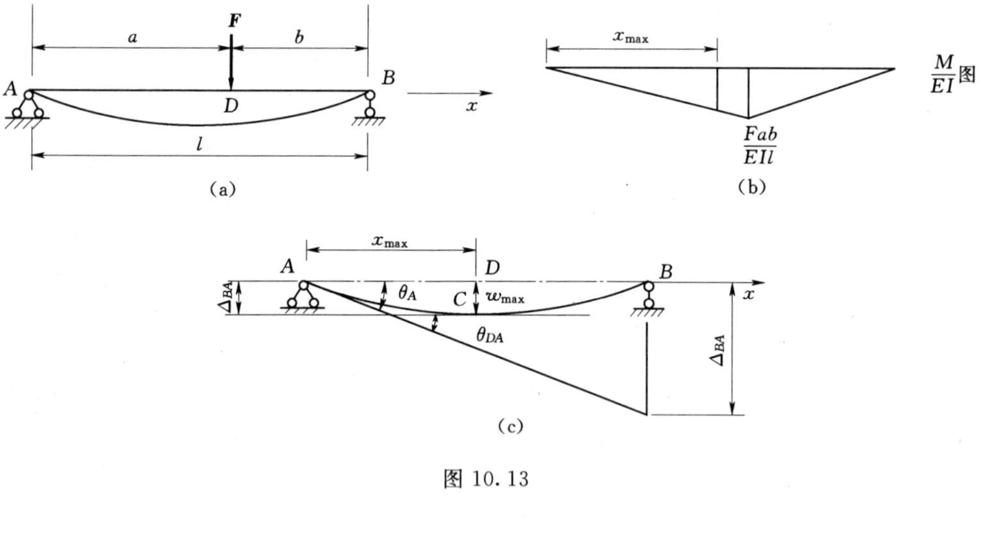

图 10.13

10.4 叠加法计算梁的位移

在梁的弯曲问题中，由于变形很小，可以不考虑梁长度的变化，且材料在弹性范围内工作。因此，梁的变形和外加荷载呈线性关系。于是，也可用叠加法计算梁的变形。当梁上有多个荷载作用时产生的转角或挠度，等于各个荷载单独作用所产生的转角或挠度的叠加，这是叠加法的最直接应用。此外，叠加法还可应用于将某段梁上由荷载引起的挠度和转角以及该段边界位移引起的转角或挠度相叠加的情况。

为了便于应用叠加法计算梁的转角或挠度，在表 10.1 中列出了几种类型的梁在简单荷载作用下的转角或挠度。

表 10.1　　　　简单荷载作用下梁的转角和挠度

序号	梁的荷载与变形	挠曲线方程	转角和挠度
1	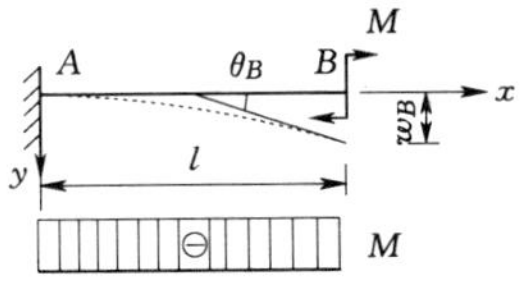	$w=+\frac{Mx^2}{2EI}$	$\theta_B=+\frac{Ml}{EI}$　$w_B=+\frac{Ml^2}{2EI}$
2	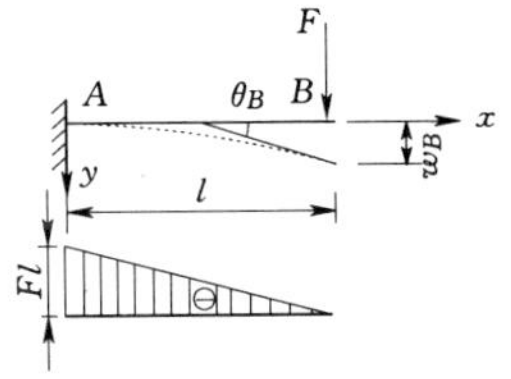	$w=+\frac{Fl^3}{6EI}(3\frac{x^2}{l^2}-\frac{x^3}{l^3})$	$\theta_B=+\frac{Fl^2}{2EI}$　$w_B=+\frac{Fl^3}{3EI}$
3	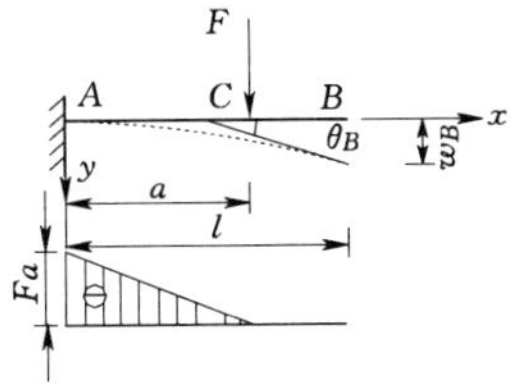	$w=+\frac{Fx^2}{6EI}(3a-x)(0\leqslant x\leqslant a)$ $w=+\frac{Fa^2}{6EI}(3x-a)(a\leqslant x\leqslant l)$	$\theta_B=+\frac{Fa^2}{2EI}$ $w_B=+\frac{Fa^2}{6EI}(3l-a)$
4	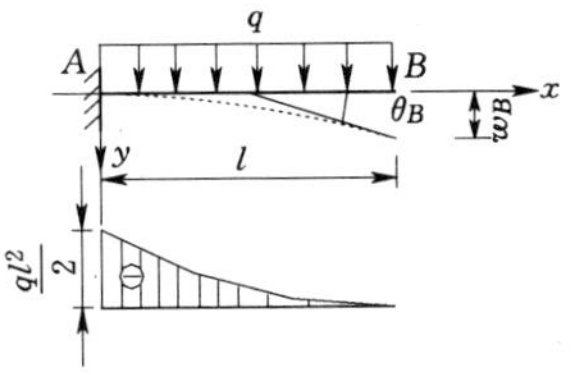	$w=\frac{ql^4}{24EI}\left(6\frac{x^2}{l^2}-4\frac{x^3}{l^3}+\frac{x^4}{l^4}\right)$	$\theta_B=+\frac{ql^3}{6EI}$ $w_B=+\frac{ql^4}{8EI}$
5	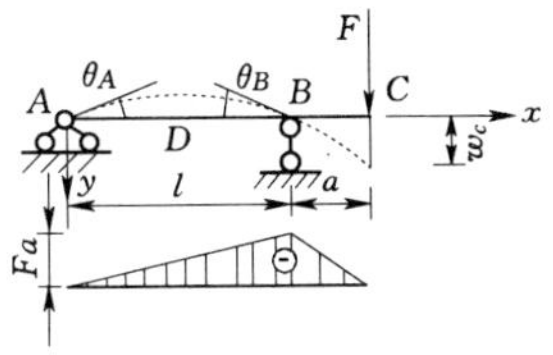	$w=-\frac{Fax}{6EIl}(l^2-x^2)(0\leqslant x\leqslant l)$ $w=\frac{F(l-x)}{6EI}[(x-l)^2+a(l-3x)]$ $(l\leqslant x\leqslant l+a)$	$\theta_A=-\frac{Fal}{6EI},\theta_B=+\frac{Fal}{3EI}$ $\theta_C=\frac{Fa(2l+3a)}{6EI}$ $\theta_D=\frac{Fl^2}{24EI}\left(\frac{l}{2}-a\right)$ $w_C=+\frac{Fa^2}{3EI}(a+l)$
6	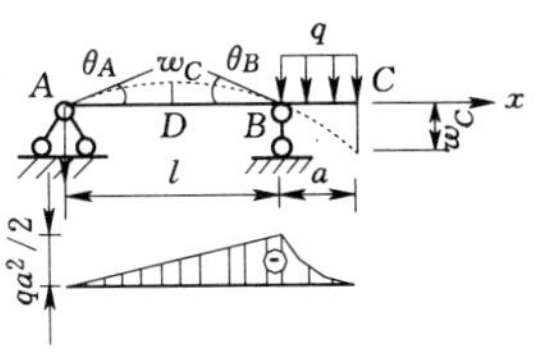	$w=-\frac{qa^2x}{12EIl}(l^2-x^2)$ $(0\leqslant x\leqslant l)$ $w=\frac{q(x-l)}{24EI}[2a^2(3x-l)+(x-l)^2\cdot$ $(x-l-4a)]$ $(l\leqslant x\leqslant l+a)$	$\theta_A=-\frac{qa^2l}{12EI},\theta_B=\frac{qa^2l}{6EI}$ $\theta_C=\frac{qa^2(l+a)}{6EI}$　$w_D=-\frac{qa^2l^2}{32EI}$ $w_C=\frac{qa^3}{24EI}(3a+4l)$

序号	梁的荷载与变形	挠曲线方程	转角和挠度
7	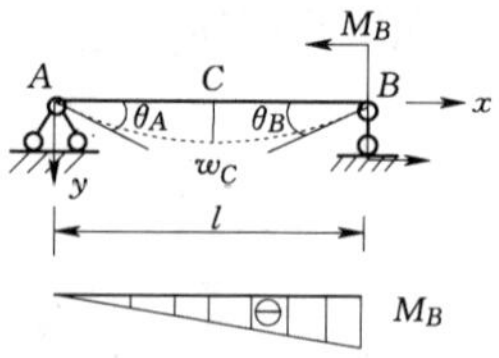	$w=+\dfrac{M_Bl^2}{6EI}\left(\dfrac{x}{l}-\dfrac{x^3}{l^3}\right)$	$\theta_A=+\dfrac{M_Bl}{6EI},\theta_B=-\dfrac{M_Bl}{3EI}$ $w_C=+\dfrac{M_Bl^2}{16EI}$
8	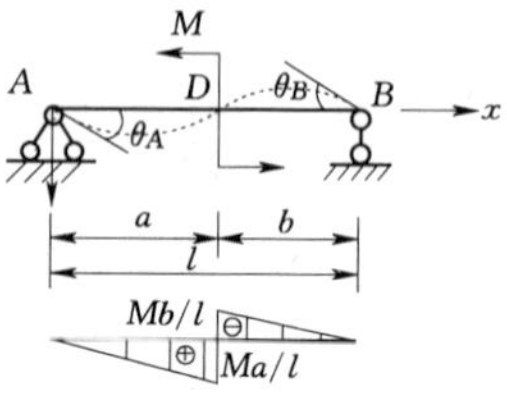	$w=+\dfrac{Mx}{6EIl}(l^2-x^2-3b^2)$ $(0\leqslant x\leqslant a)$ $w=-\dfrac{M(l-x)}{6EIl}(x^2-2lx-3a^2)$ $(a\leqslant x\leqslant l)$	$\theta_A=+\dfrac{M}{6EIl}(l^2-3b^2)$ $\theta_B=+\dfrac{M}{6EIl}(l^2-a^2-3b^2)$ $w_D=+\dfrac{Ma}{6EIl}(l^2-a^2-3b^2)$
9	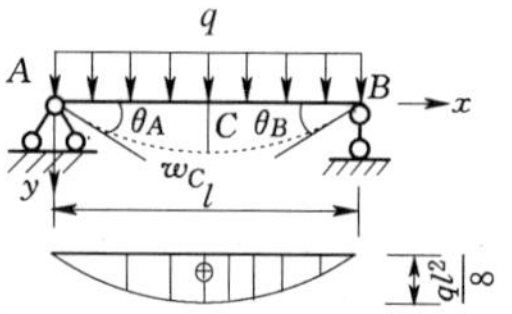	$w=+\dfrac{ql^4}{24EI}\left(\dfrac{x}{l}-2\dfrac{x^3}{l^3}+\dfrac{x^4}{l^4}\right)$	$\theta_A=+\dfrac{ql^3}{24EI}\quad\theta_B=-\dfrac{ql^3}{24EI}$ $w_C=+\dfrac{5ql^4}{38EI}$
10	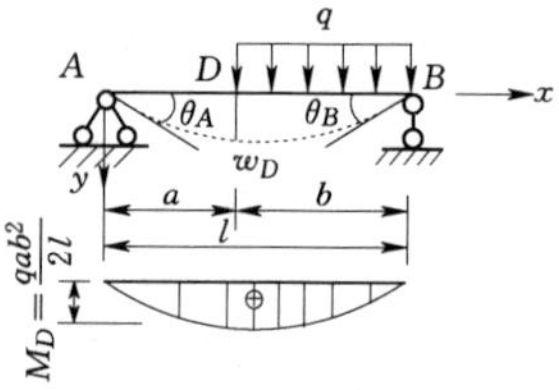	$w=\dfrac{qb^2x}{24EIl}(2l^2-2x^2-b^2)$ $(0\leqslant x\leqslant a)$ $w=+\dfrac{qb^2}{24EIl}\Big[(2l^2-2x^2-b^2)x+$ $\dfrac{1}{b^2}(x-a)^4\Big](a\leqslant x\leqslant l)$	$\theta_A=+\dfrac{qb^2}{24EIl}(2l^2-b^2)$ $\theta_B=-\dfrac{qb^2}{24EIl}(2l-b)^2$ $w_D=+\dfrac{qb^2a}{24EIl}(2l^2-2a^2-b^2)$
11	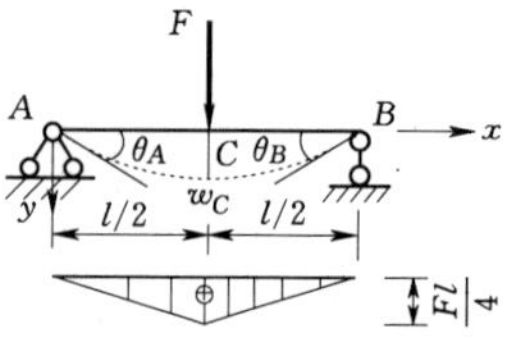	$w=+\dfrac{Fl^3}{48EI}\left(3\dfrac{x}{l}-4\dfrac{x^3}{l^3}\right)$ $\left(0\leqslant x\leqslant\dfrac{l}{2}\right)$	$\theta_A=+\dfrac{Fl^2}{16EI}\quad\theta_B=-\dfrac{Fl^2}{16EI}$ $w_C=+\dfrac{Fl^3}{48EI}$
12	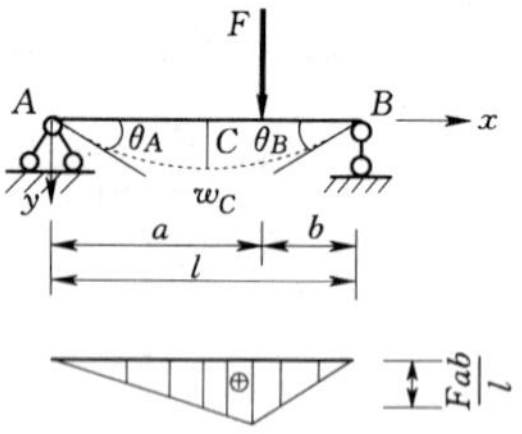	$w=+\dfrac{Fbx}{6EIl}(l^2-x^2-b^2)$ $(0\leqslant x\leqslant a)$ $w=+\dfrac{Fbx}{6EIl}\Big[\dfrac{1}{b}(l-a)^3+$ $(l^2-b^2)x-x^3\Big](a\leqslant x\leqslant b)$	$\theta_A=+\dfrac{Fab(l+b)}{6EIl}$ $\theta_B=-\dfrac{Fab(l+a)}{6EIl}$ $w_C=+\dfrac{Fb}{48EI}(3l^2-4b^2)$ 当 $a>b$ 时

例 10.8 一简支梁及其所受荷载如图 10.14（a）所示。试用叠加法求梁中点的挠度 w_C 和梁左端截面的转角 θ_A。设梁的弯曲刚度为 EI。

解 先分别求出集中荷载和均布荷载作用所引起的变形，然后叠加，即得两种荷载共同作用下所引起的变形。由表 10.1 查得简支梁在 q 和 F 分别作用下的变形，叠加后得到。

$$w_C=w_C(q)+w_C(F)$$

$$=\frac{5ql^4}{384EI}+\frac{Fl^3}{48EI}=\frac{5ql^4+8Fl^3}{384EI}$$

$$\theta_A=\theta_A(q)+\theta_A(F)$$

$$=\frac{ql^3}{24EI}+\frac{Fl^2}{16EI}=\frac{2ql^3+3Fl^2}{48EI}$$

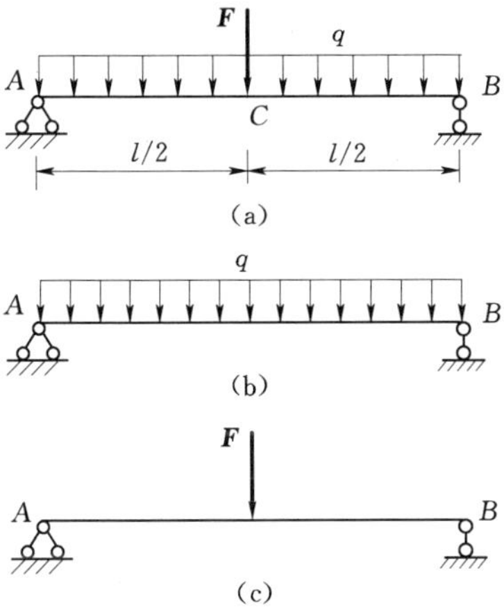

图 10.14

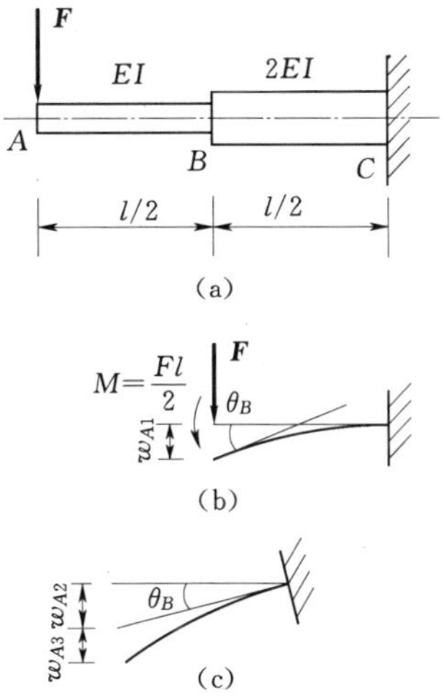

图 10.15

例 10.9 一阶梯形悬臂梁，在左端受集中力作用，如图 10.15（a）所示。试求左端的挠度 w_A。

解 先将梁分成两根悬臂梁 BC 和 AB，分别如图 10.15（b）、（c）所示。B 截面是悬臂梁 AB 的固定端，但它有转动和竖向位移。AB 段梁的变形包括两部分：一部分是由 B 截面的转角和位移引起的刚体位移；另一部分是悬臂梁 AB 由 $\boldsymbol{F}$ 力引起的变形。因此，A 点的挠度可由两部分挠度叠加求得。B 截面的转角和挠度可在悬臂梁 BC 上求得。为此将 $\boldsymbol{F}$ 力向 B 点简化，得到力 $\boldsymbol{F}$ 和力偶矩 $M=\frac{Fl}{2}$ [图 10.15（b）]。它们引起的转角和挠度可由表查得

$$\theta_B=\theta_B(F)+\theta_B(M)=\frac{F(l/2)^2}{2\times 2EI}+\frac{Fl/2\times(l/2)}{2EI}=\frac{3Fl^2}{16EI}$$

$$w_B=w_B(F)+w_B(M)=\frac{F(l/2)^3}{3\times 2EI}+\frac{Fl/2\times(l/2)^2}{2\times 2EI}=\frac{5Fl^3}{96EI}$$

求得 θ_B 和 w_B 以后，A 点的挠度为

$$w_{A1}=w_B,w_{A2}=\theta_B\times l/2$$

AB 梁为悬臂梁，A 点的挠度为

$$w_{A3}=\frac{F\left(\frac{l}{2}\right)^3}{3EI}$$

因此，A 点的挠度为

$$w_A=w_{A1}+w_{A2}+w_{A3}=w_B+\theta_B\times l/2+w_{A3}$$

$$=\frac{5Fl^3}{96EI}+\frac{3Fl^2}{16EI}\times\frac{l}{2}+\frac{F\left(\frac{l}{2}\right)^3}{3EI}$$

$$=\frac{3Fl^3}{16EI}$$

上节和本节介绍了两种求梁变形的方法。其中，积分法是基本的方法。而叠加法虽简便，但必须先求出各荷载单独作用下的挠度和转角，如有表 10.1，可直接查用。

例 10.10 一外伸梁及其所受荷载如图 10.16（a）所示。试用叠加法求梁外伸端 C 点的挠度 w_C 转角 θ_C。已知 $F=ql$，梁的抗弯刚度为 EI。

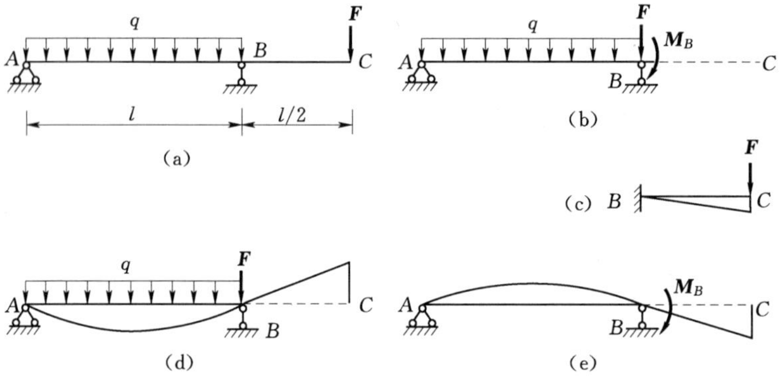

图 10.16

解 首先假想将梁分成简支梁 AB 和悬臂梁 BC，如图 10.16（b）、（c）所示。将 $\boldsymbol{F}$ 力向 B 点简化，得到力 $\boldsymbol{F}$ 和力偶矩 $M_B=\frac{Fl}{2}$，简化后，对简支梁 AB 段的变形没有影响，但对 BC 段有影响，BC 段的变形包括两部分：一部分是由 AB 段的变形引起的 BC 段的刚体位移，AB 段的变形又可分解为图 10.16（d）、（e）两种情况叠加；另一部分是悬臂梁 BC 由 $\boldsymbol{F}$ 力引起的变形，如图 10.13（c）所示。因此，C 点的转角和挠度可由图 10.16（c）、（d）及（e）三部分转角和挠度变形叠加求得。

$$\theta_C=\theta_C(F)+\theta_C(q)+\theta_C(M_B)=\theta_C(F)+\theta_B(q)+\theta_B(M_B)$$

$$=\frac{F(l/2)^2}{2EI}-\frac{ql^3}{24EI}+\frac{M_Bl}{3EI}$$

$$=\frac{ql^3}{8EI}-\frac{ql^3}{24EI}+\frac{ql^3}{6EI}$$

$$=\frac{ql^3}{4EI}$$

$$w_C=w_C(F)+w_C(q)+w_C(M_B)=w_C(F)+\theta_B(q)\frac{l}{2}+\theta_B(M_B)\frac{l}{2}$$

$$=\frac{F(l/2)^3}{3EI}-\frac{ql^3}{24EI}\times\frac{l}{2}+\frac{M_Bl}{3EI}\times\frac{l}{2}$$

$$=\frac{ql^4}{24EI}-\frac{ql^4}{48EI}+\frac{ql^4}{12EI}$$

$$=\frac{5ql^4}{48EI}$$

此题的求解过程，实质上是先单独考虑梁的一部分变形效果，而让其他部分刚性化以求得某一指定处的位移，然后按照此法求出其余各部分变形在指定处引起的位移，最后把所得的结果叠加。对于本题可先将 AB 部分刚性化，求 C 截面的变形，即图 10.16（c）所示的情况，然后将 BC 部分刚性化，求 C 截面的变形，即图 10.16（b）所示的情况，图 10.16（b）又可分成图 10.16（d）、（e）两种情况的叠加。最后将 3 种情况叠加，即可得到 C 截面的转角和挠度。

10.5 结论与讨论

10.5.1 基本概念

（1）变形和位移。

（2）杆件横截面的位移。

（3）轴心拉压杆。

（4）纯扭杆。

（5）平面弯曲梁。

10.5.2 基本原理

（1）积分法。

（2）弯矩—面积法。

10.5.3 基本公式

（1）杆件的轴向变形与轴向位移，即

$$u=\int_l \varepsilon_x \mathrm{d}x=\int_l \frac{F_{Nx}\mathrm{d}x}{EA}$$

（2）梁的弹性曲线与梁的挠度与转角，即

$$w''=\frac{\mathrm{d}^2 w}{\mathrm{d}x^2}=-\frac{M(x)}{EI} \quad 或 \quad EIw''=-M(x)$$

（3）圆轴的扭转变形与相对扭转角，即

$$\varphi_{AB}=\int_l \frac{M_x(x)\mathrm{d}x}{GI_P}$$

10.5.4 有关位移计算的讨论

静定结构的位移计算常用的有几何法和能量法，本章介绍的是用几何法计算结构位移的方法，对于平面梁的位移计算，除了二次积分法和弯矩面积法外，还有共轭梁法、弹性荷载法等方法，有兴趣的读者可以参阅相关教材。弯矩—面积法计算平面梁的位移有助于位移法的学习。用能量法计算静定结构的位移将在后面章节学习。

习题 10

10.1　应变与位移有何区别？又有何联系？

10.2　两根直杆，其横截面面积相同，长度相同，两端所受轴向外力也相同，而材料的弹性模量不同。分析它们的应变、伸长是否相同。

10.3　有人说：“受力杆件的某一方向上有应力必有应变，有应变必有应力”。此话对吗？为什么？

10.4　长为 l、直径为 d 的两根由不同材料制成的圆轴，在其两端作用相同的扭转力偶矩 M，问：相对扭转角 φ 是否相同？为什么？

10.5　若在圆轴表面画一小圆，试分析圆轴受扭后小圆将变成什么形状？使小圆产生如此变形的是什么应力？

10.6　梁的挠曲线形状与哪些因素有关？

10.7　悬臂梁在自由端受一集中力偶 M 作用，其挠曲线应为一圆弧，但用积分法计算出挠曲线方程为 $w=\dfrac{Mx^2}{2EI}$ 是一条抛物线方程，为什么？

10.8　用积分法求下列各梁指定截面处的转角和挠度。设 EI 为已知。在习题 10.8 图（d）中的 $E=2.0\times105\text{MPa}$，$I=1.0\times10^4\text{cm}^4$。

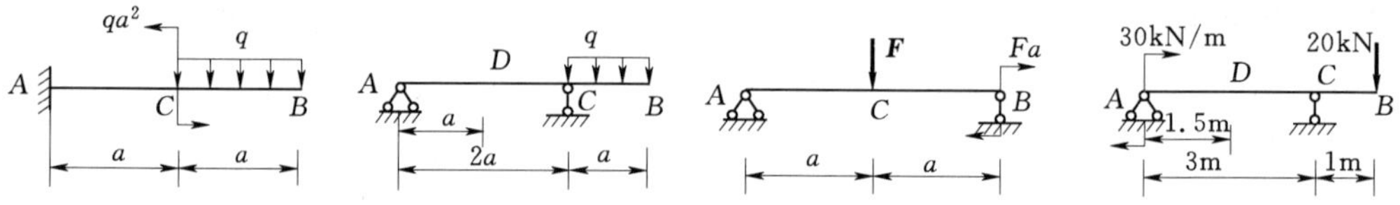

(a) θ_B、w_C　　(b) θ_D、w_B　　(c) θ_C、w_C　　(d) θ_D、w_B

习题 10.8 图

10.9　用叠加法求习题 10.9 图所示各梁指定截面上的转角和挠度。

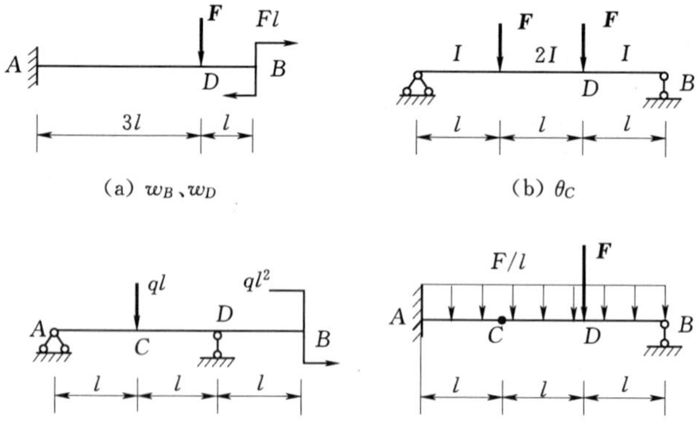

(a) w_B、w_D　　(b) θ_C

(c) θ_B、w_C　　(d) θ_C、w_C

习题 10.9 图

10.10 用积分法求习题10.10图所列各梁指定截面处的转角和挠度。

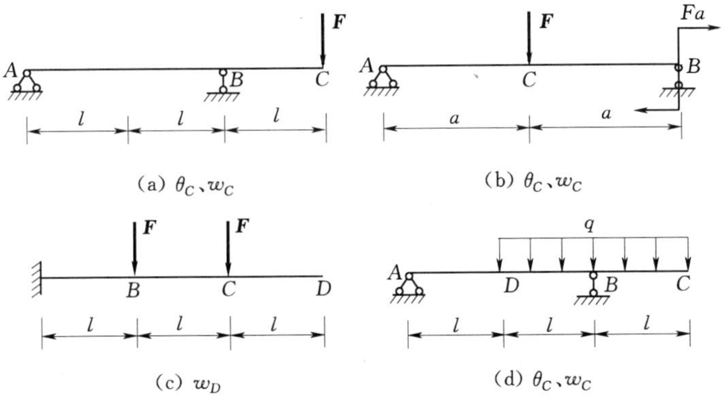

(a) θ_C、w_C (b) θ_C、w_C (c) w_D (d) θ_C、w_C

习题10.10图

10.11 对于习题10.11图所列各梁，试写出用积分法求梁变形时的边界条件和连续光滑条件。

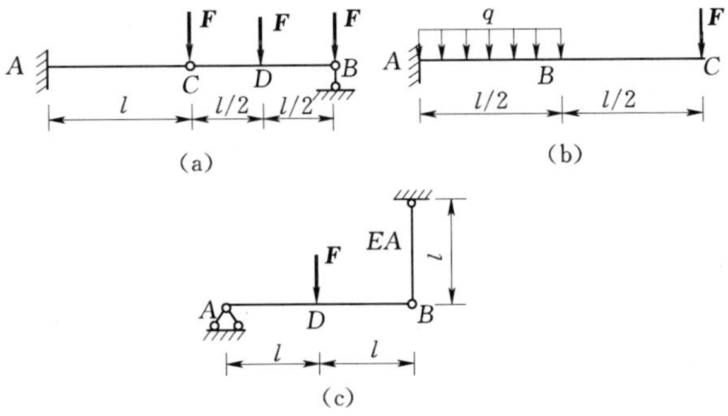

(a) (b) (c)

习题10.11图

10.12 用叠加法求习题10.12图所列各梁指定截面上的转角和挠度。

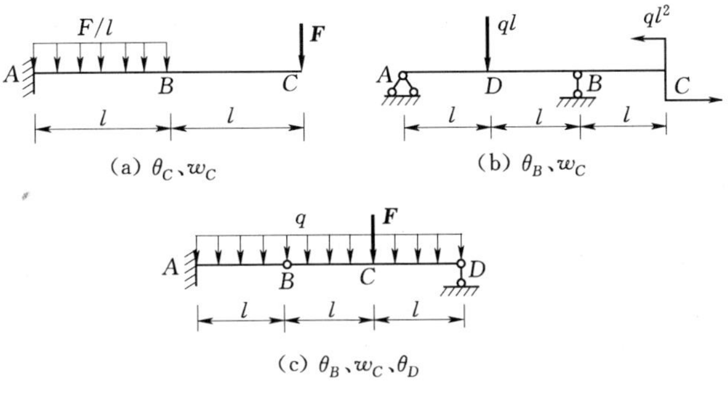

(a) θ_C、w_C (b) θ_B、w_C (c) θ_B、w_C、θ_D

习题10.12图

第 11 章　压杆的平衡稳定性分析

学习提示

本章主要介绍平衡稳定性的概念、细长压杆的临界载荷和临界应力，中小柔度杆的临界应力，压杆稳定性的计算。本章是理想压杆稳定性设计的基础。

学习要求

通过学习，掌握压杆的稳定性、压杆的临界压力、压杆的柔度等基本概念，掌握各类压杆临界压力和临界应力的计算原理，熟练掌握压杆稳定性问题的计算方法。

在前面的章节介绍了如何分析处于平衡状态的构件的弹性静力学响应——内力、应力、应变及杆件横截面的位移，这些都是在小变形前提条件下，以未受力前的构件形状作为分析的模型进行的。

对处于平衡状态的工程结构或构件而言，在静荷载作用下，除了有上述力学响应外，还有可能由于平衡的种类不同，结构或构件出现失稳的现象。工程实践证明，一般情况下，结构或构件的**失稳**会导致构件失效，并且这种失效带有突发性，会造成灾难性后果。故而工程实践中必须考虑防止结构或构件失稳。

11.1　稳定性的基本概念

11.1.1　平衡的类别

刚体和变形固体的平衡都可分为**稳定平衡**和**不稳定平衡**两类。

受外力系作用在某一位置处于平衡状态的物体或物体系统，受到外界的微小**扰动力**作用，当扰动力撤除后，若物体或物体系统回到原平衡位置，则平衡在该位置是**稳定**的；若物体或物体系统远离原平衡位置，则平衡在该位置是**不稳定**的。

扰动力，有时也称干扰因素，指那些在描述物体运动时由于与基本力相比甚小而未曾考虑的力，故也常说成微小扰动力。这些力通常是不确切知道的，一般瞬时作用力只能引起物体或物体系统运动状态微小的变化。显然，微小扰动力对不同的物体或物体系统的平衡影响是不同的，对于有些物体或物体系统是无关紧要的，对于有些物体或物体系统是不可忽略的。

例如，图 11.1 所示，放置于光滑表面的小球都能在重力 $\boldsymbol{W}$ 和约束力 $\boldsymbol{F}_N$ 的作用下在 B 点处于平衡。如图 11.1（a）所示，用实线表示的球，在凹面处于平衡状态，如果有一侧向扰动力使球偏离平衡位置 B 点，到达虚线所示位置，当撤去侧向扰动力，球体在重力作用下，经过振荡仍回到原来的平衡位置 B 点，则这种平衡状态称为在 B 点的**稳定平衡**。在图 11.1（b）中，如果有侧向力使其偏离平衡位置 B 点，当撤去侧向扰动力后，球体不再回到原来的位置 B 点，而是停留在新的位置（图中虚线所示位置），这种平衡状态称为**随遇平衡**。在图 11.1（c）中，如果有侧向扰动力使其偏离平衡位置 B 点，当撤去侧向扰动力后，球体不再回到原来的位置 B 点，球体不仅不能恢复到 B 点，反而继续沿着凸面滚动，远离平衡位置，因此这种平衡状态称为在 B 点的**不稳定平衡。**需要指出的是，随遇平衡也是一种**不稳定平衡**，因为干扰消除后，小球不能回到原来的位置 B 点。它是稳定平衡和不稳定平衡的分界点，故也称为**临界平衡**。

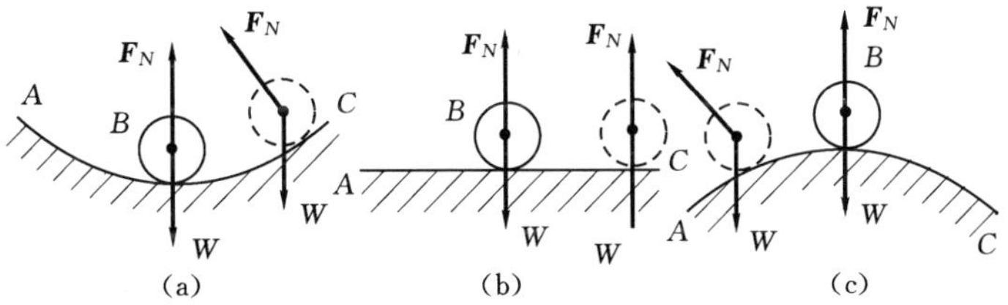

图 11.1

11.1.2 工程结构或构件的失稳现象

如图 11.2（a）所示，下面取一两端铰支的细长的由各向均匀连续、弹性材料制成的等截面的轴心受压直杆作为研究对象，来观察压杆的失稳现象。

（1）当轴向荷载 $\boldsymbol{F}$ 小于某一数值时，杆在力 $\boldsymbol{F}$ 作用下将保持其原有的直线平衡状态。如在侧向干扰力作用下使其微弯，如图 11.2（b）所示。当干扰力撤除，杆在往复摆动几次后将回复到原来的直线形式，保持原来的平衡状态。

（2）当荷载 $\boldsymbol{F}$ 超过某一数值时，杆仍然可能保持直线的平衡状态；在这种情况下，如在压杆一侧作用一干扰力使其微弯，在干扰力撤除后，杆不能回复到原来的直线形式，但能以曲线形状下形成新的平衡状态，如图 11.2（d）所示。可见这时杆在直线和微弯的两种形状下都能达到平衡状态。

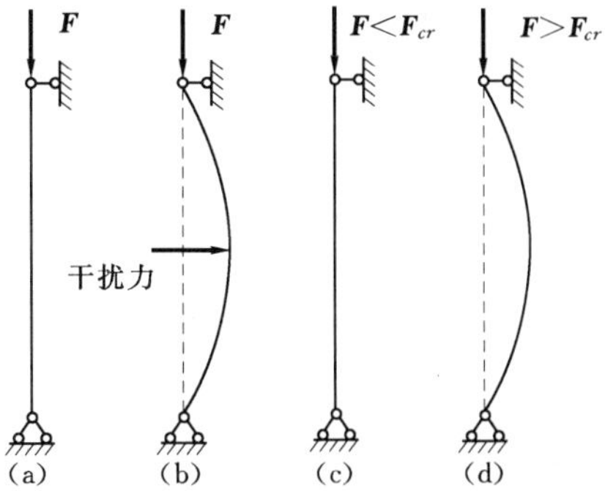

图 11.2

（3）当荷载 $\boldsymbol{F}$ 在（2）的基础上稍有增加，杆的微弯状态平衡将不能在继续保持，杆件会出现非常大的横向变形，导致压杆无法再承受更大的荷载而失效。

总结以上现象，可以得到一些结论：

构件或结构在荷载作用下变形完成后，将在某一位置保持平衡，这一平衡位置为该构件或结构的**平衡构形**。当荷载小于一定的数值时，外界微小的扰动力使构件或结构偏离平衡构形，在外界微小的扰动力除去后，构件或结构仍能回到原平衡构形，则称构件或结构的平衡构形是**稳定**的；当荷载大于一定的数值时，外界微小的扰动力使构件或结构偏离原平衡构形，在外界微小的扰动力除去后，构件或结构不能回到原平衡构形，则称构件或结构的平衡构形是**不稳定**的。

构件或结构在某一荷载作用下的平衡构形在任意微小的外界扰动后，突然转变为另一种平衡构形或非平衡构形的现象称为**失稳**或**屈曲**，该荷载称为**临界荷载**。若失稳后构件内任意一点仍处于弹性应力状态，则称为**弹性失稳**；若失稳后构件内某些点处于塑性应力状态，则称为非**弹性失稳**。

一般情况下，**失稳**会导致构件失效，并且这种失效带有突发性，会造成灾难性后果。

可以看出，同一压杆的平衡是稳定的还是不稳定的，都是针对压杆原有平衡构形而言的；此外，压杆的稳定性与外载荷的大小有关，外载荷小于临界载荷时，压杆处于稳定平衡状态，外载荷大于临界载荷时，压杆处于失稳状态，故而分析压杆稳定性问题的关键是求压杆的临界载荷。

稳定问题在很多结构构件中存在，除了理想轴心受压杆外，如图 11.3 所示，常见的还有偏心受压杆、狭长截面梁、薄壁圆柱筒壳等构件。理想轴心压杆的稳定问题是所有变形体稳定问题中最基本、最简单的问题。

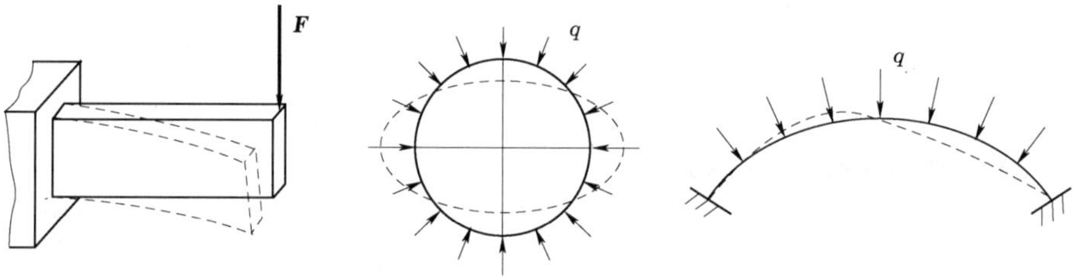

(a)　　(b)　　(c)

图 11.3

11.1.3 失稳现象的物理本质

以上分析表明，只有当小钢球或构件处于稳定的平衡状态时，才能在扰动作用后在其初始平衡位置保持平衡。为什么会是这样的呢？可以从能量的角度来考察上述问题。对图 11.1 所示的小球而言，小球在初始位置的重力势能是小球和地球这一系统的总势能。图 11.1（a）、（c）中小球的重力势能分别处于极小值和极大值，而图 11.1（b）所示小球的重力势能在平衡位置附近保持不变。偏离初始位置后重力势能的变化为：图 11.1（a）中小球的重力势能增量 $\Delta V>0$，图 11.1（b）中小球的重力势能增量 $\Delta V=0$，图 11.1（c）中小球的重力势能增量 $\Delta V<0$。可知，图 11.1（a）所示小球的重力势能最小，即稳定平衡的条件是系统的总势能取极小值。这是自然界中的一个普遍规律——最小势能原理。

11.2 理想压杆的稳定性分析

11.2.1 细长压杆的临界荷载及临界应力

研究压杆在微弯状态下的平衡，并应用小挠度微分方程以及压杆端部的约束条件，即可确定压杆的临界载荷。下面以两端铰支的细长压杆为例，如图 11.4（a）所示，说明细长压杆临界载荷的计算方法。

设压杆 AB 长为 l，抗弯刚度为 EI_z，忽略杆件剪切及轴向变形。在临界载荷 F_{cr} 作用下处于微弯平衡状态。当杆内应力不超过材料的比例极限时，压杆挠曲线近似微分方程为

$$\frac{d^2y}{dx^2}=-\frac{M_z}{EI_z}=-\frac{F_{cr}y}{EI_z}$$

或

$$\frac{d^2y}{dx^2}+\frac{F_{cr}y}{EI_z}=0$$

若令 $k^2=\frac{F_{cr}}{EI_z}$，则上式可写成

$$\frac{d^2y}{dx^2}+k^2y=0$$

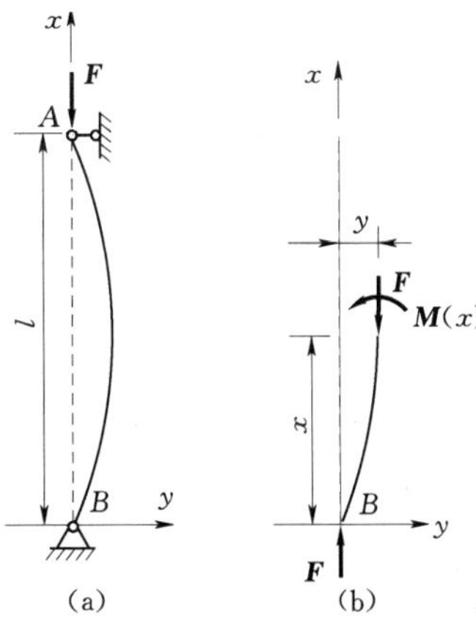

图 11.4

上式是一个二阶齐次常微分方程，其通解为

$$y=C_1\sin kx+C_2\cos kx \tag{11.1}$$

式中，C_1、C_2 为积分常数，由压杆的边界条件确定。

图 11.4（a）所示两端铰支压杆的边界条件为

$$x=0 \text{ 时}, y=0 (A \text{ 点处})$$
$$x=l \text{ 时}, y=0 (B \text{ 点处})$$

由第一个边界条件可得 $C_2=0$，则

$$y=C_1\sin kx$$

再由第二个边界条件有

$$C_1\sin kl=0$$

若取 $C_1=0$，则由式（11.1）得：$y\equiv0$，即表明没有弯曲变形，这与前设“压杆在微弯的变形状态下保持平衡”相矛盾，因此只能有：$\sin kl=0$，于是有

$$kl=n\pi \quad n=0,1,2,3,\cdots$$

将 $k^2=\frac{F_{cr}}{EI_z}$代入上式可得

$$F_{cr}=\frac{n^2\pi^2EI_z}{l^2} \tag{11.2}$$

显然，计算临界载荷时应取 $n=1$，于是得两端铰支细长压杆临界载荷的计算式为

$$F_{cr}=\frac{\pi^2EI_z}{l^2} \tag{11.3}$$

式（11.3）是由瑞士科学家欧拉（L. Euler）于 1774 年首先导出的。通常称为**欧拉公式**。

细长压杆的临界载荷随两端的支承条件不同而异，对于各种不同支承情况下的压杆的临界载荷计算公式，都可以采取与两端铰支相同的方法导出。现将 4 种常见支承情况下细

长压杆的临界载荷计算公式推导结果列于表 11.1 中。这些公式基本相似，只是分母中 l 前面的系数不同。若 l 前面的系数用 μ 表示，则这些公式可写成

$$F_{cr}=\frac{\pi^2 EI_z}{(\mu l)^2} \tag{11.4}$$

式中，μ 为长度因数；μl 为相当长度。

式（11.4）称为计算细长压杆临界载荷的**欧拉公式**。

长度因数表示压杆的支承条件对临界载荷的影响；压杆的相当长度表示该压杆临界状态时微弯变形曲线中的一个正弦半波相当的杆长。例如，长度为 l，一端自由、一端固定的压杆（表 11.1），其临界状态时微弯变形曲线相当于半个正弦半波，因此它的一个正弦半波相当的杆长为 $\mu l=2l$，故其 $\mu=2$。而两端铰支的细长压杆，临界状态时微弯变形曲线刚好为一个正弦半波，$\mu l=l$，$\mu=1$。

表 11.1　　各种支承情况下细长压杆的临界应力公式

支撑情况	两端铰支	一端自由 一端固定	两端固定	一端铰支 一端固定
挠曲线形状	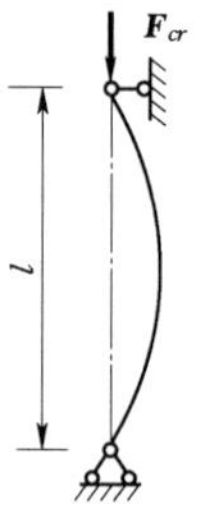	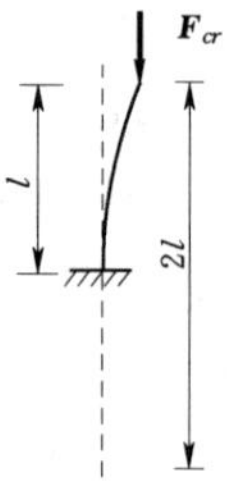	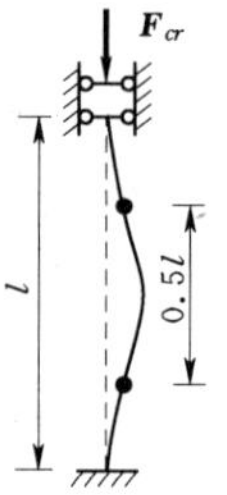	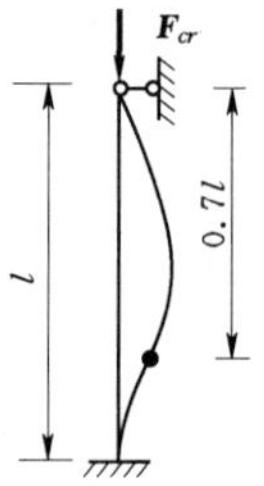
临界应力公式	$F_{cr}=\frac{\pi^2 EI_z}{l^2}$	$F_{cr}=\frac{\pi^2 EI_z}{(2l)^2}$	$F_{cr}=\frac{\pi^2 EI_z}{(0.5l)^2}$	$F_{cr}=\frac{\pi^2 EI_z}{(0.7l)^2}$
相当长度	l	$2l$	$0.5l$	$0.7l$
长度因数	$\mu=1$	$\mu=2$	$\mu=0.5$	$\mu=0.7$

由表 11.1 可以看出，理想中心受压直杆的临界载荷 $\boldsymbol{F}_{cr}$ 与杆端的支承约束情况有关，杆端约束的刚度越大，则长度因数 μ 值越小，相应的临界载荷也就越大；反之，杆端约束刚度越小，则 μ 值就越大，相应的临界载荷也就越小。但表 11.1 所列的只是几种典型支承的情形，而工程中实际问题的支承约束情况是比较复杂的。因此，必须根据受压杆的实际支承情况，将其恰当地简化为典型形式，或参照有关设计规范中的规定，从而确定出适当的长度因数。

例 11.1　一细长圆截面连杆，两端可视为铰支，长度 $l=1m$，直径 $d=20$mm，材料为 Q235 钢，其弹性模量 $E=200$GPa，屈服极限 $R_{eL}=235$MPa。试计算连杆的临界载荷以及使连杆压缩屈服所需的轴向载荷。

解　(1) 计算临界载荷。

根据式（11.3）可知，其临界载荷为

$$F_{cr}=\frac{\pi^2 EI_z}{l^2}=\frac{\pi Ed^4}{64l^2}=\left(\frac{\pi^3\times200\times10^9\times0.02^4}{64\times1^2}\right)=15.5(\text{kN})$$

(2) 使连杆压缩屈服所需的轴向载荷为

$$F=AR_{eL}=\frac{\pi d^2 R_{eL}}{4}=\left(\frac{\pi\times 0.02^2\times 235\times 10^6}{4}\right)=73.8(\mathrm{kN})$$

F 远远大于 F_{cr}，所以对于细长杆来说，其承压能力取决于压杆的稳定性。

11.2.2 欧拉公式的适用范围及临界应力总图

1. 临界应力与柔度的概念

压杆在临界载荷作用下，横截面上的平均压应力称为压杆的**临界应力**，用 σ_{cr} 表示。对于细长压杆，临界载荷由欧拉公式（11.4）给出，将其除以压杆面积 A 可得临界应力为

$$\sigma_{cr}=\frac{F_{cr}}{A}=\frac{\pi^2 EI_z}{(\mu l)^2 A}=\frac{\pi^2 E}{(\mu l)^2}\frac{I_z}{A} \tag{11.5a}$$

上式中比值$\frac{I_z}{A}$是一个仅与横截面的形状及尺寸有关的几何量，用 i^2 表示，称 i 为截面图形的惯性半径，即

$$i^2=\frac{I_z}{A}\quad 或\quad i=\sqrt{\frac{I_z}{A}} \tag{11.5b}$$

将式（11.5b）代入式（11.5a）得

$$\sigma_{cr}=\frac{F_{cr}}{A}=\frac{\pi^2 E}{(\mu l)^2}i^2=\frac{\pi^2 E}{\left(\frac{\mu l}{i}\right)^2}=\frac{\pi^2 E}{\lambda^2} \tag{11.6}$$

式（11.6）称为欧拉临界应力公式。式中

$$\lambda=\frac{\mu l}{i} \tag{11.7}$$

λ 是一个量纲为 1 的量，称为压杆的**柔度**，或称为**长细比**。它综合反映了压杆的杆端约束情况（μ）、杆的长度（l）及横截面的形状和尺寸（i）等因素对压杆临界应力的影响。对于由一定材料制成的细长压杆来说，其临界应力仅与柔度 λ 有关，而且，柔度越大，杆就相对越细长，其临界应力越小。所以柔度是压杆稳定计算中的一个重要参数。

2. 欧拉公式的应用范围

由于欧拉公式即式（11.3）是根据挠曲线近似微分方程导出的，它只适用于杆内应力不超过材料的比例极限 σ_P 的弹性情况，因此临界应力也就不能超过材料的比例极限，即

$$\sigma_{cr}=\frac{\pi^2 E}{\lambda^2}\leqslant\sigma_P\quad 或\quad \lambda\geqslant\sqrt{\frac{\pi^2 E}{\sigma_P}}$$

令

$$\lambda_P=\sqrt{\frac{\pi^2 E}{\sigma_P}}$$

故欧拉公式的适用范围为

$$\lambda\geqslant\lambda_P \tag{11.8}$$

只有当压杆的柔度 $\lambda\geqslant\lambda_P$ 时，才能用欧拉公式计算压杆的临界载荷或临界应力。$\lambda\geqslant\lambda_P$ 的这类压杆称为大柔度杆，或称为细长杆。λ_P 的大小取决于材料的力学性质（σ_P 与 E）。例如，Q235 钢 $E=206\mathrm{GPa}$，$\sigma_P=200\mathrm{MPa}$，则

$$\lambda_p=\sqrt{\frac{\pi^2 E}{\sigma_P}}=\pi\sqrt{\frac{206\times10^9}{200\times10^6}}\approx100$$

即由 Q235 钢制成的压杆，只有当压杆的柔度 $\lambda>100$ 时，才属于细长压杆，才能用欧拉公式计算压杆的临界载荷或临界应力。

例 11.2 一端固定、一端自由的中心受压立柱，长 $l=1\text{m}$，材料为 Q235 钢，弹性模量 $E=200\text{GPa}$。试计算图 11.5 所示两种截面的临界载荷。一种截面为 45mm×6mm 的角钢，另一种截面是由两个 45mm×6mm 的角钢组成。

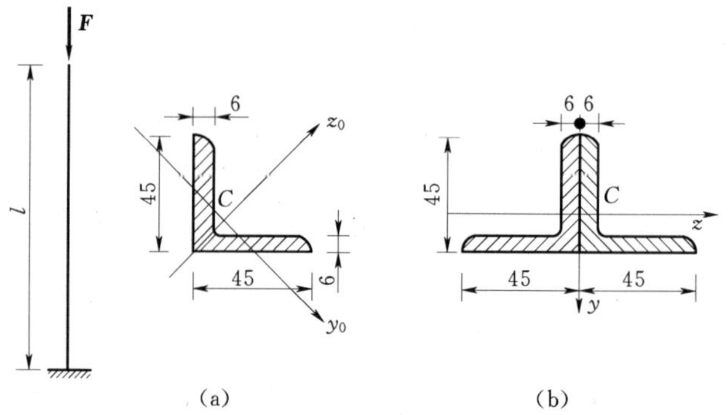

图 11.5

解 (1) 计算压杆的柔度。

单个角钢的截面，查型钢表得

$I_{\min}=I_{y0}=3.89\text{cm}^4=3.89\times10^{-8}\text{m}^4$，$i_{\min}=i_{y0}=8.8\text{mm}$，则压杆的柔度为

$$\lambda=\frac{\mu l}{i_{y0}}=\frac{2\times1000}{8.8}=227$$

由两个角钢组成的截面，由型钢表查得

$I_{\min}=I_z=2\times9.33\text{cm}^4=18.66\times10^{-8}\text{m}^4$，$i_{\min}=i_z=13.6\text{mm}$，则压杆的柔度为

$$\lambda=\frac{\mu l}{i_z}=\frac{2\times1000}{13.6}=147$$

这两种截面的压杆柔度均大于 λ_P，都属于细长杆，可用欧拉公式计算临界载荷。

(2) 计算压杆的临界载荷。

单个角钢的截面，其临界载荷

$$F_{cr}=\frac{\pi^2 EI_{\min}}{(\mu l)^2}=\left[\frac{\pi\times200\times10^9\times3.89\times10^{-8}}{(2\times1)^2}\right]\text{N}=19.18\text{kN}$$

由两个角钢组成的截面，临界载荷为

$$F_{cr}=\frac{\pi^2 EI_{\min}}{(\mu l)^2}=\left[\frac{\pi\times200\times10^9\times18.66\times10^{-8}}{(2\times1)^2}\right]\text{N}=91.99\text{kN}$$

讨论：这两根杆的临界载荷之比等于惯性矩之比，其比值为

$$\frac{F_{cr(2)}}{F_{cr(1)}}=\frac{I_{\min(2)}}{I_{\min(1)}}=\frac{18.66}{3.89}=4.8$$

用两个角钢组成的截面比单个角钢的截面在面积增大一倍的情形下，临界载荷可增大 4.8 倍。所以临界载荷与截面的尺寸和形状均有关。此例可启发我们思考细长压杆在杆件

的材料、长度、支承情况以及截面面积不改变的情况下，如何提高它的临界载荷？

3. 中小柔度杆（非弹性失稳压杆）的临界应力

在工程中也常遇到 $\lambda<\lambda_P$ 的压杆，称之为中小柔度杆（小柔度杆的临界应力接近其强度破坏时的极限应力），其临界应力 σ_{cr} 大于材料的比例极限 σ_P，已不能用欧拉公式计算，这类压杆的失稳称为非弹性失稳。

对于非弹性失稳的压杆，已有一些理论分析的结果。但工程中一般采用以试验结果为依据的经验公式来计算这类压杆的临界应力 σ_{cr}。

计算中小柔度杆（非弹性失稳压杆）临界应力的经验公式不止一种，常用的经验公式中最简单的为直线公式，此外还有抛物线公式。

直线公式中，临界应力 σ_{cr} 与柔度 λ 成直线关系，其表达式为

$$\sigma_{cr}=a-b\lambda \tag{11.9}$$

式中，a、b 为与材料有关的常数，由试验确定。

例如，Q235 钢，$a=304\text{MPa}$，$b=1.12\text{MPa}$；TC11 松木 $a=29.3\text{MPa}$，$b=0.19\text{MPa}$。

抛物线公式中，临界应力 σ_{cr} 与柔度 λ 成抛物线关系，其表达式为

对于钢

$$\sigma_{cr}=\sigma_s-\alpha\lambda^2 \tag{11.10}$$

对于铸铁

$$\sigma_{cr}=\sigma_b-\alpha\lambda^2 \tag{11.11}$$

式中，应力的单位用 MPa；系数 α 是与材料性质有关的常数，可在有关手册中查得。

例如Q235 钢　　$\sigma_{cr}=(235-0.00668\lambda^2)\text{MPa}$　$(\lambda<123)$

　　Q345 钢　　$\sigma_{cr}=(345-0.0142\lambda^2)\text{MPa}$　$(\lambda<102)$

实际上，式（11.9）只能在下述范围内适用，即

$$\sigma_P<\sigma_{cr}<\sigma_u \tag{11.12}$$

因为当 $\sigma_{cr}\geqslant\sigma_u$（塑性材料 $\sigma_u=\sigma_s$，脆性材料 $\sigma_u=\sigma_b$）时，压杆将发生强度破坏而不是失稳破坏。

式（11.12）的范围也可用柔度表示为

$$\lambda_P>\lambda_{cr}>\lambda_u \tag{11.13}$$

柔度在此范围内的压杆称为中柔度杆或中长杆，而 $\sigma_{cr}\geqslant\sigma_u$，即 $\lambda\leqslant\lambda_u$ 的压杆称为小柔度杆或短杆。短杆的破坏是强度破坏。

λ_u 是中长杆和短杆柔度的分界值。如在式（11.6）中令 $\sigma_{cr}=\sigma_u$，则所得到的 λ 就是用直线经验公式求得的 λ_u，即

$$\lambda_u=\frac{a-\sigma_u}{b}$$

例如，用直线经验公式求得的 Q235 钢的 $\lambda_u=60$，TC11 松木的 $\lambda_u=85$。

4. 临界应力总图

综上所述，压杆的临界应力取决于压杆的材料和柔度。压杆的临界力或临界应力的计算可按柔度分为三类：

(1) $\lambda \geqslant \lambda_P$ 的大柔度杆，即细长杆。用欧拉公式（11.6）计算临界应力。

(2) $\lambda_P \geqslant \lambda \geqslant \lambda_u$ 的中柔度杆，即中长杆，用直线经验公式（11.9）或抛物线公式（11.10）、式（11.11）计算临界应力。

(3) $\lambda \leqslant \lambda_u$ 的小柔度杆，即短杆，实际上是强度破坏。

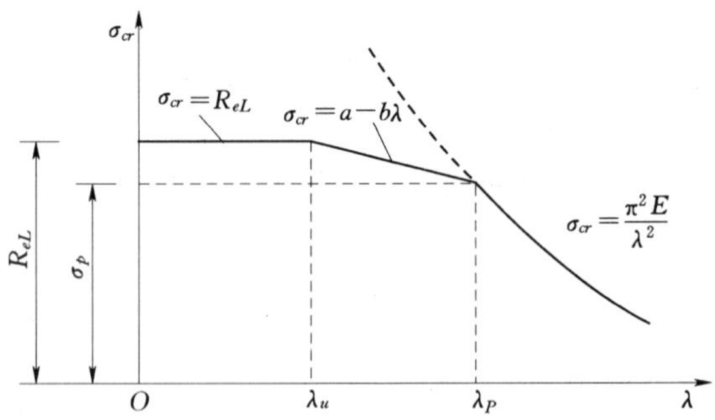

图 11.6

由于不同柔度的压杆，其临界应力的公式不相同。因此，在压杆的稳定性计算中，应首先按式（11.7）计算其柔度值 λ，再按上述分类选用合适的公式计算其临界应力和临界力。

压杆的临界应力 σ_{cr} 与其柔度 λ 之间的关系可用图形说明，这种图形称为材料的临界应力总图。例如，Q235 钢的临界应力总图如图 11.6 所示（非弹性失稳情况采用直线经验公式）。

例 11.3 Q235 钢制成的矩形截面杆的受力及两端约束情况如图 11.7 所示，其中图 11.7（a）所示为正视图，图 11.7（b）所示为俯视图。在 A、B 两处用螺栓夹紧。已知 $l=2.3\text{m}$，$b=40\text{mm}$，$h=60\text{mm}$，材料的弹性模量 $E=205\text{GPa}$。试求此杆的临界载荷。

解 压杆在 A、B 两端的约束不同于球铰。在正视图所在的 xy 平面内失稳时，A、B 两处可以自由转动，相当于铰链约束。在俯视图所在的 xz 平面内失稳时，A、B 两处不能转动，相当于固定约束。因此，压杆在两个平面内失稳时，其柔度不同。为确定临界载荷，需先计算压杆在两个平面内的柔度并加以比较，判定压杆在哪一平面内容易失稳。

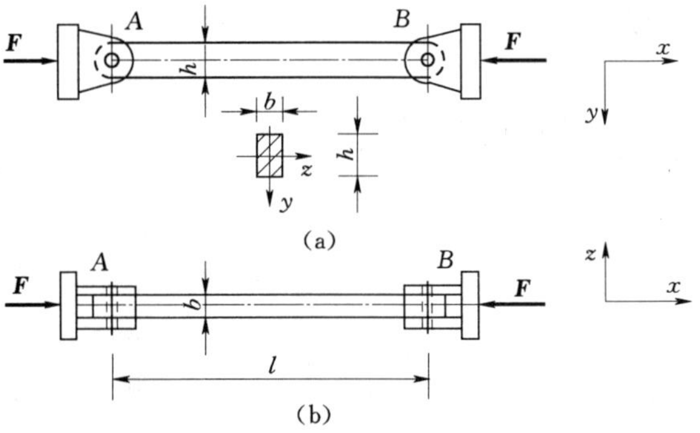

图 11.7

在正视图平面内

$$\mu=1, i_z=\sqrt{\frac{I_z}{A}}=\frac{h}{2\sqrt{3}}=\left(\frac{60}{2\sqrt{3}}\right)\text{mm}=17.32\text{mm}$$

于是有
$$\lambda_z=\frac{\mu l}{i_z}=\frac{1\times 2300}{17.32}=132.8$$

在俯视图平面内，有

$$\mu=0.5, i_y=\sqrt{\frac{I_y}{A}}=\frac{b}{2\sqrt{3}}=\left(\frac{40}{2\sqrt{3}}\right)\text{mm}=11.55\text{mm}$$

于是有
$$\lambda_y=\frac{\mu l}{i_y}=\frac{0.5\times 2300}{11.55}=99.6$$

由于 $\lambda_z>\lambda_y$，因此压杆将在正视图平面内失稳。对于 Q235 钢，$\lambda_z=112.8$ 属于细长

压杆，故可用欧拉公式计算临界载荷，即

$$F_{cr}=\sigma_{cr}A=\frac{\pi^2 E}{\lambda^2}bh=\left(\frac{\pi\times 205\times 10^9}{132.8^2}\times 0.04\times 0.06\right)\text{N}=275\text{kN}$$

表 11.2 所示为一些常用材料的 a、b 值。

表 11.2　常用材料的 a、b 值

材料	a/MPa	b/MPa	λ_P	λ_s
低碳钢	310	1.14	100	60
优质碳钢	461	2.57	100	60
铬锰钢	980	5.29	55	
铸铁	332	1.45	80	
硬铝	372	2.14	50	
木材	28.7	0.19	110	

11.3 结 论 与 讨 论

在工程实际中，受压杆件应综合考虑两方面的问题，即强度问题和稳定性问题。本章主要介绍了压杆稳定的基本概念、不同柔度压杆的临界载荷及临界应力计算方法以及其稳定性校核。其主要要注意以下几方面问题：

11.3.1 稳定性问题的几个特点

（1）稳定性问题是大变形问题，必须针对已发生变形的构件或结构来分析它的平衡。这一点不同于前面所讨论的杆件内力及应力（采用不考虑构件或结构的变形）的分析，所以，稳定性问题分析又称为二阶分析，当然内力及应力分析称为一阶分析。

（2）稳定性问题分析不可以采用叠加原理。应用叠加原理必须满足两个条件，其一为材料符合胡克定律，其二为结构或构件处于小变形状态。

（3）稳定性问题无需区分静定与超静定。稳定性问题针对变形后的结构或构件进行计算，无论如何避不开变形，故无需区分静定、超静定。

11.3.2 受压杆件的强度和稳定性问题的分界

在解决受压杆件的承载能力问题时，必须先明确它是属于哪方面的问题。所以，应先由柔度计算公式，即

$$\lambda=\frac{\mu l}{i}$$

计算出压杆的柔度值 λ，由 λ 值即可确定压杆的类型，并可明确压杆应为强度或稳定性问题。

11.3.3 临界应力总图

临界应力总图较清晰地反映了不同柔度的压杆所对应的其临界应力的计算公式。

当压杆 $\lambda\geqslant\lambda_P$ 时，称为细长杆，或大柔度杆；其临界载荷或临界应力可用欧拉公式

计算，即

$$F_{cr}=\frac{\pi^2 EI_z}{(\mu l)^2} \quad 或 \quad \sigma_{cr}=\frac{\pi^2 E}{\lambda^2}$$

当 $\lambda<\lambda_P$ 时，称为非细长杆，该类压杆的临界应力计算方法主要有两种。

1. 直线经验公式

当 $\lambda_P>\lambda>\lambda_u$ 时，即中柔度杆（或称中长杆）时，可由直线经验公式计算，即

$$\sigma_{cr}=a-b\lambda$$

而当 $\lambda\leqslant\lambda_u$ 时，即为短粗杆（或称小柔度杆），其临界应力就为材料的屈服极限，属于强度问题。

在此情况下可由压杆柔度将杆分为长细杆、中长杆和短粗杆三类。

2. 抛物线经验公式

该公式由于考虑了实际压杆与理想轴心受压直杆的区别，所以并不是以材料的比例极限对应的柔度值 λ_P 对压杆进行分类，而是以建立在实验基础上的 λ_c 值作为压杆的分界值。当压杆 $\lambda<\lambda_c$ 时，可由抛物线经验公式计算其临界应力，即

$$\sigma_{cr}=a_1-b_1\lambda^2$$

在利用抛物线经验公式时，可由材料的 λ_c 值将压杆分为两大类，即长细杆及非长细杆。

但当计算出其临界应力达到屈服极限时，实际上已属于强度问题了。

习题 11

11.1 说明临界载荷和临界应力的意义。压杆的临界载荷越大越容易失稳，对吗？

11.2 影响细长压杆临界应力大小的因素有哪些？

11.3 若把细长压杆的长度增加一倍，其他条件不变，其临界应力和临界载荷的数值将有何变化？

11.4 影响压杆柔度的因素有哪些？压杆的柔度越大其临界应力越大，对吗？

11.5 说明欧拉公式的适用范围，若超过这一范围时如何计算压杆的临界应力和临界载荷？

11.6 对于柔度 $\lambda<\lambda_P$ 的压杆，若用欧拉公式计算其临界载荷，将会导致什么后果？

11.7 若压杆在各个纵向平面内的支承情况相同（如球铰支座和固定支座），对其截面的惯性矩如何要求最为有利？

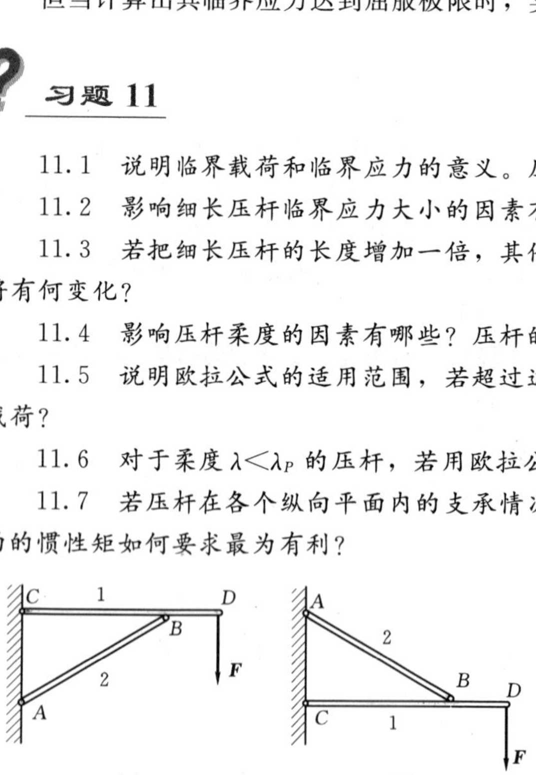

(a) (b)

习题 11.9 图

11.8 在其他条件不变的情况下，若将一细长压杆的圆截面改为面积相同的正方形截面，杆的临界载荷是增大还是减小？

11.9 由 1、2 两根杆件按照两种不同的方式组成的结构分别如习题 11.9 图所示，试问它们的承载能力是否相同？

11.10 试用欧拉公式计算下列细长压杆的临界载荷。杆件两端均为球铰支座，弹性模量均为 $E=200\text{GPa}$。

(a) 圆形截面，$d=25\text{mm}$，$l=2.0\text{m}$。

(b) 矩形截面，$h=2b=40\text{mm}$，$l=1.0\text{m}$。

(c) No.18 工字钢，$l=2.0\text{m}$。

11.11 截面为 100mm×150mm 的矩形木柱，一端固定，另一端铰支。杆长 $l=5\text{m}$，材料的 $E=10\text{GPa}$，$\lambda_P=110$。试求此木柱的临界载荷。

11.12 如习题 11.12 图所示两圆截面压杆的材料均为 Q235 钢，试判断哪一根杆容易失稳。

11.13 如习题 11.13 图所示 3 根圆截面杆的直径及所用的材料均相同，试问哪根杆的临界载荷最大，哪根杆最小［习题 11.13 图 (c) 所示杆在中间支承处不能转动］？

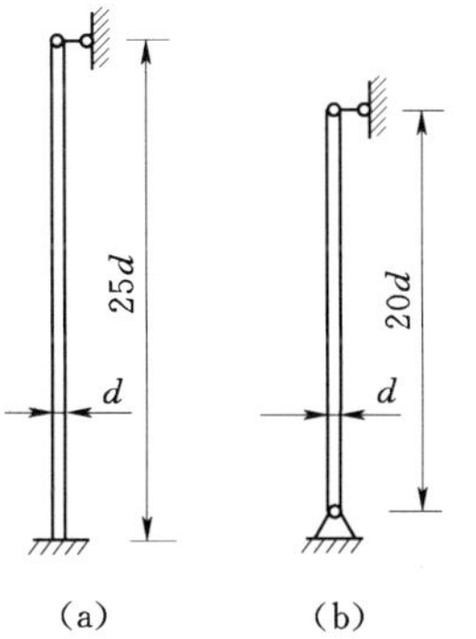

习题 11.12 图

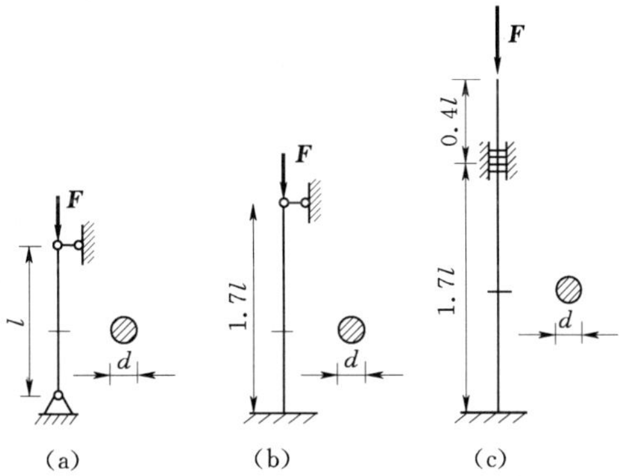

习题 11.13 图

11.14 如习题 11.14 图所示两端铰支压杆，材料为 Q235 钢，具有图示 4 种横截面形状，截面面积均为 $4.0\times10^3\text{mm}^2$，试比较它们的临界荷载值。设 $d_2=0.7d_1$。

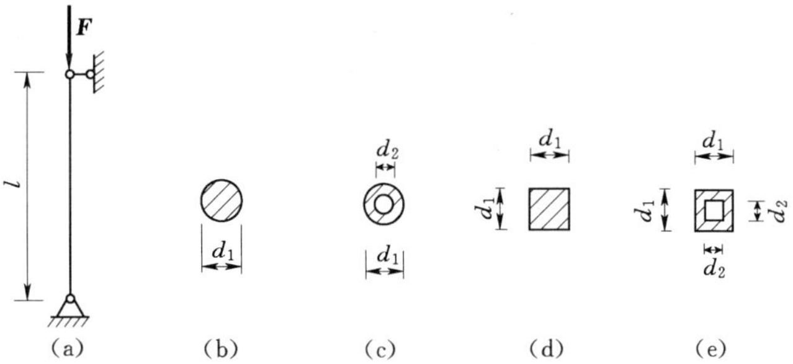

习题 11.14 图

第3篇

可变形固体杆件的静力设计

本篇在前面的基础上，介绍工程实践中构件的静力学设计准则及静力学设计过程。第12章介绍了构件的功能及杆形构件的静力学设计准则。第13章介绍了杆形构件的设计过程。

第12章 构件的力学功能及杆形构件的静力学设计准则

学习提示

本章主要介绍构件的功能及构件的力学设计的概念、构件的强度失效分析及设计准则、强度设计准则应用以及杆类构件的刚度设计准则和理想压杆稳定性的设计准则。

学习要求

了解构件的力学设计的概念；掌握构件的强度失效分析及设计准则和强度设计准则应用；掌握杆类构件的刚度设计准则和理想压杆稳定性的设计准则和应用。

12.1 构件的力学功能及构件的力学设计的概念

12.1.1 构件的力学功能

建筑物通常会受到各种外荷载作用，建筑物中起到支承起空间、承受及传递荷载的几何不变骨架体系称为建筑结构，组成建筑结构的基本部件称为构件，如建筑结构的组成部件有梁、板、柱和墙等。

当建筑结构承受及传递静荷载时，各构件都必须能够正常地工作，这样才能保证整个结构正常工作，完成设计者和建造者要求其完成的功能。

为此，首先要求构件在受荷载作用时组成构件的材料不发生断裂或屈服，也就是说，构件不发生**强度失效**，如房屋的梁因荷载过大而断裂时整个房屋就有可能破坏。

只是不发生破坏，并不一定就能保证构件或整个结构的正常工作。例如，吊车梁若因荷载过大而发生过度的变形，也就是**刚度失效**，吊车也就不能正常行驶。

另外，有一些构件在荷载作用下，其原有的平衡形状可能丧失稳定性——**稳定性失效**。例如，房屋中受压柱如果是细长的，则在压力超过一定限度后，就有可能发生显著的弯曲变形——失稳，构件失稳的后果往往是严重的，如上述的柱如果失稳就可能使房屋倒塌。

在静荷载作用下，构件要能起到应有的作用，其一定不能发生强度、刚度及稳定性失效；反过来说，就是要求构件具有以下力学功能：

（1）在荷载作用下构件应不至于破坏（断裂），即应具有足够的**强度**。

（2）在荷载作用下构件所产生的变形应不超过工程上允许的范围，也就是要具有足够的**刚度**。

（3）承受荷载作用时，构件在其原有状态下的平衡应保持为稳定的平衡，也就是要满足**稳定性**的要求。

12.1.2 构件的静力学设计的概念

建筑物中的结构及构件都具有一定的功能。这些功能是通过设计者的设计和建造者的建造赋予建筑结构及构件的。

构件的静力学设计，简单而言就是通过设计者的创作行为（或过程），使构件在建造好后在具体的静载荷作用下具有预期的功能。

对于构件而言，通过设计使其具有足够的强度、刚度及稳定性，防止出现相应的失效。下面具体讨论相应的设计。

12.2 构件的强度失效的判据及设计准则

强度失效就是指因强度不足而引起的结构或构件的失效。强度失效的基本形式是材料的断裂和材料屈服后产生的塑性变形。

在构件设计中，如何保证设计的构件在建造和使用中不发生强度失效呢?

如果构件截面上的应力分布均匀，则当横截面上有一点应力达到极限应力，截面上各点的应力均达到了极限应力，此时整个截面发生屈服或断裂，构件就失效。如果构件横截面上各点的应力分布并不均匀，则最大应力点处的材料总是首先发生失效，此时，应力较小处的材料尚未失效，还能正常工作。可见，构件如果是塑性材料制成，则截面上一点处的失效并不会很快导致整个构件的失效；如果是脆性材料，则一点处的局部失效引起的开裂会立刻遍及整个截面，导致整个构件的失效。

目前工程中通常采用的还是一点处“失效”的概念，构件中如有一点发生失效，即认为整个构件的强度就失效。

从前面第7章介绍试验得出结论，见式（7.7）及式（7.8），知脆性材料和塑性材料在单向应力条件下断裂和屈服的判据。由此出发，可以在轴向拉压构件强度设计中，为了确保安全，留有余地，必须使构件横截面上的工作应力小于极限应力。设计准则为

$$\sigma_x \leqslant [\sigma] \tag{12.1}$$

式中，σ 为**最大工作应力**；$[\sigma]$ 为**许用应力**，$[\sigma]$ 由式（12.1）决定，即

$$[\sigma]=\frac{\sigma_u}{n} \tag{12.2}$$

对于脆性材料，有

$$\sigma_u=R_m$$

对于塑性材料，有

$$\sigma_u=R_{eL}$$

式中，n 为**安全因数**，常取 $n>1$，正确选择安全因数是一项十分重要的工作，一般由政府

或政府部门进行规定。

上述设计准则是从轴向拉压试验即单向应力状态中总结出来的，但是实际构件危险点的应力状态往往不是单向的，大部分是复杂应力状态。实践表明，材料的失效与它所处的应力状态有关。例如，脆性材料在三向等压应力状态下，会产生明显的塑性变形；而塑性材料在三向受拉应力状态下却会脆性断裂。对复杂应力状态下材料强度失效的研究，完全采用做试验的方法是难以实现的。因为，实际结构存在着多种多样的复杂应力状态，仅主应力 σ_1、σ_2、σ_3 的大小以及它们的比就可能有很多种组合，要完全重复实现这些应力状态是不现实的。况且，有些试验如三向等拉应力状态实验在技术上目前难以实现。

为了建立复杂应力状态下的强度设计准则，通常是依据部分试验结果，对失效现象进行分析归纳，从而提出材料失效原因的假说，可以科学的假设和预测——无论何种应力状态，也无论何种材料，只要失效形式相同便具有共同的失效原因。在此基础上，将通过大量简单的试验，推测总结出不可能实现的复杂应力状态下构件内一点的失效原因。

大量的试验及研究表明，尽管材料在常温条件及静荷载作用下的失效现象比较复杂，但材料的强度失效形式大体可以分为两种：一种是塑性屈服；另一种是脆性断裂。进一步就可以建立强度设计准则（强度理论），具体见下面的分析。

12.2.1 脆性断裂失效判据和强度设计准则

1. 最大拉应力准则（第一强度理论）

最大拉应力准则认为：最大应力 σ_1 是引起材料断裂的决定性因素，不论材料处于何种应力状态，只要发生脆性断裂，其原因都是由于单元体内最大拉应力 σ_1 达到了某个共同极限值 σ_u。

脆性材料单向拉伸实验结果表明，当横截面上的正应力 $\sigma_1=R_m$ 时，所有应力状态下发生脆性断裂失效判据为

$$\sigma_1=R_m \tag{12.3}$$

其相应的强度设计准则为

$$\sigma_1\leqslant[\sigma]=\frac{R_m}{n} \tag{12.4}$$

式中，R_m 为材料的强度极限；n 为对应的安全因数。

这一准则是由英国的学者兰金（Rankine，W. J. M.）于 1859 年提出的，也是最早提出的强度理论。它能很好地解释铸铁、岩石、砖、陶瓷和混凝土等脆性材料在拉伸、扭转或二向拉应力状态下所产生的破坏现象，并且计算简单，所以在上述情况下应用较广泛。但是这一准则没有考虑其他两个主应力 σ_2、σ_3 对破坏的影响。对没有主拉应力的情况（单向压缩、两向压缩）下发生的脆性破坏就无法应用。

2. 最大伸长线应变准则（第二强度理论）

最大伸长线应变准则认为：最大的拉应变 ε_1 是引起材料断裂的决定性因素。不论材料处于何种应力状态，只要发生脆性断裂，其共同原因都是由于单元体内最大拉应变 ε_1 达到了某个共同极限值 ε_u。其断裂失效判据为

$$\varepsilon_1=\varepsilon_u \tag{12.5}$$

如果材料服从胡克定律，则式（12.5）可写为

$$\sigma_1-\mu(\sigma_2+\sigma_3)=R_m \tag{12.6}$$

其强度设计准则为

$$\sigma_1-\mu(\sigma_2+\sigma_3)\leqslant[\sigma] \tag{12.7}$$

从形式上看，最大伸长线应变准则似乎比最大拉应力准则更完善些，因为除了最大拉应力 σ_1 外，还考虑了 σ_2、σ_3 的影响。但事实上，最大伸长线应变准则只有很少几个试验（混凝土、石料等脆性材料的轴向压缩试验）能与之吻合。所以，目前已很少应用。

12.2.2 塑性屈服失效判据和强度设计准则

1. 最大切应力准则（第三强度理论）

最大切应力准则认为：最大切应力 τ_{max} 是引起材料屈服或剪断的决定性因素。不论材料处于何种应力状态，只要发生屈服或剪断，其共同原因都是由于单元体内的最大切应力 τ_{max} 达到某个共同的极限值 τ_u。

由单向拉伸试验得知，屈服切应力 τ_s 是极限切应力 τ_u，其值等于屈服强度 R_{eL} 的一半。于是，屈服或剪断的判别依据为

$$\tau_{max}=\frac{R_{eL}}{2} \tag{12.8}$$

由于最大切应力为 $\tau_{max}=\frac{1}{2}(\sigma_1-\sigma_3)$，所以，式（12.8）可改写成

$$\sigma_1-\sigma_3=R_{eL} \tag{12.9}$$

其相应的强度设计准则为

$$\sigma_1-\sigma_3\leqslant[\sigma]=\frac{R_{eL}}{n} \tag{12.10}$$

式中，R_{eL} 为材料的屈服强度；n 为对应的安全因数。

最大切应力准则是由法国工程师、科学家库伦（Coulomb，C. A. de）于 1773 年提出，是关于剪断理论，并应用于建立土的破坏条件，1864 年特雷斯卡（Tresca）通过挤压试验研究屈服现象和屈服准则，将剪断准则发展为屈服准则。因而，这一准则又称为特雷斯卡准则。试验结果表明，最大切应力准则能较好地解释塑性材料的屈服现象，如低碳钢在简单拉伸出现与轴线成 45°的截面上产生滑移线等。

2. 形状改变比能准则（第四强度理论）

弹性体受力后，其形状和体积将发生变化，同时弹性体内积蓄了一定的变形能。单位体积内的变形能称为比能 υ。比能 υ 包括两部分，即**体积改变比能** υ_v 和**形状改变比能** υ_d。形状改变比能的表达式为

$$\upsilon_d=\frac{1+\mu}{6E}[(\sigma_1-\sigma_2)^2+(\sigma_2-\sigma_3)^2+(\sigma_3-\sigma_1)^2] \tag{12.11}$$

形状改变比能准则认为：形状改变比能是引起材料发生塑性屈服破坏的决定性因素，不论材料处于何种应力状态下，只要发生屈服或剪断，其原因都是由于单元体内的形状改变改能 υ_d 达到了某个共同极限值 υ_u。

因此，材料发生塑性屈服的判别依据为

$$\upsilon_d=\upsilon_u \tag{12.12}$$

材料在单向拉伸试验屈服时，$\sigma_1=R_{eL}$，$\sigma_2=\sigma_3=0$ 代入式（12.12），得到形状改变能密度为

$$\upsilon_d=\frac{1+\mu}{3E}R_{eL}^2 \tag{12.13}$$

将式（12.13）代入式（13.10），整理得到材料发生塑性屈服的判别依据为

$$\sqrt{\frac{1}{2}[(\sigma_1-\sigma_2)^2+(\sigma_2-\sigma_3)^2+(\sigma_3-\sigma_1)^2]}=R_{eL} \tag{12.14}$$

其相应的强度设计准则为

$$\sqrt{\frac{1}{2}[(\sigma_1-\sigma_2)^2+(\sigma_2-\sigma_3)^2+(\sigma_3-\sigma_1)^2]}\leqslant[\sigma]=\frac{R_{eL}}{n} \tag{12.15}$$

式中，R_{eL} 为材料的屈服应力；n 为对应的安全因数。

形状改变比能准则由米泽斯（R. von. Mises）于 1913 年修正最大切应力准则时提出的。1924 年，德国的亨奇（H. Hencky）从形状改变比能出发对这一准则作了解释，从而形成了形状改变比能准则。因此，这一准则又称为米泽斯准则。

1926 年，德国的洛德（Lode，W.）通过薄壁圆管同时承受轴向拉伸与内压力时的屈服试验，验证形状改变比能准则。他发现，对于低碳钢和合金钢等韧性材料，形状改变比能准则与试验结果吻合得相当好。其他大量试验结果还表明，形状改变比能准则能够很好地描述铜、镍、铝等大量工程韧性材料的屈服状态。形状改变比能准则与最大切应力准则相比，这一准则考虑了各个主应力对强度的影响，更接近于试验结果。

12.2.3 莫尔准则

前面介绍的屈服条件都假定材料在拉伸和压缩时的力学性能相同。但对某些拉、压强度不等的脆性材料，如铸铁和混凝土等，在轴向压缩试验时，有时会发生剪断破坏，此时，最大切应力准则和形状改变能密度准则不能够解释这些试验结果。例如，铸铁压缩时沿 55°左右的斜截面破裂，而不是最大切应力所在的 45°斜截面。针对这种情况，德国工程师莫尔（O. Mohr）提出了一个失效判据及设计准则，通常称为莫尔准则。

首先对材料做 3 种破坏试验，即单向拉伸、单向压缩和薄壁圆筒纯扭转，根据试验测得的破坏时的极限应力，在 $\sigma-\tau$ 坐标系中画出 3 个应力莫尔圆，称为极限应力莫尔圆。3 个极限应力莫尔圆的公共包络线即为极限曲线，如图 12.1（a）所示。莫尔认为，对于任意处于已知的应力状态（$\sigma_1\geqslant\sigma_2\geqslant\sigma_3$）一点，如果由 σ_1 和 σ_3 确定的应力圆在上述包络线内，则该点不会失效，如果恰与包络线相切，就表明已达到失效状态。

在工程实践中，为了应用有限的试验数据确定极限应力曲线，通常以单向拉伸和单向压缩两个极限应力圆的公切线来近似代替包络线，取轴向拉伸时的许用应力 $[\sigma_t]$ 代替极限应力 σ_t，轴向压缩时的许用应力 $[\sigma_c]$ 代替极限应力 σ_u，作出相应应力圆的公切线，称为许用极限曲线，如图 12.1（b）所示。

现设任意一应力状态，主应力为 σ_1、σ_3，在图中作出相应的应力圆，它的极限状态是与许用极限曲线相切，此时，有关系式

$$\sigma_1-\frac{[\sigma_t]}{[\sigma_c]}\sigma_3=[\sigma_t] \tag{12.16}$$

由此得到莫尔准则的数学表达式为

$$\sigma_1-\frac{[\sigma_t]}{[\sigma_c]}\sigma_3\leqslant[\sigma_t] \tag{12.17}$$

当材料的拉、压许用应力相等时，式（12.17）便与最大切应力准则一致。

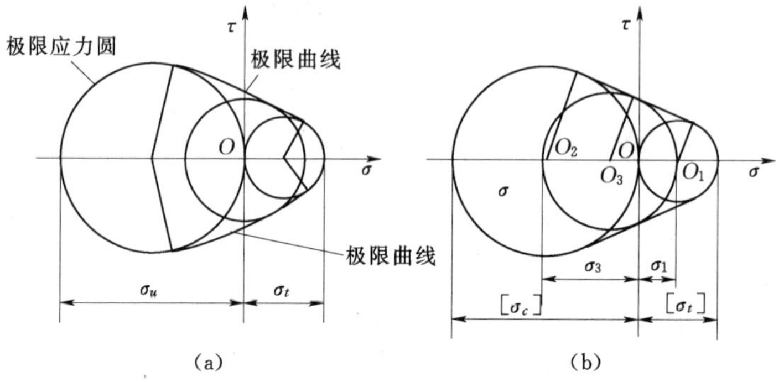

图 12.1

12.2.4 对失效判据和设计准则的历史认识

人们对材料的失效判据和强度设计准则（强度理论）的发展史是和人们对工程材料的认识和使用史一致的。

19 世纪以前，人们大量使用的材料是石料、砖和铸铁等脆性材料，在实践中，人们观察到的破坏多是脆性破坏，相应最早提出来的是关于脆性断裂的失效判据和强度设计准则。

19 世纪以来，随着低碳钢、铜及其合金等塑性材料的使用越来越广泛，人们对材料的塑性屈服现象及其物理本质有了较为深刻的认识，提出了关于塑性屈服的失效判据和强度设计准则。

我国的俞茂宏教授于 1961 年提出了双切应力屈服条件，该理论对于拉压屈服极限相等的某些金属材料（如铝合金）比较适用。

试验表明，各种失效判据和强度设计准则都只能被一部分材料的破坏试验所证实，而不能解释所有材料的破坏现象，目前还没有公认的一种统一的、适用于各种工程材料和各种不同应力状态的失效判据和强度设计准则。

上面介绍的几种失效判据除断裂力学判据外，都只适用于各向同性的均匀连续性金属及部分非金属材料在常温静载荷作用下的失效。岩土材料、高分子材料、复合材料及黏弹性材料等另有失效判据，不是常温静载荷作用下的失效也另有判据。

12.3 强度设计准则应用

12.3.1 失效判据及设计准则的选用

如上文所述，一种失效判据只适用于某种确定的失效形式。在实际应用中首先应当判断材料可能会发生何种形式的失效，然后选用合适的失效判据。失效形式与材料的韧脆性质，危险点处的应力状态、温度和加载速度均有关系。

一般情况下，脆性材料将发生脆性断裂，应选用最大拉应力准则、最大伸长线应变准则或莫尔准则；而塑性材料一般将发生屈服，应选用最大切应力准则或形状改变比能准则。但在三向受拉时脆性材料也会发生脆断，而在三向受压时脆性材料也会发生屈服或剪断，故应选取相应的判据。

另外，用以确定许用应力 $[\sigma]$ 的，也必须是相应于该失效形式的极限应力。例如，低碳钢在常温单轴拉伸试验中不可能得到材料发生脆断时的极限应力，故在应用最大拉应力准则时，应当用带环形切槽的拉伸试样拉伸断裂时的载荷除以最小断面得到平均正应力作为近似极限应力来确定其许用应力。

此外须指出，在具体问题中选用何种失效判据时，不仅是个力学问题，还与有关工程技术部门长期积累的经验，以及根据这些经验制定的整套计算方法、设计规范和规定的许用应力数值有关。在不同的工程技术部门，对选用强度理论的看法并不一致。机械部门较多采用第三强度理论，而土建部门则更多采用第四强度理论。

12.3.2 强度设计准则的应用

在工程实践中，综合上述 5 个强度设计准则，可写成统一的形式，即

$$\sigma_{ri} \leqslant [\sigma] \tag{12.18}$$

式中：σ_{ri} 为相当应力或折算应力。相当应力是有 3 个主应力按照不同形式组合的综合值，其强度失效判据分别为

$$\begin{aligned}
\sigma_{r1} &= \sigma_1 \\
\sigma_{r2} &= \sigma_1 - \mu(\sigma_2 + \sigma_3) \\
\sigma_{r3} &= \sigma_1 - \sigma_3 \\
\sigma_{r4} &= \sqrt{\frac{1}{2}[(\sigma_1-\sigma_2)^2+(\sigma_2-\sigma_3)^2+(\sigma_3-\sigma_1)^2]} \\
\sigma_{rM} &= \sigma_1 - \frac{[\sigma_t]}{[\sigma_c]}\sigma_3
\end{aligned} \tag{12.19}$$

应用强度设计准则时一般的过程如下：

(1) 分析计算构件中危险点的应力。

(2) 计算主应力。

(3) 选用适当的失效判据并计算相当应力。

(4) 应用强度设计准则进行计算，如截面设计、强度校核及确定许用载荷。

下面简单实例介绍，下章将分拉压构件、受扭构件及受弯构件分别介绍。

例 12.1 利用强度理论建立用横截面应力表示的轴心拉压直杆的强度设计准则。

解 对于轴心拉压直杆而言，同一横截面上各点的应力相同，拉伸时 3 个主应力为 $\sigma_1 = \sigma_x = \dfrac{F_{Nx}}{A}$，$\sigma_2 = \sigma_3 = 0$，压缩时 3 个主应力为 $\sigma_1 = \sigma_2 = 0$，$\sigma_3 = -\sigma_x = -\dfrac{F_{Nx}}{A}$。

当直杆由塑性材料制成时，轴向拉压时均发生屈服，应选择第三或第四强度理论，其相当应力分别为

$$\sigma_{r3} = \sigma_1 - \sigma_3 = \sigma_x$$

$$\sigma_{r4}=\sqrt{\frac{1}{2}[(\sigma_1-\sigma_2)^2+(\sigma_2-\sigma_3)^2+(\sigma_1-\sigma_3)^2]}=\sigma_x$$

故知其设计准则相同，为

$$\sigma_x\leqslant[\sigma],[\sigma]=\frac{R_{eL}}{n}$$

当直杆由脆性材料制成时，轴向拉压时均发生脆断，应选择第一强度理论，其相当应力为

$$\sigma_{r1}=\sigma_1=\sigma_x$$

知其设计准则为

$$\sigma_x\leqslant[\sigma],[\sigma]=\frac{R_m}{n}$$

脆性材料杆在轴向压缩时发生屈服或剪断，则可以选择莫尔强度理论，其相当应力为

$$\sigma_{rM}=\sigma_1-\frac{[\sigma_t]}{[\sigma_c]}\sigma_3=\frac{[\sigma_t]}{[\sigma_c]}\sigma_x$$

其设计准则为

$$\frac{[\sigma_t]}{[\sigma_c]}\sigma_x\leqslant[\sigma_t],\text{即 }\sigma_x\leqslant[\sigma_c],[\sigma_c]=\frac{R_m^c}{n}$$

从上面的分析可以看出，$[\sigma]$ 及 $[\sigma_c]$ 对不同的材料、不同的失效类型是不同的，这也是强度理论的重要应用之一，对具体的问题，应根据强度理论来确定某种应力状态下的许用应力。

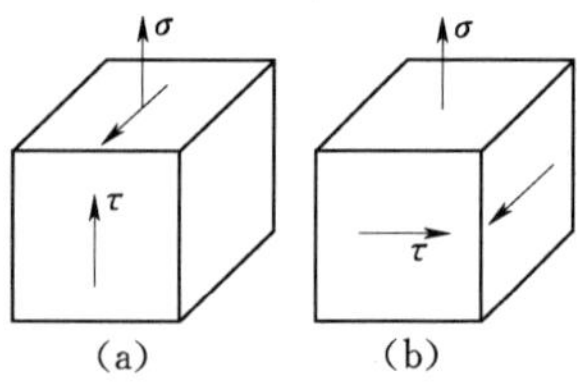

图 12.2

例 12.2 两种应力状态如图 12.2 所示（设 $|\sigma|>|\tau|$）。试回答以下问题：直接根据形状改变比能的概念，判断哪一种应力状态较危险？并用形状改变比能设计准则进行校核。

解 （1）判断图 12.2 的危险点。

由于各向同性材料，正应力仅产生正应变，切应力仅产生切应变，而图 12.2 中正应力和切应力分别相等，因而两者形状改变比能也相等，故两种情况下危险程度相同。

（2）按形状改变比能校核二者危险程度。

对图 12.2（a），因为 $\sigma_1=\frac{\sigma}{2}+\sqrt{(\frac{\sigma}{2})^2+\tau^2},\sigma_2=0,\sigma_3=\frac{\sigma}{2}-\sqrt{(\frac{\sigma}{2})^2+\tau^2}$

所以 $\sigma_{r4}=\sqrt{\frac{1}{2}[(\sigma_1-\sigma_2)^2+(\sigma_2-\sigma_3)^2+(\sigma_3-\sigma_1)^2]}$

$$=\sqrt{\frac{1}{2}\left[\left\{\frac{\sigma}{2}+\sqrt{(\frac{\sigma}{2})^2+\tau^2}\right\}^2+\left\{-\frac{\sigma}{2}+\sqrt{(\frac{\sigma}{2})^2+\tau^2}\right\}^2+\left\{-2\sqrt{(\frac{\sigma}{2})^2+\tau^2}\right\}^2\right]}$$

$$=\sqrt{\sigma^2+3\tau^2}$$

对图 12.2（b），因为 $\sigma_1=\sigma$，$\sigma_2=\tau$，$\sigma_3=-\tau$

所以 $\sigma_{r4}=\sqrt{\frac{1}{2}[(\sigma_1-\sigma_2)^2+(\sigma_2-\sigma_3)^2+(\sigma_3-\sigma_1)^2]}$

$$=\sqrt{\frac{1}{2}[(\sigma-\tau)^2+(2\tau)^2+(-\tau-\sigma)^2]}=\sqrt{\sigma^2+3\tau^2}$$

结论：图 12.2 所示情况同样危险。

例 12.3 圆杆图 12.3 所示，已知 $d=10\text{mm}$，$M_e=\frac{1}{10}F_Pd$，试求许用荷载 F_P。

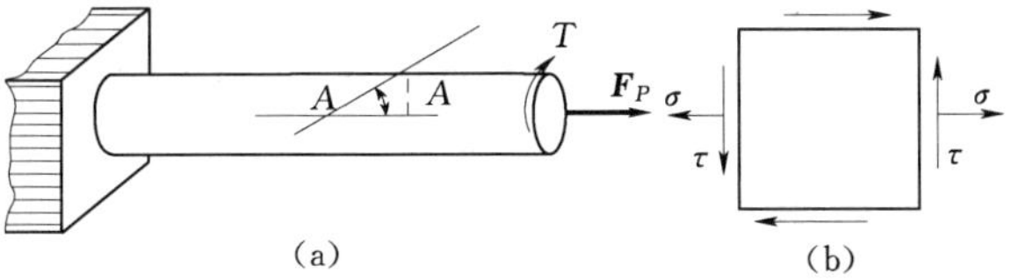

图 12.3

若材料及其许用应力如下：

(1) 钢材，$[\sigma]=160\text{MPa}$。

(2) 铸铁，许用拉应力为 $[\sigma]=30\text{MPa}$。

(3) 若 F_P 改为压力，结果有无改变，为什么？

解 (1) 求主应力 σ_1、σ_2、σ_3。

1) 画图 12.3 (a) 杆表面任一点 A 的单元体如图 12.3 (b) 所示。

2) $\sigma_x=\frac{F_{Nx}}{A}=\frac{F_P}{\frac{1}{4}\pi d^2}$

$$\tau_x=\frac{M_x}{W_P}=\frac{16F_Pd}{10\pi d^3}=0.509F_P$$

3) 用主应力公式求 σ_1、σ_2、σ_3，单元体上应力情况如下：

因为 $\sigma_x=1.27F_P$，$\sigma_y=0$，$\tau_x=0.509F_P$，$\tau_y=-0.509F_P$

所以

$$\sigma_1=\frac{1}{2}(\sigma_x+\sigma_y)+\frac{1}{2}\sqrt{(\sigma_x-\sigma_y)^2+4\tau_x{}^2}=1.45F_P$$

$$\sigma_2=0$$

$$\sigma_3=\frac{1}{2}(\sigma_x+\sigma_y)-\frac{1}{2}\sqrt{(\sigma_x-\sigma_y)^2+4\tau_x{}^2}=-0.179F_P$$

(2) 对于钢材，用最大切应力设计准则：

$$\sigma_{r3}=\sigma_1-\sigma_3=1.45F_P+0.179F_P=1.63F_P=[\sigma]=160\text{MPa}$$

所以 $$F_P=\frac{\sigma_{r3}}{1.63}\frac{160\times10^3}{1.63}\text{N}=9.8\text{kN}$$

注：若用形状改变能密度设计准则计算结果一样。

(3) 对于铸铁，应使用最大拉应力设计准则：

$$\sigma_{r1}=\sigma_1=1.45F_P=[\sigma]=30\text{MPa}$$

所以

$$F_P=2.07\text{kN}$$

(4) 若 F_P 改为压力，则 σ_x 为负，单元体上的主应力为

$$\sigma_1=\frac{1}{2}(\sigma_x+\sigma_y)+\frac{1}{2}\sqrt{(\sigma_x-\sigma_y)^2+4\tau_x{}^2}=0.179F_P$$

$$\sigma_2=0$$

$$\sigma_3=\frac{1}{2}(\sigma_x+\sigma_y)-\frac{1}{2}\sqrt{(\sigma_x-\sigma_y)^2+4\tau_x{}^2}=-1.45F_P$$

12.4 杆类构件的刚度设计准则

如本章第12.1节所讨论，构件要能正常工作，除了具有足够的强度外，还应具有一定的刚度，就是说杆件在载荷作用下发生的变形应该控制在一定的范围内，对于杆类构件而言，主要以杆件的横截面为控制对象，使杆上任一横截面的位移或相对位移不超过一定的范围。具体对于不同变形特征的杆件的横截面位移或相对位移控制分别如下文所述。

12.4.1 轴心拉压杆的刚度设计准则

$$\mu\leqslant[\mu] \tag{12.20}$$

式中，μ 为轴向位移；$[\mu]$ 为许用轴向位移。

12.4.2 受扭圆轴的刚度设计准则

对受扭圆轴而言，其刚度设计主要是使轴的相对扭转角或单位长度相对扭转角满足以下刚度设计准则，即

$$\varphi\leqslant[\varphi] \tag{12.21a}$$

$$\theta=\frac{\varphi}{l}\leqslant\frac{[\varphi]}{l}=[\theta] \tag{12.21b}$$

对于等直圆杆，刚度设计准则还可以写成

$$\frac{M_x}{GI_P}\times\frac{180^\circ}{\pi}\leqslant[\theta] \tag{12.21c}$$

式中，θ 为单位长度扭转角中最大值；$[\theta]$ 为许用单位长度扭转角；M_x 为杆件截面上的扭矩；GI_P 为杆件截面的抗扭转刚度。

12.4.3 平面弯曲杆件的刚度设计准则

$$\frac{w}{l}\leqslant\frac{[w]}{l} \tag{12.22}$$

式中，w 为梁的最大挠度；l 为梁的跨度；$[w]$ 为梁的许用挠度。

一般工程设计中，强度要求能满足，刚度也能满足。除扭转变形外，其他的变形类型在设计中，强度设计属主要设计而刚度设计常处于从属的位置。

12.5 理想压杆稳定性的设计准则

12.5.1 理想压杆的稳定判据

作用于理想压杆在轴向压力 $\boldsymbol{F}$ 达到压杆的临界载荷，压杆就进入不稳定平衡状态，据此可知理想压杆的稳定判据为

$$F \leqslant F_{cr} \tag{12.23}$$

或者写成

$$\sigma_x \leqslant \sigma_{cr} \tag{12.24}$$

式中，σ_x 为压杆工作时横截面上的正应力，称为工作应力，其大小为 $\sigma_x = F/A$。

12.5.2 理想压杆的设计准则

压杆稳定性设计方法分为安全系数法和稳定系数法两种。

1. 安全系数法

当压杆所受轴向压力小于其临界载荷时，从理论上来说避免了压杆的失稳，但实际上，由于影响稳定性的因素甚多，计算时还必须考虑适当的安全储备，即应考虑稳定安全系数 n_{st}。因此压杆的稳定条件应为

$$F \leqslant \frac{F_{cr}}{n_{st}} = [F_{st}] \tag{12.25}$$

或者写成

$$\sigma = \frac{F}{A} \leqslant \frac{F_{cr}}{An_{st}} = \frac{\sigma_{cr}}{n_{st}} = [\sigma_{st}] \tag{12.26}$$

式中，F_{cr} 为压杆的临界荷载；$[\sigma_{st}]$ 为压杆的稳定许用应力；A 为压杆的截面面积；n_{st} 为稳定安全系数。

2. 稳定系数法

$$\sigma \leqslant [\sigma_{st}] = \varphi[\sigma] \tag{12.27}$$

式中，φ 为稳定系数，是一个随压杆柔度而改变的量；$[\sigma]$ 为压杆的强度许用应力。

12.6 结论与讨论

12.6.1 关于构件的功能要求和构件的失效

（1）构件的强度、刚度、稳定性是构件正常工作的功能要求。

（2）由于材料的力学行为而使构件丧失正常工作功能的现象都称为构件的失效。

12.6.2 应用强度设计准则要注意的几个问题

1. 要注意不同强度设计准则的适用范围

上述强度设计准则只适用于某种确定的失效形式，因此，在实际应用中，应当先判断将会发生什么形式的失效——屈服还是断裂，然后选用合适的强度设计准则。在大多数应力状态下，脆性材料发生脆性断裂，因而选用第一强度理论，而在大多数应力状态下，韧性材料将发生屈服和剪断，故而选用第三或第四强度理论。但是，必须指出，材料的失效形式不仅取决于材料的力学行为，而且与其所处的应力状态、温度和加载速度都有一定关系。试验表明，韧性材料在一定的条件（如低碳钢在低温或三向拉伸时）下，会表现为脆性断裂；而脆性材料在一定的应力状态（如铸铁在三向压缩时）下，会表现出塑性屈服或剪断。

2. 要注意强度设计的全过程

上述设计准则并不包括强度设计的全过程，只是在确定了危险点及其应力状态后的计算过程，因此，对构件进行强度设计时，要根据强度设计步骤进行。

12.6.3 结构可靠性设计方法简介

我国建设部颁布的《建筑结构可靠度设计统一标准》（GB 50068—2001），规定建筑结构设计方法为可靠度设计方法。

在本章介绍的强度设计准则，是将载荷、构件尺寸与材料力学性能等量都看成了确定性因素，将其他所有不确定性因素，用一个安全因数加以处理。这种设计方法的优点是比较简单、易于理解。缺点是用一个安全因数加以处理，带有很大的经验性，因此，对于按此种方法设计的构件或结构，往往不能确切地判断该设计的安全性。

实际上，作用于结构及构件上的载荷并非总是确定的，如楼板上作用的活荷载、房屋上作用的风荷载等，在许多情况下应视为随机变量。

在设计时所取的构件尺寸，一般和建成后的实际尺寸相比有一定的误差。这样，从设计的角度看，构件尺寸也是随机变量。

此外，材料的力学性能是通过在原材料上取样所得若干试样的实验结果确定的，试验数据一般具有分散性，也是随机变量。

这样，在现代结构设计过程中，要确定结构在规定的条件、规定的时间内完成规定功能的能力，也就是可靠性，定量地用概率表示的可靠度，就是结构的可靠性。

在可靠性设计中一般假设载荷、构件尺寸与材料的力学性能均是服从某具体分布的随机变量。将影响结构可靠性的因素归结为两个综合量，即结构或构件的荷载效应和抗力，写出结构的功能函数。进一步分析结构功能函数的概率密度分布函数，可得结构的可靠度。

在后续课程中将学习可靠性设计方法。

习题 12

12.1 构件中危险点的应力状态如习题 12.1 图所示，试选择合适的准则对以下两种情形作了强度校核：

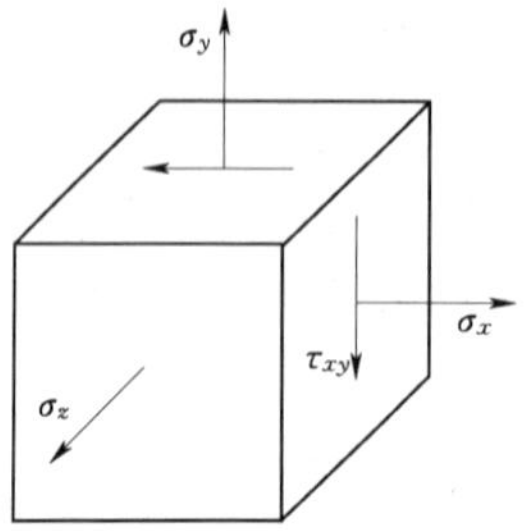

习题 12.1 图

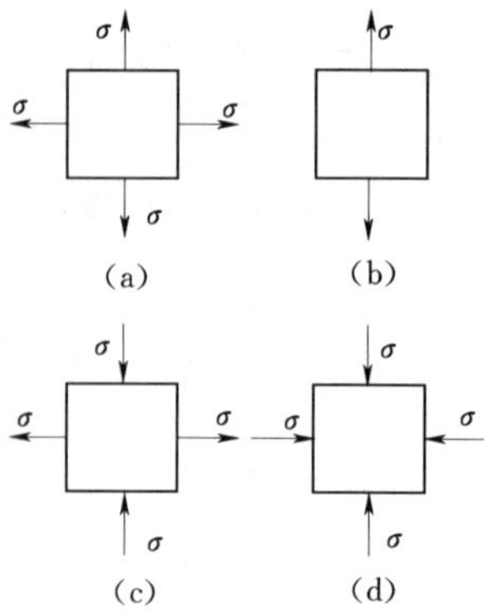

习题 12.2 图

（1）构件为钢制，$\sigma_x=45\text{MPa}$，$\sigma_y=135\text{MPa}$，$\sigma_z=0$，$\tau_{xy}=0$，$[\sigma]=160\text{MPa}$。

（2）构件为铸铁，$\sigma_x=20\text{MPa}$，$\sigma_y=-25\text{MPa}$，$\sigma_z=30\text{MPa}$，$\tau_{xy}=0$，$[\sigma]=30\text{MPa}$。

12.2　低碳钢处于习题12.2图所示应力状态下，若根据最大切应力准则，试分析最容易失效的是（　　）。

A. 仅图（d）　　B. 仅图（c）

C. 图（c）和图（d）　　D. 图（a）、（b）和图（d）

12.3　对于建立材料在一般应力状态下的失效判据与设计准则，如下合适的论述是（　　）。

A. 逐一进行试验，确定极限应力

B. 无需进行试验，只需关于失效原因的假说

C. 需要进行某些试验，无需关于失效原因的假说

D. 假设失效的共同原因，根据简单试验结果

12.4　在三向压应力接近相等的情况下，脆性材料和塑性材料的破坏方式（　　）。

A. 分别为脆性断裂，塑性流动　　B. 分别为塑性流动、脆性断裂

C. 都为脆性断裂　　D. 都为塑性流动

12.5　若某低碳钢构件危险点的应力状态近乎三向等值拉伸，进行强度校核时宜采用（　　）强度理论。

A. 第一　　B. 第二　　C. 第三　　D. 第四

12.6　材料相同的4个单元体的应力状态如习题12.6图所示（设$|\sigma|<|\tau|$），依形状改变比能理论，单元体（　　）较危险。

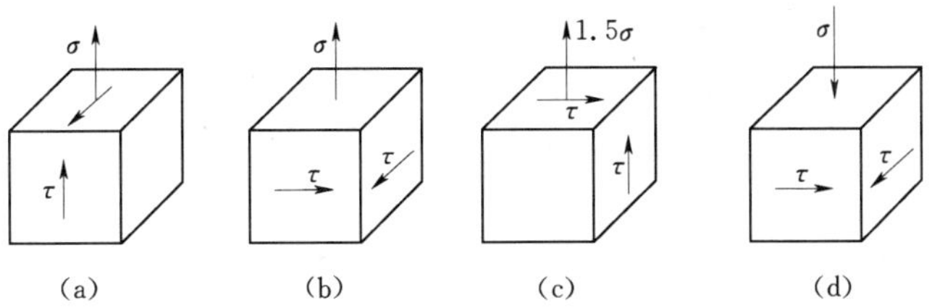

习题12.6图

12.7　根据压杆稳定设计准则，压杆的许用载荷$[F_P]=\dfrac{\sigma_{cr}}{[n]_{st}}A$，当横截面面积$A$增加一倍时，$[F_P]$将按下列4种规律中的（　　）变化是正确的。

A. 增加1倍　　B. 增加2倍

C. 增加1/2倍　　D. $[F_P]$随着A的增加呈非线性变化

12.8　钢制圆柱形薄壁容器，在受内压破裂时，其裂纹形状及方向如习题12.8图所示。引起这种破坏的主要因素是（　　）。

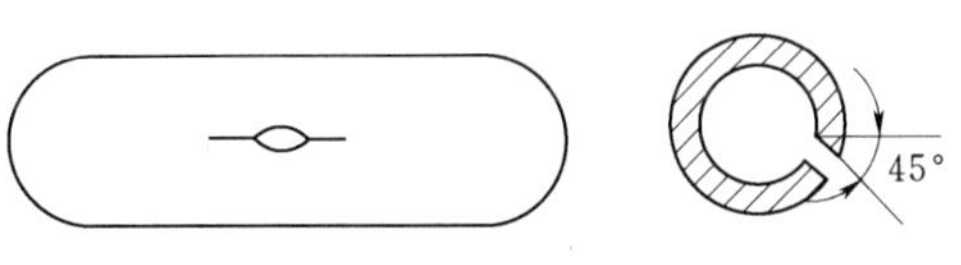

习题12.8图

A. 最大拉应力　　B. 最大伸长应变

C. 最大切应力　　D. 体积应变

第 13 章　杆形构件的静力学设计

学习提示

在本章中，主要介绍轴心拉伸、压缩杆件的强度设计，受扭圆轴的强度、刚度设计，连接件的工程设计、平面弯曲梁的强度设计和刚度设计以及理想压杆的弹性稳定设计。

学习要求

通过本章学习，要求熟悉轴心拉伸、压缩杆件的强度设计，受扭圆轴的强度、刚度设计，连接件的工程设计。重点掌握平面弯曲梁的强度设计和刚度设计，掌握理想压杆的弹性稳定设计。

轴心拉压杆件、受扭圆轴、平面弯曲梁是工程中常用的杆形构件，铆钉、螺栓等是工程中常用的连接件，下面介绍这些构件的静力学设计。

13.1　轴心拉压杆件的强度设计

轴心拉伸、压缩杆件的强度设计就是保证杆件在外荷载作用下能正常工作，不仅不发生强度失效，而且还要具有一定的安全裕度。拉压杆的特点是横截面上正应力均匀分布，且各点均处于单向应力状态，故可直接选用第 12 章中的失效强度设计准则式（12.1）进行设计，即

$$\sigma_x \leqslant [\sigma] \tag{13.1}$$

其中

$$[\sigma]=\frac{\sigma_u}{n} \tag{13.2}$$

对于脆性材料，有

$$\sigma_u = R_m$$

对于塑性材料，有

$$\sigma_u = R_{eL}$$

式中，σ_x 为拉压杆横截面的工作应力，$\sigma_x=\dfrac{F_N}{A}$。

上述设计准则也可以从第 12 章中的屈服准则和断裂准则中演变而来。具体应用式（13.1）时，若能找到横截面工作应力中的最大应力 $\sigma_{x\max}$，当 $\sigma_{x\max} \leqslant [\sigma]$ 成立时，对整杆而言，都是满足设计准则的。故一般将 $\sigma_{x\max}$ 所在的截面称为危险截面。这样的截面易于发生强度失效。

根据式（13.1）杆件可以进行三方面的强度设计。

(1) 强度校核。已知杆件的几何尺寸、受力大小及许用应力，校核杆件或结构的强度是否安全，也就是验证设计准则式（13.1）是否满足。如果满足，则杆件或结构的强度是安全的；否则是不安全的。

(2) 尺寸设计。已知杆件的受力大小及许用应力，根据设计准则，计算所需要的杆件横截面面积，进而设计出合理的横截面尺寸。根据式（13.1），可得

$$\frac{F_N}{A} \leqslant [\sigma] \Rightarrow A \geqslant \frac{F_N}{[\sigma]}$$

式中，F_N 和 A 分别为产生最大正应力的横截面上的轴力和面积。

(3) 确定杆件或结构所能承受的许用载荷。根据设计准则（13.1），确定杆件或结构所能承受的最大轴力，进而求得所能承受的外加载荷，即

$$\frac{F_N}{A} \leqslant [\sigma] \Rightarrow F_N \leqslant [\sigma]A \Rightarrow F_N \leqslant [F_P]$$

式中，$[F_P]$ 为许用载荷。

例 13.1 如图 13.1（a）所示，杆 AB 的截面面积为 $A_1 = 200\text{mm}^2$，材料的许用应力为 $[\sigma]_1 = 180\text{MPa}$；杆 CD 的截面面积为 $A_2 = 300\text{mm}^2$，材料的许用应力为 $[\sigma]_2 = 100\text{MPa}$；刚性杆 EF 重量不计，若载荷 $F = 27\text{kN}$，试校核此杆 AB 和 CD 的强度。

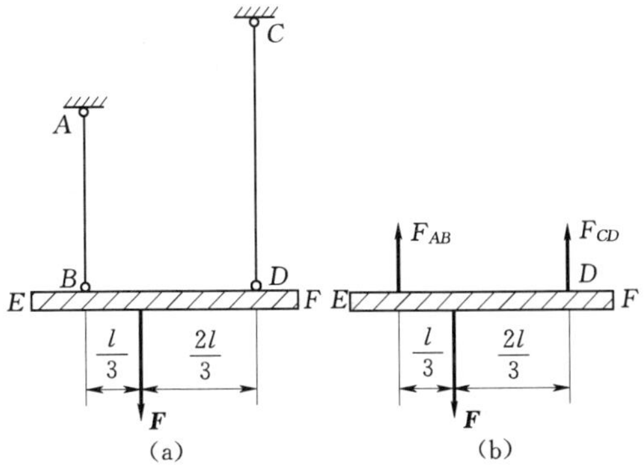

图 13.1

解 （1）确定拉杆所受轴力。

取刚性杆 EF 为分离体，作出受力图如图 13.1（b）所示。列平衡方程求解：

$$\sum M_B = 0, F_{CD} \cdot l - Fl/3 = 0, F_{CD} = F/3 = 9\text{kN}$$

$$\sum F_y = 0, F_{CD} + F_{AB} - F = 0, F_{AB} = 2F/3 = 18\text{kN}$$

（2）计算拉杆横截面正应力及校核。

$$\sigma_{xCD} = \frac{F_{NCD}}{A_2} = \frac{9 \times 10^3\text{N}}{300\text{mm}^2} = 30\text{MPa} < [\sigma]_2 = 100\text{MPa}$$

$$\sigma_{xAB} = \frac{F_{NAB}}{A_1} = \frac{18 \times 10^3\text{N}}{200\text{mm}^2} = 90\text{MPa} < [\sigma]_1 = 180\text{MPa}$$

所以，杆 AB 和 CD 的强度是安全的。

例 13.2 图 13.2（a）所示的拉杆由两段同样材料的杆胶接而成，拉杆的截面面积 $A = 10000\text{mm}^2$，拉杆材料的许用应力 $[\sigma] = 4\text{MPa}$，而胶接面的许用应力 $[\sigma] = 0.3\text{MPa}$。试求杆件的许可荷载 $[F_P]$。

题目分析：在使用强度设计准则时先要判断危险截面或可能危险截面，本题胶接面的

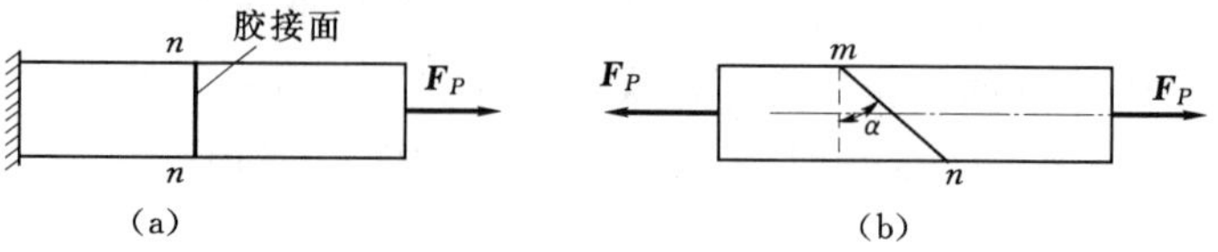

图 13.2

许用应力 $[\sigma]=0.3\text{MPa}$，拉杆材料的许用应力 $[\sigma]=4\text{MPa}$，而胶合面将材料分成两段的截面横截面面积相同，因此，胶合面为危险截面。

本题所需要的知识点：静力平衡方程，判断可能危险截面，拉压强度设计的应用。

解 确定胶合面为危险截面，对该截面使用强度设计准则

$$F_{Nx}=A[\sigma]=10000\times10^{-6}\times0.3\text{N}=3\text{kN}$$

由静力平衡关系知许可荷载为

$$[F_P]=F_{Nx}=3\text{kN}$$

思考：如果将本题的胶合面改为图 13.2（b）所示的 m—n 面，已知胶合面的倾角、许用拉应力和许用切应力，如何求杆件的许可荷载 $[F_P]$？

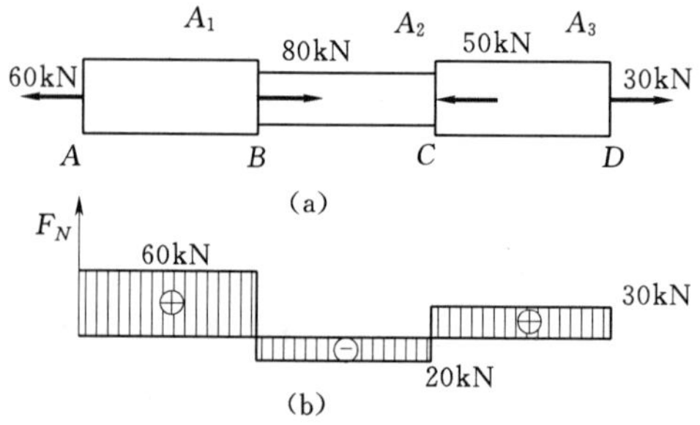

图 13.3

例 13.3 一钢制直杆受力如图 13.3（a）所示。已知 $[\sigma]=160\text{MPa}$，$A_1=A_3=300\text{mm}^2$，$A_2=140\text{mm}^2$。试校核此杆的强度。

题目分析：①轴力达最大值的截面是可能危险截面；②轴力虽不大，但截面面积最小的截面亦是可能危险截面。因此，必须对两个可能危险截面分别校核，最后判断杆件的强度安全性。

本题所需要的知识点：求轴力，画轴力图，判断可能危险截面，拉压强度设计的应用。

解 （1）截面法计算杆件各段轴力，并画轴力图如图 13.3（b）所示。

（2）确定可能危险截面。

1）AB 段截面——因轴力 F_{NAB} 最大。

2）BC 段截面——BC 段轴力 F_{NBC} 虽然最小，但面积亦最小。

注意到 CD 段截面不可能是可能危险截面，因为轴力 $F_{NCD}<F_{NAB}$，但 AB 段和 CD 段的截面面积都相同。

（3）用强度设计准则校核杆件强度安全性。

对 AB 段，有

$$\sigma_{xAB}=\frac{F_{NAB}}{A_1}=\frac{60\times10^3}{300\times10^{-6}}\text{Pa}=200\text{MPa}>[\sigma]$$

说明 AB 段不满足强度要求

对 BC 段，有

$$\sigma_{xBC}=\frac{F_{NBC}}{A_2}=\frac{20\times10^3}{140\times10^{-6}}\text{Pa}=143\text{MPa}<[\sigma]$$

说明 BC 段满足强度要求。

综上，该杆的强度是不安全的。

一般来说，当校核了结构中某一杆件或某一杆件某截面强度不符合要求时，该结构的强度便是不安全的了。

需要说明的是，一般情况下，轴向拉压杆件轴向变形较小，都能符合工程要求，故一般情况无需刚度校核计算。

13.2 受扭圆轴的强度、刚度设计

13.2.1 受扭圆轴杆件的强度设计

圆轴扭转时的特点在于横截面上只有切应力没有正应力。此外，在工程中发现，不同材料制成的圆轴扭转破坏的形式不同。低碳钢等塑性材料制成的圆轴是沿横截面（最大切应力面）发生屈服以致剪断，而铸铁等脆性材料制成的圆轴则与轴线成大约 45°的螺旋面（最大拉应力作用面）脆断，如同粉笔扭转断裂时的断口。

按 9.1.3 方式在圆轴外表面一点处取一个原始单元体，分析可知，$\sigma_1=\tau_{\max}$，$\sigma_2=0$，$\sigma_3=-\tau_{\max}$。

对于屈服和剪断，可以用最大切应力准则或形状改变比能准则，其失效判据分别为

$$\sigma_{r3}=2\tau_{\max}=R_{eL} \tag{a}$$

$$\sigma_{r4}=\sqrt{3}\tau_{\max}=R_{eL} \tag{b}$$

对于脆断，则可用最大拉应力准则，其失效判据为

$$\sigma_{r1}=\tau_{\max}=R_m \tag{c}$$

上述三式中的 $\tau_{\max}$ 为杆件所有横截面上最大的切应力，即危险截面上的最大切应力。

根据上述失效判据，圆轴的强度设计准则可以统一写成

$$\tau_{\max}\leqslant[\tau] \tag{13.3}$$

对于脆性材料，有

$$[\tau]=(0.8\sim1.0)[\sigma]$$

对于塑性材料，有

$$[\tau]=(0.5\sim0.577)[\sigma]$$

对具体的问题，应根据强度理论来确定相应应力状态下的许用应力。

根据式（13.3）圆轴杆件可以进行三方面的强度设计。

（1）强度校核，即

$$\tau_{\max}=\frac{M_{x\max}}{W_P}\leqslant[\tau]$$

（2）截面设计，即

$$W_P\geqslant\frac{M_{x\max}}{[\tau]}$$

（3）确定许用载荷，即

$$M_{x\max}\leqslant W_P[\tau]$$

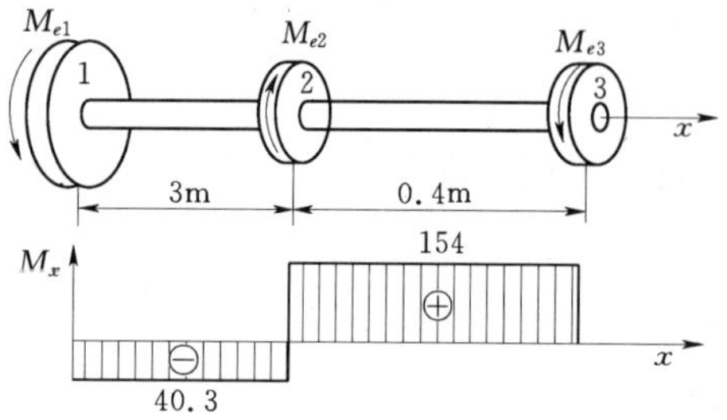

图 13.4

例 13.4 传动轴如图 13.4 所示，动力经由齿轮 2 输送给传动轴，然后由 1、3 两轮输出，若齿轮 1 和 3 输出功率分别为 0.76kW 和 2.9kW，轴的转速为 180r/min，材料为 45 钢，$[\tau]=40\text{MPa}$，试根据强度要求确定轴的直径。

题目分析：由轴输出功率和轴的转速计算外力偶，画内力图，判断危险截面，扭转变形强度设计准则的应用，求轴的直径。

注：在解题过程中特别注意强度设计准则的公式中 M_x 是内力偶矩，而不是外力偶矩，它们是两个不同的概念，二者之间的关系通过静力平衡分析方法求得。

解 (1) 求作用在齿轮 1 和 3 上的外力偶矩，即

$$M_{e1}=9.55\times\frac{0.76}{180}\text{N}\cdot\text{m}=40.3\text{N}\cdot\text{m}$$

$$M_{e3}=9.55\times\frac{2.9}{180}\text{N}\cdot\text{m}=154\text{N}\cdot\text{m}$$

(2) 由静力平衡方法求齿轮 2 的外力偶矩及画扭矩图如图 13.4 所示。

$$\sum M_{xi}=0, M_{e2}-M_{e1}-M_{e3}=0$$

解得

$$M_{e2}=194\text{N}\cdot\text{m}$$

(3) 判断危险截面，使用扭转强度设计准则求轴的直径。

由扭矩图判断在齿轮 2 和 3 之间各截面上的扭矩为极值，故该段截面上均为危险截面，$M_{x\max}=154\text{N}\cdot\text{m}$。

由扭转强度设计准则 $W_P\geqslant\frac{M_{x\max}}{[\tau]}$ 得

$$D\geqslant\sqrt{\frac{16\times154}{\pi\times40\times10^6}}\text{m}=27\text{mm}$$

13.2.2 受扭圆轴杆件的刚度设计

为了保证圆轴杆件的刚度，扭转刚度设计是将单位长度上的相对扭转角限制在允许的范围内，即必须使构件满足刚度设计准则，即

$$\theta=\frac{\varphi}{l}\leqslant[\theta] \tag{13.4}$$

在工程中，$[\theta]$ 的单位习惯上用°/m，如果 θ 值的单位用 rad/m 时，则式 (13.4) 改写为

$$\frac{M_{x\max}}{GI_P}\times\frac{180}{\pi}\leqslant[\theta] \tag{13.5}$$

式中，$[\theta]$ 为允许单位长度上的相对扭转角。

根据式 (13.5) 圆轴杆件可以进行三方面的刚度设计。

(1) 刚度校核，即

$$\frac{M_{x\max}}{GI_P}\times\frac{180}{\pi}\leqslant[\theta]$$

(2) **截面设计**，即

$$I_P \geqslant \frac{M_{x\max}}{G[\theta]} \times \frac{180}{\pi}$$

(3) **确定许用载荷**，即

$$M_{x\max} \leqslant \frac{[\theta]\pi G I_P}{180}$$

通常情况下，一根等直圆杆受扭是必须同时满足强度条件和刚度条件的。

例 13.5 钢制空心圆轴的外直径 $D=100$mm，内直径 $d=50$mm。若要求轴在 2m 长度内的最大相对扭转角不超过 1.5°，材料的切变模量 $G=80.4$GPa。求该轴所能承受的最大扭矩。

解 由已知条件，可得单位长度上的许用相对扭转角为

$$[\theta]=\frac{1.5^\circ}{2\text{m}}=\frac{1.5^\circ}{2}\times\frac{\pi}{180}\text{rad/m}$$

由刚度设计准则，得到轴所能承受的最大扭矩为

$$M_{x\max} \leqslant [\theta]\times G I_P=\frac{1.5\times\pi\times 80.4\times 10^9\times(100\times 10^{-3})^4\left[1-\left(\frac{50}{100}\right)^4\right]}{2\times 180\times 32}$$

$$=9.688\text{kN}\cdot\text{m}$$

例 13.6 传动轴如图 13.4 所示，动力经由齿轮 2 输送给传动轴，然后由 1、3 两轮输出，若齿轮 1 和 3 输出功率分别为 0.76kW 和 2.9kW，轴的转速为 180r/min，材料为 45 钢，$[\tau]=40$MPa。试根据刚度要求确定轴的直径。

解 根据刚度设计准则，由

$\theta_{\max}=\dfrac{M_{x\max}}{G I_P}\times\dfrac{180}{\pi\pi}\leqslant [\theta]$ 和 $I_P=\dfrac{\pi d^4}{32}$ 得到

$$d \geqslant \sqrt[4]{\frac{32\times 154\times 180}{80.4\times 10^9\times 1.5\times\pi^2}}=30(\text{mm})$$

注：比较例 13.6 和例 13.4 可知，对于圆杆受扭作用时必须同时校核杆件的强度和刚度。

13.3 连接件的工程设计

如图 13.5 所示，工程中的构件与构件之间通常采用销钉、螺栓等相连接。起连接作用的部件称为连接件。这些连接件在工作中主要承受剪切和挤压作用。其受力与变形一般比较复杂，精确分析、计算应力比较困难，工程中通常采用实用计算方法。

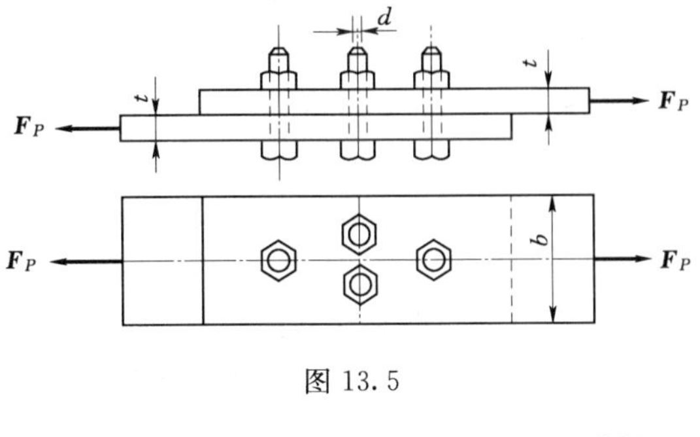

图 13.5

13.3.1 剪切的实用计算

现以销钉为例介绍剪切的概念及其

实用计算。图 13.6 所示为销钉的受力，$m—m$ 面为剪切面，其上的内力称为剪力，用 F_Q 表示。剪切实用计算的方法是：一方面假设剪切面 $m—m$ 上的切应力均匀分布，即

$$\tau=\frac{F_Q}{A} \tag{13.6}$$

另一方面，通过实验测得试样失效时的极限载荷，并除以安全因数得许用切应力 $[\tau]$，从而建立剪切强度准则，即

$$[\tau]=\frac{\tau_u}{n} \tag{13.7}$$

$$\tau=\frac{F_Q}{A}\leqslant[\tau] \tag{13.8}$$

式中，A 为剪切面的面积；τ_u 为极限切应力；n 为安全因数。

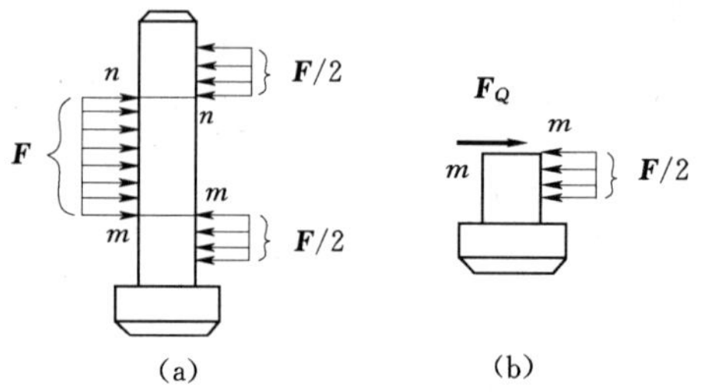

图 13.6

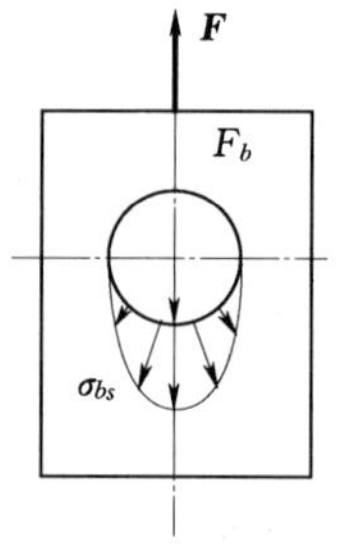

图 13.7

13.3.2 挤压的实用计算

在外力作用下，连接件与销钉之间的接触面上相互压紧，这种现象称为**挤压**，由此产生的应力称为**挤压应力**。用 σ_{bs} 表示，见图 13.7。挤压应力分布也很复杂，通常采用实用计算，即

$$\sigma_{bs}=\frac{F_b}{A_{bs}} \tag{13.9}$$

强度准则为

$$\sigma_{bs}=\frac{F_b}{A_{bs}}\leqslant[\sigma_{bs}] \tag{13.10}$$

式中，F_b 为挤压力；$[\sigma_{bs}]$ 为许用挤压应力，由试验测得；A_{bs} 为挤压面面积，对接触面为圆柱面时 $A_{bs}=d\cdot t$，其中 t 为板的厚度，d 为销钉直径。

与圆轴扭转的强度问题相似，应用式（13.8）、式（13.10）可以解决销钉剪切或挤压时的三类问题，即进行强度校核、横截面尺寸设计及确定许用荷载。

例 13.7 图 13.8 所示为接头，由两块钢板用 3 个直径相同的钢铆钉搭接而成。已知载荷 $F=54\text{kN}$，板宽 $b=80\text{mm}$，板厚 $t=8\text{mm}$，铆钉直径 $d=16\text{mm}$，许用切应力 $[\tau]=100\text{MPa}$，许用挤压应力 $[\sigma_{bs}]=300\text{MPa}$，许用拉应力 $[\sigma]=160\text{MPa}$。试校核接头的强度。

解 （1）铆钉的剪切强度校核。

对铆钉群，当各铆钉的材料与直径均相同，且外力作用线通过铆钉群的形心时，各铆

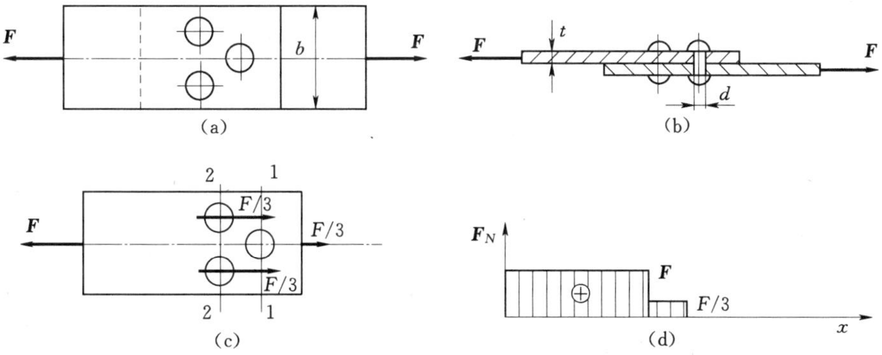

图 13.8

钉剪切面上的剪力相等。因此，对于图 13.8 所示铆钉群，各铆钉剪切面上的剪力为

$$F_Q=\frac{F}{3}=18\text{kN}$$

由式（13.8）得切应力为

$$\tau=\frac{F_Q}{A}=\frac{F_Q}{\frac{\pi d^2}{4}}=\frac{4\times18\times10^3}{\pi\times16^2\times10^{-6}}=89.6\times10^6\text{Pa}=89.6\text{MPa}<[\tau]$$

所以，铆钉满足剪切的强度要求。

（2）铆钉的挤压强度校核。

由铆钉的受力知，铆钉所受的挤压力 F_b 与剪力 F_Q 相等。则挤压应力为

$$\sigma_{bs}=\frac{F_b}{A_{bs}}=\frac{F_Q}{dt}=\frac{18\times10^3}{16\times8\times10^{-6}}=140.6\times10^6\text{Pa}=140.6\text{MPa}<[\sigma_{\text{bs}}]$$

所以，铆钉也满足挤压的强度要求。

（3）板的拉伸强度校核。

经分析可知，上面板的受力如图 13.8（c）所示，用截面法求出横截面 1—1、2—2 的轴力，作轴力图如图 13.8（d）所示。由图可以看出，截面 2—2 的轴力最大，削弱也最严重，因此，只对 2—2 截面进行强度校核。

截面 2—2 的拉应力为

$$\sigma=\frac{F_N}{A}=\frac{F}{(b-2d)t}=\frac{54\times10^3}{(80-2\times16)\times8\times10^{-6}}=140.6\times10^6\text{Pa}=140.6\text{MPa}<[\sigma]$$

即板的拉伸强度也符合要求。因此，接头的强度是足够的。

13.4 平面弯曲梁的强度设计和刚度设计

13.4.1 平面弯曲梁的强度设计

梁横截面的内力有弯矩和剪力，并且梁内各横截面上弯矩和剪力一般都不相同（纯弯曲情形很少）。梁横截面上除了上下边缘处于单向应力状态及中性轴处于纯切应力状态外，其他点不仅有正应力还有切应力，处于复杂应力状态，且截面上应力的分布都不是均布的。这些情况导致梁的强度设计比较复杂。

对于等截面梁而言，容易发生强度失效的截面——危险截面，一般是最大弯矩截面、最大剪力截面及弯矩剪力都较大截面。对于变截面梁而言，危险截面除了以上 3 种截面外，还有抗弯截面系数 W_z 较小的截面。

由于截面上正应力及切应力的分布都不是均布的，失效是从截面上的一些点先开始的，称首先发生失效的点为危险点。根据横截面上应力分析的结果，在梁横截面上有三类危险点：

（1）正应力最大的点。

（2）切应力最大的点。

（3）正应力和切应力均比较大的点。

一般情况下，梁的弯曲正应力都比切应力大很多，即梁的强度主要由正应力控制，故一般先按正应力最大的点进行强度计算，再看需要对切应力最大的点及正应力和切应力均比较大的点进行计算。

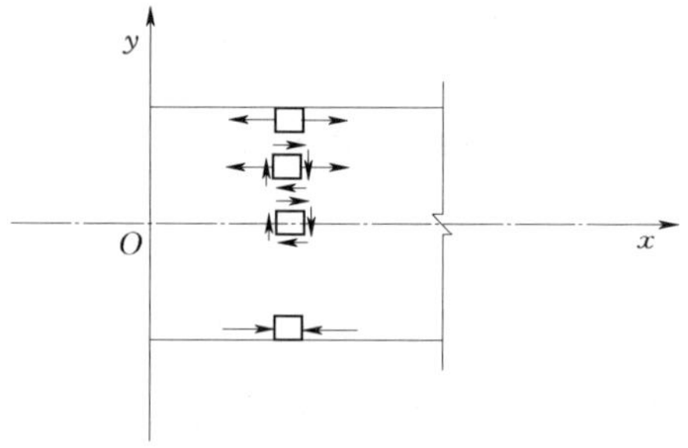

图 13.9

1. 平面弯曲梁的强度设计准则

由平面梁截面应力分析知，三类危险点分别处于 3 种不同的应力状态，如图 13.9 所示。

上边缘处点为单向受拉应力状态，下边缘处点为单向受压应力状态，为第一类危险点，其上 $\sigma_1=\sigma_x$，$\sigma_2=\sigma_3=0$ 或 $\sigma_1=\sigma_2=0$，$\sigma_3=\sigma_x$；中性轴上点为纯切应力状态，为第二类危险点，其上 $\sigma_1=\tau_{xy}$，$\sigma_2=0$，$\sigma_3=-\tau_{xy}$；平面上其他点处于一般平面应力状态，为第三类危险点，其上 $\sigma_1=\dfrac{\sigma_x+\sqrt{\sigma_x^2+4\tau_{xy}^2}}{2}$，$\sigma_2=0$，$\sigma_3=\dfrac{\sigma_x-\sqrt{\sigma_x^2+4\tau_{xy}^2}}{2}$。

根据材料的失效判据，可以建立梁的强度设计准则。

对于第一类危险点，各种强度准则均给出相同的设计准则，即

$$\sigma_{x\max}\leqslant[\sigma] \tag{13.11}$$

对于第二类危险点，设计准则为

$$\tau_{xy}\leqslant[\tau] \tag{13.12}$$

对于第三类危险点，若梁材料为脆性材料，据最大拉应力准则，有

$$\sigma_{r1}=\frac{\sigma_x+\sqrt{\sigma_x^2+4\tau_{xy}^2}}{2}\leqslant[\sigma] \tag{13.13}$$

若为塑性材料，则据最大切应力准则和形状改变比能准则，分别有

$$\sigma_{r3}=\sqrt{\sigma_x^2+4\tau_{xy}^2}\leqslant[\sigma] \tag{13.14}$$

$$\sigma_{r4}=\sqrt{\sigma_x^2+3\tau_{xy}^2}\leqslant[\sigma] \tag{13.15}$$

2. 平面弯曲梁的正应力强度设计

梁的强度设计也包括三类问题：强度校核、截面设计及确定许用载荷。

对于一般荷载作用下的实心截面梁和轧制型钢梁，都只需按第一类危险点进行强度设计，其他危险点的强度通常会自动满足。

对于跨高比（l/h）较小的短梁，焊接的薄壁截面梁等梁，则一般按第一类危险点进行强度设计，然后对第二类及第三类危险点进行校核。

例 13.8 铸铁制作的悬臂梁，尺寸及受力如图 13.10（a）所示，图中 $F_P=20\text{kN}$。梁的截面为 T 形，形心坐标 $y_c=96.4\text{mm}$，截面对于 z 轴的惯性矩 $I_z=1.02\times10^8\text{mm}^4$。已知材料的拉伸许用应力和压缩许用应力分别为 $[\sigma_t]=40\text{MPa}$，$[\sigma_c]=100\text{MPa}$。试校核梁的强度是否安全。

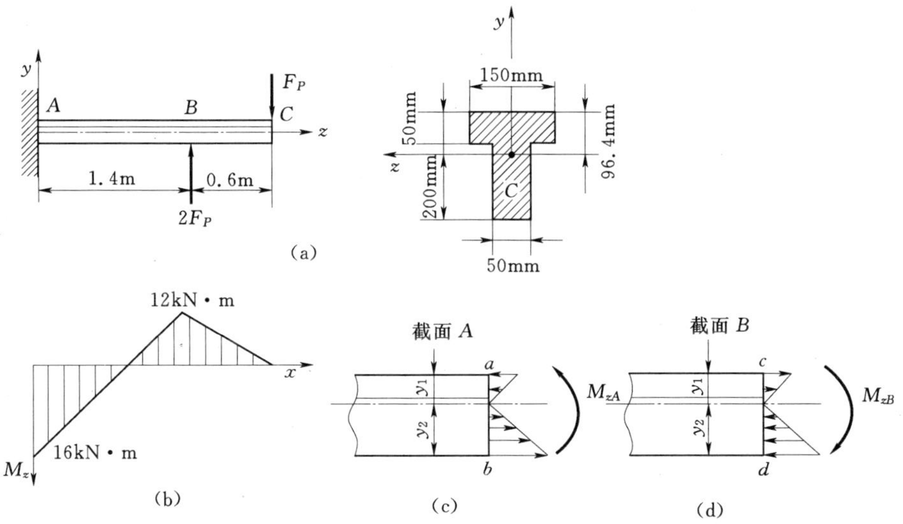

图 13.10

解 （1）画弯矩图，判断可能的危险截面。

从弯矩图 13.10（b）可以看出，最大正弯矩作用在截面 A 上。最大负弯矩作用在截面 B 上。由于梁的截面只有一根对称轴，而且拉伸许用应力和压缩许用应力不相等，弯矩小的截面上最大压应力作用点到中性轴的距离，大于弯矩大的截面上最大压应力作用点到中性轴的距离，所以弯矩小的截面上的最大拉应力也可能比较大。因此，截面 A 和 B 都可能是危险截面。这两个截面上的弯矩值分别为

$$M_{zA}=16\text{kN}\cdot\text{m},M_{zB}=12\text{kN}\cdot\text{m}$$

方向分别如图 13.10（c）、（d）所示。

（2）根据危险截面上的正应力分布确定可能的危险点。

根据危险截面上弯矩的实际方向，可以画出截面 A、B 上的正应力分布如图 13.10（c）、（d）所示。从图中可以看出，截面 A 上的 b 点和截面 B 上的 c 点都将产生最大拉应力。但是，截面 A 上的弯矩 M_{zA} 大于截面 B 上的弯矩 M_{zB}，而 b 点到中性轴的距离 y_b 大于 c 点到中性轴的距离 y_c，因此，b 点的拉应力大于 c 点的拉应力。这说明 b 点比 c 点更危险。所以，对于拉应力，只要校核 b 点的强度即可。

截面 A 上的上边缘各点（如 a 点）和截面 B 上的下边缘各点（如 d 点）都承受压应

力。但是，截面 A 上的弯矩 M_{zA} 大于截面 B 上的弯矩 M_{zB}，而 a 点到中性轴的距离 $y_a<d$ 点到中性轴的距离 y_d，因此，不能判定 a 点和 d 点的压应力哪一个大，哪一个小。这说明 a 点和 d 点都可能是危险点。所以，对于压应力，a 点和 d 点都需要强度校核。

(3) 计算危险点的正应力，进行强度校核。

截面 A 上的下边缘各点（如 b 点）

$$\sigma_{cb}=\sigma_{c\max}=\frac{M_{zA}y_b}{I_z}=\frac{16\times10^3\times(250-96.4)\times10^{-3}}{1.02\times10^8\times10^{-12}}=24.09\text{MPa}<[\sigma_c]$$

截面 A 上的上边缘各点（如 a 点）

$$\sigma_{ta}=\frac{M_{zA}y_a}{I_z}=\frac{16\times10^3\times96.4\times10^{-3}}{1.02\times10^8\times10^{-12}}=15.12\text{MPa}<[\sigma_t]$$

截面 B 上的下边缘各点（如 d 点）

$$\sigma_{cd}=\frac{M_{zB}y_d}{I_z}=\frac{12\times10^3\times(250-96.4)\times10^{-3}}{1.02\times10^8\times10^{-12}}=18.07\text{MPa}<[\sigma_c]$$

上述结果说明，梁上所有危险截面的危险点的强度都是安全的。

例 13.9 一矩形截面木梁，其截面尺寸及荷载如图 13.11（a）所示，$q=1.3$kN/m。已知 $[\sigma]=10$MPa，$[\tau]=2$MPa。试校核梁的正应力强度和切应力强度。

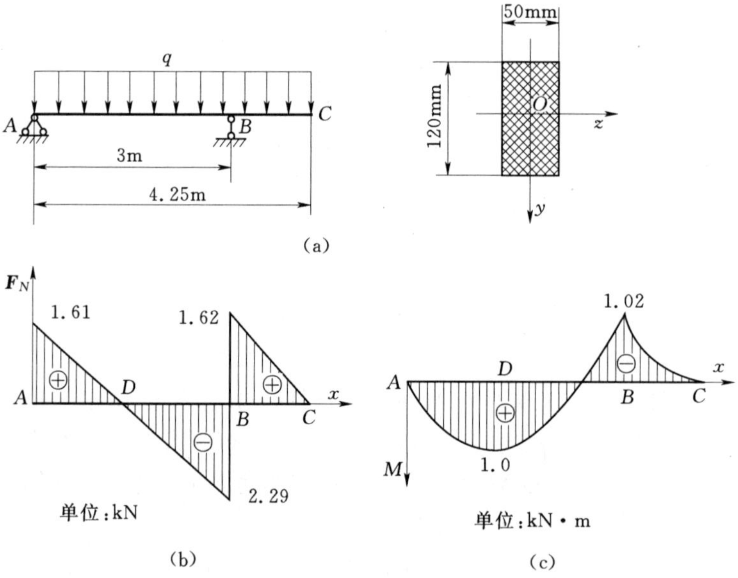

图 13.11

解 (1) 计算并画剪力图 13.11（b），弯矩图 13.11（c），判断危险截面。

1) $F_{QBA}=2.29$kN，$F_{QAB}=1.61$kN，$F_{QBC}=2.29$kN。

2) $M_B=1.02$kN·m，$M_D=1.0$kN·m。

3) $F_{Q\max}$所在的危险截面判断。

比较几个剪力值，可知 B 截面为剪力达最大值的危险截面。

4) $M_{\max}$所在危险截面的判断。

比较 M_A 和 M_B 知危险截面为弯矩最大的 B 截面。

(2) 用梁正应力强度设计准则校核梁的正应力强度安全性，即

$$\sigma_{x\max}=\frac{M_{\max}}{W_z}=\frac{6\times1.02\times10^3}{0.06\times0.12^2}\text{Pa}=7.06\text{MPa}<[\sigma]$$

(3) 用梁切应力强度设计准则校核梁的切应力强度的安全性，即

$$\tau_{xy}=\frac{3F_{Q\max}}{2bh}=\frac{3\times2290}{2\times0.06\times0.12}\text{Pa}=0.477\text{MPa}<[\tau]$$

所以，梁的正应力强度和切应力强度安全性满足设计要求。

例 13.10 由工字钢制成的简支梁受力如图 13.12 (a) 所示，已知 $[\sigma]=170\text{MPa}$，$[\tau]=100\text{MPa}$。试选用工字钢号码。

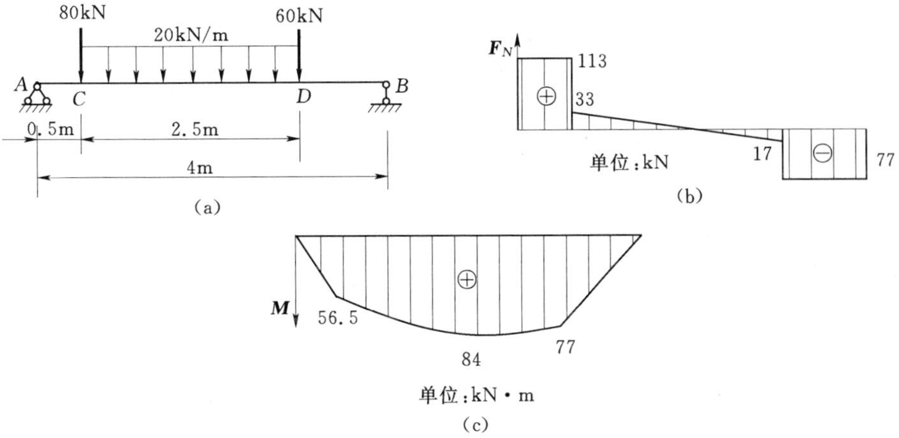

图 13.12

题目分析：这是使用梁强度设计准则选择截面型号和尺寸的问题，一般先按正应力强度准则选择截面尺寸，再对切应力强度进行校核。要注意正应力最大值的危险截面和切应力最大值的危险截面并不在同一截面上。

解 (1) 计算并画剪力图 13.12 (b)，弯矩图 13.12 (c)，判断危险截面。

1) $F_{QAC}=113\text{kN}$，$F_{QCA}=113\text{kN}$，$F_{QDC}=17\text{kN}$，$F_{QBD}=77\text{kN}$，$F_{QCD}=33\text{kN}$。

2) $M_C=56.5\text{kN}\cdot\text{m}$，$M_E=84\text{kN}\cdot\text{m}$，$M_D=77\text{kN}\cdot\text{m}$。

3) $F_{Q\max}$所在的危险截面判断。

由剪力图判断 AC 段剪力达最大值，因而 AC 段截面为切应力强度危险截面。

$$F_{Q\max}=113\text{kN}$$

4) $M_{z\max}$所在危险截面的判断。

由于该梁各截面面积相同，抗弯截面系数相同，所以弯矩最大值的截面 E 即为正应力强度危险截面。

$$M_{z\max}=84\text{kN}\cdot\text{m}$$

(2) 用正应力强度设计准则选择截面型号，即

$$W_z\geqslant\frac{M_{z\max}}{[\sigma]}=\frac{84\times10^3}{170\times10^6}\text{m}^3=4.94\times10^{-4}\text{m}^3$$

查表知 28a 号工字钢的抗弯截面模量 $W_z=5.08\times10^{-4}\text{m}^3>4.94\times10^{-4}\text{m}^3$。

所以按正应力强度设计准则选择28a号工字钢。

(3) 校核切应力强度。

查表28号工字钢$\dfrac{I_z}{S_z^*}=0.246\text{m}$，$d=0.85\times10^{-2}\text{m}$

$$\tau_{\max}=\frac{F_{Q\max}}{\dfrac{I_z}{S_{z\max}^*}b}=\frac{113\times10^3}{0.246\times0.85\times10^{-2}}\text{Pa}=54\text{MPa}<[\tau]$$

所以切应力强度安全性满足。

3. 提高梁强度的措施

前面已经讲到，对于细长梁，影响梁强度的主要因素是梁横截面上的正应力。因此，提高梁的强度就是设法降低梁横截面上的正应力数值。

工程上主要从以下几方面提高梁的强度。

(1) 选择合理的截面形状。

平面弯曲时，梁横截面上的正应力沿着高度方向线性分布，离中性轴越远的点，正应力越大，中性轴附近各点正应力越小。当离中性轴最远点上的正应力达到许用应力值时，中性轴附近的各点的正应力还远远小于许用应力值。因此，横截面上中性轴附近的材料没有被充分利用。为了使这部分材料得到充分利用，在不破坏截面整体性的前提下，可以将横截面上中性轴附近的材料移到距离中性轴较远处，从而形成"合理截面"。例如工程结构中常用空心截面和各种各样的薄壁截面（如"工"字形、槽形、箱形截面等）。

根据最大弯曲正应力公式，有

$$\sigma_{\max}=\frac{M_{\max}}{W_z}$$

为了使$\sigma_{\max}$尽可能的小，必须使W_z尽可能的大。但是，梁的横截面面积有可能随着W_z的增加而增加，而这意味着要增加材料的消耗。能不能使W_z增加，而横截面积不增加或少增加？当然是可能的。这就是采用合理截面，使横截面的W/A数值尽可能大。W/A数值与截面的形状有关。表13.1列出了常见截面的W/A数值。

表 13.1　　常见截面 W/A 的数值

截面形状	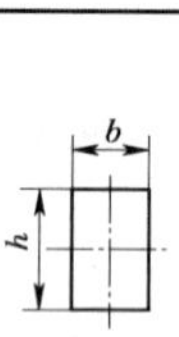	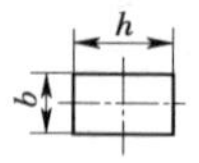	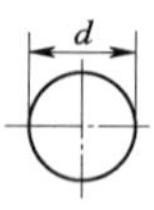	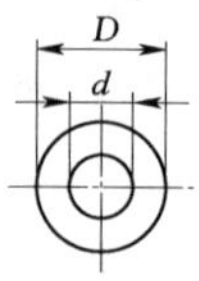 $d/D=0.8$	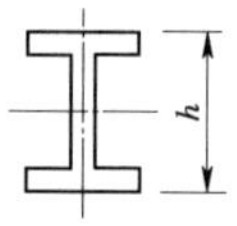
W/A	$0.167h$	$0.167b$	$0.125d$	$0.105D$	$(0.29\sim0.31)h$

以宽度为b、高度为h的矩形截面为例，当横截面竖直放置，而且载荷作用在竖直对称面内时，$W/A=0.167h$；当横截面横向放置，而且载荷作用在短轴对称面内时$W/A=0.167b$。如果$h/b=2$，则截面竖直放置时的W/A值是截面横向放置时的两倍。显然，矩形截面梁竖直放置比较合理。

(2) 采用变截面梁或等强度梁。

弯曲强度计算是保证梁的危险截面上的最大正应力必须满足强度设计准则

$$\sigma_{\max}=\frac{M_{\max}}{W_z}\leqslant[\sigma]$$

大多数情形下，梁上只有一个或者少数几个截面上的弯矩得到最大值，也就是说，只有极少数截面是危险截面。当危险截面上的最大正应力达到许用应力值时，其他大多数截面上的最大正应力还没有达到许用应力值，有的甚至远远没有达到许用应力值。这些截面处的材料同样没有被充分利用。

为了合理地利用材料，减轻结构重量，很多工程构件都设计成变截面的：弯矩大的地方截面大一些，弯矩小的地方截面也小一些，工程中常见的异形柱、大型机械设备中的阶梯轴。

如果使每一个截面上的最大正应力都正好等于材料的许用应力，这样设计出的梁就是“等强度梁”。工业厂房中的“鱼腹梁”（图 13.13）就是一种等强度梁。

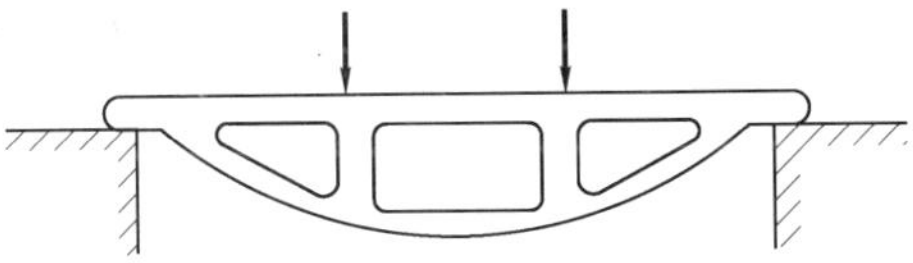

图 13.13

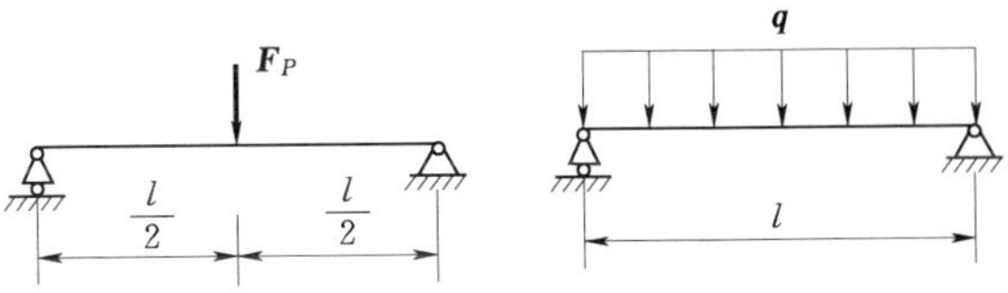

(a)　　(b)

图 13.14

(3) 改善受力状况。

改善梁的受力状况：一是改变加载方式；二是调整梁的约束。这些都可以减小梁上的最大弯矩数值。

改变加载方式，主要是将作用在梁上的一个集中力用分布力或者几个比较小的集中力代替。例如，图 13.14（a）中在梁的中点承受集中力的简支梁，最大弯矩 $M_{\max}=F_Pl/4$。如果将集中力变为梁的全长上均匀分布的载荷，载荷集度 $q=F_P/l$，如图 13.14（b）所示，这时，梁上的最大弯矩变 $M_{\max}=F_Pl/8$。

在某些允许的情形下，改变加力点的位置，使其靠近支座，也可以使梁内的最大弯矩有明显的降低。

调整梁的约束，主要是改变支座的位置，降低梁上的最大弯矩数值。例如，图 13.15（a）中承受均布载荷的简支梁，最大弯矩 $M_{\max}=ql^2/8$。如果将支座向中间移动 $0.2l$，如图 13.15（b）所示，这时，梁内的最大弯矩变为 $M_{\max}=FPl/40$。但是，随着支座向梁的

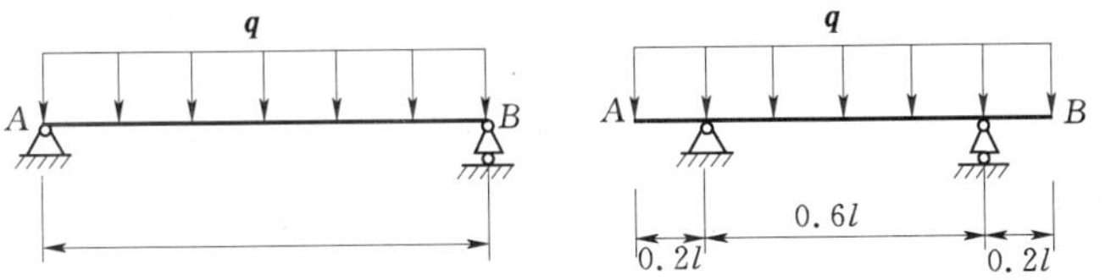

(a)　　(b)

图 13.15

中点移动，梁中间截面上的弯矩逐渐减小，而支座处截面上的弯矩却逐渐增大。最好的位置是使梁的中间截面上的弯矩正好等于支座处截面上的弯矩。有兴趣的读者不妨想一想、算一算，这最好的位置应该在哪里？

13.4.2 平面弯曲梁的刚度设计

1. 平面弯曲梁的刚度设计准则

有些情况下，梁的强度是足够的，但是由于过大的变形而不能正常工作。例如，吊车梁如变形过大，行车时会产生较大的振动，使吊车行驶很不平稳；传动轴在轴承处若转角过大，会使轴承的滚珠产生不均匀磨损，缩短轴承的使用寿命；楼板的横梁，若变形过大，会使楼板底面的粉刷层开裂脱落等。在这些情况下，梁的变形需要限制在某一允许范围内，也就是满梁的刚度设计准则，即

$$\frac{w_{max}}{l}\leqslant\left[\frac{w}{l}\right] \tag{13.16}$$

$$\theta\leqslant[\theta] \tag{13.17}$$

式中，w_{max}为梁的最大挠度；l 为梁的跨度；w 为梁的许用挠度；θ 为截面的转角；$[\theta]$ 为允许转角。

2. 平面弯曲梁的刚度设计

(1) 刚度校核。

(2) 截面设计。

(3) 确定许用荷载。

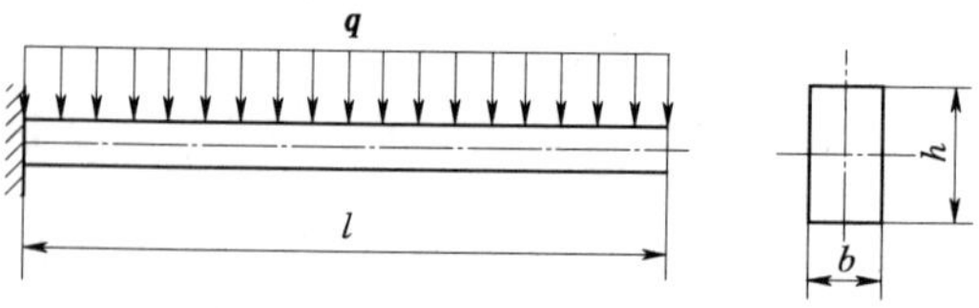

图 13.16

例 13.11 矩形截面悬臂梁承受均布载荷，如图 13.16 所示，已知 $q=10\text{kN/m}$，$l=3\text{m}$，$E=196\text{GPa}$，$[\sigma]=118\text{MPa}$，许用最大挠度与梁跨度比值$\left[\frac{w_{max}}{l}\right]=\frac{1}{250}$，且已知梁横截面的高度与宽度之比为 2，即 $h=2b$。试求梁横截面尺寸 b 和 h。

解 此题所涉及的问题是，既要满足强度要求，又要满足刚度要求。

先按强度设计准则设计截面尺寸，然后校核刚度设计准则是否满足；也可以先按刚度设计准则设计截面尺寸，然后校核强度设计是否满足。或者，同时按强度和刚度设计准则设计截面尺寸，最后选两种情形下所得尺寸中的较大者。现按后一种方法计算如下。

(1) 强度设计。

根据强度设计准则

$$\sigma_{x\max}=\frac{M_{z\max}}{W_z}\leqslant[\sigma]$$

于是有

$$M_{\max}=\frac{1}{2}ql^2=45\text{kN}\cdot\text{m},W_z=\frac{bh^2}{6}=\frac{2b^3}{3}$$

将其代入上式得

$$b \geqslant \sqrt[3]{\frac{3\times 45\times 10^3}{2\times 118\times 10^6}}\text{m}=83.0\text{mm}, h=2b=166\text{mm}$$

（2）刚度设计。

根据刚度设计准则，有

$$\frac{w_{\max}}{l} \leqslant \left[\frac{w}{l}\right]$$

由表中承受均布载荷作用的悬臂梁的计算结果，得

$$w_{\max}=\frac{ql^4}{8EI}$$

于是，有

$$\frac{w_{\max}}{l}=\frac{ql^3}{8EI}, I_z=\frac{bh^3}{12}$$

得

$$\frac{3ql^3}{16Eb^4} \leqslant \left[\frac{w_{\max}}{l}\right]$$

由此得到

$$b \geqslant \sqrt[4]{\frac{3\times 10\times 10^3\times 3^3\times 250}{16\times 196\times 10^9}}\text{m}=89.6\text{mm}, h=2b=179\text{mm}$$

综上，梁的横截面尺寸取为 $b\times h=90\text{mm}\times 180\text{mm}$。

3. 提高梁刚度的措施

提高梁的承载能力，也可以从刚度方面加以考虑，减小梁的弹性位移。由于梁的位移与其弯曲刚度成反比，因此，为了减小梁的变形，可以设法增加其弯曲刚度。一种方法是采用弹性模量大的材料，如钢梁就比铝梁的变形小。但对于钢梁来说，用高强度钢代替普通低碳钢并不能减小梁的变形，因为二者弹性模量相差不多。另一种方法是增大截面的惯性矩，即在截面积相同的条件下使截面面积分布在离中心轴较远的地方，如工字形截面、空心截面等，以增大截面的惯性矩。

调整支座位置以减小跨长或增加辅助梁，都可以减小梁的变形。增加梁的支座，也可以减小梁的变形，并可减小梁的最大弯矩。例如，在悬臂梁的自由端或简支梁的跨中增加支座，都可以减小梁的变形，并减小梁的最大弯矩。但增加支座后，原来的静定梁就变成了超静定梁。

13.5 理想压杆的弹性稳定设计

细长及中长压杆在使用过程中存在失稳破坏的现象，并且发生失稳破坏时的临界应力 σ_{cr} 一般低于强度许用应力 $[\sigma]$，故而在设计过程中必须对压杆进行稳定性计算。

压杆稳定性计算的内容与强度计算相类似，包括校核稳定性、设计截面和求容许荷载 3 个方面。压杆稳定性计算通常有两种方法，即安全系数法或折减系数法。

13.5.1 安全系数法

为了保证压杆能够安全地工作，要求压杆承受的压力 F 或应力 σ 应满足以下条件，即

$$F \leqslant \frac{F_{cr}}{n_{st}} = [F_{st}] \tag{13.18}$$

$$\sigma = \frac{F}{A} \leqslant \frac{F_{cr}}{An_{st}} = \frac{\sigma_{cr}}{n_{st}} = [\sigma_{st}] \tag{13.19}$$

式中，n_{st}为 稳定安全系数；$[F_{st}]$ 为稳定许用压力；$[\sigma_{st}]$ 为稳定许用应力。

各种压杆的 n_{st}值可查阅有关的设计手册。工程中压杆的设计计算，一般先按强度条件初估压杆的截面尺寸，再进行稳定校核。有时需要反复修改进行，以达到设计要求。

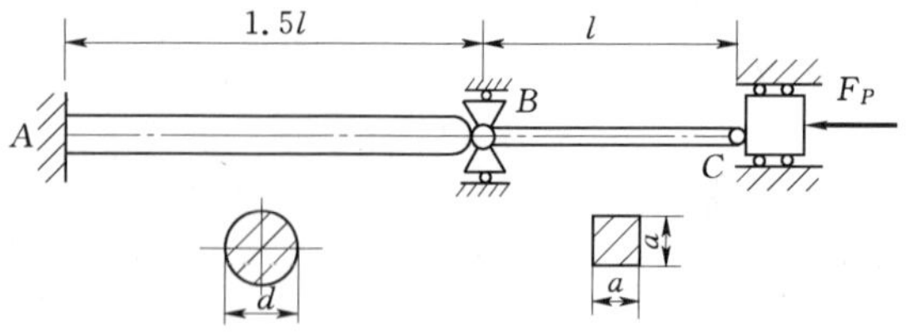

图 13.17

例 13.12 在图 13.17 所示结构中，AB 为圆形截面杆，直径 $d=80$mm，A 端固定，B 端为球铰，BC 为正方形截面的杆，边长 $a=70$mm，C 端亦为球铰，AB 和 BC 杆可以各自独立发生弯曲变形（互不影响），两杆的材料均为 Q235 钢，$E=2.1\times10^{11}$GPa，已知 $L=3$m，稳定安全系数 $[n]_{st}=2.5$。试求结构的许用荷载 F_{st}。

题目分析：本题应该选用安全系数法的稳定性临界力，并取较小值计算许用荷载 F_P。

本题所需知识点：安全系数法，工作安全系数，稳定安全系数，压杆稳定性设计准则，临界力，惯性矩求法，压杆长度系数的选择。

解 （1）计算临界力。

AB 杆 $$F_{cr} = \frac{\pi^2 EI_{AB}}{(\mu L_{AB})^2} = \frac{\pi^2 \times 2.1\times10^{11} \times \frac{\pi}{64} \times 80^4 \times 10^{-12}}{(0.7\times3)^2} \text{N} = 418\text{kN}$$

BC 杆 $$F_{cr} = \frac{\pi^2 EI_{BC}}{(\mu L_{BC})^2} = \frac{\pi^2 \times 2.1\times10^{11} \times \frac{70^4}{12} \times 10^{-12}}{(0.7\times3)^2} \text{N} = 464\text{kN}$$

（2）按安全系数法用稳定设计准则求许用荷载

$$F_{st} \leqslant \frac{F_{cr}}{[n]_{st}} = \frac{418}{2.5} = 167(\text{kN})$$

例 13.13 千斤顶的螺杆旋出的最大高度 $l=400$mm，螺纹内径 $d_0=40$mm，最大起重量 $F=70$kN，材料为 Q275 钢，稳定安全系数 $n_{st}=3.5$。试校核螺杆的稳定性。已知 Q275 钢的 $E=216$GPa，$\sigma_P=235$GPa，经验抛物线公式为：$\sigma_{cr}=275-0.00853\lambda^2$。

解 （1）求压杆的柔度 λ 并判别压杆的类型。

$$i = \sqrt{\frac{I}{A}} = \sqrt{\frac{\pi d^4/64}{\pi d^2/4}} = \frac{\text{d}}{4} = \frac{40}{4}\text{mm} = 10\text{mm}$$

千斤顶的螺杆可简化为一端固定，另一端自由的压杆，故其长度系数 $\mu=2$，则

$$\lambda = \frac{\mu l}{i} = \frac{2\times400}{10} = 80$$

$$\lambda_P = \pi\sqrt{\frac{E}{\sigma_P}} = \pi\sqrt{\frac{216\times10^3}{235}} = 95.2$$

因 $\lambda < \lambda_P$，故该杆属于中柔度杆。应按经验抛物线公式计算此螺杆的临界应力。

(2) 校核螺杆的稳定性。

$$\sigma_{cr}=275-0.00853\lambda^2=275-0.00853\times95.2^2=220.4(\text{MPa})$$

$$\sigma=\frac{F}{A}=\frac{70\times10^3}{\frac{\pi}{4}\times40^2}=55.7(\text{MPa})$$

$$[\sigma_{st}]=\frac{\sigma_{cr}}{n_{st}}=\frac{220.4}{3.5}=62.97(\text{MPa})$$

$$\sigma=55.7\leqslant[\sigma_{st}]$$

故该千斤顶的螺杆稳定性足够。

例 13.14 Q235 钢制成的矩形截面杆的受力及两端约束情况如图 13.18 所示，其中图 13.18 (a) 所示为正视图，图 13.18 (b) 所示为俯视图。在 A、B 两处用螺栓夹紧。已知 $l=2.3\text{m}$，$b=40\text{mm}$，$h=60\text{mm}$，材料的弹性模量 $E=205\text{GPa}$。试确定其许用轴心压力 F_{st}。

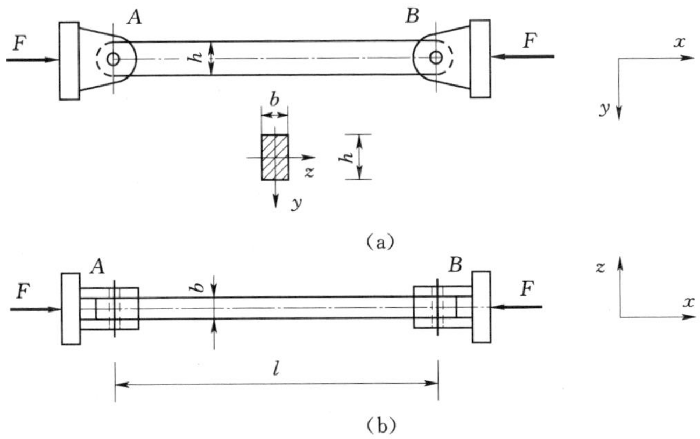

图 13.18

解 由例 11.3 可知，$F_{cr}=275\text{kN}$

$$F_{st}=\frac{F_{cr}}{n_{st}}=\frac{275}{4}\text{kN}=68.75\text{kN}$$

即此压杆的许用轴心压力 F_{st} 为 68.75kN。

13.5.2 折减系数法

在实际工程设计中，为了简化压杆稳定性计算，使稳定性计算与强度计算的公式有统一的形式，将稳定条件式 (13.19) 中的稳定许用应力 $[\sigma_{st}]$ 写成材料的强度许用应力 $[\sigma]$ 乘上一个随压杆柔度 λ 而改变且小于 1 的因数 φ，即取

$$[\sigma_{st}]=\varphi[\sigma] \tag{13.20}$$

式中，φ 为压杆的折减系数或稳定系数。将式 (13.20) 代入式 (13.19)，得到

$$\sigma=\frac{F}{A}\leqslant[\sigma_{st}]=\varphi[\sigma] \tag{13.21}$$

前已指出，研究的理想压杆的力学模型，并不能反映实际压杆的受力变形情况。因为实际压杆的曲线不可能是理想的直线；压力的作用线不可能与压杆的轴线完全重合；杆件

由于轧制、切割、焊接等原因，截面上也将产生残余应力等。这些不利因素的存在，都将降低压杆的临界力。压杆的稳定系数综合考虑了上述不利因素的影响。压杆的稳定系数 φ 取决于材料的种类、压杆的截面形式和压杆的柔度。

《钢结构设计规范》(GB 50017—2003）中，给出了钢压杆的稳定系数。《钢结构设计规范》(GB 50017—2003）根据工程中常用压杆的截面形状、尺寸和加工条件等因素，把截面分为 a、b、c、d 四类。本书摘录钢制 a 类截面压杆的折减系数的计算用表如表 13.2 所示，以供参考，其余未列出可查阅相关设计规范。

表 13.2　　a 类截面轴心受压构件的稳定系数 φ

$\lambda\sqrt{\frac{f_y}{235}}$	0	1.0	2.0	3.0	4.0	5.0	6.0	7.0	8.0	9.0
0	1.000	1.000	1.000	1.000	0.999	0.999	0.998	0.998	0.997	0996
10	0.995	0.994	0.993	0.992	0.991	0.989	0.986	00986	0.985	0.983
20	0.981	0.979	0.977	0.976	0.974	0.972	0.970	0.968	0.966	0.964
30	0.963	0.961	0.959	0.957	0.955	0.952	0.950	0.948	0.946	0.944
40	0.941	0.939	0.937	0.934	0.932	0.929	0.927	0.924	0.921	0.919
50	0.916	0.913	0.910	0.907	0.904	0.900	0.897	0.894	0.890	0.886
60	0.883	0.879	0.875	0.871	0.867	0.863	0.852	0.851	0.849	0.844
70	0.830	0.834	0.829	0.824	0.818	0.813	0.807	0.801	0.795	0.789
80	0.788	0.776	0.770	0.763	0.757	0.750	0.743	0.736	0.728	0.721
90	0.714	0.706	0.699	0.691	0.684	0.676	0.668	0.661	0.653	0.645
100	0.638	0.630	0.622	0.615	0.607	0.600	0.592	0.585	0.577	0.570
110	0.563	0.555	0.548	0.541	0.534	0.527	0.520	0.514	0.507	0.500
120	0.494	0.488	0.481	0.475	0.469	0.463	0.457	0.451	0.445	0.440
130	0.434	0.429	0.423	0.418	0.412	0.407	0.402	0.397	0.392	0.387
140	0.383	0.378	0.373	0.369	0.364	0.360	0.356	0.351	0.347	0.343
150	0.339	0.335	0.331	0.327	0.323	0.320	0.316	0.312	0.309	0.305
160	0.302	0.298	0.295	0.292	0.289	0.285	0.282	0.279	0.276	0.273
170	0.270	0.267	0.264	0.262	0.259	0.256	0.253	0.251	0.248	0.246
180	0.243	0.241	0.238	0.236	0.233	0.231	0.229	0.226	0.224	0.222
190	0.220	0.218	0.215	0.213	0.211	0.209	0.207	0.205	0.203	0.201
200	0.199	0.198	0.196	0.194	0.192	0.190	0.189	0.187	0.185	0.183
210	0.182	0.180	0.179	0.177	0.175	0.174	0.172	0.171	0.169	0.168
220	0.166	0.165	0.164	0.162	0.161	0.159	0.158	0.157	0.155	0.154
230	0.153	0.152	0.150	0.149	0.148	0.147	0.146	0.144	0.143	0.142
240	0.141	0.140	0.139	0.138	0.136	0.135	0.134	0.133	0.132	0.131
250	0.130	—	—	—	—	—	—	—	—	—

例 13.15 某一端固定，一端自由的工字型钢压杆，材料为 Q235 钢。已知 $F=240kN$，$l=1.5m$，$[\sigma]=140MPa$。试选择其工字钢截面型号。

解 因工字钢截面型号未知，无法计算其柔度 λ，也就查不出折减系数 φ，无法计算。这时，可先按强度条件初步估算截面面积，即由 $\frac{F}{A}\leqslant[\sigma]$ 得

$$A\geqslant\frac{F}{[\sigma]}=\frac{240\times10^3}{140}mm^2=1710mm^2$$

采用试算法，从型钢表中按估算面积的 2 倍（$34.2cm^2$，即取 $\varphi=0.5$），初选№20a 工字钢，其 $A=35.5cm^2$，最小惯性半径为 $i_y=2.12cm$。

然后进行稳定校核

$$\lambda=\frac{\mu l}{i_y}=\frac{2\times150}{2.12}=142$$

由表 13.2 按线性插入法查出折减系数 φ，即由

$$\frac{\varphi-0.349}{142-140}=\frac{0.306-0.349}{150-140}$$

得

$$\varphi=0.349-\frac{2}{10}(0.349-0.306)=0.34$$

$$\sigma=\frac{F}{A}=\frac{240\times10^3}{35.5\times10^2}=67.61\leqslant\varphi[\sigma]=0.34\times140=47.6$$

上式说明初选的截面太小，不满足稳定性要求，应重选截面。

重选№25a 工字钢，其 $A=48.5cm^2$，最小惯性半径为 $i_y=2.403cm$，则

$$\lambda=\frac{\mu l}{i_y}=\frac{2\times150}{2.403}=124.84$$

查表得 $\varphi=0.464$，则

$$\sigma=\frac{F}{A}=\frac{240\times10^3}{48.5\times10^2}=49.48\leqslant\varphi[\sigma]=0.464\times140=64.96$$

满足要求，所重选的截面型号№25a 是可用的。

13.5.3 提高压杆稳定性的措施

每一根压杆都有一定的临界力，临界力越大，表示该压杆越不容易失稳。压杆的临界力取决于压杆的长度、截面形状和尺寸、杆端约束以及材料的弹性模量等因素。因此，为提高压杆稳定性，可从以下几个方面考虑：

1. 选择合理的截面形式

（1）压杆总是在柔度较大的纵向平面内失稳，为了充分利用压杆的材料，应使其各个纵向平面内的柔度相同或相近。当压杆两端约束在各个方向均相同时，若截面的两个主形心惯性矩不相等，压杆将在 I_{min} 的纵向平面内失稳。因此，当截面面积不变时，应改变截面形状，使其两个形心主惯性矩相等，即 $I_y=I_z$。这样就有 $\lambda_y=\lambda_z$，压杆在各个方向就具有相同的稳定性，这种截面形状就较为合理。例如，在截面面积相同的情况下，正方形截面要比矩形截面合理。

由 $\lambda=\frac{\mu l}{i}$ 可见，当压杆两端的支座是各向同性的固定端或球形铰时，合理的截面形状应是圆形或方形。当压杆在两个形心主惯性平面内的杆端约束不同时（如柱形铰），宜采用矩形或工字型截面，其合理截面的形式是使 $I_y \neq I_z$，以保证 $\lambda_y=\lambda_z$。这样，压杆在两个方向才具有相同的稳定性。

（2）在截面面积一定的情况下，应尽可能增大截面的惯性矩，以减小压杆的柔度。如用型钢组成的空心方形截面代替实心方截面，用空心圆截面代替实心圆截面等。例如，由同样 4 根角钢组成的截面，图 13.19（b）所示的放置就比图 13.19（a）所示的合理。

采用槽钢时，用两根并且按图 13.20 所示的方式放置，再调整间距 h，使 $I_y=I_z$。

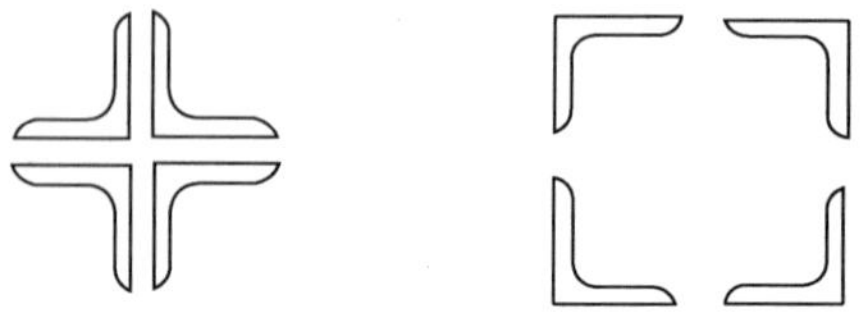

(a)　　(b)

图 13.19

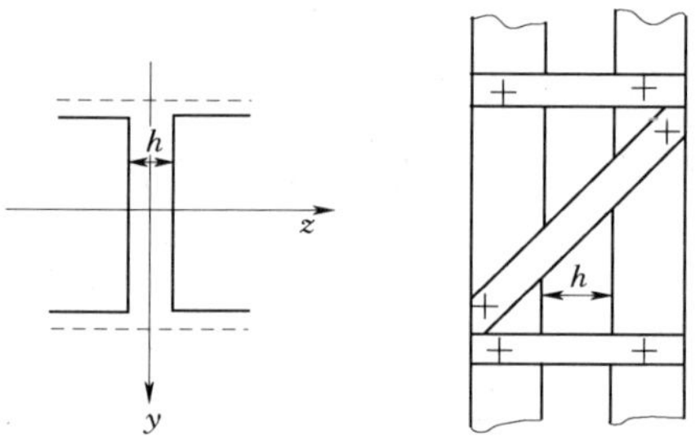

(a)　　(b)

图 13.20

工程上常用型钢组成薄壁截面，比用实心截面合理。当压杆由角钢、槽钢等型钢组合而成时，必须保证其整体稳定性。工程上常用如图 13.20（b）所示加缀条的方法以保证组合压杆的整体稳定性。两水平缀条间的一段单肢称为分支，也是一压杆，如其长度 a 过大，也会因该分支失稳而导致整体失效。因此，应使每个分支和整体具有相同的稳定性才是合理的。分支长度 a 通常由此条件确定。在计算分支的 λ 时，两端一般按铰支考虑。

2. 减小相当长度

压杆的柔度 λ 与其计算长度 l 成正比，故在条件许可的情况下，应尽可能减小压杆的长度，或者在压杆中间增加支座以减小压杆的计算长度 l。

3. 增强杆端约束

由表 11.1 可知，压杆两端支承越牢固，其长度系数 μ 就越小，临界应力也就越大。也就是说，增强杆端约束，即减小长度系数 μ 值，也可以提高压杆的稳定性。因此压杆与其他构件连接时，应尽可能做成刚性连接或采用较紧密的配合。例如，在支座处焊接或铆接支承钢板，以增强支座的刚性，从而减小 μ 值。

4. 合理选择材料

细长压杆的临界力 F_{cr} 与材料的弹性模量 E 成正比。因此，选用 E 大的材料可以提高压杆的稳定性。但如压杆由钢材制成，因各种钢材的 E 值大致相同，所以选用优质钢或低碳钢，对细长压杆稳定性并无多大区别。而对中长杆，其临界应力 σ_{cr} 总是超过材料的比例极限 σ_P，其临界应力与材料的强度有关，因此，对这类压杆，采用高强度材料会提高稳定性。

13.6 结论与讨论

13.6.1 静力学分析的方法

材料力学分析问题的思路、方法与静力分析问题有相同之处，也有自身的特点，一方面要用截面法确定构件的内力还要根据变形确定截面上的应力分布；另一方面通过试验确定材料的力学性能，了解材料何时发生失效，进而建立保证构件安全、可靠工作的设计准则。

13.6.2 圆轴扭转时强度设计和刚度设计的一般过程

（1）根据轴传递的功率以及轴每分钟的转数，确定作用在轴上的外加力偶的力偶矩。

（2）应用截面法确定轴的横截面上的扭矩，当轴上同时作用有两个以上的绕轴线转动的外加力偶时，需要画出扭矩图。

（3）根据轴的扭矩图，确定可能的危险面和危险面上的扭矩数值。

（4）计算危险截面上的最大剪应力或单位长度上的相对扭转角。

（5）根据需要，应用强度设计准则与刚度设计准则对圆轴进行强度与刚度校核、设计轴的直径以及确定许用载荷。

13.6.3 平面弯曲梁强度和刚度设计方法

平面弯曲梁的强度和刚度设计中，先按强度设计准则设计截面尺寸，然后校核刚度设计准则是否满足；也可以先按刚度设计准则设计截面尺寸，然后校核强度设计是否满足。或者，同时按强度和刚度设计准则设计截面尺寸，最后选两种情形下所得尺寸中的较大者。

13.6.4 压杆稳定设计要点

压杆稳定设计时首先必须根据材料的弹性模量和比例极限计算出长细比的极限值；再根据压杆的长度、横截面的惯性矩以及两端的支承条件计算压杆的实际长细比；然后比较杆的实际长细比值与极限值，判断属于哪一种类型的压杆，选择合适的临界应力公式，确定临界荷载，最后计算压杆的安全因数，并验算是否满足稳定性设计准则。

习题 13

13.1 现有钢、铁两种棒材，其直径相同。从承载能力和经济效益两方面考虑，习题13.1图所示结构中两杆的合理选材方案是（　　）。

A. 1杆为钢，2杆为铸铁　　B. 1杆为铸铁，2杆为钢

C. 两杆均为钢　　D. 两杆均为铸铁

13.2 一等直杆，*AB*段和*BC*段分别为钢和铸铁，在习题13.2（b）图所示的受状态下，杆最易发生破坏。

13.3 若轴心拉伸等直杆选用3种不同的截面形状：圆形、正方形、空心圆，比较3

种情况的材料用量，则（　　）。

A. 正方形截面最省料　　　　B. 圆形截面最省料

C. 空心圆截面最省料　　　　D. 三者用料相同

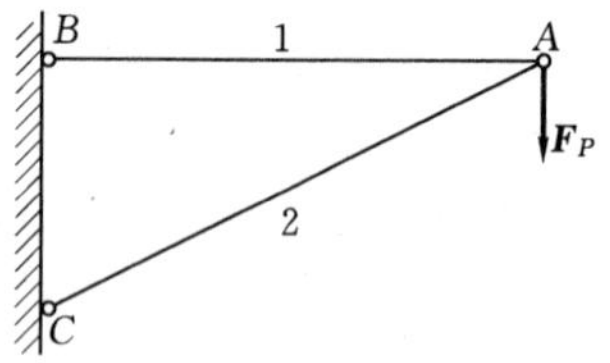

习题 13.1 图

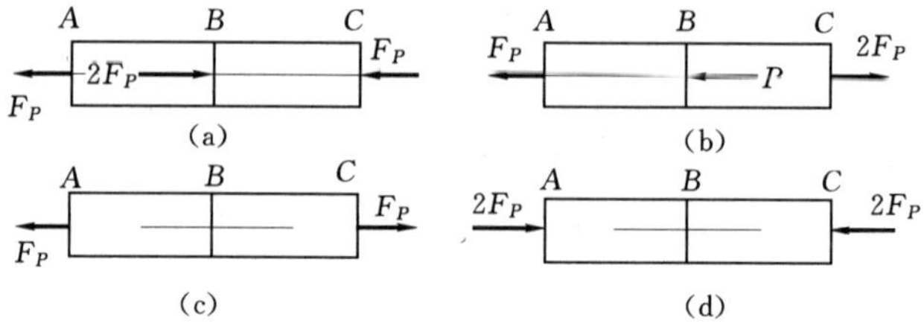

习题 13.2 图

13.4　一个结构中有 3 根拉压杆。设由这 3 根杆的强度条件确定的结构许可载荷分别为 F_{P1}、F_{P2}、F_{P3}，且 $F_{P1}>F_{P2}>F_{P3}$，则该结构的实际许可载荷 $[F_P]=$（　　）。

A. F_{P1}　　B. F_{P2}　　C. F_{P3}　　D. $(F_{P1}+F_{P3})/2$

13.5　两端受扭转力偶矩作用的实心圆轴，不发生屈服的最大许可载荷为 F_0，若将其横截面面积增加 1 倍，则最大许可载荷为（　　）。

A. $\sqrt{2}F_0$　　B. $2F_0$　　C. $2\sqrt{2}F_0$　　D. $4F_0$

13.6　习题 13.6 图所示 4 梁中 q、l、W、$[\sigma]$ 均相同。试判断下面关于其强度高低的结论中（　　）是正确的。

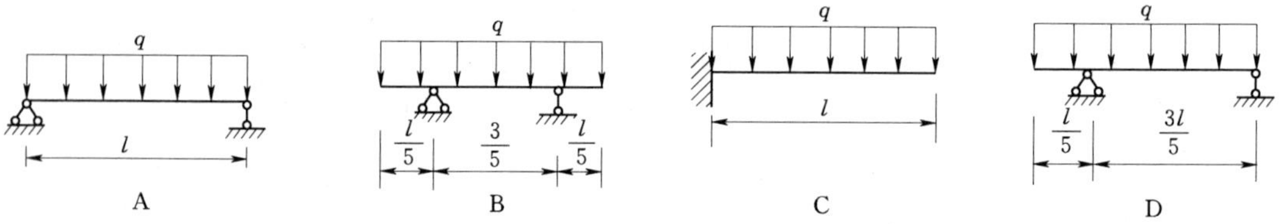

习题 13.6 图

13.7　高度等于宽度两倍的矩形截面梁，承受垂直方向的荷载。若仅将竖放截面［习题 13.7（a）图］改为平放截面［习题 13.7（b）图］，其他条件不变，则梁的强度（　　）。

A. 提高到原来的 2 倍　　　　B. 提高到原来的 4 倍

C. 降低至原来的 1/2　　　　D. 降低至原来的 1/4

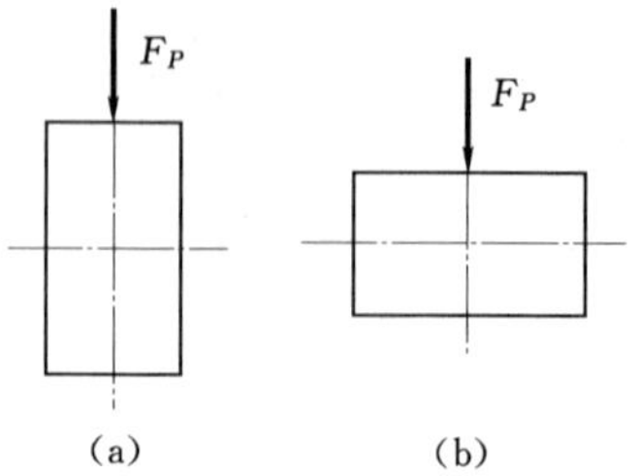

习题 13.7 图

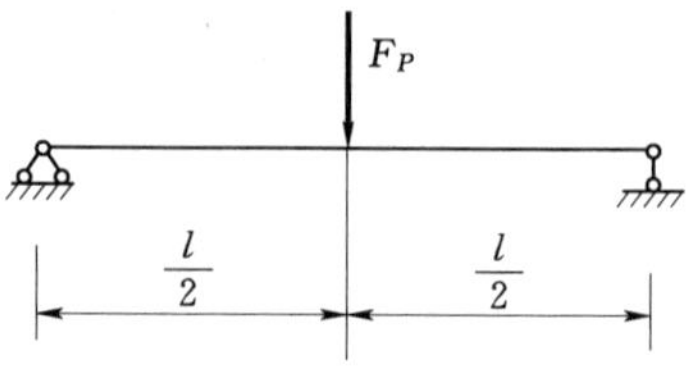

习题 13.8 图

13.8　普通钢制简支梁受集中力如习题 13.8 图所示，为提高梁的刚度，试采取(　　)措施。

A. 改用高强度钢　　　B. 采用等强度梁　　　C. 将梁中心部分挖去

D. 在总载荷不变的前提下，将集中荷载变为分布载荷；在横截面面积不变的条件下，将梁制成空心梁

13.9　习题 13.9 图所示结构中，BC 和 AC 都是圆截面直杆，直径均为 $d=20$mm，材料都是 Q235 钢，其许用应力 $[\sigma]=157$MPa。试求该结构的许可荷载。

13.10　拉力 $F_P=80$kN 的螺栓连接如习题 13.10 图所示。已知 $b=80$mm，$t=10$mm，$d=22$mm，螺栓的许用切应力 $[\tau]=130$MPa，钢板的许用挤压应力 $[\sigma_{bt}]=300$MPa，许用拉应力 $[\sigma]=170$MPa。试校核该接头的强度。

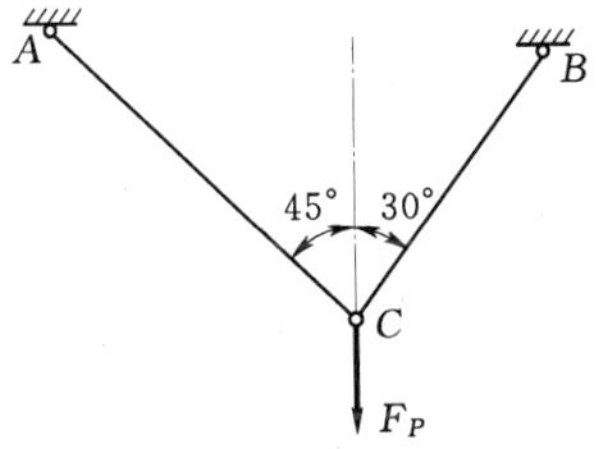

习题 13.9 图

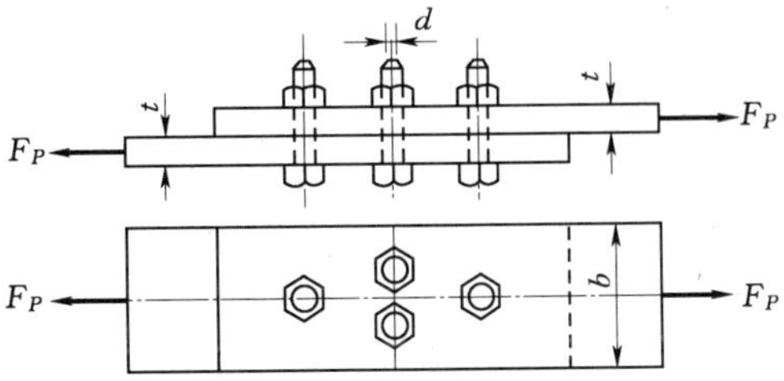

习题 13.10 图

13.11　简支梁受力如习题 13.11 图所示。采用普通热轧工字型钢，且已知 $[\sigma]=160$MPa，试确定工字型钢型号，并按最大切应力准则对梁的强度作全面校核。

13.12　习题 13.12 图所示外伸梁承受集中载荷 F_P 作用，尺寸如图所示。已知 $F_P=20$kN，许用应力 $[\sigma]=160$MPa。试选择工字钢的号码。

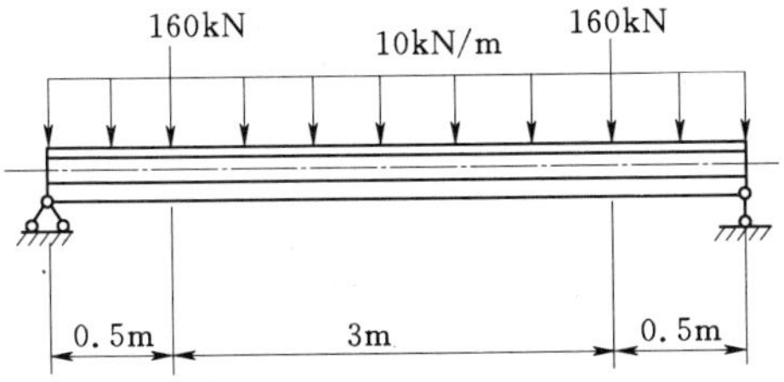

习题 13.11 图

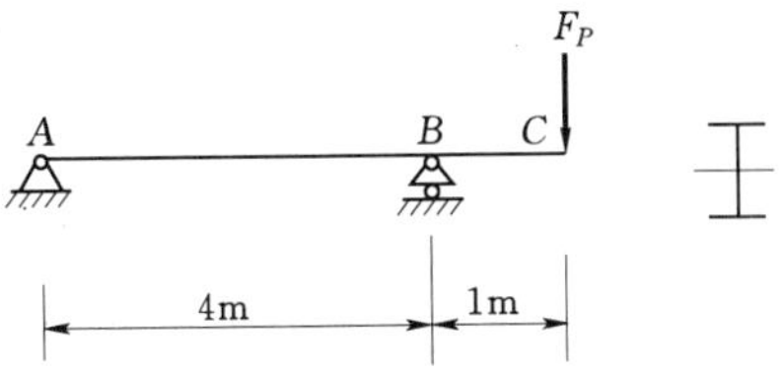

习题 13.12 图

13.13　习题 13.13 图所示受力结构中，横梁为 I16 号工字钢，立柱为圆钢管，其外径 $D=80$mm，内径 $d=76$mm，已知 $L=6$m，$a=3$m，$q=4$kN/m，钢管材料的容许应力 $[\sigma]=160$MPa。试对立柱进行稳定校核。

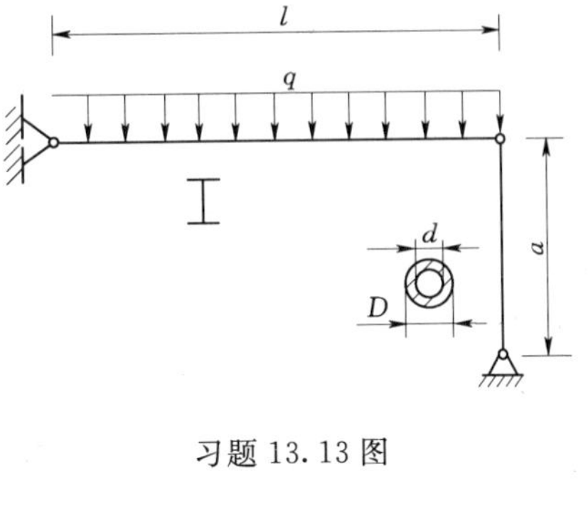

习题 13.13 图

13.14　如习题 13.14 图所示，两端均为球铰约束的中心受压圆木柱，直径 $d=150$mm，长度 $l=5$m，$E=10$GPa。稳定安全系数 $n_w=4$，试求柱的临界载荷 F_{cr} 及许用荷载 $[F_{st}]$ (已知柱为细长

杆）。

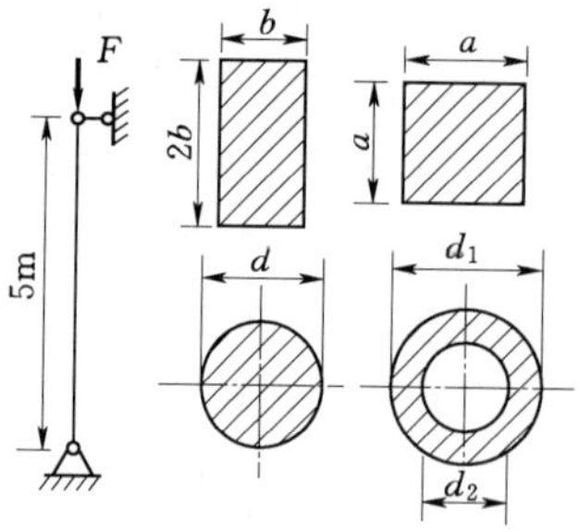

习题 13.14 图

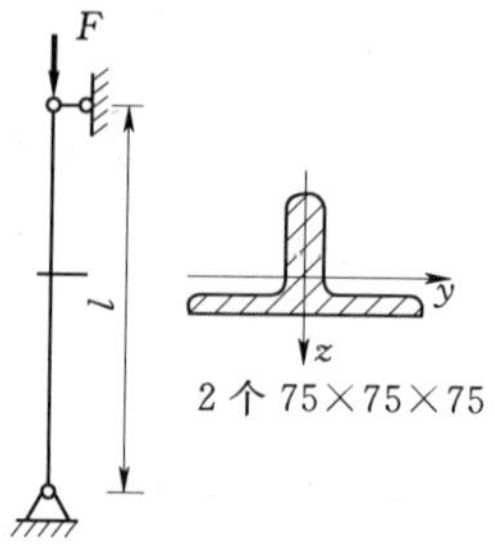

习题 13.15 图

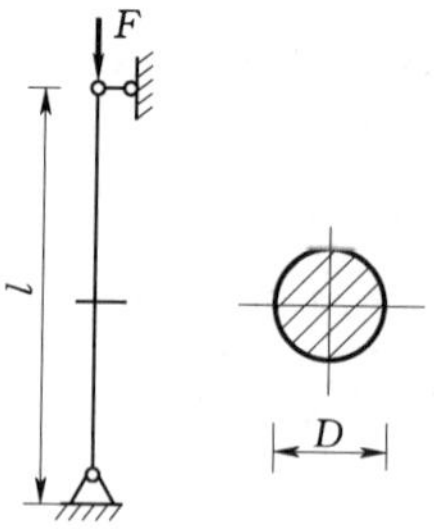

习题 13.16 图

13.15　长度为 l=3.4m 的两端铰支压杆由两根角钢沿全长焊接而成，截面类型为 b 类，截面如习题 13.15 图所示。若 [σ]=140MPa。试问此压杆在压力 F=60kN 作用下是否安全？

13.16　如习题 13.16 图所示，已知柱的上端为铰支，下端为固定，柱长 l=9m，直径 D=150mm，材料为 Q235 钢，截面类型为 a 类，[σ]=160MPa。试求柱的许用荷载 [F]。

13.17　习题 13.17 图所示一简单托架，其撑杆 AB 为 TC17 圆截面杉木杆，直径 d=200mm。A、B 两处为球形铰，材料的容许压应力 [σ]=11MPa。试求托架的容许荷载 [q]。

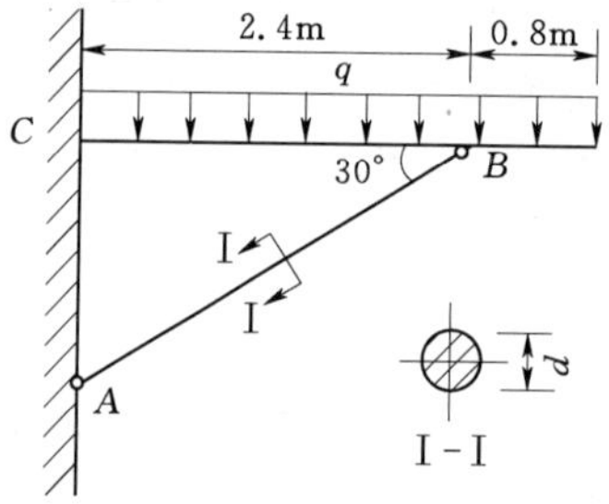

习题 13.17 图

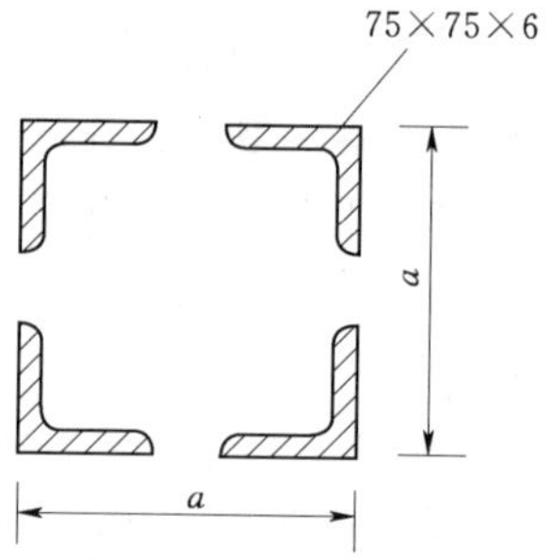

习题 13.18 图

13.18　一支柱系由 4 根 75×75×6（见习题 13.18 图）的角钢所组成。截面类型为 b 类。支柱的两端为铰支，柱长 l=6m，a=210mm，压力为 450kN。若材料为 Q235 钢，容许应力 [σ]=170MPa。试校核支柱的稳定性。

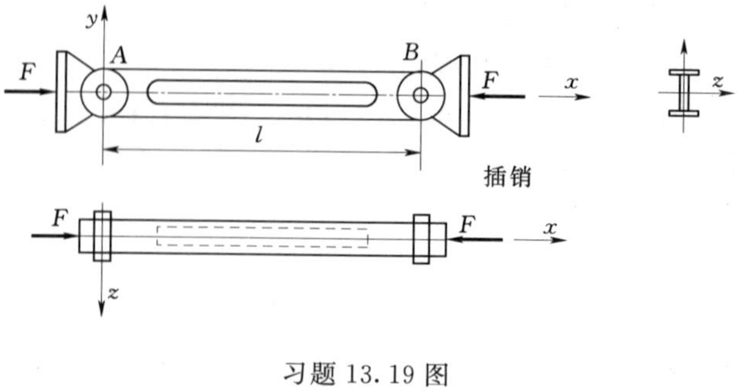

习题 13.19 图

13.19　习题 13.19 图所示连杆为柱销连接，两销孔间距离 $l=3.2\text{m}$，横截面积 $A=40\text{cm}^2$，惯性矩 $I_y=120\text{cm}^4$，$I_z=800\text{cm}^4$，材料为 Q235 钢，$E=200\text{GPa}$，$\sigma_P=200\text{MPa}$，轴向压力 $F=400\text{kN}$，若规定的稳定安全系数 $n_{st}=2$。试校核连杆的稳定性。

附录 型 钢 表

表 1

热轧等边角钢（GB 9787—88）

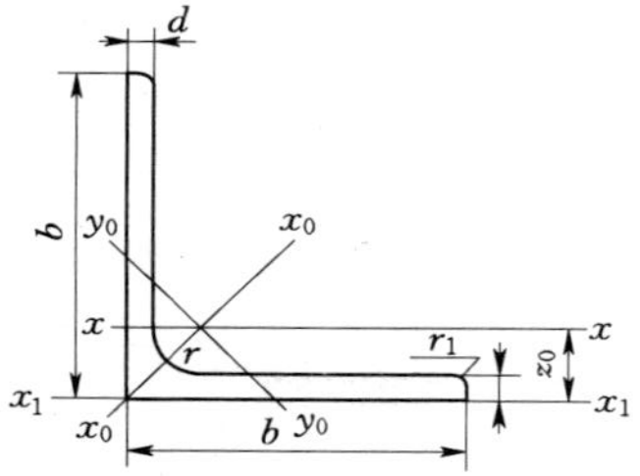

符号意义：

b—边宽度；　　I—惯性矩；

d—边厚度；　　i—惯性半径；

r—内圆弧半径；　　W—抗弯截面系数；

r_1—边端内圆弧半径；z_0—重心距离。

型号	尺寸 /mm			截面面积 /cm²	理论重量 /(kg/m)	外表面积 /(m²/m)	参考数值										
							$x—x$			$x_0—x_0$			$y_0—y_0$			$x_1—x_1$	z_0 /cm
	b	d	r				I_x /cm⁴	i_x /cm	W_x /cm³	I_{x0} /cm⁴	i_0 /cm	W_{x0} /cm³	I_{x0} /cm⁴	I_{y0} /cm	W_{y0} /cm³	I_{x1} /cm⁴	
2	20	3	3.5	1.132	0.889	0.078	0.40	0.59	0.29	0.63	0.75	0.45	0.17	0.39	0.20	0.81	0.60
		4		1.459	1.145	0.077	0.50	0.58	0.36	0.78	0.73	0.55	0.22	0.38	0.24	1.09	0.64
2.5	25	3		1.432	1.124	0.098	0.82	0.76	0.46	1.29	0.95	0.73	0.34	0.49	0.33	1.57	0.73
		4		1.859	1.459	0.097	1.03	0.74	0.59	1.62	0.93	0.92	0.43	0.48	0.40	2.11	0.76
3.0	30	3	4.5	1.749	1.373	0.117	1.46	0.91	0.68	2.31	1.15	1.09	0.61	0.59	0.51	2.71	0.85
		4		2.276	1.786	0.117	1.84	0.90	0.87	2.92	1.13	1.37	0.77	0.58	0.62	3.63	0.89
3.6	36	3		2.109	1.656	0.141	2.58	1.11	0.99	4.09	1.39	1.61	1.07	0.71	0.76	4.68	1.00
		4		2.756	2.163	0.141	3.29	1.09	1.28	5.22	1.38	2.05	1.37	0.70	0.93	6.25	1.04
		5		3.382	2.654	0.141	3.95	1.08	1.56	6.24	1.36	2.45	1.65	0.70	1.09	7.84	1.07

续表

型号	尺寸/mm			截面面积 /cm^2	理论重量 /(kg/m)	外表面积 /(m^2/m)	参考数值										
							$x-x$			x_0-x_0			y_0-y_0			x_1-x_1	z_0 /cm
	b	d	r				I_x /cm^4	i_x /cm	W_x /cm^3	I_{x0} /cm^4	i_0 /cm	W_{x0} /cm^3	I_{x0} /cm^4	I_{y0} /cm	W_{y0} /cm^3	I_{x1} /cm^4	
4.0	40	3	5	2.359	1.852	0.157	3.59	1.23	1.23	5.69	1.55	2.01	1.49	0.79	0.96	6.41	1.09
		4		3.086	2.422	0.157	4.60	1.22	1.22	7.29	1.54	2.58	1.91	0.78	1.19	8.56	1.13
		5		3.791	2.976	0.156	5.53	1.21	1.21	8.76	1.52	3.10	2.30	0.89	1.39	10.74	1.17
4.5	45	3		2.659	2.088	0.177	5.17	1.40	1.40	8.20	1.76	2.58	2.14	0.89	1.24	9.12	1.22
		4		3.486	2.736	0.177	6.65	1.38	1.38	10.56	1.74	3.32	2.75	0.89	1.54	12.18	1.26
		5		4.292	3.369	0.176	8.04	1.37	1.37	12.74	1.72	4.00	3.33	0.88	1.81	15.25	1.30
		6		5.076	3.985	0.176	9.33	1.36	1.36	14.76	1.70	4.64	3.89	0.88	2.06	18.36	1.33
5	50	3	5.5	2.971	2.332	0.197	7.18	1.55	1.96	11.37	1.96	3.22	2.98	1.00	1.57	12.50	1.34
		4		3.897	3.059	0.197	9.26	1.54	2.56	14.70	1.94	4.16	3.82	0.99	1.96	16.69	1.38
		5		4.803	3.770	0.196	11.21	1.53	3.13	17.79	1.92	5.03	4.64	0.98	2.31	20.90	1.42
		6		5.688	4.465	0.196	13.05	1.52	3.68	20.68	1.91	5.85	5.42	0.98	2.63	25.14	1.46
5.6	56	3	6	3.343	2.624	0.221	10.19	1.75	2.48	16.14	2.20	4.08	4.24	1.13	2.02	17.56	1.48
		4		4.390	3.446	0.220	13.18	1.73	3.24	20.92	2.18	5.28	5.46	1.11	2.52	23.43	1.53
		5		5.415	4.251	0.220	16.02	1.72	3.97	25.42	2.17	6.42	6.61	1.10	2.98	29.33	1.57
		8		8.367	6.568	0.219	23.63	1.68	6.03	37.37	2.11	9.44	9.89	1.09	4.16	47.24	1.68
6.3	63	4	7	4.978	3.907	0.248	19.03	1.96	4.13	30.17	2.46	6.78	7.89	1.26	3.29	33.35	1.70
		5		6.143	4.822	0.248	23.17	1.94	5.08	36.77	2.45	8.25	9.57	1.25	3.90	41.73	1.74
		6		7.288	5.721	0.247	27.12	1.93	6.00	43.03	2.43	9.66	11.20	1.24	4.46	50.14	1.78
		8		9.515	7.469	0.247	34.46	1.90	7.75	54.56	2.40	12.25	14.33	1.23	5.47	67.11	1.85
		10		11.657	9.151	0.246	41.09	1.88	9.39	64.85	2.36	14.56	17.33	1.22	6.36	84.31	1.93

续表

型号	尺寸/mm			截面面积/cm²	理论重量/(kg/m)	外表面积/(m²/m)	参考数值										
							x—x			x_0—x_0			y_0—y_0			x_1—x_1	z_0/cm
	b	d	r				I_x/cm⁴	i_x/cm	W_x/cm³	I_{x0}/cm⁴	i_0/cm	W_{x0}/cm³	I_{x0}/cm⁴	I_{y0}/cm	W_{y0}/cm³	I_{x1}/cm⁴	
7	70	4	8	5.570	4.372	0.275	26.39	2.18	5.14	41.80	2.74	8.44	10.99	1.40	4.17	45.74	1.86
		5		6.875	5.397	0.275	32.21	2.16	6.32	51.08	2.73	10.32	13.34	1.39	4.95	57.21	1.91
		6		8.160	6.406	0.275	37.77	2.15	7.48	59.93	2.71	12.11	15.61	1.38	5.67	68.73	1.95
		7		9.424	7.398	0.275	43.09	2.14	8.59	68.35	2.69	13.81	17.82	1.38	6.34	80.29	1.99
		8		10.667	8.373	0.274	48.17	2.12	9.68	76.37	2.68	15.43	19.98	1.37	6.98	91.92	2.03
7.5	75	5	9	7.412	5.818	0.295	39.97	2.33	7.32	63.30	2.92	11.94	16.63	1.50	5.77	70.56	2.04
		6		8.797	6.905	0.294	46.95	2.31	8.64	74.38	2.90	14.02	19.51	1.49	6.67	84.55	2.07
		7		10.160	7.976	0.294	53.57	2.30	9.93	84.96	2.89	16.02	22.18	1.48	7.44	98.71	2.11
		8		11.503	9.030	0.294	59.96	2.28	11.20	95.07	2.88	17.93	24.86	1.47	8.19	112.97	2.15
		10		14.126	11.089	0.293	71.98	2.26	13.64	113.92	2.84	21.48	30.05	1.46	9.56	141.71	2.22
8	80	5	9	7.192	6.211	0.315	48.79	2.48	8.34	77.33	3.13	13.67	20.25	1.60	6.66	85.36	2.15
		6		9.397	7.376	0.314	57.35	2.47	9.87	90.98	3.11	16.08	23.72	1.59	7.65	102.50	2.19
		7		10.860	8.525	0.314	65.58	2.46	11.37	104.07	3.10	18.40	27.09	1.58	8.58	119.70	2.23
		8		12.303	9.658	0.314	73.49	2.44	12.83	116.60	3.08	20.61	30.39	1.57	9.46	136.97	2.27
		10		15.126	11.874	0.313	88.43	2.42	15.64	140.09	3.04	24.76	36.77	1.56	11.08	171.74	2.35
9	90	6	10	10.637	8.350	0.354	82.77	2.79	12.61	131.26	3.51	20.63	34.28	1.80	9.95	145.87	2.44
		7		12.301	9.656	0.354	94.83	2.78	14.54	150.47	3.50	23.64	39.18	1.78	11.19	170.73	2.48
		8		13.944	10.946	0.353	106.47	2.76	16.42	168.97	3.48	26.55	43.97	1.78	12.35	194.80	2.52
		10		17.167	13.476	0.353	128.58	2.74	20.07	203.90	3.45	32.04	53.26	1.76	14.52	244.07	2.59
		12		20.306	15.940	0.352	149.22	2.71	23.57	236.21	3.41	37.12	62.22	1.75	16.49	293.76	2.67

续表

型号	尺寸/mm			截面面积/cm²	理论重量/(kg/m)	外表面积/(m²/m)	参考数值										
							$x-x$			x_0-x_0			y_0-y_0			x_1-x_1	z_0/cm
	b	d	r				I_x/cm⁴	i_x/cm	W_x/cm³	I_{x0}/cm⁴	i_0/cm	W_{x0}/cm³	I_{x0}/cm⁴	I_{y0}/cm	W_{y0}/cm³	I_{x1}/cm⁴	
10	100	6	12	11.932	9.366	0.393	114.95	3.10	15.68	181.98	3.90	25.74	47.92	2.00	12.69	200.07	2.67
		7		13.796	10.830	0.393	131.86	3.09	18.10	208.97	3.89	29.55	54.74	1.99	14.26	233.54	2.71
		8		15.638	12.276	0.393	148.24	3.08	20.47	235.07	3.88	33.24	61.41	1.98	15.75	267.09	2.76
		10		19.261	15.120	0.392	179.51	3.05	25.06	284.68	3.84	40.26	74.35	1.96	18.54	334.48	2.84
		12		22.800	17.898	0.391	208.90	3.03	29.48	330.95	3.81	46.80	86.84	1.95	21.08	402.34	2.91
		14		26.256	20.611	0.391	236.53	3.00	33.73	374.06	3.77	52.90	99.00	1.94	23.44	470.75	2.99
		16		29.627	23.257	0.390	262.53	2.98	37.82	414.16	3.74	58.57	110.89	1.94	25.63	539.80	3.06
11	110	7	12	15.196	11.928	0.433	177.16	3.41	22.05	280.94	4.30	36.12	73.38	2.20	17.51	310.64	2.96
		8		17.238	13.532	0.433	199.46	3.40	24.95	316.49	4.28	40.69	82.42	2.19	19.39	355.20	3.01
		10		21.261	16.690	0.432	242.19	3.38	30.60	384.39	4.25	49.42	99.98	2.17	22.91	444.65	3.09
		12		25.200	19.782	0.431	282.55	3.35	36.05	448.17	4.22	57.62	116.93	2.15	26.15	534.60	3.16
		14		29.056	22.809	0.431	320.71	3.32	41.31	508.01	4.18	65.31	133.40	2.14	29.14	625.16	3.24
12.5	125	8	14	19.750	15.504	0.492	297.03	3.88	32.52	470.89	4.88	53.28	123.16	2.50	25.86	521.01	3.37
		10		24.373	19.133	0.491	361.67	3.85	39.97	573.89	4.85	64.93	149.46	2.48	30.62	651.93	3.45
		12		28.912	22.696	0.491	423.16	3.83	41.17	671.44	4.82	75.96	174.88	2.46	35.03	783.42	3.53
		14		33.367	26.193	0.490	481.65	3.80	54.16	763.73	4.78	86.41	199.57	2.45	39.13	915.61	3.61
14	140	10		27.373	21.488	0.551	514.65	4.34	50.58	817.27	5.46	82.56	212.04	2.78	39.20	915.11	3.82
		12		32.512	25.522	0.551	603.68	4.31	59.80	958.79	5.43	96.85	248.57	2.76	45.02	1099.28	3.90
		14		37.567	29.490	0.550	688.81	4.28	68.75	1093.56	5.40	110.47	284.06	2.75	50.45	1284.22	3.98
		16		42.539	33.393	0.549	770.24	4.26	77.46	1221.81	5.36	123.42	318.67	2.74	55.55	1470.07	4.06

续表

型号	尺寸 /mm			截面面积 /cm^2	理论重量 /(kg/m)	外表面积 /(m^2/m)	参考数值										
							x—x			x_0—x_0			y_0—y_0			x_1—x_1	z_0 /cm
	b	d	r				I_x /cm^4	i_x /cm	W_x /cm^3	I_{x0} /cm^4	i_0 /cm	W_{x0} /cm^3	I_{x0} /cm^4	I_{y0} /cm	W_{y0} /cm^3	I_{x1} /cm^4	
16	160	10	16	31.502	24.729	0.630	779.53	4.98	66.70	1237.30	6.27	109.36	321.76	3.20	52.76	1365.33	4.31
		12		37.441	29.391	0.630	916.58	4.95	78.98	1455.68	6.24	128.67	377.49	3.18	60.74	1639.57	4.39
		14		43.296	33.987	0.629	1048.36	4.92	90.95	1665.02	6.20	147.17	431.70	3.16	68.24	1914.68	4.47
		16		49.067	38.518	0.629	1175.08	4.89	102.63	1865.57	6.17	164.89	484.59	3.14	75.31	2190.82	4.55
18	125	12		42.241	33.159	0.710	1321.35	5.59	100.82	2100.10	7.05	165.00	542.61	3.58	78.41	2332.80	4.89
		14		48.896	38.383	0.709	1514.48	5.56	116.25	2407.42	7.02	189.14	621.53	3.56	88.38	2723.48	4.97
		16		55.467	43.542	0.709	1700.99	5.54	131.13	2703.37	6.98	212.40	698.60	3.55	97.83	3115.29	5.05
		18		61.955	48.634	0.708	1875.12	5.50	145.64	2988.24	6.94	234.78	762.01	3.51	105.14	3502.43	5.13
20	200	14	18	54.642	42.894	0.788	2103.55	6.20	144.70	3343.26	7.82	236.40	863.83	3.98	111.82	3734.10	5.46
		16		62.013	48.680	0.788	2366.15	6.18	163.65	3760.89	7.79	265.93	971.41	3.96	123.96	4270.39	5.54
		18		69.301	54.401	0.787	2620.64	6.15	182.22	4164.54	7.75	294.48	1076.74	3.94	135.52	7808.13	5.62
		20		76.505	60.056	0.787	2867.30	6.12	200.42	4554.55	7.72	322.06	1180.04	3.93	146.55	5347.51	5.69
		24		90.661	71.168	0.785	3338.25	6.07	236.17	5294.97	7.64	374.41	1381.53	3.90	166.65	6457.16	5.87

注 截面图中的 $r_1=\frac{d}{3}$ 及表中 r 值的数据用于孔形设计，不做交货条件。

表 2

热轧不等边角钢（GB 9788—88）

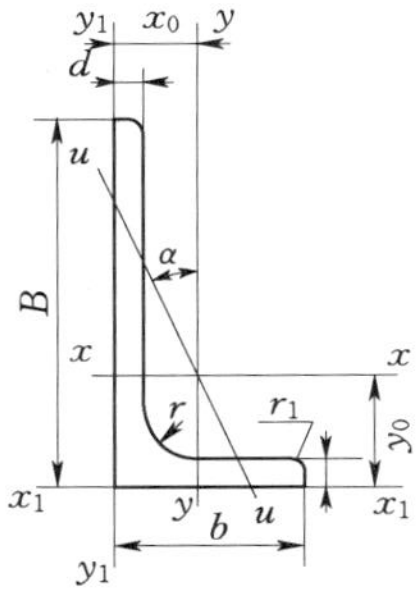

符号意义：

B—长边宽度； b—短边宽度；

d—边厚度； r—内圆弧半径；

r_1—边端内圆弧半径； I—惯性矩；

i—惯性半径； W—抗弯截面系数；

x_0—重心距离； y_0—重心距离。

型号	尺寸/mm				截面面积/cm²	理论重量/(kg/m)	外表面积/(m²/m)	参考数值														
								x—x			y—y			x_1—x_1		y_1—y_1		u—u				
	B	b	d	r				I_x/cm⁴	i_x/cm	W_x/cm³	I_y/cm⁴	i_y/cm	W_y/cm³	I_{x1}/cm⁴	y_0/cm	I_{y1}/cm⁴	x_0/cm	I_u/cm⁴	i_u/cm	W_u/cm³	tanα
2.5/1.6	25	16	3	3.5	1.162	0.912	0.080	0.70	0.78	0.43	0.22	0.44	0.19	1.56	0.86	0.43	0.42	0.14	0.34	0.16	0.392
			4		1.499	1.176	0.079	0.88	0.77	0.55	0.27	0.43	0.24	2.09	0.90	0.59	0.46	0.17	0.34	0.20	0.381
3.2/2	25	20	3		1.492	1.171	0.102	1.53	1.01	0.72	0.46	0.55	0.30	3.27	1.08	0.82	0.49	0.28	0.43	0.25	0.382
			4		1.939	1.522	0.101	1.93	1.00	0.93	0.57	0.54	0.39	4.37	1.12	1.12	0.59	0.35	0.42	0.32	0.374
4/2.5	40	25	3	4	1.890	1.484	0.127	3.08	1.28	1.15	0.93	0.70	0.49	5.39	1.32	1.59	0.59	0.56	0.54	0.40	0.385
			4		2.467	1.936	0.127	3.93	1.26	1.49	1.18	0.69	0.63	8.53	1.37	2.14	0.63	0.71	0.54	0.52	0.381
4.5/2.8	45	28	3	5	2.149	1.687	0.143	4.45	1.44	1.47	1.34	0.79	0.62	9.10	1.47	2.23	0.64	0.80	0.61	0.51	0.383
			4		2.806	2.203	0.143	5.69	1.42	1.91	1.70	0.78	0.80	12.13	1.51	3.00	0.68	1.02	0.60	0.66	0.380
5/3.2	50	32	3	5.5	2.431	1.908	0.161	6.24	1.60	1.84	2.02	0.91	0.82	12.49	1.60	3.31	0.73	1.20	0.70	0.68	0.404
			4		3.177	2.494	0.160	8.02	1.59	2.39	2.58	0.90	1.06	16.65	1.65	4.45	0.77	1.53	0.69	0.87	0.402
5.6/3.6	56	36	3	6	2.473	2.153	0.181	8.88	1.80	2.32	2.92	1.03	1.05	17.54	1.78	4.70	0.80	1.73	0.79	0.87	0.408
			4		3.590	2.818	0.180	11.45	1.79	3.03	3.76	1.02	1.37	23.39	1.82	6.33	0.85	2.23	0.79	1.13	0.408
			5		4.415	3.466	0.180	13.86	1.77	3.71	4.49	1.01	1.65	29.25	1.87	7.94	0.88	2.67	0.78	1.36	0.404

型号	尺寸/mm				截面面积/cm²	理论重量/(kg/m)	外表面积/(m²/m)	参考数值														
								x—x			y—y			x_1—x_1		y_1—y_1		u—u				
	B	b	d	r				I_x/cm⁴	i_x/cm	W_x/cm³	I_y/cm⁴	i_y/cm	W_y/cm³	I_{x1}/cm⁴	y_0/cm	I_{y1}/cm⁴	x_0/cm	I_u/cm⁴	i_u/cm	W_u/cm³	tanα
6.3/4	63	40	4	7	4.058	3.185	0.202	16.49	2.02	3.87	5.23	1.14	1.70	33.30	2.04	8.63	0.92	3.12	0.88	1.40	0.398
			5		4.993	3.920	0.202	20.02	2.00	4.74	6.31	1.12	2.71	41.63	2.08	10.86	0.95	3.76	0.87	1.71	0.396
			6		5.908	4.638	0.201	23.36	1.96	5.59	7.29	1.11	2.43	49.98	2.12	13.12	0.99	4.34	0.86	1.99	0.393
			7		6.802	5.339	0.201	26.53	1.98	6.40	8.24	1.10	2.78	58.07	2.15	15.47	1.03	4.97	0.86	2.29	0.389
7/4.5	70	45	4	7.5	4.457	3.570	0.226	23.17	2.26	4.86	7.55	1.29	2.17	45.92	2.24	12.26	1.02	4.40	0.98	1.77	0.410
			5		5.609	4.403	0.225	27.95	2.23	5.92	9.13	1.28	2.65	57.10	2.28	15.39	1.06	5.40	0.98	2.19	0.407
			6		6.647	5.218	0.225	32.54	2.21	6.95	10.62	1.26	3.12	68.35	2.32	18.58	1.09	6.35	0.98	2.59	0.404
			7		7.657	6.011	0.225	37.22	2.20	8.03	12.01	1.25	3.57	79.99	2.36	21.84	1.13	7.16	0.97	2.94	0.402
(7.5/5)	75	50	5	8	6.125	4.808	0.245	34.86	2.39	6.83	12.61	1.44	3.30	70.00	2.40	21.04	1.17	7.41	1.10	2.74	0.435
			6		7.260	5.699	0.245	41.12	2.38	8.12	14.70	1.42	3.88	84.30	2.44	25.37	1.21	8.54	1.08	3.19	0.435
			8		9.467	7.431	0.244	52.39	2.35	10.52	18.53	1.40	4.99	112.50	2.52	34.23	1.29	10.87	1.07	4.10	0.429
			10		11.590	9.098	0.244	62.71	2.33	12.79	21.96	1.38	6.04	140.80	2.60	43.43	1.36	13.10	1.06	4.99	0.423
8/5	80	50	5	8	6.375	5.005	0.255	41.96	2.56	7.78	12.82	1.42	3.32	85.21	2.60	21.06	1.14	7.66	1.10	2.74	0.388
			6		7.560	5.935	0.255	49.49	2.56	9.25	14.95	1.41	3.91	102.53	2.65	25.41	1.18	8.85	1.08	3.20	0.387
			7		8.724	6.848	0.255	56.16	2.54	10.58	16.96	1.39	4.48	119.33	2.69	29.82	1.21	10.18	1.08	3.70	0.384
			8		9.867	7.745	0.254	62.83	2.52	11.92	18.85	1.38	5.03	136.41	2.73	34.32	1.25	11.38	1.07	4.16	0.381
9/5.6	90	56	5	9	7.212	5.661	0.287	60.45	2.90	9.92	18.32	1.59	4.21	121.32	2.91	29.53	1.25	10.98	1.23	3.49	0.385
			6		8.557	6.717	0.286	71.03	2.88	11.74	21.42	1.58	4.96	145.59	2.95	35.58	1.29	12.90	1.23	4.18	0.384
			7		9.880	7.756	0.286	81.01	2.86	13.49	24.36	1.57	5.70	169.60	3.00	41.71	1.33	14.67	1.22	4.72	0.382
			8		11.183	8.779	0.286	91.03	2.85	15.27	27.15	1.56	6.41	194.17	3.04	47.93	1.36	16.34	1.21	5.29	0.380

型号	尺寸/mm				截面面积/cm²	理论重量/(kg/m)	外表面积/(m²/m)	参考数值														
								x—x			y—y			x_1—x_1		y_1—y_1		u—u			
	B	b	d	r				I_x/cm⁴	i_x/cm	W_x/cm³	I_y/cm⁴	i_y/cm	W_y/cm³	I_{x1}/cm⁴	y_0/cm	I_{y1}/cm⁴	x_0/cm	I_u/cm⁴	i_u/cm	W_u/cm³	tanα
10/6.3	100	63	6	10	9.617	7.550	0.320	99.06	3.21	14.64	30.94	1.79	6.35	199.71	3.24	50.50	1.43	18.42	1.38	5.25	0.394
			7		11.111	8.722	0.320	113.45	3.20	16.88	35.26	1.78	7.29	233.00	3.28	59.14	1.47	21.00	1.38	6.02	0.393
			8		12.584	9.878	0.319	127.37	3.18	19.08	39.39	1.77	8.21	266.32	3.32	67.88	1.50	23.50	1.37	6.78	0.391
			10		15.467	12.142	0.354	153.81	3.15	23.32	47.12	1.74	9.98	333.06	3.40	85.73	1.58	28.33	1.35	8.24	0.387
10/8	100	80	6	10	10.637	8.350	0.354	127.37	3.17	15.19	61.24	2.40	10.16	199.83	2.95	102.68	1.97	31.65	1.72	8.37	0.627
			7		12.301	9.656	0.353	153.81	3.16	17.52	70.08	2.39	11.71	233.20	3.00	119.98	2.01	36.17	1.72	9.60	0.626
			8		13.944	10.946	0.353	107.04	3.14	19.81	78.58	2.37	13.21	266.61	3.04	233.20	2.05	40.58	1.71	10.80	0.625
			10		17.167	13.476	0.354	122.73	3.12	24.24	94.65	2.35	16.12	333.63	3.12	266.61	2.13	49.10	1.69	13.12	0.622
11/7	110	70	6		10.637	8.350	0.354	137.92	3.54	17.85	42.92	2.01	7.90	265.78	3.53	333.63	1.57	25.36	1.54	6.53	0.403
			7		12.301	9.656	0.353	166.87	3.53	20.60	49.01	2.00	9.09	310.07	3.57	265.78	1.61	28.95	1.53	7.50	0.402
			8		13.944	10.946	0.353	133.37	3.51	23.30	54.87	1.98	10.25	354.39	3.62	310.07	1.65	32.45	1.53	8.45	0.401
			10		17.167	13.476	0.353	153.00	3.48	28.54	65.88	1.96	12.48	443.13	3.70	354.39	1.72	39.20	1.51	10.29	0.397
12.5/8	125	80	7	11	14.096	11.066	0.403	172.04	4.02	26.86	74.42	2.30	12.01	454.99	4.01	443.13	1.80	43.81	1.76	9.92	0.408
			8		15.989	12.551	0.403	208.39	4.01	30.41	83.49	2.28	13.56	519.99	4.06	454.99	1.84	49.15	1.75	11.18	0.407
			10		19.712	15.474	0.402	312.04	3.98	37.33	100.67	2.26	16.56	650.09	4.14	173.40	1.92	59.45	1.74	13.60	0.40
			12		23.351	18.330	0.402	364.41	3.95	44.01	116.67	2.24	19.43	780.39	4.22	209.60	2.00	69.35	1.72	16.00	0.40
14/9	140	90	8	12	18.038	14.160	0.453	365.64	4.50	38.48	120.69	2.59	17.34	730.53	4.50	195.80	2.04	70.83	1.98	14.30	0.41
			10		22.261	17.475	0.452	445.50	4.47	47.31	140.03	2.56	21.22	913.20	4.58	296.90	2.12	85.82	1.96	17.50	0.41
			12		26.400	20.724	0.451	521.59	4.44	55.87	169.79	2.54	24.95	1096.09	4.66	348.80	2.19	100.21	1.95	20.50	0.41
			14		30.456	23.908	0.451	594.10	4.42	64.18	192.10	2.51	28.54	1279.26	4.74	336.60	2.27	114.13	1.94	23.50	0.40

续表

型号	尺寸/mm				截面面积/cm^2	理论重量/(kg/m)	外表面积/(m^2/m)	参考数值													
								$x-x$			$y-y$			x_1-x_1		y_1-y_1		$u-u$			
	B	b	d	r				I_x/cm^4	i_x/cm	W_x/cm^3	I_y/cm^4	i_y/cm	W_y/cm^3	I_{x1}/cm^4	y_0/cm	I_{y1}/cm^4	x_0/cm	I_u/cm^4	i_u/cm	W_u/cm^3	$\tan\alpha$
16/10	160	100	10	13	25.315	19.872	0.512	668.69	5.14	62.13	205.03	2.85	26.56	1362.89	5.24	405.90	2.28	121.74	2.19	21.90	0.39
			12		30.054	23.592	0.511	784.91	5.11	73.49	239.06	2.82	31.28	1635.56	5.32	405.90	2.36	142.33	2.17	25.80	0.39
			14		34.709	27.247	0.510	896.30	5.08	84.56	271.20	2.80	35.83	1908.50	5.40	476.40	2.43	162.23	2.16	29.60	0.39
			16		39.281	30.835	0.510	1003.04	5.05	95.33	301.60	2.77	40.24	2181.79	5.48	548.20	2.51	182.57	2.16	33.40	0.38
18/11	180	110	10	14	28.73	22.27	0.571	956.25	5.80	78.96	278.11	3.13	32.49	1940.40	5.89	447.22	2.44	166.50	2.42	26.88	0.376
			12		33.71	26.46	0.571	1124.72	5.78	93.53	325.03	3.10	38.32	2328.38	5.98	538.94	2.52	194.87	2.40	31.66	0.374
			14		38.96	30.58	0.570	1286.91	5.57	107.76	369.55	3.08	43.97	2716.60	6.06	631.95	2.59	222.30	2.39	36.32	0.372
			16		44.13	34.64	0.569	1443.06	5.72	121.64	411.85	3.06	49.44	3105.15	6.14	726.46	2.67	248.94	2.38	40.87	0.369
20/12.5	200	125	12		37.91	29.76	0.641	1507.90	6.44	116.73	483.16	3.57	49.99	3193.85	6.54	787.74	2.83	285.79	2.74	41.23	0.392
			14		43.86	34.43	0.640	1800.97	6.41	134.65	550.83	3.54	57.44	3726.17	6.62	922.47	2.91	326.58	2.73	47.34	0.390
			16		49.73	39.04	0.639	2023.35	6.38	152.18	615.44	3.52	64.69	4258.86	6.70	1058.86	2.99	366.21	2.71	53.32	0.388
			18		55.52	43.58	0.639	2238.30	6.35	169.33	677.19	3.49	71.74	4792.00	6.78	1197.13	3.06	404.83	2.70	59.18	0.385

注 1. 括号内型号不推荐使用。

2. 截面图中的 $r_1=\frac{d}{3}$ 及表中 r 值的数据用于孔型设计，不做交货条件。

表 3

热轧普通槽钢（GB 707—88）

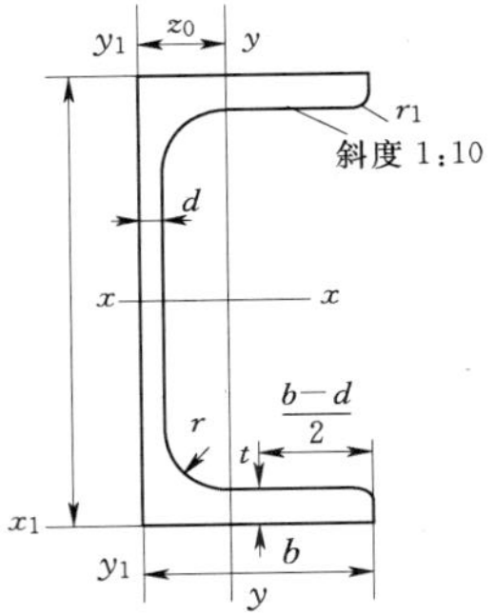

符号意义：

h—高度；
b—腿宽度；
d—腰厚度；
t—平均腿厚度；
r—内圆弧半径；
r_1—腿端圆弧半径；
I—惯性矩；
W—抗弯截面系数；
i—惯性半径；
z_0—y—y 轴与 y_1—y_1 轴间距。

型号	尺寸 /mm						截面面积 /cm²	理论重量 /(kg/m)	参考数值							z_0 /cm
									x—x			y—y			y_1—y_1	
	h	b	d	t	r	r_1			W_x /cm³	I_x /cm⁴	i_x /cm	W_y /cm³	I_y /cm⁴	i_y /cm	I_{y1} /cm⁴	
5	50	37	4.50	7.00	3.50	3.50	6.928	5.438	10.40	26.00	1.94	3.55	8.30	1.10	20.90	1.35
6.3	63	40	4.80	7.50	3.80	3.80	8.451	6.634	16.10	50.80	2.45	4.50	11.90	1.19	28.40	1.36
8	80	43	5.00	8.00	4.00	4.00	10.248	8.045	25.30	101	3.15	5.79	16.60	1.27	37.40	1.43
10	100	48	5.30	8.50	4.20	4.20	12.748	10.007	39.70	198	3.95	7.80	25.60	1.41	54.90	1.52
12.60	126	53	5.50	9.00	4.50	4.50	15.692	12.318	62.10	391	4.95	10.20	38.00	1.57	77.10	1.59
14 a	140	58	6.00	9.50	9.50	4.80	18.516	14.535	80.50	564	5.52	13.00	53.20	1.70	107	1.71
14 b	140	60	8.00	9.50	9.50	4.80	21.316	16.733	87.10	609	5.35	14.10	61.10	1.69	121	1.67
16 a	160	63	6.50	10.00	10.00	5.00	21.962	17.240	108	866	6.28	16.30	73.30	1.83	144	1.80
16	160	65	8.50	10.00	10.00	5.00	25.162	19.752	117	935	6.10	17.60	83.40	1.82	161	1.75
18 a	180	68	7.00	10.50	10.50	5.20	25.699	20.174	141	1270	7.04	20.00	98.60	1.96	190	1.84
18	180	70	9.00	10.50	10.50	5.20	29.299	23.000	152	1370	6.84	21.50	111	1.95	210	1.84
20 a	200	73	7.00	11	11.00	5.50	28.837	22.637	178	1780	7.86	24.20	128	2.11	244	2.01
20	200	75	9.00	11	11.00	5.50	32.837	25.777	191	1910	7.64	25.90	144	2.09	268	1.95

续表

型号	尺寸 /mm						截面面积 /cm²	理论重量 /(kg/m)	参考数值							z₀ /cm
									x—x			y—y			y₁—y₁	
	h	b	d	t	r	r_1			W_x /cm³	I_x /cm⁴	i_x /cm	W_y /cm³	I_y /cm⁴	i_y /cm	I_{y1} /cm⁴	
22 a	220	77	7.00	11.50	11.50	5.80	31.846	24.999	218	2390	8.67	28.20	158	2.23	298	2.10
22	220	79	9.00	11.50	11.50	5.80	36.246	28.453	234	2570	8.42	30.10	176	2.21	326	2.03
a	250	78	7.00	12	12.00	6.00	34.917	27.410	270	3370	9.82	30.60	176	2.24	322	2.07
25 b	250	80	9.00	12	12.00	6.00	39.917	31.355	282	3530	9.41	32.70	196	2.22	353	1.98
c	250	82	11.00	12	12.00	6.00	44.917	35.260	295	3690	9.07	35.90	218	2.21	384	1.92
a	280	82	7.50	12.50	12.50	6.20	40.034	31.427	340	4760	10.90	35.70	218	2.33	388	2.10
28 b	280	84	9.50	12.50	12.50	6.20	45.634	35.823	366	5130	10.60	37.90	242	2.30	428	2.02
c	280	86	11.50	12.50	12.50	6.20	51.234	40.219	393	5500	10.40	40.30	268	2.29	463	1.95
a	320	88	8.00	14	14.00	7.00	48.513	38.083	475	7600	12.50	46.50	305	2.50	552	2.24
32 b	320	90	10.00	14	14.00	7.00	54.913	43.107	509	8140	12.20	49.20	336	2.47	593	2.16
c	320	92	12.00	14	14.00	7.00	61.313	48.131	543	8690	11.90	52.60	374	2.47	643	2.09
a	360	96	9.00	16	16.00	8.00	60.910	47.814	660	11900	14.00	63.50	455	2.73	818	2.44
32 b	360	98	11.00	16	16.00	8.00	68.110	53.466	703	12700	13.60	66.90	497	2.70	880	2.37
c	360	100	13.00	16	16.00	8.00	75.310	59.118	746	13400	13.40	70.00	536	2.67	948	2.34
a	400	100	10.50	18	18.00	9.00	75.068	58.928	879	17600	15.30	78.80	592	2.81	1070	2.49
40 b	400	102	12.50	18	18.00	9.00	83.068	65.208	932	18600	15.00	82.50	640	2.78	1140	2.44
c	400	104	14.50	18	18.00	9.00	91.068	71.488	986	19700	14.70	86.20	688	2.75	1220	2.42

表 4

热轧普通工字钢（GB 706—88）

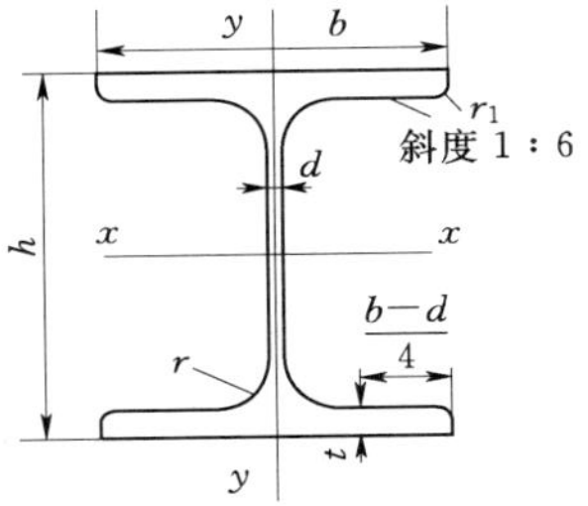

符号意义：

h—高度；

b—腿宽度；

d—腰厚度；

t—平均腿厚度；

r—内圆弧半径；

r_1—腿端圆弧半径；

I—惯性矩；

W—抗弯截面系数；

i—惯性半径；

S—半截面的静力矩。

型号	尺寸 /mm						截面面积 /cm²	理论重量 /(kg/m)	参考数值						
									$x—x$				$y—y$		
	h	b	d	t	r	r_1			I_x /cm⁴	W_x /cm³	i_x /cm	$I_x : S_x$ /cm	I_y /cm⁴	W_y /cm³	i_y /cm
10	100	68	4.50	7.60	6.50	3.30	14.345	11.261	245	49.00	4.14	8.59	33.00	9.72	1.52
12.60	126	74	5.00	8.40	7.00	3.50	18.118	14.223	488	77.50	5.20	10.80	46.90	12.70	1.61
14	140	80	5.50	9.10	7.50	3.80	21.516	21.516	712	102	5.76	12.00	64.40	16.10	1.73
16	160	88	6.00	9.90	8.00	4.00	26.131	26.131	1130	141	6.58	13.80	93.10	21.20	1.89
18	180	94	6.50	10.70	8.50	4.30	30.756	30.756	1660	185	7.36	15.40	122	26.00	2.00
20a	200	100	7.00	11.40	9.00	4.50	35.578	27.929	2370	237	8.15	17.20	158	31.50	2.12
20b	200	102	9.00	11.40	9.00	4.50	39.578	31.069	2500	250	7.96	16.90	169	33.10	2.06
22a	220	110	7.50	12.30	9.50	4.80	42.128	33.070	3400	309	8.99	18.90	225	40.90	2.31
22b	220	112	9.50	12.30	9.50	4.80	46.528	36.524	3570	325	8.78	18.70	239	42.70	2.27
25a	250	116	8.00	13.00	10.00	5.00	48.541	38.105	5020	402	10.20	21.60	280	48.30	2.40
25b	250	118	10.00	13.00	10.00	5.00	53.541	42.030	5280	423	9.94	21.30	309	52.40	2.40
28a	280	122	8.50	13.70	10.50	5.30	55.404	43.492	7110	508	11.30	24.60	345	56.60	2.50
28b	280	124	10.50	13.70	10.50	5.30	61.004	47.888	7480	534	11.10	24.20	379	61.20	2.49
32a	320	130	9.50	15.00	11.50	5.80	67.156	52.717	11100	692	12.80	27.50	460	70.80	2.62
32b	320	132	11.50	15.00	11.50	5.80	73.556	57.741	11600	726	12.60	27.10	502	76.00	2.361
32c	320	134	13.50	15.00	11.50	5.80	79.956	62.765	12200	760	12.30	26.80	544	81.20	2.61

续表

型号	尺寸 /mm						截面面积 /cm²	理论重量 /(kg/m)	参考数值						
									x—x				y—y		
	h	b	d	t	r	r_1			I_x /cm⁴	W_x /cm³	i_x /cm	$I_x : S_x$ /cm	I_y /cm⁴	W_y /cm³	i_y /cm
36a	360	136	10.00	15.80	12.00	6.00	76.480	60.037	15800	875	14.40	30.70	552	81.20	2.69
36b	360	138	12.00	15.80	12.00	6.00	83.680	65.689	16500	919	14.10	30.30	582	84.30	2.64
36c	360	140	14.00	15.80	12.00	6.00	90.880	71.341	17300	962	13.80	29.90	612	87.40	2.60
40a	400	142	10.50	16.50	12.50	6.30	86.112	67.598	21700	1090	15.90	34.10	660	93.20	2.77
40b	400	144	12.50	16.50	12.50	6.30	94.112	73.878	22800	1140	15.60	33.60	692	96.20	2.71
40c	400	146	14.50	16.50	12.50	6.30	102.112	80.158	23900	1190	15.20	33.20	727	99.60	2.65
45a	450	150	11.50	18.00	13.50	6.80	102.446	80.420	32200	1430	17.70	38.60	855	114	2.89
45b	450	152	13.50	18.00	13.50	6.80	111.446	87.485	33800	1500	17.40	38.00	894	118	2.84
45c	450	154	15.50	18.00	13.50	6.80	120.446	94.550	35300	1570	17.10	37.60	938	122	2.79
50a	500	158	12.00	20.00	14.00	7.00	119.304	93.654	46500	1860	19.70	42.80	1120	142	3.07
50b	500	160	14.00	20.00	14.00	7.00	129.304	101.504	48600	1940	19.40	42.40	1170	146	3.01
50c	500	162	16.00	20.00	14.00	7.00	139.304	109.354	50600	2080	19.00	41.80	1220	151	2.96
56a	560	166	12.50	21.00	14.50	7.30	106.316	106.316	65600	2340	22.00	47.70	1370	165	3.18
56b	560	168	14.50	21.00	14.50	7.30	115.108	115.108	68500	2450	21.60	47.20	1490	174	3.16
56c	560	170	16.50	21.00	14.50	7.30	123.900	123.900	71400	2550	21.30	46.70	1560	183	3.16
63a	630	176	13.00	22.00	15.00	7.50	121.407	121.407	93900	2980	24.50	54.20	1700	193	3.31
63b	630	178	15.00	22.00	15.00	7.50	131.298	131.298	98100	3160	24.20	53.50	1812	204	3.29
63c	630	180	17.00	22.00	15.40	7.50	141.189	141.189	102000	3300	23.80	52.90	1920	214	3.27

主 要 符 号 表

符号	量的名称	符号	量的名称
A	面积	ε_u	极限应变
E	弹性模量	λ	柔度
$\boldsymbol{F}$	集中力	μ	泊松比
$\boldsymbol{F}_{cr}$	临界力	σ	正应力
$\boldsymbol{F}_N$	轴力	R_m	极限强度
$\boldsymbol{F}_Q$	剪力	σ_e	弹性极限
$\boldsymbol{F}_{Ax}$，$\boldsymbol{F}_{Ay}$，$\boldsymbol{F}_{Az}$	A 点处的约束力	n	安全因数，转速
$\boldsymbol{W}$，$\boldsymbol{P}$	重力	σ_P	比例极限
$\boldsymbol{W}_z$	抗弯截面系数	σ_r	相当应力
$\boldsymbol{w}_P$	抗扭截面系数	R_{eL}	屈服强度
$\boldsymbol{F}_R$	合力	σ_u	极限应力
G	切变模量	q	均布荷载集度
$\boldsymbol{M}$，$\boldsymbol{M}_y$，$\boldsymbol{M}_z$	弯矩	$[\sigma]$	容许正应力
$\boldsymbol{M}_e$	外力偶矩	τ	切应力
$\boldsymbol{M}_x$	扭矩	$[\tau]$	容许切应力
Δl	伸长（缩短）变形	I_y，I_Z	惯性矩
ε	线应变	I_P	极惯性矩
i_y，i_z	惯性半径	I_{yz}	惯性积

参 考 文 献

[1] Hibbeler R C. Mechanics of Materials Fifth Edition. 第5版．影印版．北京：高等教育出版社，2004.

[2] Hibbeler R C. Engineering Mechanics Statics Tenth Edition. 第10版．影印版．北京：高等教育出版社，2004.

[3] 蒋平．工程力学基础（Ⅰ）．北京：高等教育出版社，2003.

[4] 范钦珊，等．工程力学（1）．北京：高等教育出版社，2003.

[5] 王焕定．结构力学．北京：清华大学出版社，2004.

[6] 费迪南德 P. 比尔，等．工程矢量力学（静力学）．第3版．李俊峰，等译．北京：机械工业出版社，2003.

[7] 王焕定．结构力学学习指导．北京：清华大学出版社，2004.

[8] 孙训方，方孝淑，关来泰．材料力学（Ⅰ）．第四版．北京：高等教育出版社，2007.

[9] 孙训方，方孝淑，关来泰．材料力学（Ⅱ）．第四版．北京：高等教育出版社，2007.

[10] 胡增强．材料力学学习指导．北京：高等教育出版社，2003.

[11] 范钦珊．工程力学学习指导与解题指南．北京：清华大学出版社，2007.

[12] Hibbeler R C. 结构分析（土木工程与工程力学系列）．北京：电子工业出版社，2005.

[13] 力学的量和单位（GB 3100.3—1993）.

[14] 郭兰中，等．工程力学．兰州：兰州大学出版社，2005.

[15] 哈尔滨工业大学理论力学教研室编．理论力学（Ⅰ）．第六版．北京：高等教育出版社，2002.

[16] 浙江大学理论力学教研组编．理论力学．第三版．北京：高等教育出版社，2002.

[17] 郝桐生．理论力学．第三版．北京：高等教育出版社，2003.

[18] 刘鸿文主编．材料力学（Ⅰ）．第四版．北京：高等教育出版社，2004.

[19] 单辉祖，谢传锋．工程力学（静力学与材料力学）．北京：高等教育出版社，2004.